战略性新兴领域“十四五”高等教育系列教材

机器人建模与控制

吴 俊 郑荣濠 刘 山 任沁源 编著

机械工业出版社

机器人建模与控制是机器人学的一个重要分支，已渗透到各类机器人的分析和设计中。本书着重介绍机器人建模与控制的基础知识，包括空间描述和变换、机器人运动学、机器人逆运动学、机器人微分运动学和静力学、机器人轨迹规划、机器人动力学、机器人运动控制和机器人力控制等内容。根据工科学生的学习特点，本书选材注意基础性和系统性，理论推导注意严谨性和直观性，内容表述注意由浅入深、由简到繁。每章都配有习题供学习时练习。

本书适合作为普通高校机器人工程、自动化、智能制造等专业的本科生和研究生教材，也可供科技工作者学习参考。

本书配套 PPT 课件、教学大纲、习题答案、实验项目等教学资源，欢迎选用本书作教材的教师登录 www. cmpedu. com 注册后下载，或发邮件至 jinacmp@ 163. com 索取（注明姓名、学校等信息）。

图书在版编目（CIP）数据

机器人建模与控制 / 吴俊等编著. -- 北京 ：机械工业出版社，2024. 9（2025. 3 重印）. --（战略性新兴领域“十四五”高等教育系列教材）. -- ISBN 978-7-111-76747-3

Ⅰ. TP24

中国国家版本馆 CIP 数据核字第 2024D8T595 号

机械工业出版社（北京市百万庄大街 22 号　邮政编码 100037）

策划编辑：吉　玲　　责任编辑：吉　玲　刘琴琴

责任校对：梁　园　李　杉　　封面设计：张　静

责任印制：单爱军

北京虎彩文化传播有限公司印刷

2025 年 3 月第 1 版第 2 次印刷

184mm×260mm · 13 印张 · 320 千字

标准书号：ISBN 978-7-111-76747-3

定价：45. 00 元

电话服务　　网络服务

客服电话：010-88361066　　机　工　官　网：www. cmpbook. com

010-88379833　　机　工　官　博：weibo. com/cmp1952

010-68326294　　金　书　网：www. golden-book. com

机工教育服务网：www. cmpedu. com

前言

PREFACE

为加快实现高水平科技自立自强，深入实施科教兴国战略、人才强国战略、创新驱动发展战略，近十年来，我国提出了加快推进新工科建设的重要举措。新工科教育教学注重引导学生在跨学科的环境中学习和创新，促进工程技术和理论研究的结合，培养具有国际视野和竞争力的工科人才，以应对快速发展和技术变革带来的挑战和机遇。机器人专业具有多学科交叉融合、理论与实践结合、硬件和软件并重等特点，是新工科创新人才培养的重要载体。机器人不仅在工业生产中具有显著的效率提升和成本优势，还在医疗、农业、环保、服务和国防等多个领域展示了巨大潜力。越来越多的国家通过制定战略性政策支持机器人技术的研发和应用，以提升国家的技术竞争力和创新能力。自 2016 年以来，全国已有 300 多家高校获批设立机器人工程专业。机器人工程专业本科生的核心专业课一般有四类：机械臂操作、移动机器人、环境感知、人工智能。本书针对基座固定的串联机械臂，介绍机械臂操作及控制的理论和技术。

全书共 9 章：第 1 章概述工业机器人的发展历程和机器人学的基本概念；第 2 章从坐标系与向量入手，介绍了旋转矩阵、坐标系变换、欧拉角表示、固定角表示、等效轴角表示、单位四元数表示等数学知识；第 3 章讨论如何配置机器人连杆联体坐标系和如何求解机器人正运动学问题；由于机器人操控中的逆运动学求解非常重要，因此将机器人逆运动学问题及其封闭解法单独设在第 4 章；作为机器人学的重要组成部分，微分运动学和静力学分析方法在第 5 章得到具体展现；第 6 章介绍了机器人轨迹规划技术；第 7 章将牛顿-欧拉方程和拉格朗日方程分别应用于机器人系统，得到机器人动力学模型；第 8 章阐述了末端与环境无接触的机器人运动控制方法；而末端与环境接触的机器人力控制方法在第 9 章予以介绍。

本书深入浅出、较为全面地介绍了机器人建模与控制的基础理论与概念，注重知识的完整性与系统性。本书不仅可以作为机器人工程、自动化及相关工科专业本科生、研究生相应课程的教材，而且可以作为广大从事机器人教学、科研人员的参考书。

本书第 1、9 章由任沁源编著，第 2、3、8 章由吴俊编著，第 4、5 章由刘山编著，第 6、7 章由郑荣濠编著，全书由吴俊统稿。浙江大学控制科学与工程学院的同仁，对本书编写工作给予了大力支持并提出了宝贵的建议和意见。编著者谨在此致谢！

由于编著者水平有限，书中定有不妥之处，敬请读者指正。

编著者

于杭州浙江大学求是园

目　录

CONTENTS

第1章　绪论

本章介绍机器人学的基本概念，并介绍机械臂系统与结构，最后围绕串联机械臂，对机器人建模与控制中的重要概念进行简述。

本章知识点

- 机器人学
- 机械臂
- 串联机械臂
- 机器人建模与控制

“机器人”一词最早出现在捷克作家卡雷尔·恰佩克（Karel Capek）于1920年发表的科幻剧本 *Rossum's Universal Robots* 中。此后，这个词被用于指代无人机、自动驾驶车辆、机械臂等多类机械设备，几乎所有具备一定自主操作能力的装置都可以被称作机器人。人类对自动化机械的探索由来已久，中国古代的木牛流马和能“坐起拜伏”的木偶人可视为早期机器人的雏形。

随着社会进步和科学技术的发展，机器人在工业、服务业、军事和特种工作等多个领域发挥着巨大的作用。其中，机器人在工业领域的应用最为广泛，特别是以机械臂为代表的工业机器人已成为现代制造业的核心组成部分。

工业机器人的定义虽然尚未完全统一，但普遍强调其自动化、可编程和多功能特性。中国国家标准的定义为：“工业机器人为模拟人手臂、手腕和手功能的机械电子装置，它可以把任一物件或工具按空间位置、姿态的时变要求进行移动，从而完成某一工业生产的作业要求”。国际标准化组织（International Organization for Standardization，ISO）的定义为：“一种自动的、位置可控的、具有编程能力的多功能操作机。这种操作机具有多个轴，能够借助可编程操作来处理各种材料、零部件、工具和专用装置，以执行各种任务”。这些定义反映了工业机器人的核心目的——在4D环境中完成4A任务，即在危险（Dangerous）、肮脏（Dirty）、枯燥（Dull）、困难（Difficult）的环境中完成自动（Automation）、增强（Augmentation）、辅助（Assistance）、自主（Autonomous）的任务。

工业机器人的出现离不开社会生产力发展的需要。1959年，美国的英格伯格（Joseph

F. Englberger）和乔治·德沃尔（George Devol）联手制造出世界上第一台工业机器人。此后，机器人技术逐渐在世界范围内得到普及并实现商业化，库卡（KUKA）、ABB、发那科（FANUC）及安川电机（YASKAWA）作为工业机器人“四大家族”占据了全球大部分市场。我国工业机器人研发虽起步较晚，但在21世纪后迅速崛起，涌现出埃斯顿自动化（ESTUN AUTOMATION）、新松（SIΛSUN）、珞石（ROKAE）、节卡（JAKA）等机器人企业。

如今，工业机器人在汽车及汽车零部件制造业、机械加工行业、电子电气行业、橡胶及塑料工业、食品工业、木材与家具制造业等多种行业中有着日益广泛的应用，不仅提高了生产精度和生产率，还将人类双手从重复且枯燥的工作中解放出来。图1-1展示了工业机器人进行汽车自动化装配作业的工作场景。工业机器人的应用程度也成为一个国家工业自动化水平的重要标志。

图1-1　工业机器人进行汽车自动化装配作业

1.1　机器人学概述

机器人学（Robotics）作为一种综合学科，涉及电子信息、机械设计、传感技术、控制工程、计算机技术等多门学科，其发展与这些相关领域的研究现状密切相关；随着机械设计、控制理论和计算机技术的发展，传统的机器人已发展到冗余操作臂、移动机器人、人形机器人等多种形式。

机器人学包含运动学、动力学、运动规划等多个方面的内容，通过将实际机器人抽象成物理模型，设计控制策略以达到精准控制机器人的目的。运动学主要考虑机器人的几何关系，根据给定的关节变量来确定机器人末端执行器的位置和姿态；动力学则考虑机器人力与运动的关系，协调驱动器向关节提供相应的力与力矩，以获得期望的运动；运动规划则期望机器人末端以平滑的轨迹到达给定位置，完成既定目标。

机器人按发展进程一般可分为三代：第一代机器人可统称为示教再现型机器人，这种机器人通常是由一个计算机对多自由度的机械进行控制，通过示教对信息进行存储，工作时再读取信息发出指令，使其能够自动重复完成某种操作，如应用于汽车行业的点焊机器人；第二代机器人可统称为感知型机器人，这种机器人在第一代机器人的基础上增加了对环境的感知功能，如力觉、触觉、视觉、听觉等，这一改进使机器人能够获取环境信息，从而完成更复杂的工作，如通过机器人完成对工件形状、大小、颜色等的识别任务；第三代机器人可统称为智能型机器人，这种机器人通过多种传感器、测量器来获取环境信息，然后利用智能技术进行复杂的逻辑推理、判断及决策，从而实现在变化的内部状态与外部环境中，机器人能自主决定自身的行为。

目前，社会对机器人的需求仍在不断上升，智能型机器人逐渐展现出巨大的发展潜力，随着大数据和深度学习技术的发展，人工智能在机器人领域的应用越来越广泛，如百度研发的Apollo自动驾驶开放平台、OpenAI推出的ChatGPT智能聊天机器人等，这些机器人在特定领域的智能程度已经接近于人类。同时，随着智能感知认知、多模态人机交互、云计算等智能化技术的不断成熟，仿生技术、智能材料、多机协同、人机协作等领域将得到进一步发展。

随着科技的发展，机器人技术带来的伦理问题也不可忽视。为了保护人类，早在1940年科幻作家阿西莫夫就提出了“机器人三原则”：

第一条：机器人不得伤害人类，或看到人类受到伤害而袖手旁观；

第二条：机器人必须服从人类的命令，除非这条命令与第一条相矛盾；

第三条：机器人必须保护自己，除非这种保护与以上两条相矛盾。

但是，随着机器人领域的不断发展以及无人驾驶、手术机器人、家政机器人等智能机器人的广泛应用，“机器人三原则”这一简单的定律已经无法满足现状。2016年，英国标准协会发布了《机器人和机器系统的伦理设计和应用指南》，希望能够以此来帮助科学家们发明出更加富有情感的机器人；2019年末，《中国机器人伦理标准化前瞻（2019）》出版，从标准化的角度对机器人伦理问题进行探讨，提出了一整套机器人伦理体系，用于引导机器人的设计、生产和应用，规避机器人的伦理风险。伴随着机器人技术的发展，机器人伦理及管理规范也会逐步完善以适应社会发展的需要。

1.2 机器人分类

1.2.1 按控制方法分类

按照机器人控制方法，可以将其分为非伺服（non-servo）和伺服（servo）两种。

早期机器人基本都属于非伺服机器人，其主要特征为开环（open-loop）控制，机器人按照预先编好的程序依次完成工作，依靠制动器、定序器、限位开关等机械限位方式对机器人运动进行控制。机器人接通电源时按照程序进行运动，到达指定位置后触发机械限位装置，此时即认为机器人完成了指定任务，可以切断电源或进入下一个任务，如此循环往复。由此可见，非伺服机器人可以完成较为简单的任务，通常用于物料传送或移动等场景。

伺服机器人则是采用闭环（closed-loop）的控制方式，可以对机器人末端执行器的位置、速度、力等进行控制。闭环控制结构利用传感器采集的反馈信息与给定信息进行比较，以达到更好的控制效果。对于此类机器人，根据控制器对末端执行器的引导方式不同，可进一步划分为点到点（point-to-point）控制和连续路径（continuous path）控制机器人。对于点到点控制机器人，可以通过示教器设置一系列离散点，使得机器人末端按给定顺序在各点位之间移动，但各点位之间的运动轨迹不受控制，通常按照最短路径直接到达给定点，这使得机器人无法对特定轨迹稳定地进行跟踪，也限制了其应用范围。而连续路径机器人末端执行器在运动过程中的所有路径点均可被控制，故机器人末端可以平滑地跟踪指定路径，同时操作者也可以控制末端的速度、加速度等以达到期望的运动方式。因此，这种机器人适用于焊接、喷涂、机械加工等场景。

1.2.2 按应用领域分类

机器人发展至今已经形成了完善的体系，按照功能和应用场景不同，机器人可划分为工业机器人、服务机器人以及特种机器人这三大类。其中，工业机器人在焊接、喷涂、装配、搬运、检测等方面发挥着重要的作用，极大地促进了生产率以及智能制造水平的提升；服务机器人主要集中于教学、娱乐、医疗、展务工作、清洁维护等领域，智能控制方法的不断发展使其在安全易用的基础之上更加灵活智能，能够为人们提供更为人性化的服务体验；特种机器人由于其诞生之时就被赋予了特殊的使命，在排爆、搜救、勘探、消防、巡检等方面发挥着不可替代的作用，面对恶劣作业环境或者危险工作任务时，特种机器人不仅能避免人员伤亡、减轻经济损失，同时也能更好地适应环境，有针对性地提供更多解决方案。由此可见，机器人已经与生活紧密相连，为人类社会发展起到重要的推动作用。

1.2.3 按移动功能分类

机器人运动是机器人完成作业不可或缺的手段。按照整体运动能力的不同，机器人可划分为移动机器人和机械臂两类。轮式机器人、履带式机器人、四足机器人、双足机器人和空中机器人等这类能在环境中产生整体位移的机器人称为移动机器人。具有在环境中固定不动的基座的机器人称为机械臂。机械臂在工业中得到广泛应用，大部分工业机器人都是机械臂。

由于机器人学覆盖内容十分广泛且机器人种类繁多，本章后续内容主要针对工业机器人领域中最常见的串联机械臂进行探讨，介绍其主要类型及相关机器人学概念，并结合实际应用简述串联机械臂建模及设计方法。

1.3 机械臂系统与结构

1.3.1 机械臂系统

一个可以独立工作的机械臂系统包含机电部分、传感部分、控制部分三大部分。其中，机电部分构成机械臂的主要结构，驱动机械臂完成各种动作；传感部分则是机械臂与外界交互、为控制器提供反馈信息的重要环节，可以感知机械臂内部与外部的信息，内部信息可以通过关节力矩传感器、编码器等进行检测，外部信息则可以通过摄像头、六维力传感器、超声波雷达等获取，传感部分是机械臂系统获取信息的主要途径，因此，传感器的精准程度对机器人控制精度会产生极大的影响；控制部分则是机械臂系统中处理传感信息、对机械臂发出控制信号、控制机器人完成指定动作的主要环节。

以上三部分具体可划分为驱动系统、机械结构系统、感知系统、机械臂-环境交互系统、人机交互系统、控制系统六个子系统。驱动系统作为动力源，为整个机械臂系统各部分提供动力；机械结构系统包括机械臂主体以及末端执行器等部分，完成指定任务的动作；感知系统由内部传感器和外部传感器构成，用于在系统运行中获取系统内部及外部信息，并为控制器提供反馈信号；机械臂-环境交互系统主要实现机械臂与外部设备联系；人机交互系统则是实现人与系统的交互，如通过输入设备向控制器发出指令；控制系统是根据程序和反馈信息控制机械臂动作的核心部分，可以实现对信息的综合处理并向机械臂发出控制指令。具体系统框图如图 1-2 所示，通过以上六个系统的协同工作，即可达到控制机器人完成指定工作的目的。

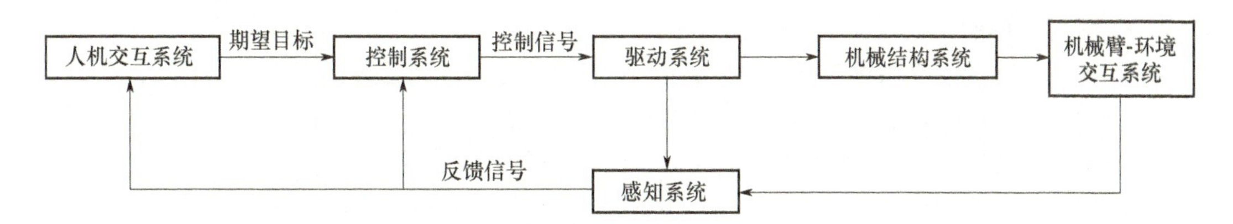

图 1-2 机械臂系统的基本组成框图

1.3.2 串联机械臂

从结构和运动的观点来看，机械臂是由一系列关节（Joint）连接的连杆（Link）组成的运动机械结构。本书中的关节主要涉及转动型关节和平动型关节两种。转动型关节可以使连接的两连杆绕一轴相互转动；平动型关节则可以使两个连杆沿轴线进行直线相对运动。如果一个机械臂由 N 个关节和 $N+1$ 个连杆组成，且其结构呈“连杆（基座）-关节-连杆-关节-…-连杆-关节-连杆”的形式，则称该机械臂为串联机械臂。串联机械臂结构简单、建模容易、便于入门者学习其分析和设计方法。本书以串联机械臂为对象介绍机器人建模与控制。若无特别说明，本书后续章节所提的机器人和机械臂均指串联机械臂。

1.3.3 常见机械臂几何结构

大多数机械臂的关节不超过6个，可以根据前3个关节对其进行运动学层面的划分，包括直角坐标型、圆柱坐标型、球面坐标型、转动关节型、平行关节型（SCARA 型）等，下面将详细阐述各类型机械臂的构型及主要特征。

直角坐标型机械臂前3个关节均为平动型关节，通过关节在直角坐标系中沿轴运动可以使末端执行器到达指定位置，其结构如图 1-3a 所示。这种结构简单且直观，在组装、搬运等工业应用场景中有着广泛的应用。图 1-3b 展示了 KUKA 龙门架式机器人，这是一种在工业领域常用的直角坐标型机械臂。

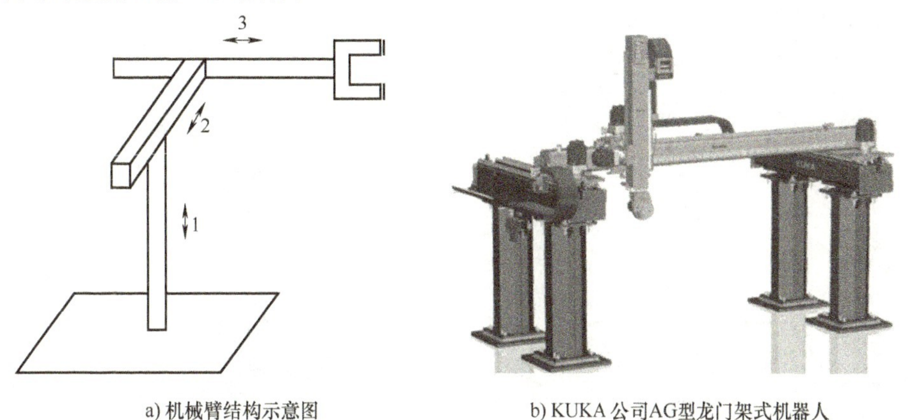

a) 机械臂结构示意图　　b) KUKA 公司AG型龙门架式机器人

图 1-3 直角坐标型机械臂

圆柱坐标型机械臂的第一个关节为转动型关节，其余两个为平动型关节。机器人末端执行器可以围绕基座进行转动，并在其余两方向平动，末端构成一个圆柱形工作空间，关节变量可用末端执行器相对于基座的圆柱坐标表示，通常应用在物品搬运和转移等场景。该机械臂结构如图 1-4 所示。

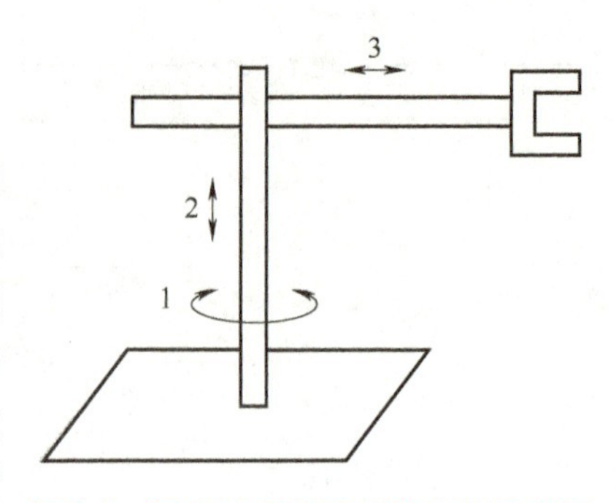

图 1-4　圆柱坐标型机械臂结构示意图

球面坐标型机械臂的前两个关节为转动型关节，第三个关节为平动型关节。通过这种关节配置，可构成一个球形工作空间，末端执行器在运行过程中可到达球面指定位置，且关节变量可用末端执行器相对于基座的球面坐标表示，该机器人结构如图 1-5a 所示。这种构型的机械臂最为经典的是 Victor Scheinman 于 1969 年发明的斯坦福机械臂（Stanford Arm），其结构如图 1-5b 所示，这是最早由计算机控制的机械臂之一。

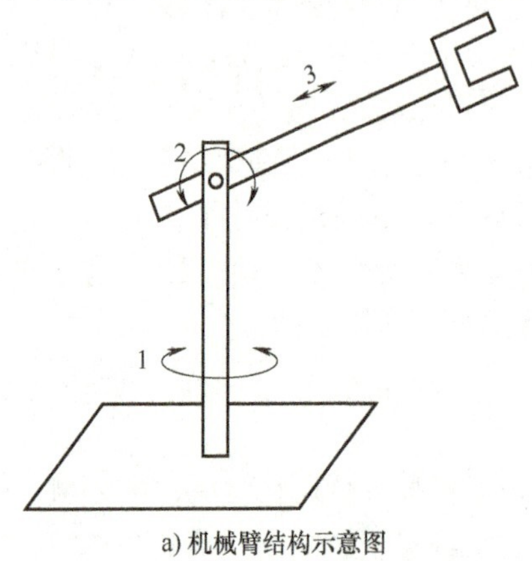

a) 机械臂结构示意图

b) 斯坦福机械臂

图 1-5　球面坐标型机械臂

转动关节型机械臂前 3 个关节均为转动型关节，由于这种机械臂类似人手臂工作的情况，故也称为仿人机械臂，其结构如图 1-6a 所示。这种机械臂可以在占用较小空间的情况下提供较大的工作空间，以适应复杂的工业应用场景。图 1-6b 为 FANUC 公司的 R-2000 型机械臂，常用于焊接、搬运、组装等工业生产场景。

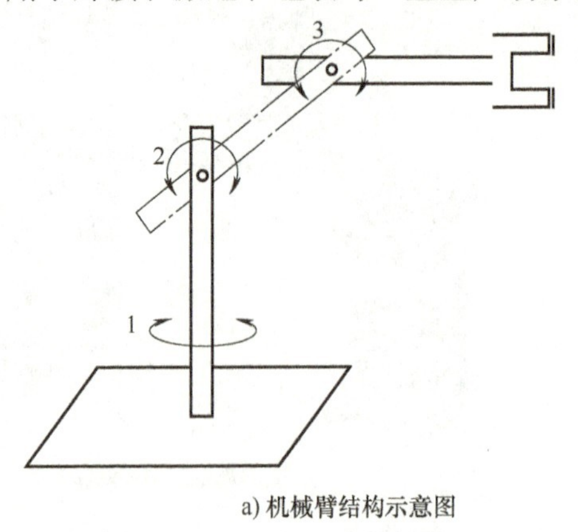

a) 机械臂结构示意图

b) FANUC 公司R-2000型机械臂

图 1-6　转动关节型机械臂

平行关节型机械臂又称 SCARA 型机械臂（Selective Compliance Assembly Robot Arm，选择顺应性装配机器手臂），这种机械臂与球面坐标型机械臂有着相同的关节结构，但是平行关节型机械臂关节的转动轴和滑动轴相互平行，其结构如图 1-7a 所示。这种结构非常适用于装配工作，因此在电子产品装配、塑料加工、食品生产等行业有着广泛的应用，图 1-7b 为 EPSON 公司的 T3-B 型机械臂。

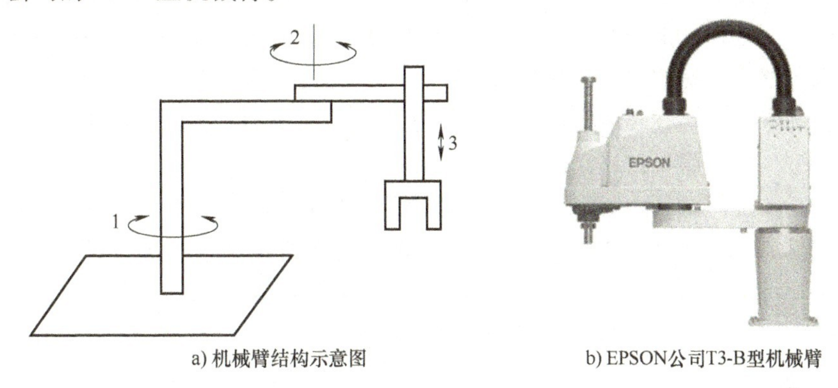

a) 机械臂结构示意图　　b) EPSON公司T3-B型机械臂

图 1-7　平行关节型机械臂

1.4　机器人建模与控制简述

1.4.1　基本概念

本节将对机器人建模与控制中的重要概念进行简单介绍，后续章节中也会对这些内容进行进一步研究。

（1）位置与姿态

在机器人学的研究中，需要考虑在三维空间中物体的位置。对于机器人，主要需要考虑杆件、零部件、末端抓持工具以及工作空间内其他物体的位置，通常使用位置和姿态对其进行描述。为了描述空间物体的位置和姿态，一般先在物体上设置一个联体坐标系，然后在基座坐标系或其他参考坐标系中描述联体坐标系的位姿。在机器人建模中，通常会在每个连杆上建立联体坐标系，从而将对机器人运动的描述转化为对各个坐标系的数学描述。

（2）正运动学

运动学是从几何角度对机器人运动进行分析，通常涉及机器人的位置、速度、加速度等变量。正运动学是根据给定的机器人关节变量取值来确定末端执行器的位置和姿态。机器人可以看作一系列由关节连接的连杆，在工作时使得各连杆发生相对转动或平动以使机器人末端到达指定位置，如果为转动型关节，则位移被称为关节角；若为平动型关节，位移通常被称为连杆偏距。被驱动的末端关节通常安装有末端执行器，通常依据机器人应用场合进行选取，如在焊接作业中，机器人末端执行器为焊枪；在装配作业中，机器人末端执行器可为夹爪或特定形状的卡槽等。在末端执行器上通常设有工具坐标系或工件坐标系，其相对于机器人基座坐标系的位姿可用于描述机器人的位姿。

一个处于三维空间的自由物体具有 6 个自由度，包括 3 个对应位置的自由度和 3 个对应姿态的自由度。因此，一个机械臂最少需要 6 个自由度才有可能以任意姿态到达工作空间中每一点。当机械臂需要完成绕开障碍物等较为复杂的任务时，可能需要更多的自由度，一般称自由度大于 6 的机械臂为运动学冗余（Kinematically Redundant）机械臂。

（3）逆运动学

逆运动学问题需要根据机器人末端执行器的位置和姿态计算所有可达此状态的机器人关节角。由于运动学方程通常为非线性方程，这种计算往往十分复杂，很难找到封闭解，很多情况下会出现多解或无解的情况。多解说明有不止一组关节角可以达到给定位姿，需要根据实际情况进行选取；无解则表示机器人无法到达指定位姿，目标点超出机器人的工作空间。逆运动学求解方法将在第 4 章讨论。

机器人的工作空间（Workspace）表示机器人末端执行器所能到达的总体区域。工作空间主要由机器人的几何结构以及各关节上的机械限位所决定，一般分为可达工作空间（Reachable Workspace）和灵巧工作空间（Dexterous Workspace）。工作空间为逆运动学求解设定了约束，应当使求解目标点在工作空间内。

（4）微分运动学和静力学

在进行机器人控制时，通常需要将机器人的关节空间速度映射到笛卡儿空间速度，这种映射关系通过雅可比矩阵来描述。该矩阵是机器人运动分析和控制中非常重要的一个概念，在机器人轨迹规划、动力学分析、力控制等方面有着广泛的应用。

在机器人位置和姿态变化时，雅可比矩阵中描述的映射关系也会发生变化，当机器人处于奇异点时，映射关系不可逆，此时机器人的运动受到限制，其末端执行器无法朝一些方向运动。所有的机械装置都存在奇异点，这些奇异点并不影响机器人在其工作空间内的定位，但是当机器人运动到这些奇异点附近时就会引起一些问题，如解算出的关节速度接近于无穷等情况，所以在实际应用中，应当尽量避开奇异点。

（5）轨迹规划

在机器人运动过程中，通常期望其运动轨迹是平滑的，而且各关节运动应协调一致，从而保证机器人工作的平稳性。轨迹规划是在给定机器人末端目标位姿的情况下，确定机器人末端到达目标的准确路径、时间历程、速度曲线等。路径是机器人位形的一个特定序列，而不考虑机器人位形的时间因素；轨迹则包括何时到达路径中的每个部分，强调了时间性和连续性。在许多场景中，期望目标点不足以描述任务约束，此时需要加入一些中间点来约束机器人的运动。具体的路径及轨迹规划方法将在第 6 章详细阐述。

（6）动力学

动力学主要研究实现给定运动所需的力/力矩。机器人通常由电动机产生的转矩驱动，为了使机器人能够实现期望的运动，需要关节产生相应的转矩，而在对关节转矩进行计算时则需要通过机器人动力学方程求解。第 7 章将会介绍构造动力学方程常用的拉格朗日法以及牛顿-欧拉法，这些方法在机器人运动控制和仿真中发挥了重要作用。

（7）运动控制

尽管动力学将机器人力与运动联系起来，但是由于模型误差和干扰的影响，仍需对机器人进行闭环运动控制，以实现对期望轨迹的跟踪。在运动控制过程中，通过传感器检测机器人的实际运动状态，反馈调节执行器的输入，以补偿系统误差并抑制外界干扰，在保证闭环系统稳定和实现期望轨迹的同时，满足既定的瞬态和稳态要求。第 8 章将会针对机器人运动控制问题探讨多种控制方案。

(8) 力控制

当机器人执行打磨、抛光等任务时，需要机器人与工件表面进行接触，此时单纯的位置控制可能会造成工件的损伤，无法满足生产需求，需要引入力控制方法来实现与环境的柔顺交互。在实际应用中，可根据任务的需求灵活选择，通常并不需要在所有方向进行力控制，因此将位置控制与力控制结合进行。而在另一些应用场景中，为了控制交互过程中的能量流动，需要采用阻抗控制方法。第9章将介绍力位混合控制和阻抗控制等方法。

1.4.2 机械臂设计方法

机械臂的设计需要考虑诸多方面的因素，包括确定基本参数，选择运动方式，设计机械臂配置方式、检测方式、驱动方式、控制方式、机械结构等多个部分。除此之外，也需要考虑机械臂的成本，通常控制器、减速器、伺服电动机这三大核心部分占据了机械臂的主要成本，另外还有传感器、机械结构、配套设备等可以根据应用场景灵活调节，以降低生产成本。一套完善的机械臂产品往往包含不同负载、不同配套设备，甚至是不同机械结构的型号以适应更多环境。

在设计机械臂时，需要先进行系统的分析：

1）根据机械臂的使用场合，明确所使用机械臂的目的和任务。

2）分析机械臂所在系统的工作环境，以及机械臂与已有设备的兼容性。

3）分析系统的工作要求，确定机械臂的基本功能和方案。

由于机械臂设计内容涵盖广泛且本书主要讨论机械臂的建模与控制部分，因此本节将针对机械臂主要参数以及控制方法的设计进行分析。

对于机械臂基本参数的确定，需要考虑机械臂所需自由度、控制器性能、机械臂运动速度、定位精度、工作空间、环境条件、外形尺寸等多个参数。例如，在确定机械臂自由度时可根据实际应用选择，自由度高可以使机械臂更加灵活、柔顺，但同时也提升了制造成本，增加了控制难度，也使得后续设备维修和保养更为困难。对于简单的搬运、码垛等工作，机械臂具有三自由度即可；若考虑汽车装配、部件焊接等较为复杂的工作，机械臂可以设计为六自由度；若考虑在电子产品加工装配以及需要人机协作的工作场景，则可设计为七自由度。

此外，还需要注意几个较为关键的参数，在工业生产中，通常需要考虑机械臂的负载、工作空间、运动速度和定位精度。机械臂负载取决于应用场景，对于专用机械臂来说，需要针对其工作对象来设计，负载主要根据被抓取物体的重量确定，通常取1.5~3.0的安全系数；而工业机械臂具有一定的通用性，负载要根据被抓取物体的重量以及应用环境来确定。机械臂工作空间需要根据工艺要求和操作运动的轨迹来确定，同时也需要适应工作场景中要求的运动方式。机械臂运动速度则需要在工作节拍分配的基础上，通过机械臂各部位的运动行程来确定，在实际工业生产中还需考虑与生产线上其余部分相互配合，以保证最大化生产率。

机械臂定位精度需要根据实际使用中的需求进行设计。定位精度是指机器人实际到达的位置和设计的理想位置之间的差异，在实际应用中，通常不会直接测量末端执行器的位置和姿态，而是根据测量的关节位置来计算末端执行器位置，因此定位精度会受到计算误差、机械结构误差、机械连杆的柔性变形以及其他多种静态和动态因素的影响。同时，也应注意机械臂的重复定位精度，重复定位精度是指机器人重复到达某一目标位置的差异程度。测量定位误差的主要方法是使用位于关节部位的编码器，这些编码器可安装在用来驱动关节的电动机轴上或者关节自身上。在工业生产中，机械臂会持续作业，因此机械臂的重复定位精度将在很大程度上影响一批产品的质量，如图 1-6 所示的 R-2000 型机械臂的重复定位精度为±0. 05mm。在设计中则依据机器人机械机构和控制系统稳定性等因素来确定重复定位精度。

对于机械臂控制系统的设计通常需要考虑路径规划、运动控制和力控制等部分。路径规划部分主要考虑机械臂自身约束以及环境约束，通常采用多项式插值的方法获得相应的轨迹，路径规划在保证较高生产率的同时也应保证路径的平滑连续。机械臂运动控制通常使用 PID 控制以及前馈控制，可根据应用场景调整控制策略。力控制则应用在如打磨、抛光等场景，对于搬运、码垛等简单任务通常无须使用力控制。力控制则包含阻抗控制、导纳控制、力位混合控制等控制方法，方法的选择与设计则与应用场景、硬件条件有关。例如，在机械臂上无力矩传感器时，只能采用阻抗控制；若是需要主动力控制的场景，则采用力位混合控制。具体路径规划以及控制方法将在后续章节中进行详细阐述，此处仅为机械臂控制系统设计提供一种思路，以供读者参考。

习　题

1-1　参考本章对工业机器人发展的叙述，结合相关资料，制作年表记录过去四十年工业机器人发展的主要事件。

1-2　请用一到两句话简述点到点控制、工作空间、定位精度的定义。

1-3　请画出图 1-7b 所示的 SCARA 型机械臂工作空间。

1-4　请指出图 1-6 所示的转动关节型机械臂的奇异点。

1-5　请根据第 1. 4. 2 节内容，设计一种机械臂，包括关键参数及应用构想（具体场景可参考搬运、装配、打磨等）。

第 2 章　空间描述和变换

导　读

对机器人的描述需要建立各种坐标系，并利用这些坐标系表示刚体的位置和姿态。本章首先简介坐标系与向量的基本知识，然后介绍旋转矩阵和坐标系变换，在此基础上，进一步讲述了姿态的欧拉角表示、固定角表示、等效轴角表示和单位四元数表示等相关知识。

本章知识点

- 旋转矩阵
- 齐次变换矩阵
- 欧拉角
- 固定角
- 等效轴角
- 单位四元数
- 欧拉参数

2.1　坐标系与向量

2.1.1　笛卡儿直角坐标系

在三维空间中，交于同一点的三条不共面的数轴（常称 x 轴、y 轴和 z 轴）构成一个放射坐标系，若该坐标系的三条数轴两两垂直且度量单位相等，则称为笛卡儿直角坐标系，笛卡儿直角坐标系包括笛卡儿直角右手坐标系和笛卡儿直角左手坐标系。满足图 2-1 所示右手定则的是右手系：右手放在原点的位置，大拇指、食指和中指互成直角，大拇指指向 x 轴的正方向，食指指向 y 轴的正方向，中指所指的方向是 z 轴正方向的坐标系是右手系，否则是左手系。两种笛卡儿直角坐标系如图 2-2 所示。若无特别说明，本书中的坐标系均为笛卡儿直角右手坐标系，而且所有坐标系都采用同样长度的度量单位。本书一般用带“{ }”的字母表示坐标系，如坐标系 $\{A\}$ 和坐标系 $\{B\}$ 等。在具有绝对时空观的经典力学体系中研究机器人，为方便问题描述，研究者可以建立一个世界坐标系，即指定世界坐标系的原点、x 轴正方向、y 轴正方向和 z 轴正方向。本书用 $\{U\}$ 表示世界坐标系，物体相对于 $\{U\}$ 静止可通俗地当作绝对静止，物体相对于 $\{U\}$ 运动可通俗地当作绝对运动，$\{U\}$ 是一个牛顿运动定律成立的参照系。

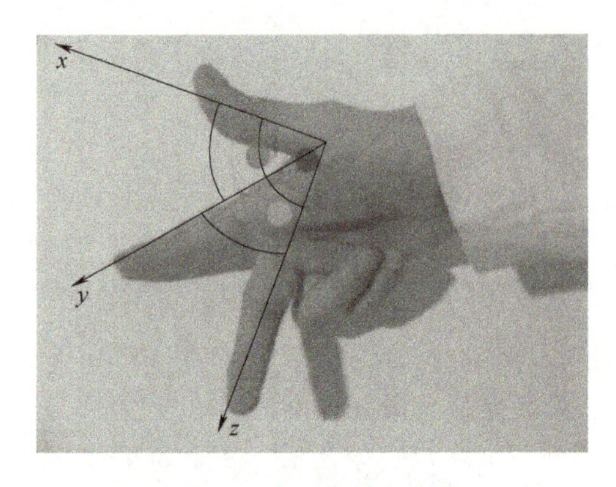

图 2-1 右手定则示意图

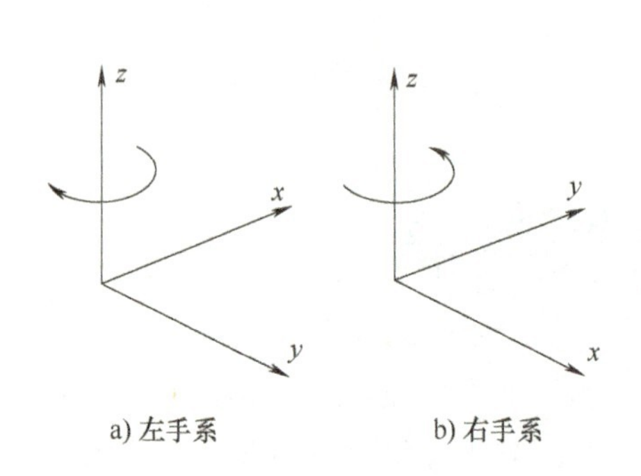

图 2-2 两种笛卡儿直角坐标系

2.1.2 向量

向量是具有大小和方向的量，许多物理量（作用于物体的力矩、空间中质点的速度等）都是用三维向量来描述的。三维向量可以形象化地表示为三维空间中的有向线段，比如图 2-3 中起于点 E、终于点 F 的有向线段，将该线段所代表的向量记为 $\boldsymbol{r}_{EF}$，线段的长度表示 $\boldsymbol{r}_{EF}$ 的大小，线段的方向表示 $\boldsymbol{r}_{EF}$ 的方向。若两个向量长度相等、方向相同，则称这两个向量相等。这意味着代表向量的有向线段可以平移到任意位置。在三维空间中讨论问题，往往需要建立一个坐标系（比如坐标系 $\{A\}$）作为参考系。记 O_A 为 $\{A\}$ 的原点，$\hat{\boldsymbol{X}}_A$、$\hat{\boldsymbol{Y}}_A$ 和 $\hat{\boldsymbol{Z}}_A$ 分别是 $\{A\}$ 中 x 轴、y 轴和 z 轴上正向的单位向量（具有 1 个度量单位长度的向量，即长度为 1 的向量），O_A、$\hat{\boldsymbol{X}}_A$、$\hat{\boldsymbol{Y}}_A$ 和 $\hat{\boldsymbol{Z}}_A$ 即构成了坐标系 $\{A\}$ 的全部要素。对于两个坐标系 $\{A\}$ 和 $\{B\}$，若 $\hat{\boldsymbol{X}}_A$ 与 $\hat{\boldsymbol{X}}_B$ 相等、$\hat{\boldsymbol{Y}}_A$ 与 $\hat{\boldsymbol{Y}}_B$ 相等，则称 $\{A\}$ 与 $\{B\}$ 平行。为方便讨论，将代表向量的有向线段平移到以 O_A 为起点，比如 $\boldsymbol{r}_{EF}$ 平移为 $\boldsymbol{r}_{O_AD}$。将向量的起点平移到参考系原点后，可以直观地解释向量加减法、向量数乘和零向量等，关于这些知识本书不再赘述，读者可以参阅本书参考文献［1］。

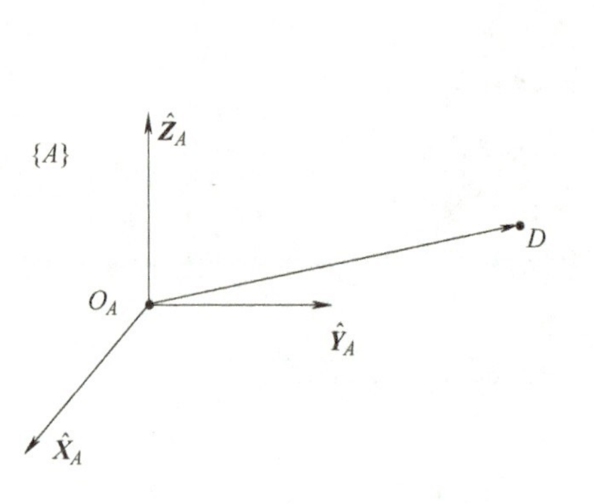

图 2-3 参考系与向量

在建立了坐标系 $\{A\}$ 并将向量的起点平移到 O_A 后，也可以对向量进行定量表达，例如，对于图 2-3 中的向量 $\boldsymbol{r}_{O_AD}$，将它分别向 $\hat{\boldsymbol{X}}_A$、$\hat{\boldsymbol{Y}}_A$ 和 $\hat{\boldsymbol{Z}}_A$ 作投影，得到分别与 $\hat{\boldsymbol{X}}_A$、$\hat{\boldsymbol{Y}}_A$ 和 $\hat{\boldsymbol{Z}}_A$ 平行的

3 个向量 $x_D\hat{\boldsymbol{X}}_A$、$y_D\hat{\boldsymbol{Y}}_A$ 和 $z_D\hat{\boldsymbol{Z}}_A$，由投影的几何意义和向量的加法法则，知这 3 个向量相加的结果是 $\boldsymbol{r}_{O_AD}$，则

$$\boldsymbol{r}_{O_AD}=x_D\hat{\boldsymbol{X}}_A+y_D\hat{\boldsymbol{Y}}_A+z_D\hat{\boldsymbol{Z}}_A$$
$$=(\hat{\boldsymbol{X}}_A\quad\hat{\boldsymbol{Y}}_A\quad\hat{\boldsymbol{Z}}_A)\begin{pmatrix}x_D\\y_D\\z_D\end{pmatrix}\tag{2-1}$$

式（2-1）即定量表达了向量 $\boldsymbol{r}_{O_AD}$（或 $\boldsymbol{r}_{EF}$）。显然，两两垂直的 $x_D\hat{\boldsymbol{X}}_A$、$y_D\hat{\boldsymbol{Y}}_A$ 和 $z_D\hat{\boldsymbol{Z}}_A$ 的长度分别为 $|x_D|$、$|y_D|$和$|z_D|$，由勾股定理可知向量 $\boldsymbol{r}_{O_AD}$的大小为

$$|\boldsymbol{r}_{O_AD}|=\sqrt{x_D^2+y_D^2+z_D^2}\tag{2-2}$$

从符号简洁性上看，式（2-1）对 $\boldsymbol{r}_{O_AD}$的表达稍显冗长。为简洁起见，一般将 $\boldsymbol{r}_{O_AD}$用点 D 在 $\{A\}$ 中的坐标表达，即

$${}^A\boldsymbol{D}=\begin{pmatrix}x_D\\y_D\\z_D\end{pmatrix}\tag{2-3}$$

在这种表达中，用左上标来表明其参考系并且常常将 ${}^A\boldsymbol{D}$ 也称作向量。不难看出，在参考系 $\{A\}$ 中，$\hat{\boldsymbol{X}}_A$、$\hat{\boldsymbol{Y}}_A$ 和 $\hat{\boldsymbol{Z}}_A$ 可分别表达为

$${}^A\boldsymbol{X}_A=\begin{pmatrix}1\\0\\0\end{pmatrix},{}^A\boldsymbol{Y}_A=\begin{pmatrix}0\\1\\0\end{pmatrix},{}^A\boldsymbol{Z}_A=\begin{pmatrix}0\\0\\1\end{pmatrix}\tag{2-4}$$

2.1.3　三维向量的内积和外积

两个三维向量 $\boldsymbol{r}_{OP}$与 $\boldsymbol{r}_{OQ}$的内积（数量积）定义为

$$\boldsymbol{r}_{OP}\cdot\boldsymbol{r}_{OQ}=|\boldsymbol{r}_{OP}||\boldsymbol{r}_{OQ}|\cos\theta\tag{2-5}$$

式（2-5）表明，内积是一个标量，零向量与任何向量的内积等于零。而对于两个非零向量 $\boldsymbol{r}_{OP}$和 $\boldsymbol{r}_{OQ}$，式（2-5）中的 $\theta\in[0,\pi]$是 $\boldsymbol{r}_{OP}$与 $\boldsymbol{r}_{OQ}$的夹角。从内积的定义，可以得到一个求两个非零向量间夹角的公式

$$\theta=\arccos\frac{\boldsymbol{r}_{OP}\cdot\boldsymbol{r}_{OQ}}{|\boldsymbol{r}_{OP}||\boldsymbol{r}_{OQ}|}\tag{2-6}$$

并由此可知：$\boldsymbol{r}_{OP}$与 $\boldsymbol{r}_{OQ}$垂直（也称正交）的充要条件是它们的内积等于零。这也表明：方向任意的零向量垂直于任何向量。注意到非零向量 $\boldsymbol{r}_{OP}$与 $\boldsymbol{r}_{OP}$的夹角等于零，由式（2-5）不难得到向量长度与内积的关系 $|\boldsymbol{r}_{OP}|=\sqrt{\boldsymbol{r}_{OP}\cdot\boldsymbol{r}_{OP}}$。另外，若 $\boldsymbol{r}_{OQ}$是单位向量，则 $\boldsymbol{r}_{OP}\cdot\boldsymbol{r}_{OQ}=|\boldsymbol{r}_{OP}|\cos\theta$，从几何上讲（见图 2-4），将 $\boldsymbol{r}_{OP}$向单位向量 $\boldsymbol{r}_{OQ}$作投影，得到的投影向量为$(\boldsymbol{r}_{OP}\cdot\boldsymbol{r}_{OQ})\boldsymbol{r}_{OQ}$。

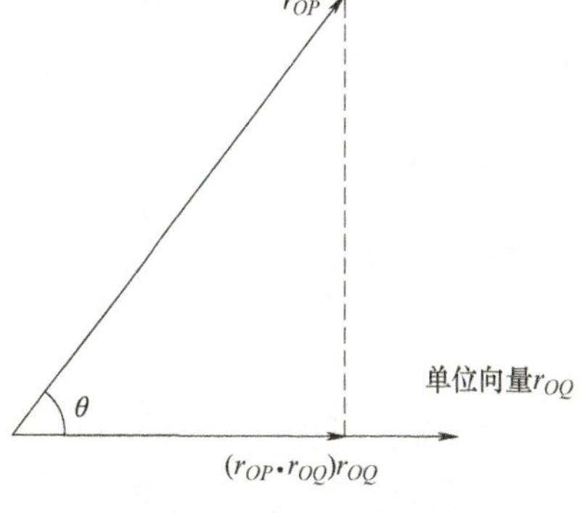

图 2-4　投影与内积

设在参考系$\{A\}$中，$\boldsymbol{r}_{OP}$和$\boldsymbol{r}_{OQ}$分别被表达为${}^{A}\boldsymbol{P}=\begin{pmatrix}p_x\\p_y\\p_z\end{pmatrix}$，${}^{A}\boldsymbol{Q}=\begin{pmatrix}q_x\\q_y\\q_z\end{pmatrix}$。那么，$\boldsymbol{r}_{OP}$和$\boldsymbol{r}_{OQ}$的内积可按式（2-7）计算

$$\boldsymbol{r}_{OP}\cdot\boldsymbol{r}_{OQ}={}^{A}\boldsymbol{P}\cdot{}^{A}\boldsymbol{Q}={}^{A}\boldsymbol{P}^{\mathrm{T}A}\boldsymbol{Q}=(p_x\quad p_y\quad p_z)\begin{pmatrix}q_x\\q_y\\q_z\end{pmatrix}=p_xq_x+p_yq_y+p_zq_z \tag{2-7}$$

式中，右上标T表示转置。

两个三维向量$\boldsymbol{r}_{OP}$与$\boldsymbol{r}_{OQ}$的外积（向量积）是一个三维向量，记这个向量为$\boldsymbol{r}_{OW}$且

$$\boldsymbol{r}_{OW}=\boldsymbol{r}_{OP}\times\boldsymbol{r}_{OQ} \tag{2-8}$$

向量$\boldsymbol{r}_{OW}$的长度定义为

$$|\boldsymbol{r}_{OW}|=|\boldsymbol{r}_{OP}||\boldsymbol{r}_{OQ}|\sin\theta \tag{2-9}$$

式（2-9）表明，零向量与任何向量的外积是零向量，夹角θ为0或π的两个非零向量的外积也是零向量。对于夹角$\theta\in(0,\pi)$的两个非零向量$\boldsymbol{r}_{OP}$和$\boldsymbol{r}_{OQ}$，它们的外积$\boldsymbol{r}_{OW}$既与$\boldsymbol{r}_{OP}$垂直、又与$\boldsymbol{r}_{OQ}$垂直（即垂直于由$\boldsymbol{r}_{OP}$和$\boldsymbol{r}_{OQ}$确定的平面），垂直于同一个平面的向量的方向不唯一（有两个完全相反的方向）。$\boldsymbol{r}_{OW}$的方向按如图2-5所示的右手螺旋法则确定：右手大拇指伸直，弯曲其他四指，四指指向由$\boldsymbol{r}_{OP}$经θ转向$\boldsymbol{r}_{OQ}$，大拇指的朝向就是$\boldsymbol{r}_{OW}$的方向。由式（2-9）和图2-5可得到外积的反交换律

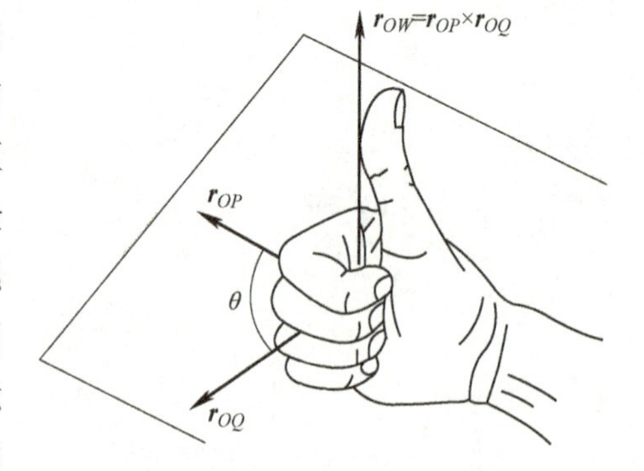

图2-5　三维向量外积的图示

$$\boldsymbol{r}_{OQ}\times\boldsymbol{r}_{OP}=-\boldsymbol{r}_{OP}\times\boldsymbol{r}_{OQ} \tag{2-10}$$

另外，对于右手参考系$\{A\}$，有

$$\hat{\boldsymbol{Z}}_A=\hat{\boldsymbol{X}}_A\times\hat{\boldsymbol{Y}}_A,\hat{\boldsymbol{X}}_A=\hat{\boldsymbol{Y}}_A\times\hat{\boldsymbol{Z}}_A,\hat{\boldsymbol{Y}}_A=\hat{\boldsymbol{Z}}_A\times\hat{\boldsymbol{X}}_A \tag{2-11}$$

设在参考系$\{A\}$中，$\boldsymbol{r}_{OP}$和$\boldsymbol{r}_{OQ}$以及它们的外积$\boldsymbol{r}_{OW}$分别被表达为

$${}^{A}\boldsymbol{P}=\begin{pmatrix}p_x\\p_y\\p_z\end{pmatrix},{}^{A}\boldsymbol{Q}=\begin{pmatrix}q_x\\q_y\\q_z\end{pmatrix},{}^{A}\boldsymbol{W}=\begin{pmatrix}w_x\\w_y\\w_z\end{pmatrix}={}^{A}\boldsymbol{P}\times{}^{A}\boldsymbol{Q} \tag{2-12}$$

一般有三种方法计算${}^{A}\boldsymbol{W}$。第一种方法采用式（2-13）：

$$\begin{cases}w_x=p_yq_z-p_zq_y\\w_y=p_zq_x-p_xq_z\\w_z=p_xq_y-p_yq_x\end{cases} \tag{2-13}$$

第二种方法采用式（2-14）：

$$
{}^{A}\boldsymbol{W}=\begin{pmatrix}0 & -p_z & p_y\\ p_z & 0 & -p_x\\ -p_y & p_x & 0\end{pmatrix}\begin{pmatrix}q_x\\ q_y\\ q_z\end{pmatrix}={}^{A}\boldsymbol{P}^{\wedge}\,{}^{A}\boldsymbol{Q} \tag{2-14}
$$

式中，$\begin{pmatrix}0 & -p_z & p_y\\ p_z & 0 & -p_x\\ -p_y & p_x & 0\end{pmatrix}$是一个反对称矩阵（若矩阵与其转置相加的结果是零矩阵，则称该矩阵为反对称矩阵）；向量的右上标“$^{\wedge}$”表示一种从 $\mathbb{R}^3$到全体三阶反对称矩阵的映射，即任对${}^{A}\boldsymbol{P}=(p_x\quad p_y\quad p_z)^{\mathrm{T}}\in\mathbb{R}^3$，该映射定义为

$$
\begin{pmatrix}p_x\\ p_y\\ p_z\end{pmatrix}^{\wedge}=\begin{pmatrix}0 & -p_z & p_y\\ p_z & 0 & -p_x\\ -p_y & p_x & 0\end{pmatrix} \tag{2-15}
$$

不难看出，该映射是可逆的。本书用右上标“$^{\vee}$”表示其逆映射，具体定义为

$$
\begin{pmatrix}0 & -p_z & p_y\\ p_z & 0 & -p_x\\ -p_y & p_x & 0\end{pmatrix}^{\vee}=\begin{pmatrix}p_x\\ p_y\\ p_z\end{pmatrix} \tag{2-16}
$$

第三种方法是构造并计算行列式

$$
\begin{vmatrix}i & j & k\\ p_x & p_y & p_z\\ q_x & q_y & q_z\end{vmatrix}\quad 或\quad \begin{vmatrix}i & p_x & q_x\\ j & p_y & q_y\\ k & p_z & q_z\end{vmatrix}
$$

这些行列式中 i 项、j 项和 k 项的系数分别是 w_x、w_y 和 w_z。

例 2-1　设${}^{A}\boldsymbol{P}=(1\quad 2\quad 3)^{\mathrm{T}}$，${}^{A}\boldsymbol{Q}=(4\quad 5\quad 6)^{\mathrm{T}}$，试求${}^{A}\boldsymbol{P}\times{}^{A}\boldsymbol{Q}$。

解

方法 1：

$$
{}^{A}\boldsymbol{P}\times{}^{A}\boldsymbol{Q}=\begin{pmatrix}2\times6-3\times5\\ 3\times4-1\times6\\ 1\times5-2\times4\end{pmatrix}=\begin{pmatrix}-3\\ 6\\ -3\end{pmatrix}
$$

方法 2：

$$
{}^{A}\boldsymbol{P}\times{}^{A}\boldsymbol{Q}=\begin{pmatrix}0 & -3 & 2\\ 3 & 0 & -1\\ -2 & 1 & 0\end{pmatrix}\begin{pmatrix}4\\ 5\\ 6\end{pmatrix}=\begin{pmatrix}-3\\ 6\\ -3\end{pmatrix}
$$

方法 3：

$$
\begin{vmatrix}i & j & k\\ 1 & 2 & 3\\ 4 & 5 & 6\end{vmatrix}=\begin{vmatrix}i & 1 & 4\\ j & 2 & 5\\ k & 3 & 6\end{vmatrix}=12i+12j+5k-8k-6j-15i=-3i+6j-3k
$$

于是${}^{A}\boldsymbol{P}\times{}^{A}\boldsymbol{Q}=(-3\quad 6\quad -3)^{\mathrm{T}}$。

2.2 参考系中点和刚体的描述

2.2.1 点的位置描述

一旦建立了坐标系，如坐标系$\{A\}$，就能用一个位置向量对三维空间中的任何点P以该坐标系为参考系进行定位。这个位置向量以O_A为起点、以P为终点，即向量$\boldsymbol{r}_{O_AP}$。根据向量的定量表达，有

$$\boldsymbol{r}_{O_AP}=(\hat{\boldsymbol{X}}_A \quad \hat{\boldsymbol{Y}}_A \quad \hat{\boldsymbol{Z}}_A)\begin{pmatrix}p_x\\p_y\\p_z\end{pmatrix} \tag{2-17}$$

式（2-17）即是对点P的位置描述。当然，也可以简洁地用三维向量

$$^{A}\boldsymbol{P}=\begin{pmatrix}p_x\\p_y\\p_z\end{pmatrix} \tag{2-18}$$

描述点P的位置。

2.2.2 刚体的位置和姿态描述

在机器人研究和应用中，不仅经常需要表示三维空间的点，还经常遇到描述三维空间中刚体的位置和姿态的问题，例如，在图2-6中如何描述操作手的位置和姿态？为了描述刚体的位置和姿态，针对刚体建立一个联体坐标系$\{B\}$，不论刚体如何运动，坐标系$\{B\}$随着刚体一起运动，也就是O_B（比如图2-6中将操作手两个手指之间的中点选为O_B）、$\hat{\boldsymbol{X}}_B$、$\hat{\boldsymbol{Y}}_B$和$\hat{\boldsymbol{Z}}_B$随着刚体一起运动，使刚体上每一个点在$\{B\}$中的位置保持不变。如此一来，在参考系$\{A\}$中以$\boldsymbol{r}_{O_AO_B}$或$^{A}\boldsymbol{O}_B$描述出$\{B\}$原点O_B的位置，即实现了对刚体位置的描述。而关于刚体的姿态，可以由$\hat{\boldsymbol{X}}_B$、$\hat{\boldsymbol{Y}}_B$和$\hat{\boldsymbol{Z}}_B$确定出来，因此，利用3个向量$^{A}\boldsymbol{X}_B$、$^{A}\boldsymbol{Y}_B$和$^{A}\boldsymbol{Z}_B$，可实现对刚体姿态的描述。具体说来，有

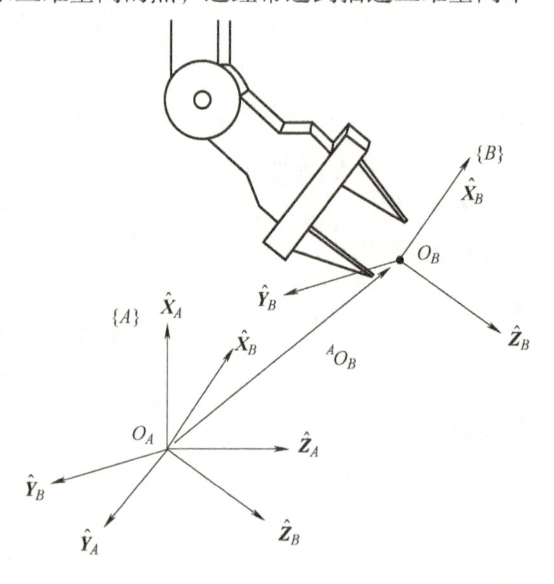

图2-6 刚体位置和姿态的描述

$$\hat{\boldsymbol{X}}_B=(\hat{\boldsymbol{X}}_A \quad \hat{\boldsymbol{Y}}_A \quad \hat{\boldsymbol{Z}}_A)^{A}\boldsymbol{X}_B=(\hat{\boldsymbol{X}}_A \quad \hat{\boldsymbol{Y}}_A \quad \hat{\boldsymbol{Z}}_A)\begin{pmatrix}r_{11}\\r_{21}\\r_{31}\end{pmatrix} \tag{2-19}$$

$$\hat{Y}_B = (\hat{X}_A \quad \hat{Y}_A \quad \hat{Z}_A)\,{}^A Y_B = (\hat{X}_A \quad \hat{Y}_A \quad \hat{Z}_A)\begin{pmatrix} r_{12} \\ r_{22} \\ r_{32} \end{pmatrix} \tag{2-20}$$

$$\hat{Z}_B = (\hat{X}_A \quad \hat{Y}_A \quad \hat{Z}_A)\,{}^A Z_B = (\hat{X}_A \quad \hat{Y}_A \quad \hat{Z}_A)\begin{pmatrix} r_{13} \\ r_{23} \\ r_{33} \end{pmatrix} \tag{2-21}$$

将${}^A\boldsymbol{X}_B$、${}^A\boldsymbol{Y}_B$ 和${}^A\boldsymbol{Z}_B$ 组成一个三阶矩阵

$$ {}^A_B\boldsymbol{R} = \begin{pmatrix} r_{11} & r_{12} & r_{13} \\ r_{21} & r_{22} & r_{23} \\ r_{31} & r_{32} & r_{33} \end{pmatrix} \tag{2-22}$$

即形成了关于刚体的姿态描述。当然，更严格但稍欠简洁的姿态描述是

$$(\hat{X}_B \quad \hat{Y}_B \quad \hat{Z}_B) = (\hat{X}_A \quad \hat{Y}_A \quad \hat{Z}_A)\,{}^A_B\boldsymbol{R} \tag{2-23}$$

上述的矩阵${}^A_B\boldsymbol{R}$ 称为旋转矩阵，其左上标 A 和左下标 B 表示在参考系$\{A\}$中描述联体坐标系$\{B\}$。在 $\mathbb{R}^{3\times3}$中定义集合

$$\mathrm{SO}(3) = \left\{ \begin{pmatrix} r_{11} & r_{12} & r_{13} \\ r_{21} & r_{22} & r_{23} \\ r_{31} & r_{32} & r_{33} \end{pmatrix} \in \mathbb{R}^{3\times3} \;\middle|\; \begin{pmatrix} r_{11} \\ r_{21} \\ r_{31} \end{pmatrix}^{\mathrm{T}} \begin{pmatrix} r_{11} \\ r_{21} \\ r_{31} \end{pmatrix} = 1, \begin{pmatrix} r_{12} \\ r_{22} \\ r_{32} \end{pmatrix}^{\mathrm{T}} \begin{pmatrix} r_{12} \\ r_{22} \\ r_{32} \end{pmatrix} = 1, \begin{pmatrix} r_{11} \\ r_{21} \\ r_{31} \end{pmatrix}^{\mathrm{T}} \begin{pmatrix} r_{12} \\ r_{22} \\ r_{32} \end{pmatrix} = 0, \begin{pmatrix} r_{11} \\ r_{21} \\ r_{31} \end{pmatrix} \times \begin{pmatrix} r_{12} \\ r_{22} \\ r_{32} \end{pmatrix} = \begin{pmatrix} r_{13} \\ r_{23} \\ r_{33} \end{pmatrix} \right\}$$

由笛卡儿直角右手坐标系的性质，不难理解：任何一个旋转矩阵（对应于刚体的一个姿态）都属于 SO(3)，而 SO(3)的任何一个元素都是旋转矩阵，因此，SO(3)是全体旋转矩阵的集合，并且刚体的不同姿态与 SO(3)中的不同旋转矩阵是一一对应的。关于旋转矩阵的称呼，读者可能会产生疑问：SO(3)中的矩阵分明是描述姿态的，并不涉及旋转，为何不叫姿态矩阵而叫旋转矩阵？这个疑问将在本章后面的内容中得到解释。

命题 2-1　对于任何 $\boldsymbol{R}\in\mathrm{SO}(3)$，$\boldsymbol{P}\in\mathbb{R}^3$，$\boldsymbol{Q}\in\mathbb{R}^3$，有 $\boldsymbol{R}(\boldsymbol{P}\times\boldsymbol{Q}) = \boldsymbol{RP}\times\boldsymbol{RQ}$

证　旋转矩阵 $\boldsymbol{R}$ 可视为${}^A_B\boldsymbol{R}$，即 $\boldsymbol{R} = {}^A_B\boldsymbol{R} = ({}^A\boldsymbol{X}_B \quad {}^A\boldsymbol{Y}_B \quad {}^A\boldsymbol{Z}_B)$，则 $\boldsymbol{RP} = p_x{}^A\boldsymbol{X}_B + p_y{}^A\boldsymbol{Y}_B + p_z{}^A\boldsymbol{Z}_B$，$\boldsymbol{RQ} = q_x{}^A\boldsymbol{X}_B + q_y{}^A\boldsymbol{Y}_B + q_z{}^A\boldsymbol{Z}_B$，再由反交换律及式（2-11）知

$$\begin{aligned}
\boldsymbol{RP}\times\boldsymbol{RQ} &= (p_x{}^A\boldsymbol{X}_B + p_y{}^A\boldsymbol{Y}_B + p_z{}^A\boldsymbol{Z}_B)\times(q_x{}^A\boldsymbol{X}_B + q_y{}^A\boldsymbol{Y}_B + q_z{}^A\boldsymbol{Z}_B) \\
&= p_xq_y{}^A\boldsymbol{X}_B\times{}^A\boldsymbol{Y}_B + p_xq_z{}^A\boldsymbol{X}_B\times{}^A\boldsymbol{Z}_B + p_yq_x{}^A\boldsymbol{Y}_B\times{}^A\boldsymbol{X}_B + p_yq_z{}^A\boldsymbol{Y}_B\times{}^A\boldsymbol{Z}_B + \\
&\quad p_zq_x{}^A\boldsymbol{Z}_B\times{}^A\boldsymbol{X}_B + p_zq_y{}^A\boldsymbol{Z}_B\times{}^A\boldsymbol{Y}_B \\
&= (p_xq_y - p_yq_x){}^A\boldsymbol{Z}_B + (p_zq_x - p_xq_z){}^A\boldsymbol{Y}_B + (p_yq_z - p_zq_y){}^A\boldsymbol{X}_B \\
&= ({}^A\boldsymbol{X}_B \quad {}^A\boldsymbol{Y}_B \quad {}^A\boldsymbol{Z}_B)\begin{pmatrix} p_yq_z - p_zq_y \\ p_zq_x - p_xq_z \\ p_xq_y - p_yq_x \end{pmatrix} \\
&= \boldsymbol{R}(\boldsymbol{P}\times\boldsymbol{Q})
\end{aligned}$$

2.2.3　齐次变换矩阵

前面分别用${}^A\boldsymbol{O}_B$ 和${}^A_B\boldsymbol{R}$ 描述了刚体的位置和姿态。这里将${}^A\boldsymbol{O}_B$ 和${}^A_B\boldsymbol{R}$ 组合起来，用一个四

阶矩阵描述刚体的位姿，这种矩阵称为齐次变换矩阵，它的表达式为

$$
{}_{B}^{A}\boldsymbol{T}=\left(\begin{array}{ccc:c} & {}_{B}^{A}\boldsymbol{R} & & {}^{A}\boldsymbol{O}_{B} \\ \hdashline 0 & 0 & 0 & 1 \end{array}\right) \tag{2-24}
$$

在 $\mathbb{R}^{4\times4}$ 中定义全体齐次变换矩阵的集合

$$
\mathrm{SE}(3)=\left\{\left(\begin{array}{ccc:c} & {}_{B}^{A}\boldsymbol{R} & & {}^{A}\boldsymbol{O}_{B} \\ \hdashline 0 & 0 & 0 & 1 \end{array}\right)\middle| {}_{B}^{A}\boldsymbol{R}\in\mathrm{SO}(3),{}^{A}\boldsymbol{O}_{B}\in\mathbb{R}^{3}\right\} \tag{2-25}
$$

不难理解：刚体的不同位姿与 SE(3)中的不同齐次变换矩阵是一一对应的。

2.3　两个坐标系的几何关系

在机器人研究中，经常会出现多个坐标系，这些坐标系的原点可能不同、轴向也可能不同。而且在研究过程中，还往往需要将参考系由这些坐标系中的一个换到另一个。关于坐标系间几何关系的知识无疑是不可缺的，本节将介绍这方面的知识。从上一节的内容中可以看到，用于描述刚体位置和姿态的 ${}^{A}\boldsymbol{O}_{B}$、${}_{B}^{A}\boldsymbol{R}$ 和 ${}_{B}^{A}\boldsymbol{T}$ 其实就是在描述两个坐标系之间的位置和姿态关系，因此可以从 SO(3)中的旋转矩阵和 SE(3)中的齐次变换矩阵开始介绍。

2.3.1　两个坐标系的相对姿态

对于 SO(3)中的任意一个矩阵

$$
{}_{B}^{A}\boldsymbol{R}=({}^{A}\boldsymbol{X}_{B}\quad {}^{A}\boldsymbol{Y}_{B}\quad {}^{A}\boldsymbol{Z}_{B}) \tag{2-26}
$$

因 $\hat{\boldsymbol{X}}_{B}$、$\hat{\boldsymbol{Y}}_{B}$ 和 $\hat{\boldsymbol{Z}}_{B}$ 是 3 个两两垂直的单位向量，由向量内积的性质知

$$
\begin{cases} {}^{A}\boldsymbol{X}_{B}^{\mathrm{T}}{}^{A}\boldsymbol{X}_{B}={}^{A}\boldsymbol{Y}_{B}^{\mathrm{T}}{}^{A}\boldsymbol{Y}_{B}={}^{A}\boldsymbol{Z}_{B}^{\mathrm{T}}{}^{A}\boldsymbol{Z}_{B}=1 \\ {}^{A}\boldsymbol{X}_{B}^{\mathrm{T}}{}^{A}\boldsymbol{Y}_{B}={}^{A}\boldsymbol{Y}_{B}^{\mathrm{T}}{}^{A}\boldsymbol{Z}_{B}={}^{A}\boldsymbol{X}_{B}^{\mathrm{T}}{}^{A}\boldsymbol{Z}_{B}=0 \end{cases} \tag{2-27}
$$

于是

$$
\begin{aligned}
{}_{B}^{A}\boldsymbol{R}^{\mathrm{T}}{}_{B}^{A}\boldsymbol{R}&=\begin{pmatrix} {}^{A}\boldsymbol{X}_{B}^{\mathrm{T}} \\ {}^{A}\boldsymbol{Y}_{B}^{\mathrm{T}} \\ {}^{A}\boldsymbol{Z}_{B}^{\mathrm{T}} \end{pmatrix}({}^{A}\boldsymbol{X}_{B}\quad {}^{A}\boldsymbol{Y}_{B}\quad {}^{A}\boldsymbol{Z}_{B}) \\
&=\begin{pmatrix} {}^{A}\boldsymbol{X}_{B}^{\mathrm{T}}{}^{A}\boldsymbol{X}_{B} & {}^{A}\boldsymbol{X}_{B}^{\mathrm{T}}{}^{A}\boldsymbol{Y}_{B} & {}^{A}\boldsymbol{X}_{B}^{\mathrm{T}}{}^{A}\boldsymbol{Z}_{B} \\ {}^{A}\boldsymbol{Y}_{B}^{\mathrm{T}}{}^{A}\boldsymbol{X}_{B} & {}^{A}\boldsymbol{Y}_{B}^{\mathrm{T}}{}^{A}\boldsymbol{Y}_{B} & {}^{A}\boldsymbol{Y}_{B}^{\mathrm{T}}{}^{A}\boldsymbol{Z}_{B} \\ {}^{A}\boldsymbol{Z}_{B}^{\mathrm{T}}{}^{A}\boldsymbol{X}_{B} & {}^{A}\boldsymbol{Z}_{B}^{\mathrm{T}}{}^{A}\boldsymbol{Y}_{B} & {}^{A}\boldsymbol{Z}_{B}^{\mathrm{T}}{}^{A}\boldsymbol{Z}_{B} \end{pmatrix}=\begin{pmatrix} 1 & 0 & 0 \\ 0 & 1 & 0 \\ 0 & 0 & 1 \end{pmatrix}
\end{aligned} \tag{2-28}
$$

由此得到

命题 2-2　对于任何 $\boldsymbol{R}\in\mathrm{SO}(3)$，$\boldsymbol{R}$ 可逆且 $\boldsymbol{R}^{-1}=\boldsymbol{R}^{\mathrm{T}}$。

下面讨论 ${}_{B}^{A}\boldsymbol{R}$ 与 ${}_{A}^{B}\boldsymbol{R}$ 的关系，前者是在 $\{A\}$ 中描述 $\{B\}$ 的姿态，后者是在 $\{B\}$ 中描述 $\{A\}$ 的姿态，两者都是 SO(3)的元素。这两者的更严格表述是

$$
(\hat{\boldsymbol{X}}_{B}\quad \hat{\boldsymbol{Y}}_{B}\quad \hat{\boldsymbol{Z}}_{B})=(\hat{\boldsymbol{X}}_{A}\quad \hat{\boldsymbol{Y}}_{A}\quad \hat{\boldsymbol{Z}}_{A}){}_{B}^{A}\boldsymbol{R} \tag{2-29}
$$

$$
(\hat{\boldsymbol{X}}_{A}\quad \hat{\boldsymbol{Y}}_{A}\quad \hat{\boldsymbol{Z}}_{A})=(\hat{\boldsymbol{X}}_{B}\quad \hat{\boldsymbol{Y}}_{B}\quad \hat{\boldsymbol{Z}}_{B}){}_{A}^{B}\boldsymbol{R} \tag{2-30}
$$

从而

$$(\hat{\boldsymbol{X}}_B \quad \hat{\boldsymbol{Y}}_B \quad \hat{\boldsymbol{Z}}_B) = (\hat{\boldsymbol{X}}_B \quad \hat{\boldsymbol{Y}}_B \quad \hat{\boldsymbol{Z}}_B)\,{}^B_A\boldsymbol{R}\,{}^A_B\boldsymbol{R} \tag{2-31}$$

进而 $\boldsymbol{I}={}^B_A\boldsymbol{R}\,{}^A_B\boldsymbol{R}$，再结合命题 2-2，可以得到

命题 2-3　对于任意两个三维笛卡儿直角右手坐标系 $\{A\}$ 和 $\{B\}$，有

$${}^B_A\boldsymbol{R} = {}^A_B\boldsymbol{R}^{-1} = {}^A_B\boldsymbol{R}^{\mathrm{T}} \tag{2-32}$$

例 2-2　在如图 2-7 所示的立体块上有 3 个坐标系 $\{A\}$、$\{B\}$ 和 $\{C\}$，求 ${}^A_B\boldsymbol{R}$、${}^B_A\boldsymbol{R}$ 和 ${}^A_C\boldsymbol{R}$。

解　从图 2-7 中可以看到

$${}^A\boldsymbol{X}_B=\begin{pmatrix}0\\0\\-1\end{pmatrix},{}^A\boldsymbol{Y}_B=\begin{pmatrix}1\\0\\0\end{pmatrix},{}^A\boldsymbol{Z}_B=\begin{pmatrix}0\\-1\\0\end{pmatrix},$$

$${}^A\boldsymbol{X}_C=\begin{pmatrix}0\\-1\\0\end{pmatrix},{}^A\boldsymbol{Y}_C=\begin{pmatrix}0\\0\\1\end{pmatrix},{}^A\boldsymbol{Z}_C=\begin{pmatrix}-1\\0\\0\end{pmatrix}$$

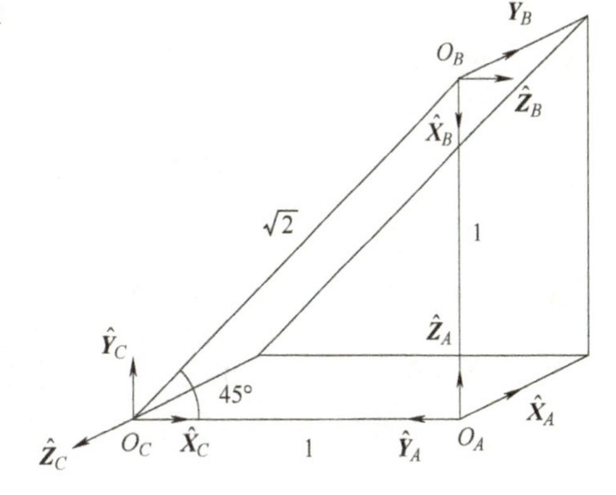

图 2-7　例 2-2 示意图

因此

$${}^A_B\boldsymbol{R}=\begin{pmatrix}0&1&0\\0&0&-1\\-1&0&0\end{pmatrix},{}^A_C\boldsymbol{R}=\begin{pmatrix}0&0&-1\\-1&0&0\\0&1&0\end{pmatrix},{}^B_A\boldsymbol{R}={}^A_B\boldsymbol{R}^{\mathrm{T}}=\begin{pmatrix}0&0&-1\\1&0&0\\0&-1&0\end{pmatrix}$$

2.3.2　两个坐标系的相对位置

两个坐标系 $\{A\}$ 和 $\{B\}$ 的相对位置既可用 ${}^A\boldsymbol{O}_B$ 描述，也可用 ${}^B\boldsymbol{O}_A$ 描述，前者是在 $\{A\}$ 中描述 $\boldsymbol{O}_B$，后者是在 $\{B\}$ 中描述 $\boldsymbol{O}_A$，两者都是 $\mathbb{R}^3$ 的元素。直观地从图 2-8 上看，似乎可以得到 ${}^B\boldsymbol{O}_A=-{}^A\boldsymbol{O}_B$。其实不然，虽然坐标 ${}^A\boldsymbol{O}_B$ 和坐标 ${}^B\boldsymbol{O}_A$ 所代表的两个向量大小相等、方向相反，但 ${}^A\boldsymbol{O}_B$ 和 ${}^B\boldsymbol{O}_A$ 所基于的参考系不同，并不能说这两个坐标存在相反关系。对于 ${}^A\boldsymbol{O}_B$ 和 ${}^B\boldsymbol{O}_A$ 所代表的两个向量，已经知道它们的更准确表达是

$$\boldsymbol{r}_{O_AO_B} = (\hat{\boldsymbol{X}}_A \quad \hat{\boldsymbol{Y}}_A \quad \hat{\boldsymbol{Z}}_A)\,{}^A\boldsymbol{O}_B \tag{2-33}$$

$$\boldsymbol{r}_{O_BO_A} = (\hat{\boldsymbol{X}}_B \quad \hat{\boldsymbol{Y}}_B \quad \hat{\boldsymbol{Z}}_B)\,{}^B\boldsymbol{O}_A \tag{2-34}$$

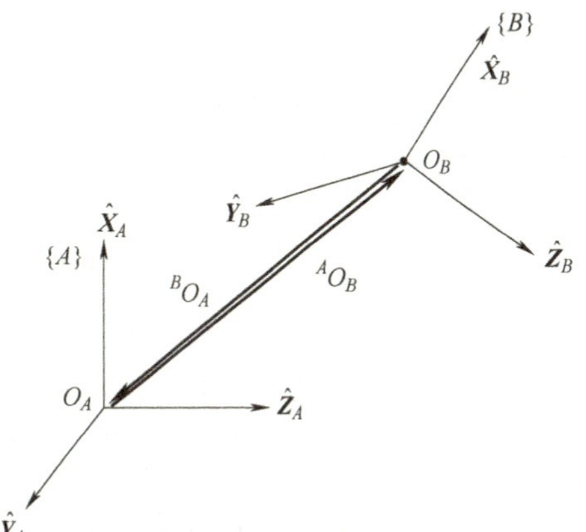

图 2-8　两个坐标系

正确的结果应是 $\boldsymbol{r}_{O_BO_A}=-\boldsymbol{r}_{O_AO_B}$，再结合式（2-30），可以得到

$$(\hat{\boldsymbol{X}}_B \quad \hat{\boldsymbol{Y}}_B \quad \hat{\boldsymbol{Z}}_B)\,{}^B\boldsymbol{O}_A = -(\hat{\boldsymbol{X}}_B \quad \hat{\boldsymbol{Y}}_B \quad \hat{\boldsymbol{Z}}_B)\,{}^B_A\boldsymbol{R}\,{}^A\boldsymbol{O}_B$$

于是有

命题 2-4 对于任意两个三维笛卡儿直角右手坐标系 $\{A\}$ 和 $\{B\}$，有

$$^{B}\boldsymbol{O}_{A}=-{}_{A}^{B}\boldsymbol{R}\,{}^{A}\boldsymbol{O}_{B} \tag{2-35}$$

例 2-3 对例 2-2 的 3 个坐标系$\{A\}$、$\{B\}$和$\{C\}$，求$^{A}\boldsymbol{O}_{B}$、$^{B}\boldsymbol{O}_{A}$ 和$^{A}\boldsymbol{O}_{C}$。

解 从图 2-7 中可以看到

$$^{A}\boldsymbol{O}_{B}=\begin{pmatrix}0\\0\\1\end{pmatrix},\ ^{B}\boldsymbol{O}_{A}=\begin{pmatrix}1\\0\\0\end{pmatrix},\ ^{A}\boldsymbol{O}_{C}=\begin{pmatrix}0\\1\\0\end{pmatrix}$$

当然，也可以计算

$$^{B}\boldsymbol{O}_{A}=-{}_{A}^{B}\boldsymbol{R}\,{}^{A}\boldsymbol{O}_{B}=-\begin{pmatrix}0&0&-1\\1&0&0\\0&-1&0\end{pmatrix}\begin{pmatrix}0\\0\\1\end{pmatrix}=\begin{pmatrix}1\\0\\0\end{pmatrix}$$

2.3.3 两个坐标系的相对位姿

两个坐标系$\{A\}$和$\{B\}$的相对位姿既可用${}_{B}^{A}\boldsymbol{T}$ 描述，也可用${}_{A}^{B}\boldsymbol{T}$ 描述，前者是在$\{A\}$中描述$\{B\}$的位姿，后者是在$\{B\}$中描述$\{A\}$的位姿，两者都是 SE(3)的元素。这两者的分块表达式为

$${}_{B}^{A}\boldsymbol{T}=\left(\begin{array}{c|c}{}_{B}^{A}\boldsymbol{R} & {}^{A}\boldsymbol{O}_{B}\\ \hline 0\quad 0\quad 0 & 1\end{array}\right) \tag{2-36}$$

$${}_{A}^{B}\boldsymbol{T}=\left(\begin{array}{c|c}{}_{A}^{B}\boldsymbol{R} & {}^{B}\boldsymbol{O}_{A}\\ \hline 0\quad 0\quad 0 & 1\end{array}\right) \tag{2-37}$$

将两者相乘，有

$${}_{A}^{B}\boldsymbol{T}\,{}_{B}^{A}\boldsymbol{T}=\left(\begin{array}{c|c}{}_{A}^{B}\boldsymbol{R}\,{}_{B}^{A}\boldsymbol{R} & {}_{A}^{B}\boldsymbol{R}\,{}^{A}\boldsymbol{O}_{B}+{}^{B}\boldsymbol{O}_{A}\\ \hline 0\quad 0\quad 0 & 1\end{array}\right) \tag{2-38}$$

再结合命题 2-3 和 2-4，可以得到

命题 2-5 对于任何 $\boldsymbol{T}\in \mathrm{SE}(3)$，$\boldsymbol{T}$ 可逆。

命题 2-6 对于任意两个三维笛卡儿直角右手坐标系$\{A\}$和$\{B\}$，有

$${}_{A}^{B}\boldsymbol{T}={}_{B}^{A}\boldsymbol{T}^{-1}=\left(\begin{array}{c|c}{}_{B}^{A}\boldsymbol{R}^{\mathrm{T}} & -{}_{B}^{A}\boldsymbol{R}^{\mathrm{T}}\,{}^{A}\boldsymbol{O}_{B}\\ \hline 0\quad 0\quad 0 & 1\end{array}\right) \tag{2-39}$$

例 2-4 对例 2-2 的 3 个坐标系$\{A\}$、$\{B\}$和$\{C\}$，求${}_{B}^{A}\boldsymbol{T}$、${}_{A}^{B}\boldsymbol{T}$ 和${}_{C}^{A}\boldsymbol{T}$。

解 由式（2-36），有

$${}_{B}^{A}\boldsymbol{T}=\left(\begin{array}{c|c}{}_{B}^{A}\boldsymbol{R} & {}^{A}\boldsymbol{O}_{B}\\ \hline 0\quad 0\quad 0 & 1\end{array}\right)=\left(\begin{array}{ccc|c}0&1&0&0\\0&0&-1&0\\-1&0&0&1\\ \hline 0&0&0&1\end{array}\right)$$

$${}_{A}^{B}\boldsymbol{T}=\left(\begin{array}{c|c}{}_{A}^{B}\boldsymbol{R} & {}^{B}\boldsymbol{O}_{A}\\ \hline 0\quad 0\quad 0 & 1\end{array}\right)=\left(\begin{array}{ccc|c}0&0&-1&1\\1&0&0&0\\0&-1&0&0\\ \hline 0&0&0&1\end{array}\right)$$

$$
{}_{C}^{A}\boldsymbol{T}=\left(\begin{array}{ccc:c} & {}_{C}^{A}\boldsymbol{R} & & {}^{A}\boldsymbol{O}_{C} \\ \hdashline 0 & 0 & 0 & 1\end{array}\right)=\left(\begin{array}{ccc:c} 0 & 0 & -1 & 0 \\ -1 & 0 & 0 & 1 \\ 0 & 1 & 0 & 0 \\ \hdashline 0 & 0 & 0 & 1\end{array}\right)
$$

当然，也可以计算

$$
{}_{A}^{B}\boldsymbol{T}={}_{B}^{A}\boldsymbol{T}^{-1}=\left(\begin{array}{ccc:c} & {}_{B}^{A}\boldsymbol{R}^{\mathrm{T}} & & -{}_{B}^{A}\boldsymbol{R}^{\mathrm{T}\,A}\boldsymbol{O}_{B} \\ \hdashline 0 & 0 & 0 & 1\end{array}\right)=\left(\begin{array}{ccc:c} 0 & 0 & -1 & 1 \\ 1 & 0 & 0 & 0 \\ 0 & -1 & 0 & 0 \\ \hdashline 0 & 0 & 0 & 1\end{array}\right)
$$

2.3.4　同一个点在两个参考系中的描述

已知点 P 在坐标系 $\{B\}$ 中的描述 ${}^{B}\boldsymbol{P}$，且已知在 $\{A\}$ 中对坐标系 $\{B\}$ 位姿的描述 ${}_{B}^{A}\boldsymbol{T}$，如果将对 P 描述的参考系更换成 $\{A\}$，如何计算 ${}^{A}\boldsymbol{P}$？从图 2-9 中看，${}^{A}\boldsymbol{P}$、${}^{B}\boldsymbol{P}$ 和 ${}^{A}\boldsymbol{O}_{B}$ 所代表的向量构成一个三角形，当然，因为 ${}^{A}\boldsymbol{P}$、${}^{B}\boldsymbol{P}$ 和 ${}^{A}\boldsymbol{O}_{B}$ 所基于的参考系不统一，并不能将 ${}^{B}\boldsymbol{P}$ 和 ${}^{A}\boldsymbol{O}_{B}$ 相加得到 ${}^{A}\boldsymbol{P}$。以更严格的方式表达该三角形的三个向量：

$$
\boldsymbol{r}_{O_{A}P}=(\hat{\boldsymbol{X}}_{A}\quad \hat{\boldsymbol{Y}}_{A}\quad \hat{\boldsymbol{Z}}_{A})\,{}^{A}\boldsymbol{P} \tag{2-40}
$$

$$
\boldsymbol{r}_{O_{B}P}=(\hat{\boldsymbol{X}}_{B}\quad \hat{\boldsymbol{Y}}_{B}\quad \hat{\boldsymbol{Z}}_{B})\,{}^{B}\boldsymbol{P} \tag{2-41}
$$

$$
\boldsymbol{r}_{O_{A}O_{B}}=(\hat{\boldsymbol{X}}_{A}\quad \hat{\boldsymbol{Y}}_{A}\quad \hat{\boldsymbol{Z}}_{A})\,{}^{A}\boldsymbol{O}_{B} \tag{2-42}
$$

由 $\boldsymbol{r}_{O_{A}P}=\boldsymbol{r}_{O_{A}O_{B}}+\boldsymbol{r}_{O_{B}P}$ 以及式（2-29），可以得到。

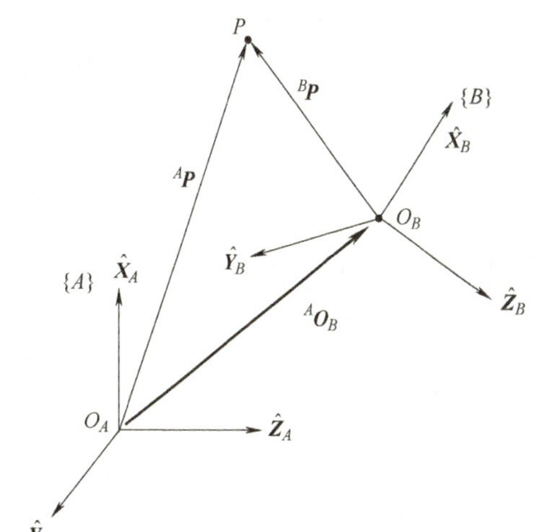

图 2-9　被描述的点和两个参考系

命题 2-7　对于点 P 在 $\{A\}$ 中的描述与在 $\{B\}$ 中的描述，有如下关系

$$
{}^{A}\boldsymbol{P}={}^{A}\boldsymbol{O}_{B}+{}_{B}^{A}\boldsymbol{R}\,{}^{B}\boldsymbol{P} \tag{2-43}
$$

基于齐次变换矩阵特有的结构，式（2-43）等价于

$$
\left(\begin{array}{c}{}^{A}\boldsymbol{P}\\ \hdashline 1\end{array}\right)=\left(\begin{array}{ccc:c} & {}_{B}^{A}\boldsymbol{R} & & {}^{A}\boldsymbol{O}_{B} \\ \hdashline 0 & 0 & 0 & 1\end{array}\right)\left(\begin{array}{c}{}^{B}\boldsymbol{P}\\ \hdashline 1\end{array}\right)={}_{B}^{A}\boldsymbol{T}\left(\begin{array}{c}{}^{B}\boldsymbol{P}\\ \hdashline 1\end{array}\right) \tag{2-44}
$$

式中的四维坐标称为齐次坐标。由此，可以得到一个形式更简洁的结论：

命题 2-8　对于点 P 在 $\{A\}$ 中的描述与在 $\{B\}$ 中的描述，有如下关系

$$
\left(\begin{array}{c}{}^{A}\boldsymbol{P}\\ \hdashline 1\end{array}\right)={}_{B}^{A}\boldsymbol{T}\left(\begin{array}{c}{}^{B}\boldsymbol{P}\\ \hdashline 1\end{array}\right) \tag{2-45}
$$

例 2-5　对例 2-2 的 3 个坐标系 $\{A\}$、$\{B\}$ 和 $\{C\}$，求 ${}^{A}\boldsymbol{O}_{C}$ 和 ${}^{B}\boldsymbol{O}_{C}$。

解　由例 2-3，知 ${}^{A}\boldsymbol{O}_{C}=(0\quad 1\quad 0)^{\mathrm{T}}$。再由式（2-43），有

$$
{}^{B}\boldsymbol{O}_{C}={}^{B}\boldsymbol{O}_{A}+{}_{A}^{B}\boldsymbol{R}\,{}^{A}\boldsymbol{O}_{C}=\begin{pmatrix}1\\0\\0\end{pmatrix}+\begin{pmatrix}0&0&-1\\1&0&0\\0&-1&0\end{pmatrix}\begin{pmatrix}0\\1\\0\end{pmatrix}=\begin{pmatrix}1\\0\\-1\end{pmatrix}
$$

当然，也可以计算

$$\begin{pmatrix} {}^{B}\boldsymbol{O}_{C} \\ \hdashline 1 \end{pmatrix} = {}^{B}_{A}\boldsymbol{T}\begin{pmatrix} {}^{A}\boldsymbol{O}_{C} \\ \hdashline 1 \end{pmatrix} = \left(\begin{array}{ccc:c} 0 & 0 & -1 & 1 \\ 1 & 0 & 0 & 0 \\ 0 & -1 & 0 & 0 \\ \hdashline 0 & 0 & 0 & 1 \end{array}\right)\begin{pmatrix} 0 \\ 1 \\ 0 \\ 1 \end{pmatrix} = \begin{pmatrix} 1 \\ 0 \\ -1 \\ \hdashline 1 \end{pmatrix}$$

2.3.5 坐标系变换的链乘法则

关于多个坐标系的相对姿态和相对位姿，先看看 3 个坐标系$\{A\}$、$\{B\}$和$\{C\}$，它们两两之间的相对姿态是${}^{A}_{B}\boldsymbol{R}$、${}^{B}_{C}\boldsymbol{R}$ 和${}^{A}_{C}\boldsymbol{R}$。由

$$(\hat{\boldsymbol{X}}_B \quad \hat{\boldsymbol{Y}}_B \quad \hat{\boldsymbol{Z}}_B) = (\hat{\boldsymbol{X}}_A \quad \hat{\boldsymbol{Y}}_A \quad \hat{\boldsymbol{Z}}_A)\,{}^{A}_{B}\boldsymbol{R} \tag{2-46}$$

$$(\hat{\boldsymbol{X}}_C \quad \hat{\boldsymbol{Y}}_C \quad \hat{\boldsymbol{Z}}_C) = (\hat{\boldsymbol{X}}_B \quad \hat{\boldsymbol{Y}}_B \quad \hat{\boldsymbol{Z}}_B)\,{}^{B}_{C}\boldsymbol{R} \tag{2-47}$$

$$(\hat{\boldsymbol{X}}_C \quad \hat{\boldsymbol{Y}}_C \quad \hat{\boldsymbol{Z}}_C) = (\hat{\boldsymbol{X}}_A \quad \hat{\boldsymbol{Y}}_A \quad \hat{\boldsymbol{Z}}_A)\,{}^{A}_{C}\boldsymbol{R} \tag{2-48}$$

可以知道

$${}^{A}_{C}\boldsymbol{R} = {}^{A}_{B}\boldsymbol{R}\,{}^{B}_{C}\boldsymbol{R} \tag{2-49}$$

式（2-49）显示，两个旋转矩阵相乘时，若左边旋转矩阵的左下标与右边旋转矩阵的左上标相同，则所得旋转矩阵的左上标和左下标分别是左边旋转矩阵的左上标和右边旋转矩阵的左下标。从形式上看，左边旋转矩阵的左下标和右边旋转矩阵的左上标出现了抵消。再将这个结果推广到多个旋转矩阵相乘，容易得到：

命题 2-9 对于 N 个坐标系$\{1\},\{2\},\cdots,\{N\}$，它们两两之间的相对姿态有链乘法则

$${}^{1}_{N}\boldsymbol{R} = {}^{1}_{2}\boldsymbol{R}\,{}^{2}_{3}\boldsymbol{R}\cdots{}^{N-1}_{N}\boldsymbol{R} \tag{2-50}$$

接下来，讨论相对位姿${}^{A}_{B}\boldsymbol{T}$、${}^{B}_{C}\boldsymbol{T}$ 和${}^{A}_{C}\boldsymbol{T}$。由

$$\begin{aligned} {}^{A}_{B}\boldsymbol{T}\,{}^{B}_{C}\boldsymbol{T} &= \left(\begin{array}{ccc:c} & {}^{A}_{B}\boldsymbol{R} & & {}^{A}\boldsymbol{O}_B \\ \hdashline 0 & 0 & 0 & 1 \end{array}\right)\left(\begin{array}{ccc:c} & {}^{B}_{C}\boldsymbol{R} & & {}^{B}\boldsymbol{O}_C \\ \hdashline 0 & 0 & 0 & 1 \end{array}\right) \\ &= \left(\begin{array}{ccc:c} & {}^{A}_{B}\boldsymbol{R}\,{}^{B}_{C}\boldsymbol{R} & & {}^{A}_{B}\boldsymbol{R}\,{}^{B}\boldsymbol{O}_C + {}^{A}\boldsymbol{O}_B \\ \hdashline 0 & 0 & 0 & 1 \end{array}\right) = \left(\begin{array}{ccc:c} & {}^{A}_{C}\boldsymbol{R} & & {}^{A}\boldsymbol{O}_C \\ \hdashline 0 & 0 & 0 & 1 \end{array}\right) \end{aligned} \tag{2-51}$$

可以知道

$${}^{A}_{C}\boldsymbol{T} = {}^{A}_{B}\boldsymbol{T}\,{}^{B}_{C}\boldsymbol{T} \tag{2-52}$$

式（2-52）表明，链乘法则不仅适用于旋转矩阵，而且适用于齐次变换矩阵，即

命题 2-10 对于 N 个坐标系$\{1\},\{2\},\cdots,\{N\}$，它们两两之间的相对位姿有链乘法则

$${}^{1}_{N}\boldsymbol{T} = {}^{1}_{2}\boldsymbol{T}\,{}^{2}_{3}\boldsymbol{T}\cdots{}^{N-1}_{N}\boldsymbol{T} \tag{2-53}$$

例 2-6 对例 2-2 的 3 个坐标系$\{A\}$、$\{B\}$和$\{C\}$，求${}^{B}_{C}\boldsymbol{R}$ 和${}^{B}_{C}\boldsymbol{T}$。

解 由例 2-2，知

$${}^{B}_{A}\boldsymbol{R} = \begin{pmatrix} 0 & 0 & -1 \\ 1 & 0 & 0 \\ 0 & -1 & 0 \end{pmatrix},\quad {}^{A}_{C}\boldsymbol{R} = \begin{pmatrix} 0 & 0 & -1 \\ -1 & 0 & 0 \\ 0 & 1 & 0 \end{pmatrix}$$

再由链乘法则，有

$$
{}_{C}^{B}\boldsymbol{R}={}_{A}^{B}\boldsymbol{R}{}_{C}^{A}\boldsymbol{R}=\begin{pmatrix}0&0&-1\\1&0&0\\0&-1&0\end{pmatrix}\begin{pmatrix}0&0&-1\\-1&0&0\\0&1&0\end{pmatrix}=\begin{pmatrix}0&-1&0\\0&0&-1\\1&0&0\end{pmatrix}
$$

由例 2-4，知

$$
{}_{A}^{B}\boldsymbol{T}=\left(\begin{array}{ccc:c}0&0&-1&1\\1&0&0&0\\0&-1&0&0\\\hdashline 0&0&0&1\end{array}\right),\quad {}_{C}^{A}\boldsymbol{T}=\left(\begin{array}{ccc:c}0&0&-1&0\\-1&0&0&1\\0&1&0&0\\\hdashline 0&0&0&1\end{array}\right)
$$

再由链乘法则，有

$$
{}_{C}^{B}\boldsymbol{T}={}_{A}^{B}\boldsymbol{T}{}_{C}^{A}\boldsymbol{T}=\left(\begin{array}{ccc:c}0&0&-1&1\\1&0&0&0\\0&-1&0&0\\\hdashline 0&0&0&1\end{array}\right)\left(\begin{array}{ccc:c}0&0&-1&0\\-1&0&0&1\\0&1&0&0\\\hdashline 0&0&0&1\end{array}\right)=\left(\begin{array}{ccc:c}0&-1&0&1\\0&0&-1&0\\1&0&0&-1\\\hdashline 0&0&0&1\end{array}\right)
$$

最后，注意到式（2-49）中的${}_{B}^{A}\boldsymbol{R}$ 和${}_{C}^{B}\boldsymbol{R}$ 可以是任意的两个旋转矩阵，而${}_{C}^{A}\boldsymbol{R}$ 必是一个旋转矩阵，因此有

命题 2-11　任意两个旋转矩阵的积是旋转矩阵。

同理，从式（2-52）可以得到

命题 2-12　任意两个齐次变换矩阵的积是齐次变换矩阵。

2.4　姿态的欧拉角表示和固定角表示

在前面的内容中，通过旋转矩阵对刚体或坐标系的姿态进行了描述，也称姿态的旋转矩阵表示。旋转矩阵表示有很多优点，比如与姿态一一对应、求逆容易、方便与位置向量组合成齐次变换矩阵、链乘法则等。然而，旋转矩阵表示也有缺点。从 SO(3) 的定义可以看到，旋转矩阵有 9 个元素，但并非 9 个独立的元素，对这些元素存在如下 6 个非线性约束

$$
\begin{cases}r_{11}^{2}+r_{21}^{2}+r_{31}^{2}=1\\r_{12}^{2}+r_{22}^{2}+r_{32}^{2}=1\\r_{11}r_{12}+r_{21}r_{22}+r_{31}r_{32}=0\\r_{13}=r_{21}r_{32}-r_{31}r_{22}\\r_{23}=r_{31}r_{12}-r_{11}r_{32}\\r_{33}=r_{11}r_{22}-r_{21}r_{12}\end{cases}\tag{2-54}
$$

这表明姿态本质上只有 3 个自由度，而旋转矩阵用 9 个元素描述姿态，不得不额外附加以上 6 个非线性约束。对旋转矩阵表示缺点的分析，促使本节从新的视角理解刚体或坐标系的姿态，以用 3 个独立的元素描述姿态。因为仅讨论坐标系的相对姿态、不讨论坐标系的相对位置，所以在本节中不妨假设所有坐标系的原点都位于同一个点。

2.4.1　基本旋转矩阵

对于$\{B\}$相对于$\{A\}$的姿态，可以用一种变化的观点来考虑。假定当初的$\{B\}$与$\{A\}$重

合，坐标系$\{B\}$绕着某些轴做了几次旋转后，变化成了现在的$\{B\}$。利用这些旋转轴、旋转角度和旋转顺序，也能获得姿态的一种表示方式。显然，这种表示方式所采用的动态变化观点，完全不同于旋转矩阵表达$\hat{X}_B$、$\hat{Y}_B$和$\hat{Z}_B$所采用的静态观点。

在讨论坐标系的旋转变化之前，需要解决旋转方向正负判断的问题。判断的方法是利用旋转轴的正方向和右手螺旋法则（见图2-10）：右手大拇指伸直，弯曲其他四指握住旋转轴，大拇指的朝向与旋转轴的正方向相同，则与四指指向相同的旋转方向（旋转角度）为正方向（正角度），与四指指向相反的旋转方向（旋转角度）为负方向（负角度）。

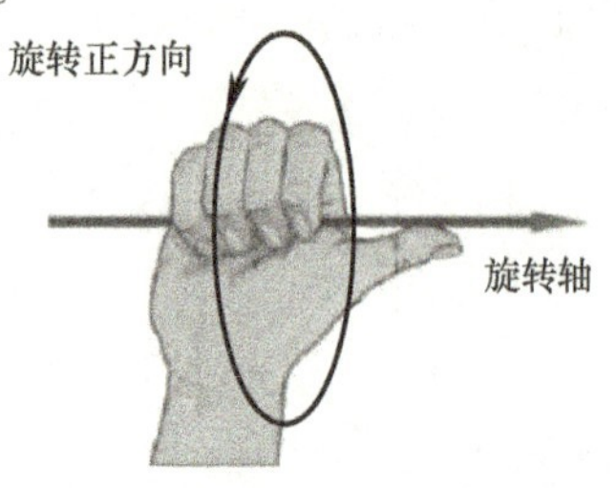

图2-10　用右手螺旋法则判断旋转方向的正负

在明确了旋转角度的正负号之后，讨论几个简单的旋转变化，比如初始的$\{B\}$与$\{A\}$重合，$\{B\}$绕$\hat{X}_A$旋转θ角，如何计算旋转后的${}^A_B\boldsymbol{R}$？显然，在整个旋转过程中，$\hat{X}_B$始终与$\hat{X}_A$相等，它们都是旋转轴，因此${}^A\boldsymbol{X}_B=(1\quad 0\quad 0)^{\mathrm{T}}$。由于$\{B\}$和$\{A\}$的$x$轴是旋转轴，在整个旋转过程中，$\{B\}$的$y$轴和$z$轴始终在$\{A\}$的$y$-$z$平面上，图2-11（图中角度$\theta$的有向弧线表明了旋转方向）展现了$\{A\}$的$y$-$z$平面上的几何关系，其几何关系表明：

$$ {}^A\boldsymbol{Y}_B=(0\quad \cos\theta\quad \sin\theta)^{\mathrm{T}},\ {}^A\boldsymbol{Z}_B=(0\quad -\sin\theta\quad \cos\theta)^{\mathrm{T}} \tag{2-55}$$

于是

$$ {}^A_B\boldsymbol{R}=\begin{pmatrix}1 & 0 & 0\\ 0 & \cos\theta & -\sin\theta\\ 0 & \sin\theta & \cos\theta\end{pmatrix}=\boldsymbol{R}_x(\theta)\in \mathrm{SO}(3) \tag{2-56}$$

在式（2-56）中，将这类特殊的旋转矩阵记为$\boldsymbol{R}_x(\theta)$，以表示这类旋转矩阵可以视为坐标系绕x轴旋转的结果。

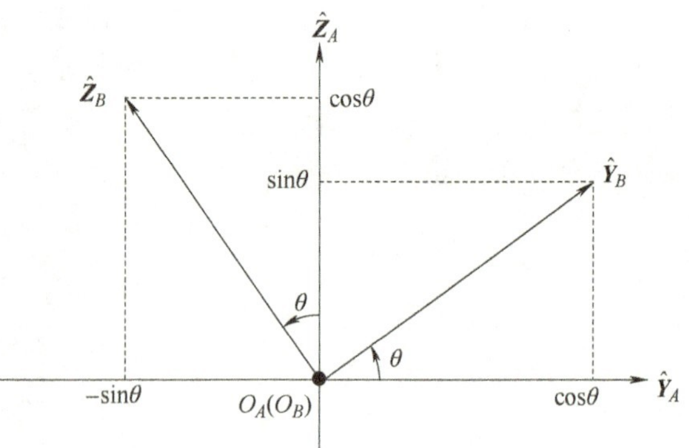

图2-11　坐标系绕x轴旋转

对于另外两个简单的旋转变化：$\{B\}$从与$\{A\}$重合开始绕$\hat{Y}_A$旋转θ角以及$\{B\}$从与$\{A\}$重合开始绕$\hat{Z}_A$旋转θ角，采用相似的方法，不难得到另外两类旋转矩阵

$$ \boldsymbol{R}_y(\theta)=\begin{pmatrix}\cos\theta & 0 & \sin\theta\\ 0 & 1 & 0\\ -\sin\theta & 0 & \cos\theta\end{pmatrix}\in \mathrm{SO}(3) \tag{2-57}$$

$$ \boldsymbol{R}_z(\theta)=\begin{pmatrix}\cos\theta & -\sin\theta & 0\\ \sin\theta & \cos\theta & 0\\ 0 & 0 & 1\end{pmatrix}\in \mathrm{SO}(3) \tag{2-58}$$

这三类旋转矩阵统称为基本旋转矩阵。关于基本旋转矩阵中的旋转角名称，$\boldsymbol{R}_x(\theta)$中的θ称为横滚角（roll角），$\boldsymbol{R}_y(\theta)$中的θ称为俯仰角（pitch角），$\boldsymbol{R}_z(\theta)$中的θ称为偏摆角（yaw角），这些名称与飞机等运动物体在实际中常用的联体坐标系有关。图2-12展示了一架飞机

及其常用的联体坐标系，可以看到 x 轴、y 轴和 z 轴的正方向分别是飞机飞行的正前方、正右方和正下方，飞机绕 x 轴、y 轴和 z 轴的旋转分别对应着飞机的横滚、俯仰和偏摆动作。

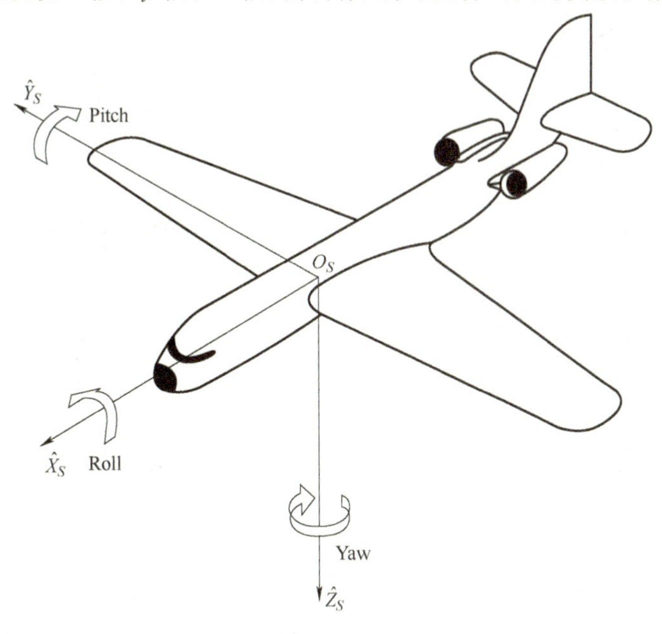

图 2-12　飞机及其常用的联体坐标系

2.4.2　姿态的欧拉角表示

对于{A}中任意一个{B}的姿态描述，先观察一个以飞机为例的实验。设固定不动的参考系{A}的 x-y 平面是一个水平面，{A}的 z 轴正方向竖直向下，{A}的 x 轴正方向垂直于纸面指向读者；设{B}是运动的飞机的联体坐标系，其姿态任意，比如图 2-13a 所示的姿态。如果希望{B}与{A}重合，飞行员可以按如下思路操纵飞机：第一步，飞机横滚 $-\gamma$ 角度（绕 $\hat{\boldsymbol{X}}_B$ 旋转，旋转角度为 $-\gamma$）使得左、右机翼呈水平（等价于 $\hat{\boldsymbol{Y}}_B$ 正交于 $\hat{\boldsymbol{Z}}_A$），即飞机由图 2-13a 的姿态横滚变到图 2-13b 的姿态；第二步，飞机俯仰 $-\beta$ 角度（绕 $\hat{\boldsymbol{Y}}_B$ 旋转，旋转角度为 $-\beta$）使得机头、机尾呈水平且 $\hat{\boldsymbol{Z}}_B$ 向下，即飞机由图 2-13b 的姿态俯仰变到图 2-13c 的姿态，经过这两步操纵后，{B}的 x-y 平面已呈水平，$\hat{\boldsymbol{Z}}_B$ 与 $\hat{\boldsymbol{Z}}_A$ 相等；第三步，飞机偏摆 $-\alpha$ 角度（绕 $\hat{\boldsymbol{Z}}_B$ 旋转，旋转角度为 $-\alpha$）使得 $\hat{\boldsymbol{X}}_B$ 和 $\hat{\boldsymbol{Y}}_B$ 分别与 $\hat{\boldsymbol{X}}_A$ 和 $\hat{\boldsymbol{Y}}_A$ 相等，即飞机由图 2-13c 的姿态偏摆变到图 2-13d 的姿态。显然，无论{B}在图 2-13a 中的姿态如何，通过以上三步总可以做到{B}与{A}重合（由于仅考虑姿态，此处忽略飞机的飞行距离，即{B}与{A}始终有相同的原点）。

接下来观察第二个实验。在{B}与{A}重合后，如果希望{B}恢复到在图 2-13a 中的姿态，飞行员会怎么操纵飞机？不难想到，第二个实验是将第一个实验的操纵次序和动作反过来。为了强调{B}的变化，这里以带时间 t 的{B}(t)对飞机联体坐标系进行更准确的表达，在初始时刻 0，有{B}(0)={A}，即图 2-13d 的情形。第一步，在时段[0,1]内，飞机偏摆 α 角度，即{B}(t)绕 $\hat{\boldsymbol{Z}}_A$（也是 $\hat{\boldsymbol{Z}}_{B(0)}$）旋转 α 角度，变成{B}(1)，即图 2-13c 的情形，显

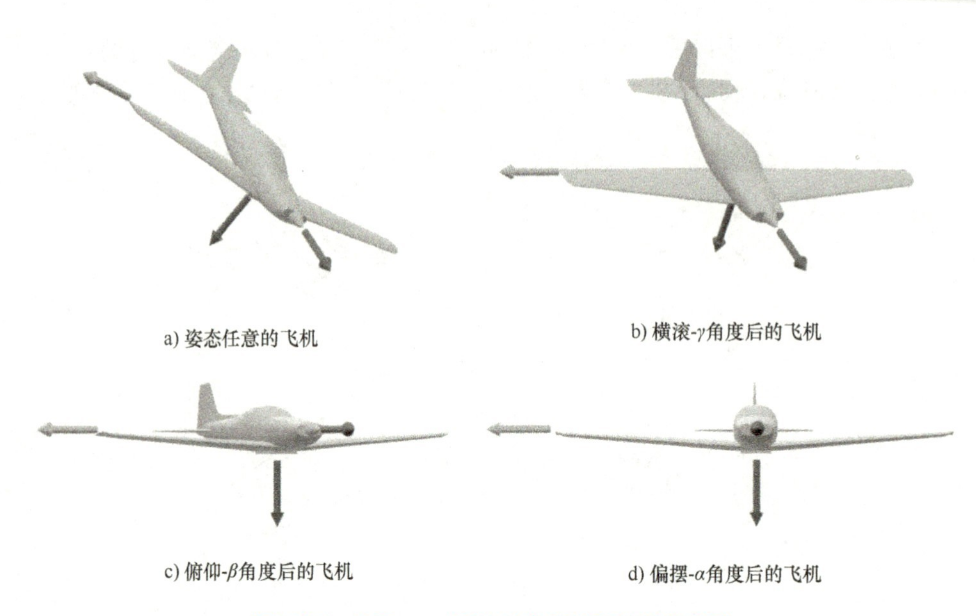

a) 姿态任意的飞机　b) 横滚-γ角度后的飞机

c) 俯仰-β角度后的飞机　d) 偏摆-α角度后的飞机

图 2-13　关于 z-y-x 欧拉角表示的飞机操纵实验

然${}^{A}_{B(1)}\boldsymbol{R}={}^{B(0)}_{B(1)}\boldsymbol{R}=\boldsymbol{R}_z(\alpha)$；第二步，在时段[1,2]内，飞机俯仰 β 角度，即$\{B\}(t)$绕 $\hat{\boldsymbol{Y}}_{B(1)}$ 旋转 β 角度，变成$\{B\}(2)$，即图 2-13b 的情形，显然${}^{B(1)}_{B(2)}\boldsymbol{R}=\boldsymbol{R}_y(\beta)$；第三步，在时段[2,3]内，飞机横滚 γ 角度，即$\{B\}(t)$绕 $\hat{\boldsymbol{X}}_{B(2)}$ 旋转 γ 角度，变成$\{B\}(3)$，$\{B\}(3)$的姿态即是$\{B\}$在图 2-13a 中的姿态，显然${}^{B(2)}_{B(3)}\boldsymbol{R}=\boldsymbol{R}_x(\gamma)$。利用链乘法则，可知

$$
\begin{aligned}
{}^{A}_{B(3)}\boldsymbol{R} &= \boldsymbol{R}_z(\alpha)\boldsymbol{R}_y(\beta)\boldsymbol{R}_x(\gamma)\\
&= \begin{pmatrix}\cos\alpha & -\sin\alpha & 0\\ \sin\alpha & \cos\alpha & 0\\ 0 & 0 & 1\end{pmatrix}\begin{pmatrix}\cos\beta & 0 & \sin\beta\\ 0 & 1 & 0\\ -\sin\beta & 0 & \cos\beta\end{pmatrix}\begin{pmatrix}1 & 0 & 0\\ 0 & \cos\gamma & -\sin\gamma\\ 0 & \sin\gamma & \cos\gamma\end{pmatrix}
\end{aligned}
\tag{2-59}
$$

式（2-59）将$\{B\}(3)$的姿态用 3 个角度 α、β 和 γ 进行了描述。从上面的实验观察，可以得到这样的结论：对于任何 $\boldsymbol{R}\in SO(3)$，存在 3 个角度 α、β 和 γ，使得

$$
\begin{aligned}
\boldsymbol{R} &= \begin{pmatrix}\cos\alpha & -\sin\alpha & 0\\ \sin\alpha & \cos\alpha & 0\\ 0 & 0 & 1\end{pmatrix}\begin{pmatrix}\cos\beta & 0 & \sin\beta\\ 0 & 1 & 0\\ -\sin\beta & 0 & \cos\beta\end{pmatrix}\begin{pmatrix}1 & 0 & 0\\ 0 & \cos\gamma & -\sin\gamma\\ 0 & \sin\gamma & \cos\gamma\end{pmatrix}\\
&= \begin{pmatrix}\cos\alpha\cos\beta & \cos\alpha\sin\beta\sin\gamma-\sin\alpha\cos\gamma & \cos\alpha\sin\beta\cos\gamma+\sin\alpha\sin\gamma\\ \sin\alpha\cos\beta & \sin\alpha\sin\beta\sin\gamma+\cos\alpha\cos\gamma & \sin\alpha\sin\beta\cos\gamma-\cos\alpha\sin\gamma\\ -\sin\beta & \cos\beta\sin\gamma & \cos\beta\cos\gamma\end{pmatrix}\\
&= \boldsymbol{R}_{z'y'x'}(\alpha,\beta,\gamma)
\end{aligned}
\tag{2-60}
$$

式（2-60）称为姿态的 z-y-x 欧拉角表示，并在式中记以 $\boldsymbol{R}_{z'y'x'}(\alpha,\beta,\gamma)$，意味着任何旋转矩阵可以视为坐标系按次序分别绕本坐标系 z 轴、y 轴和 x 轴旋转 α 角、β 角和 γ 角的结果。另外，无论 α 角、β 角和 γ 角各取何值，由命题 2-11 可知 $\boldsymbol{R}_{z'y'x'}(\alpha,\beta,\gamma)\in SO(3)$。

现在再对第一个实验的任务要求进行探讨。如果换一个飞行员，新飞行员可能会换个如图 2-14 的思路完成任务：先俯仰使得 $\hat{\boldsymbol{Z}}_B$ 正交于$\hat{\boldsymbol{X}}_A$，再偏摆使得$\hat{\boldsymbol{X}}_B$ 与$\hat{\boldsymbol{X}}_A$ 相等，最后横滚使

$\{B\}$与$\{A\}$重合。将 z-y-x 欧拉角的导出过程类推到这种思路，可以得到 x-z-y 欧拉角表示。若再换一个飞行员，他可能先横滚使 $\hat{\boldsymbol{Z}}_B$ 正交于$\hat{\boldsymbol{Y}}_A$，再偏摆使$\hat{\boldsymbol{Y}}_B$ 与$\hat{\boldsymbol{Y}}_A$ 相等，最后俯仰使$\{B\}$与$\{A\}$重合，这样将得到 y-z-x 欧拉角表示。

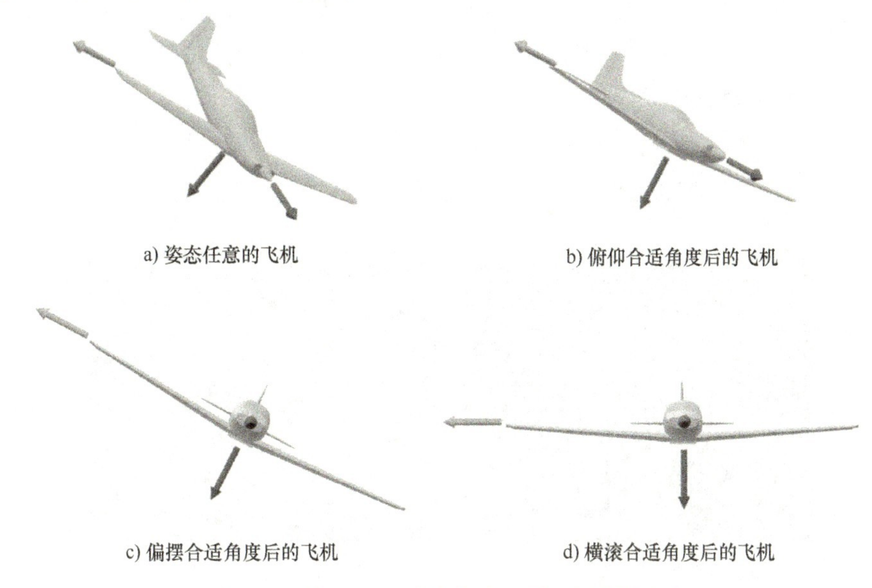

a) 姿态任意的飞机　　b) 俯仰合适角度后的飞机

c) 偏摆合适角度后的飞机　　d) 横滚合适角度后的飞机

图 2-14　关于 x-z-y 欧拉角表示的飞机操纵实验

进一步探讨可以发现，对于绕 x 轴旋转 1 次、绕 y 轴旋转 1 次和绕 z 轴旋转 1 次，无论这 3 次旋转的次序如何，只要 3 个旋转角度合适，都能使$\{B\}$与$\{A\}$重合。由排列组合理论知，$\{x,y,z\}$的全排列有 6 个：xyz、xzy、yxz、yzx、zxy、zyx，因此除上面的 $\boldsymbol{R}_{z'y'x'}(\alpha,\beta,\gamma)$外，还获得姿态的其他 5 种欧拉角表示：$\boldsymbol{R}_{x'y'z'}(\alpha,\beta,\gamma)$、$\boldsymbol{R}_{x'z'y'}(\alpha,\beta,\gamma)$、$\boldsymbol{R}_{y'x'z'}(\alpha,\beta,\gamma)$、$\boldsymbol{R}_{y'z'x'}(\alpha,\beta,\gamma)$和$\boldsymbol{R}_{z'x'y'}(\alpha,\beta,\gamma)$。而且，得到的关于 $\boldsymbol{R}_{z'y'x'}(\alpha,\beta,\gamma)$的结论，也可类推到这 5 种表示。上述 6 种欧拉角表示统称为非对称型欧拉角表示，非对称意味着 3 次旋转是绕不同的轴进行的。

还有其他形式的欧拉角表示吗？现重新审视一下关于 z-y-x 欧拉角表示的第一个实验，这个实验的第一步的目的是调平左、右机翼，为达到这个目的，飞行员做了横滚操纵。除了横滚外，其他动作能达到这个目的吗？俯仰肯定不行，因为俯仰过程中左、右机翼的相对高度保持不变。通过图 2-15 来看看偏摆的情况，图中画出了$\{B\}$的 x-y 平面与一个水平面的交线，在飞机偏摆的过程中，$\{B\}$的 x-y 平面及这条交线保持不变，而 $\hat{\boldsymbol{X}}_B$ 在$\{B\}$的 x-y 平面内旋转，当 $\hat{\boldsymbol{X}}_B$ 旋转到与这条交线垂直时，左、右机翼呈水平。

于是，可以通过以下三步旋转使$\{B\}$与$\{A\}$重合：第一步，飞机偏摆$-\gamma$ 角度（绕 $\hat{\boldsymbol{Z}}_B$ 旋转，旋转角度为$-\gamma$）使得左、右机翼呈水平；第二步，飞机俯仰$-\beta$ 角度（绕 $\hat{\boldsymbol{Y}}_B$ 旋转，旋转角度为$-\beta$）使得机头、机尾呈水平且 $\hat{\boldsymbol{Z}}_B$ 向下的姿态，经过这两步操纵后，$\{B\}$的 x-y 平面已呈水平，$\hat{\boldsymbol{Z}}_B$ 与 $\hat{\boldsymbol{Z}}_A$ 相等；第三步，飞机偏摆$-\alpha$ 角度（绕 $\hat{\boldsymbol{Z}}_B$ 旋转，旋转角度为$-\alpha$）使得 $\hat{\boldsymbol{X}}_B$ 和 $\hat{\boldsymbol{Y}}_B$ 分别与 $\hat{\boldsymbol{X}}_A$ 和 $\hat{\boldsymbol{Y}}_A$ 相等。在$\{B\}$与$\{A\}$重合后，如果希望$\{B\}$恢复到在图 2-13a 中的姿态，也是三步旋转：第一步，在时段$[0,1]$内，飞机偏摆 α 角度，即$\{B\}(t)$绕 $\hat{\boldsymbol{Z}}_A$（也

是 $\hat{\boldsymbol{Z}}_{B(0)}$）旋转 α 角度，变成 $\{B\}(1)$，显然 ${}^{A}_{B(1)}\boldsymbol{R}={}^{B(0)}_{B(1)}\boldsymbol{R}=\boldsymbol{R}_z(\alpha)$；第二步，在时段[1,2]内，飞机俯仰 β 角度，即 $\{B\}(t)$ 绕 $\hat{\boldsymbol{Y}}_{B(1)}$ 旋转 β 角度，变成 $\{B\}(2)$，显然 ${}^{B(1)}_{B(2)}\boldsymbol{R}=\boldsymbol{R}_y(\beta)$；第三步，在时段[2,3]内，飞机偏摆 γ 角度，即 $\{B\}(t)$ 绕 $\hat{\boldsymbol{Z}}_{B(2)}$ 旋转 γ 角度，变成 $\{B\}(3)$，$\{B\}(3)$ 的姿态即是 $\{B\}$ 在图 2-13a 中的姿态，显然 ${}^{B(2)}_{B(3)}\boldsymbol{R}=\boldsymbol{R}_z(\gamma)$。利用链乘法则，可知

$$
\begin{aligned}
{}^{A}_{B(3)}\boldsymbol{R}&=\boldsymbol{R}_z(\alpha)\boldsymbol{R}_y(\beta)\boldsymbol{R}_z(\gamma)\\
&=\begin{pmatrix}\cos\alpha & -\sin\alpha & 0\\ \sin\alpha & \cos\alpha & 0\\ 0 & 0 & 1\end{pmatrix}\begin{pmatrix}\cos\beta & 0 & \sin\beta\\ 0 & 1 & 0\\ -\sin\beta & 0 & \cos\beta\end{pmatrix}\begin{pmatrix}\cos\gamma & -\sin\gamma & 0\\ \sin\gamma & \cos\gamma & 0\\ 0 & 0 & 1\end{pmatrix}
\end{aligned}\tag{2-61}
$$

a) 偏摆前左、右机翼不水平

b) 偏摆合适角度后左、右机翼水平

图 2-15　飞机通过偏摆动作调平左、右机翼

当然，也由实验观察可知：对于任何 $\boldsymbol{R}\in SO(3)$，存在 3 个角度 α、β 和 γ，使得

$$
\begin{aligned}
\boldsymbol{R}&=\begin{pmatrix}\cos\alpha & -\sin\alpha & 0\\ \sin\alpha & \cos\alpha & 0\\ 0 & 0 & 1\end{pmatrix}\begin{pmatrix}\cos\beta & 0 & \sin\beta\\ 0 & 1 & 0\\ -\sin\beta & 0 & \cos\beta\end{pmatrix}\begin{pmatrix}\cos\gamma & -\sin\gamma & 0\\ \sin\gamma & \cos\gamma & 0\\ 0 & 0 & 1\end{pmatrix}\\
&=\begin{pmatrix}\cos\alpha\cos\beta\cos\gamma-\sin\alpha\sin\gamma & -\cos\alpha\cos\beta\sin\gamma-\sin\alpha\cos\gamma & \cos\alpha\sin\beta\\ \sin\alpha\cos\beta\cos\gamma+\cos\alpha\sin\gamma & -\sin\alpha\cos\beta\sin\gamma+\cos\alpha\cos\gamma & \sin\alpha\sin\beta\\ -\sin\beta\cos\gamma & \sin\beta\sin\gamma & \cos\beta\end{pmatrix}\\
&=\boldsymbol{R}_{z'y'z'}(\alpha,\beta,\gamma)
\end{aligned}\tag{2-62}
$$

且无论 α 角、β 角和 γ 角各取何值，由命题 2-11 知 $\boldsymbol{R}_{z'y'z'}(\alpha,\beta,\gamma)\in SO(3)$。式（2-62）称为姿态的 z-y-z 欧拉角表示，并在式中记以 $\boldsymbol{R}_{z'y'z'}(\alpha,\beta,\gamma)$。将类似思路用于全部 6 种非对称型欧拉角表示，可以获得形式不同于非对称型的 6 种欧拉角表示：$\boldsymbol{R}_{x'y'x'}(\alpha,\beta,\gamma)$、$\boldsymbol{R}_{x'z'x'}(\alpha,\beta,\gamma)$、$\boldsymbol{R}_{y'x'y'}(\alpha,\beta,\gamma)$、$\boldsymbol{R}_{y'z'y'}(\alpha,\beta,\gamma)$、$\boldsymbol{R}_{z'x'z'}(\alpha,\beta,\gamma)$ 和 $\boldsymbol{R}_{z'y'z'}(\alpha,\beta,\gamma)$。而且，得到的关于 $\boldsymbol{R}_{z'y'z'}(\alpha,\beta,\gamma)$ 的结论，也可类推到这 6 种表示。这 6 种欧拉角表示统称为对称型欧拉角表示，对称意味着第 1 次旋转和第 3 次旋转是绕相同的轴进行的。

例 2-7　试求 $\boldsymbol{R}_{z'y'x'}(30°,100°,-140°)$ 和 $\boldsymbol{R}_{z'y'z'}(110°,-45°,-60°)$。

解　由式（2-60），有

$$
\begin{aligned}
&\boldsymbol{R}_{z'y'x'}(30°,100°,-140°)\\
&=\begin{pmatrix}\cos30° & -\sin30° & 0\\ \sin30° & \cos30° & 0\\ 0 & 0 & 1\end{pmatrix}\begin{pmatrix}\cos100° & 0 & \sin100°\\ 0 & 1 & 0\\ -\sin100° & 0 & \cos100°\end{pmatrix}\begin{pmatrix}1 & 0 & 0\\ 0 & \cos(-140°) & -\sin(-140°)\\ 0 & \sin(-140°) & \cos(-140°)\end{pmatrix}
\end{aligned}
$$

$$
=\begin{pmatrix} -0.1504 & -0.1652 & -0.9747 \\ -0.0868 & -0.9799 & 0.1795 \\ -0.9848 & 0.1116 & 0.1330 \end{pmatrix}
$$

由式（2-62），有

$$
\begin{aligned}
&\boldsymbol{R}_{z'y'z'}(110°,-45°,-60°)\\
&=\begin{pmatrix} \cos110° & -\sin110° & 0 \\ \sin110° & \cos110° & 0 \\ 0 & 0 & 1 \end{pmatrix}\begin{pmatrix} \cos(-45°) & 0 & \sin(-45°) \\ 0 & 1 & 0 \\ -\sin(-45°) & 0 & \cos(-45°) \end{pmatrix}\begin{pmatrix} \cos(-60°) & -\sin(-60°) & 0 \\ \sin(-60°) & \cos(-60°) & 0 \\ 0 & 0 & 1 \end{pmatrix}\\
&=\begin{pmatrix} 0.6929 & -0.6793 & 0.2418 \\ 0.6284 & 0.4044 & -0.6645 \\ 0.3536 & 0.6124 & 0.7071 \end{pmatrix}
\end{aligned}
$$

2.4.3　姿态的固定角表示

从前面的飞机实验中可以看到，联体坐标系$\{B\}$是运动变化的，而参考坐标系$\{A\}$是静止不变的，刚体的旋转都是绕联体坐标系坐标轴的旋转，即欧拉角的转轴是联体坐标系的 x 轴、y 轴或 z 轴。从理论上讲，刚体既可以绕联体坐标系的坐标轴旋转，也可以绕参考坐标系的坐标轴旋转。那么能否基于绕参考坐标系坐标轴的旋转来进行姿态描述？

为讨论这个问题，观察另一种以飞机为例的实验。在这个实验中，飞机不是由飞行员驾驶而是安装在一个机器人的末端。机器人有腰、肩和肘 3 个转动型关节。腰关节连接底部基座与竖直的躯干，腰关节的旋转轴是参考系$\{A\}$的 $\hat{\boldsymbol{Z}}_A$（仅考虑姿态，长度和距离均可忽视为零）。肩关节连接躯干与大臂，初始时肩关节的旋转轴是 $\hat{\boldsymbol{Y}}_A$ 且大臂竖直向上。肘关节连接大臂与小臂，初始时肘关节的旋转轴是 $\hat{\boldsymbol{X}}_A$ 且小臂竖直向上。小臂末端与飞机固连，初始时飞机的联体坐标系$\{B\}$与$\{A\}$重合（见图 2-16a，左下方的坐标系是$\{A\}$）。第一步，腰关节旋转 α 角度，这个旋转是绕 $\hat{\boldsymbol{Z}}_B$ 或 $\hat{\boldsymbol{Z}}_A$ 的旋转，旋转后肩关节的旋转轴依然是 $\hat{\boldsymbol{Y}}_B$ 但不再是 $\hat{\boldsymbol{Y}}_A$（见图 2-16b）；第二步，肩关节旋转 β 角度，这个旋转是绕 $\hat{\boldsymbol{Y}}_B$ 的旋转，旋转后肘关节的旋转轴依然是 $\hat{\boldsymbol{X}}_B$ 但不再是 $\hat{\boldsymbol{X}}_A$（见图 2-16c）；第三步，肘关节旋转 γ 角度，这个旋转是绕 $\hat{\boldsymbol{X}}_B$ 的旋转（见图 2-16d）。显然，这 3 次旋转都是绕$\{B\}$的坐标轴的，按 z-y-x 欧拉角表示方式，3 次旋转后$\{B\}$的姿态可描述为 $\boldsymbol{R}_z(\alpha)\boldsymbol{R}_y(\beta)\boldsymbol{R}_x(\gamma)$。可以注意到，腰关节旋转 α 角度、肩关节旋转 β 角度和肘关节旋转 γ 角度是完全独立的，不按上面的关节旋转次序或 2 个甚至 3 个关节同时旋转，都可以得到同样的姿态结果。再观察下一个实验，这个实验在初始时的情形与上一个实验完全相同（见图 2-17a）。第一步，肘关节旋转 γ 角度，这个旋转是绕 $\hat{\boldsymbol{X}}_A$ 或 $\hat{\boldsymbol{X}}_B$ 的旋转，旋转后腰关节的旋转轴依然是 $\hat{\boldsymbol{Z}}_A$ 但不再是 $\hat{\boldsymbol{Z}}_B$，肩关节的旋转轴依然是 $\hat{\boldsymbol{Y}}_A$ 但不再是 $\hat{\boldsymbol{Y}}_B$（见图 2-17b）；第二步，肩关节旋转 β 角度，这个旋转是绕 $\hat{\boldsymbol{Y}}_A$ 的旋转，旋转后腰关节的旋转轴依然是 $\hat{\boldsymbol{Z}}_A$ 但不再是 $\hat{\boldsymbol{Z}}_B$（见图 2-17c）；第三步，腰关节旋转 α 角度，这个旋转是绕 $\hat{\boldsymbol{Z}}_A$ 的旋转（见图 2-17d）。显然，这个实验通过刚体按次序分别绕参考坐标系 x 轴、y 轴和 z 轴旋转 γ 角、β 角和 α 角，达到了与上一个实验相同的姿态结果 $\boldsymbol{R}_z(\alpha)\boldsymbol{R}_y(\beta)\boldsymbol{R}_x(\gamma)$。为区别于相对于联体坐标系的欧拉角，将该实验导出的姿态表示方式

称为 x-y-z 固定角表示，并记

$$\boldsymbol{R}_{xyz}(\gamma,\beta,\alpha)=\boldsymbol{R}_z(\alpha)\boldsymbol{R}_y(\beta)\boldsymbol{R}_x(\gamma) \tag{2-63}$$

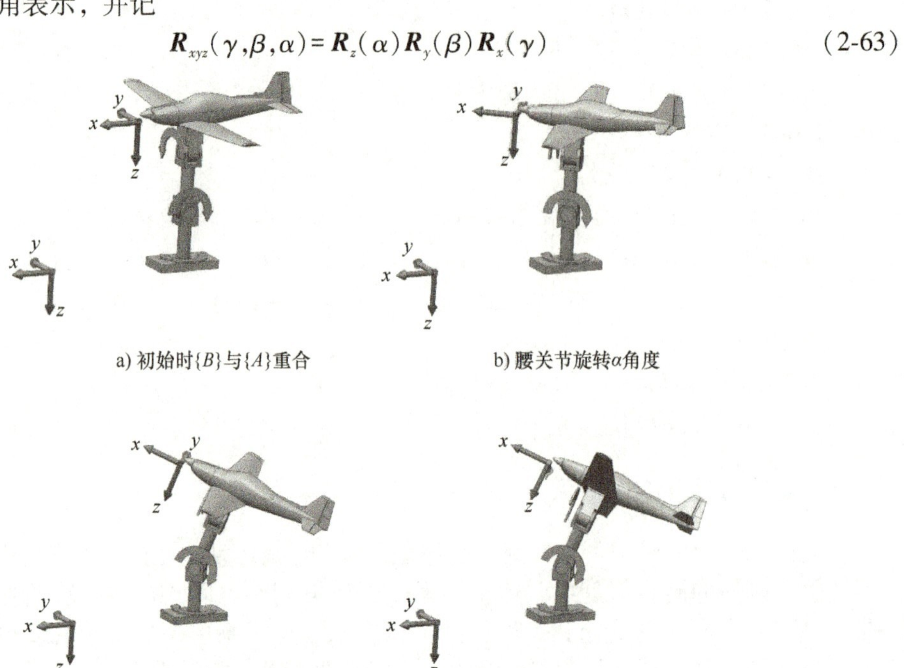

a) 初始时{B}与{A}重合　b) 腰关节旋转α角度

c) 肩关节旋转β角度　d) 肘关节旋转γ角度

图 2-16　关于 z-y-x 欧拉角表示的飞机旋转

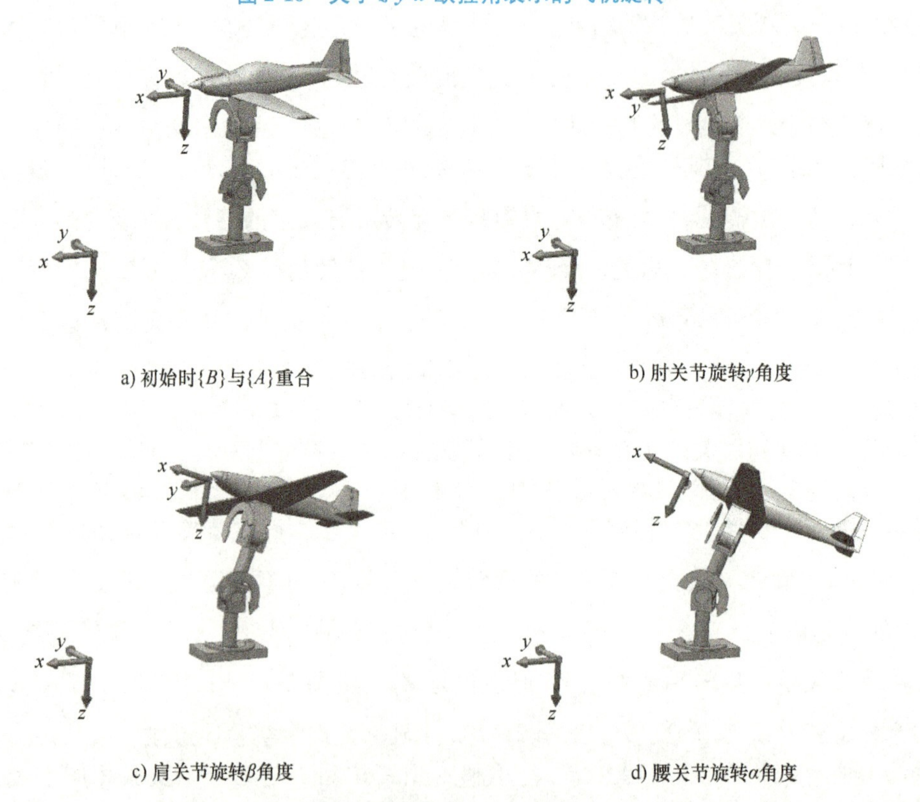

a) 初始时{B}与{A}重合　b) 肘关节旋转γ角度

c) 肩关节旋转β角度　d) 腰关节旋转α角度

图 2-17　关于 x-y-z 固定角表示的飞机旋转

这也表明固定角是相对于参考坐标系的。当然，x-y-z 固定角表示与 z-y-x 欧拉角表示具有相同的表达式，即 $\boldsymbol{R}_{xyz}(\gamma,\beta,\alpha)=\boldsymbol{R}_{z'y'x'}(\alpha,\beta,\gamma)$，因关节旋转次序的颠倒，产生了欧拉角与固定角之分。由于 x-y-z 固定角表示与 z-y-x 欧拉角表示在数学形式上相等，关于 z-y-x 欧拉角的结论也适用于 x-y-z 固定角。比如对于任何 $\boldsymbol{R}\in SO(3)$，存在 3 个角度 α、β 和 γ，使得

$$\begin{aligned}\boldsymbol{R}&=\begin{pmatrix}\cos\alpha\cos\beta & \cos\alpha\sin\beta\sin\gamma-\sin\alpha\cos\gamma & \cos\alpha\sin\beta\cos\gamma+\sin\alpha\sin\gamma\\ \sin\alpha\cos\beta & \sin\alpha\sin\beta\sin\gamma+\cos\alpha\cos\gamma & \sin\alpha\sin\beta\cos\gamma-\cos\alpha\sin\gamma\\ -\sin\beta & \cos\beta\sin\gamma & \cos\beta\cos\gamma\end{pmatrix}\\&=\boldsymbol{R}_{xyz}(\gamma,\beta,\alpha)\end{aligned} \tag{2-64}$$

以及无论 α 角、β 角和 γ 角各取何值，总有 $\boldsymbol{R}_{xyz}(\gamma,\beta,\alpha)\in SO(3)$。

不难看出，对其他 11 种欧拉角也同样存在对应的固定角，并且可以用同样的方法导出其他 11 种固定角表示。它们是 $\boldsymbol{R}_{zyx}(\gamma,\beta,\alpha)$、$\boldsymbol{R}_{yzx}(\gamma,\beta,\alpha)$、$\boldsymbol{R}_{zxy}(\gamma,\beta,\alpha)$、$\boldsymbol{R}_{xzy}(\gamma,\beta,\alpha)$、$\boldsymbol{R}_{yxz}(\gamma,\beta,\alpha)$、$\boldsymbol{R}_{xyx}(\gamma,\beta,\alpha)$、$\boldsymbol{R}_{xzx}(\gamma,\beta,\alpha)$、$\boldsymbol{R}_{yxy}(\gamma,\beta,\alpha)$、$\boldsymbol{R}_{yzy}(\gamma,\beta,\alpha)$、$\boldsymbol{R}_{zxz}(\gamma,\beta,\alpha)$和$\boldsymbol{R}_{zyz}(\gamma,\beta,\alpha)$。而且，关于 x-y-z 固定角的结论，也适用于其他 11 种固定角。在记号上，本书用下标转轴次序是否带撇号来区分欧拉角和固定角，带撇号的为欧拉角，不带撇号的为固定角。当然，固定角也分两类：非对称型固定角和对称型固定角。

例 2-8 试求 $\boldsymbol{R}_{xyz}(-140°,100°,30°)$和 $\boldsymbol{R}_{zyz}(-60°,-45°,110°)$。

解 由固定角与欧拉角的关系以及例 2-7 的结果，有

$$\begin{aligned}&\boldsymbol{R}_{xyz}(-140°,100°,30°)\\&=\boldsymbol{R}_{z'y'x'}(30°,100°,-140°)\\&=\begin{pmatrix}-0.1504 & -0.1652 & -0.9747\\ -0.0868 & -0.9799 & 0.1795\\ -0.9848 & 0.1116 & 0.1330\end{pmatrix}\end{aligned}$$

$$\begin{aligned}&\boldsymbol{R}_{zyz}(-60°,-45°,110°)\\&=\boldsymbol{R}_{z'y'z'}(110°,-45°,-60°)\\&=\begin{pmatrix}0.6929 & -0.6793 & 0.2418\\ 0.6284 & 0.4044 & -0.6645\\ 0.3536 & 0.6124 & 0.7071\end{pmatrix}\end{aligned}$$

关于刚体姿态的欧拉角表示和固定角表示，采用联体坐标系旋转运动的思路，本书已经介绍了全部 24 种表示，它们是 6 种非对称型欧拉角表示、6 种对称型欧拉角表示、6 种非对称型固定角表示和 6 种对称型固定角表示。在实际中，工程师和设计人员可以根据其问题的具体情况选择合适的表示。刚体姿态自由度的个数为 3，以 3 个独立变量描述姿态的表示方式称为姿态的最小表示。显然，上述的欧拉角表示和固定角表示都是最小表示。

由于固定角与相应的欧拉角在旋转次序上颠倒，非对称型固定角与非对称型欧拉角相对应，而对称型固定角则与对称型欧拉角相对应。彼此对应的固定角表示与欧拉角表示在数学形式上相等，比如 $\boldsymbol{R}_{xyz}(\gamma,\beta,\alpha)$和 $\boldsymbol{R}_{z'y'x'}(\alpha,\beta,\gamma)$都等于 $\boldsymbol{R}_z(\alpha)\boldsymbol{R}_y(\beta)\boldsymbol{R}_x(\gamma)$，$\boldsymbol{R}_{xzx}(\gamma,\beta,\alpha)$和 $\boldsymbol{R}_{x'z'x'}(\alpha,\beta,\gamma)$都等于 $\boldsymbol{R}_x(\alpha)\boldsymbol{R}_z(\beta)\boldsymbol{R}_x(\gamma)$。这里以 $\boldsymbol{R}_{xyz}(\gamma,\beta,\alpha)$和 $\boldsymbol{R}_{z'y'x'}(\alpha,\beta,\gamma)$为例，从数学表达式上，看看每步旋转所带来的变化。在图 2-16 的欧拉角旋转实验中，三个角度的操纵

次序是先 α、再 β、最后 γ，因此在图 2-16a ~ d 中，${}_A^B\boldsymbol{R}$ 的表达式分别是 $\boldsymbol{I}$、$\boldsymbol{R}_z(\alpha)$、$\boldsymbol{R}_z(\alpha)\boldsymbol{R}_y(\beta)$ 和 $\boldsymbol{R}_z(\alpha)\boldsymbol{R}_y(\beta)\boldsymbol{R}_x(\gamma)$，从数学运算上看，${}_A^B\boldsymbol{R}$ 从 $\boldsymbol{I}$ 到 $\boldsymbol{R}_z(\alpha)\boldsymbol{R}_y(\beta)\boldsymbol{R}_x(\gamma)$ 的变化是一个右乘的过程，即 $\boldsymbol{I}$ 先右乘 $\boldsymbol{R}_z(\alpha)$、再右乘 $\boldsymbol{R}_y(\beta)$、最后右乘 $\boldsymbol{R}_x(\gamma)$。在图 2-17 的固定角旋转实验中，三个角度的操纵次序是先 γ、再 β、最后 α，因此在图 2-17a ~ d 中，${}_A^B\boldsymbol{R}$ 的表达式分别是 $\boldsymbol{I}$、$\boldsymbol{R}_x(\gamma)$、$\boldsymbol{R}_y(\beta)\boldsymbol{R}_x(\gamma)$ 和 $\boldsymbol{R}_z(\alpha)\boldsymbol{R}_y(\beta)\boldsymbol{R}_x(\gamma)$，从数学运算上看，${}_A^B\boldsymbol{R}$ 从 $\boldsymbol{I}$ 到 $\boldsymbol{R}_z(\alpha)\boldsymbol{R}_y(\beta)\boldsymbol{R}_x(\gamma)$ 的变化是一个左乘的过程，即 $\boldsymbol{I}$ 先左乘 $\boldsymbol{R}_x(\gamma)$、再左乘 $\boldsymbol{R}_y(\beta)$、最后左乘 $\boldsymbol{R}_z(\alpha)$。由上述实验分析可见：右乘基本旋转矩阵相当于绕联体坐标系坐标轴旋转，左乘基本旋转矩阵相当于绕参考坐标系坐标轴旋转。通过对全部欧拉角和固定角旋转的分析，可以验证这个规律始终成立。因为参考坐标系常被称为基坐标系，为方便记忆，业内以口诀“右乘联体左乘基”简述这条规律。此口诀对于理解欧拉角和固定角非常有用。

2.4.4 欧拉角表示和固定角表示的一个缺点

12 种欧拉角表示和 12 种固定角表示都用 3 个独立的旋转角完成了对刚体或坐标系姿态的表达，3 个旋转角直接与横滚、俯仰和偏摆旋转动作相对应，方便了工程师和操作人员的理解和操作，也印证了 3 维空间中的姿态有 3 个自由度。若给定一组欧拉角或固定角，利用附录 A 中相应的公式可以计算出旋转矩阵，比如已知 z-y-x 欧拉角的 α 值、β 值和 γ 值，利用式（2-60）可算出 $\boldsymbol{R}_{z'y'x'}(\alpha,\beta,\gamma)$。若给定一个 $\boldsymbol{R}\in\mathrm{SO}(3)$，满足

$$\boldsymbol{R}=\begin{pmatrix} r_{11} & r_{12} & r_{13} \\ r_{21} & r_{22} & r_{23} \\ r_{31} & r_{32} & r_{33} \end{pmatrix}=\boldsymbol{R}_z(\alpha)\boldsymbol{R}_y(\beta)\boldsymbol{R}_x(\gamma)$$

$$=\begin{pmatrix} \cos\alpha\cos\beta & \cos\alpha\sin\beta\sin\gamma-\sin\alpha\cos\gamma & \cos\alpha\sin\beta\cos\gamma+\sin\alpha\sin\gamma \\ \sin\alpha\cos\beta & \sin\alpha\sin\beta\sin\gamma+\cos\alpha\cos\gamma & \sin\alpha\sin\beta\cos\gamma-\cos\alpha\sin\gamma \\ -\sin\beta & \cos\beta\sin\gamma & \cos\beta\cos\gamma \end{pmatrix} \tag{2-65}$$

的 α、β 和 γ 应如何计算？在讨论这个问题之前，有必要了解一下双变量反正切函数 arctan2，这种两个变量的函数是反正切函数 arctan 的一个变种。双变量反正切函数的表达式为

$$\theta=\mathrm{arctan2}(y,x) \tag{2-66}$$

式中，x 和 y 是不同时等于零的任意两个实数，坐标(x,y)可代表图 2-18 所示坐标平面上除原点外的任意一点；自原点向点(x,y)引射线，θ 是从 x 轴正方向转向该射线的旋转角度，旋转角度的正方向为逆时针方向。已知 x 和 y，即可用 arctan2 求得 $\theta\in(-\pi,\pi]$。

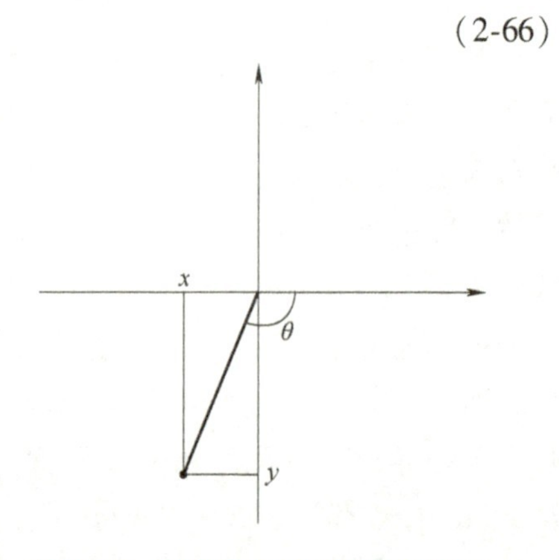

图 2-18 双变量反正切函数示意图

由于 α、β 和 γ 都是角度，不妨规定它们的范围都是$(-\pi,\pi]$。实际上，β 的范围还能缩小，缩小的依据源自

命题 2-13 $\boldsymbol{R}_z(\pm\pi+\alpha)\boldsymbol{R}_y(\pm\pi-\beta)\boldsymbol{R}_x(\pm\pi+\gamma)=\boldsymbol{R}_z(\alpha)\boldsymbol{R}_y(\beta)\boldsymbol{R}_x(\gamma)$。

证

$$
\begin{aligned}
&\boldsymbol{R}_z(\pm\pi+\alpha)\boldsymbol{R}_y(\pm\pi-\beta)\boldsymbol{R}_x(\pm\pi+\gamma)\\
&=\begin{pmatrix}\cos(\pm\pi+\alpha) & -\sin(\pm\pi+\alpha) & 0\\ \sin(\pm\pi+\alpha) & \cos(\pm\pi+\alpha) & 0\\ 0 & 0 & 1\end{pmatrix}\begin{pmatrix}\cos(\pm\pi-\beta) & 0 & \sin(\pm\pi-\beta)\\ 0 & 1 & 0\\ -\sin(\pm\pi-\beta) & 0 & \cos(\pm\pi-\beta)\end{pmatrix}\\
&\quad\begin{pmatrix}1 & 0 & 0\\ 0 & \cos(\pm\pi+\gamma) & -\sin(\pm\pi+\gamma)\\ 0 & \sin(\pm\pi+\gamma) & \cos(\pm\pi+\gamma)\end{pmatrix}\\
&=\begin{pmatrix}-\cos\alpha & \sin\alpha & 0\\ -\sin\alpha & -\cos\alpha & 0\\ 0 & 0 & 1\end{pmatrix}\begin{pmatrix}-\cos\beta & 0 & \sin\beta\\ 0 & 1 & 0\\ -\sin\beta & 0 & -\cos\beta\end{pmatrix}\begin{pmatrix}1 & 0 & 0\\ 0 & -\cos\gamma & \sin\gamma\\ 0 & -\sin\gamma & -\cos\gamma\end{pmatrix}\\
&=\begin{pmatrix}\cos\alpha & -\sin\alpha & 0\\ \sin\alpha & \cos\alpha & 0\\ 0 & 0 & 1\end{pmatrix}\begin{pmatrix}\cos\beta & 0 & \sin\beta\\ 0 & 1 & 0\\ -\sin\beta & 0 & \cos\beta\end{pmatrix}\begin{pmatrix}1 & 0 & 0\\ 0 & \cos\gamma & -\sin\gamma\\ 0 & \sin\gamma & \cos\gamma\end{pmatrix}\\
&=\boldsymbol{R}_z(\alpha)\boldsymbol{R}_y(\beta)\boldsymbol{R}_x(\gamma)
\end{aligned}
$$

记集合 $\mathbb{L}=(-\pi,-\pi/2)\cup(\pi/2,\pi]$，$\mathbb{L}$ 中的角度的绝对值均大于 $\pi/2$。令从 $\mathbb{L}$ 到 $[-\pi/2,\pi/2]$ 的函数 f 为

$$
f(\beta)=\begin{cases}-\pi-\beta, & \beta\in(-\pi,-\pi/2)\\ \pi-\beta, & \beta\in(\pi/2,\pi]\end{cases} \tag{2-67}
$$

显然，函数 f 将绝对值大于 $\pi/2$ 的角度转换为绝对值不大于 $\pi/2$ 的角度。再令函数 $g:(-\pi,\pi]\to(-\pi,\pi]$ 为

$$
g(\alpha)=\begin{cases}\pi+\alpha, & \alpha\in(-\pi,0]\\ -\pi+\alpha, & \alpha\in(0,\pi]\end{cases} \tag{2-68}
$$

则由命题 2-13，可知

命题 2-14　对于任何 $(\alpha,\beta,\gamma)\in(-\pi,\pi]\times\mathbb{L}\times(-\pi,\pi]$，有

$$
\boldsymbol{R}_z(g(\alpha))\boldsymbol{R}_y(f(\beta))\boldsymbol{R}_x(g(\gamma))=\boldsymbol{R}_z(\alpha)\boldsymbol{R}_y(\beta)\boldsymbol{R}_x(\gamma) \tag{2-69}
$$

且 $(g(\alpha),f(\beta),g(\gamma))\in(-\pi,\pi]\times[-\pi/2,\pi/2]\times(-\pi,\pi]$。

这个命题表明：一个姿态若能被一组俯仰角绝对值大于 $\pi/2$ 的 z-y-x 欧拉角或 x-y-z 固定角描述，那么也能被另一组俯仰角绝对值不大于 $\pi/2$ 的 z-y-x 欧拉角或 x-y-z 固定角描述。这样，可进一步规定 $(\alpha,\beta,\gamma)\in(-\pi,\pi]\times[-\pi/2,\pi/2]\times(-\pi,\pi]$。由 $\beta\in[-\pi/2,\pi/2]$，知 $\cos\beta\geqslant 0$，并由式（2-65）中的 $r_{32}=\cos\beta\sin\gamma$ 和 $r_{33}=\cos\beta\cos\gamma$，可知 $\cos\beta=\sqrt{r_{32}^2+r_{33}^2}$，再结合 $r_{31}=-\sin\beta$，利用双变量反正切函数得到

$$
\beta=\operatorname{arctan2}\left(-r_{31},\sqrt{r_{32}^2+r_{33}^2}\right) \tag{2-70}
$$

当 $\cos\beta>0$ 时，利用双变量反正切函数还可以得到

$$
\alpha=\operatorname{arctan2}(r_{21},r_{11}) \tag{2-71}
$$

$$
\gamma=\operatorname{arctan2}(r_{32},r_{33}) \tag{2-72}
$$

而 $\cos\beta=0$ 意味着 $\beta=\pi/2$ 或 $\beta=-\pi/2$。对于 $\beta=\pi/2$，式（2-65）变为

$$\begin{pmatrix}0 & r_{12} & r_{13}\\0 & r_{22} & r_{23}\\-1 & 0 & 0\end{pmatrix}=\begin{pmatrix}0 & \cos\alpha\sin\gamma-\sin\alpha\cos\gamma & \cos\alpha\cos\gamma+\sin\alpha\sin\gamma\\0 & \sin\alpha\sin\gamma+\cos\alpha\cos\gamma & \sin\alpha\cos\gamma-\cos\alpha\sin\gamma\\-1 & 0 & 0\end{pmatrix}$$
$$=\begin{pmatrix}0 & -\sin(\alpha-\gamma) & \cos(\alpha-\gamma)\\0 & \cos(\alpha-\gamma) & \sin(\alpha-\gamma)\\-1 & 0 & 0\end{pmatrix} \tag{2-73}$$

这种情况下，只能得到一个关于 α 与 γ 之差的结果

$$\alpha-\gamma=\arctan2(r_{23},r_{22}) \tag{2-74}$$

也表明对应这种姿态的 z-y-x 欧拉角或 x-y-z 固定角不唯一。对于 $\beta=-\pi/2$，类似推导可知其对应的 z-y-x 欧拉角或 x-y-z 固定角也不唯一，具体结果是

$$\begin{pmatrix}0 & r_{12} & r_{13}\\0 & r_{22} & r_{23}\\1 & 0 & 0\end{pmatrix}=\begin{pmatrix}0 & -\sin(\alpha+\gamma) & -\cos(\alpha+\gamma)\\0 & \cos(\alpha+\gamma) & -\sin(\alpha+\gamma)\\1 & 0 & 0\end{pmatrix} \tag{2-75}$$

$$\alpha+\gamma=\arctan2(-r_{23},r_{22}) \tag{2-76}$$

可以用飞机及机器人的实验来直观展示上面的两种情况，其现象称为万向锁现象。实验初始时的情况与图 2-16 实验初始时相同，实验开始后机器人的肩关节旋转 $\pi/2$ 或 $-\pi/2$，即 $\beta=\pi/2$ 或 $\beta=-\pi/2$，图 2-19a、b 分别显示了肩关节旋转 $\pi/2$ 后和肩关节旋转 $-\pi/2$ 后的情况，不难看出此时腰关节与肘关节的旋转轴互相平行，虽然还剩两个关节可以旋转，但自由度只有 1 个了，最后的姿态仅取决于两个旋转角的差或和，可以有无穷组 z-y-x 欧拉角或 x-y-z 固定角表达最后的姿态。

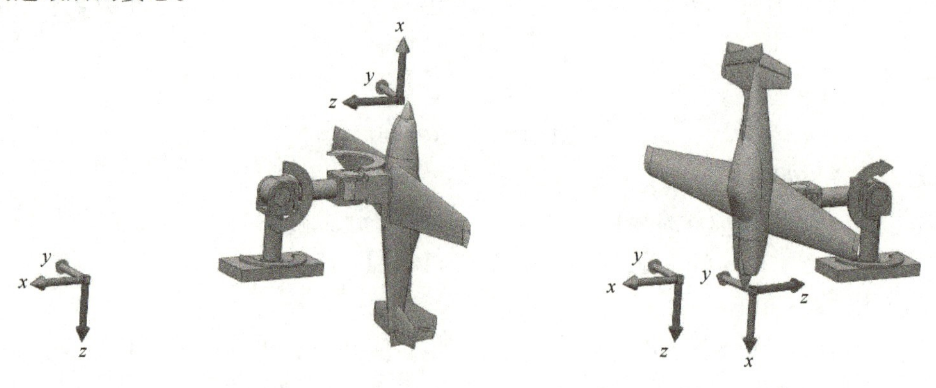

a) 肩关节旋转π/2后的情况　　b) 肩关节旋转-π/2后的情况

图 2-19　腰关节与肘关节的旋转轴平行情形

由旋转矩阵 $\boldsymbol{R}$ 求 z-y-x 欧拉角或 x-y-z 固定角的方法总结如下：

1）若 $|r_{31}|\neq1$，则有唯一的 $(\alpha,\beta,\gamma)\in(-\pi,\pi]\times(-\pi/2,\pi/2)\times(-\pi,\pi]$ 满足式（2-65），计算公式为式（2-70）~式（2-72），并且 SO(3) 中 $|r_{31}|\neq1$ 的不同旋转矩阵与 $(-\pi,\pi]\times(-\pi/2,\pi/2)\times(-\pi,\pi]$ 中的不同 (α,β,γ) 是一一对应的。

2）若 $r_{31}=-1$，则 $(\alpha,\beta,\gamma)\in(-\pi,\pi]\times[-\pi/2,\pi/2]\times(-\pi,\pi]$ 满足式（2-65）当且仅当 (α,β,γ) 满足 $\beta=\pi/2$ 和 $\alpha-\gamma=\arctan2(r_{23},r_{22})$。

3）若 $r_{31}=1$，则 $(\alpha,\beta,\gamma)\in(-\pi,\pi]\times[-\pi/2,\pi/2]\times(-\pi,\pi]$ 满足式（2-65）当且仅当 (α,β,γ) 满足 $\beta=-\pi/2$ 和 $\alpha+\gamma=\operatorname{arctan2}(-r_{23},r_{22})$。

仿照上面的方法处理其他 11 种欧拉角或固定角，读者可以自己推导相应的结论和公式。无论采用哪种欧拉角或固定角，总有两类姿态无法以所用的欧拉角或固定角进行唯一表达（对于非对称型欧拉角和非对称型固定角，是 $\beta=\pi/2$ 或 $-\pi/2$ 的姿态；对于对称型欧拉角和对称型固定角，是 $\beta=0$ 或 π 的姿态），这是姿态欧拉角表示和固定角表示的一个缺点。

例 2-9　已知 $(\alpha,\beta,\gamma)\in(-\pi,\pi]\times[-\pi/2,\pi/2]\times(-\pi,\pi]$ 且

$$\boldsymbol{R}_{z'y'x'}(\alpha,\beta,\gamma)=\begin{pmatrix}0.9021 & -0.3835 & 0.1977\\ 0.3875 & 0.9217 & 0.0198\\ -0.1898 & 0.0587 & 0.9801\end{pmatrix}$$

试求 α、β 和 γ。

解　因为 $|-0.1898|\neq1$，所以按式（2-70）~式（2-72）求

$$\beta=\operatorname{arctan2}(0.1898,\sqrt{0.0587^2+0.9801^2})=0.1910$$

$$\alpha=\operatorname{arctan2}(0.3875,0.9021)=0.4057$$

$$\gamma=\operatorname{arctan2}(0.0587,0.9801)=0.0598$$

例 2-10　已知 $(\alpha,\beta,\gamma)\in(-\pi,\pi]\times[-\pi/2,\pi/2]\times(-\pi,\pi]$ 且

$$\boldsymbol{R}_{z'y'x'}(\alpha,\beta,\gamma)=\begin{pmatrix}0 & 0.9397 & 0.3420\\ 0 & -0.3420 & 0.9397\\ 1 & 0 & 0\end{pmatrix}$$

试求 α、β 和 γ。

解　因为第 3 行第 1 列的元素等于 1，所以 $\beta=-\pi/2$，而 α 和 γ 可以是满足如下约束的任意 2 个角度

$$\alpha+\gamma=\operatorname{arctan2}(-0.9397,-0.3420)=-1.9198,\ \alpha\in(-\pi,\pi],\gamma\in(-\pi,\pi]$$

该例的旋转矩阵显示联体坐标系的 x 轴与参考坐标系的 z 轴重合，属于图 2-19b 所示的一类机头竖直向下的姿态，这类姿态中的任何一个都可用无穷组 z-y-x 欧拉角和 x-y-z 固定角来描述。

2.5　姿态的等效轴角表示和坐标系的旋转、平移变换

由于三维空间中的姿态有 3 个自由度，作为最小表示的欧拉角表示和固定角表示将描述变量数减到了最少，除了对欧拉角和固定角范围的规定外，可以说对变量没有约束。不过这两类表示都有一个缺点：在 β 等于 $-\pi/2$ 或 0 或 $\pi/2$ 或 π 时，某些姿态可以对应无穷组欧拉角或固定角。旋转矩阵表示可以做到与姿态的一一对应，但变量多（9 个）、约束多（6 个）。是否有其他的姿态表示方式可以做到折中？即采用的变量和约束较少，并且任何姿态不会对应无穷组变量解。本节将对此展开讨论。

2.5.1　姿态的等效轴角表示

在前面介绍欧拉角和固定角时，观察了 $\{B\}$ 从与 $\{A\}$ 重合变化到任何姿态的飞机实验，在实验中 $\{B\}$ 通过 3 次旋转达到目标，每次旋转绕 x 轴或 y 轴或 z 轴。如果 $\{B\}$ 不限于绕 x

轴或 y 轴或 z 轴旋转，而是允许绕其他轴旋转，能否只需绕一个合适的轴一次旋转某个合适的角度就能变换到任何姿态？关于刚体定点旋转（绕一固定点的运动）的欧拉定理对这个问题给出了肯定的回答，即刚体定点转动的前后姿态可以通过一次定轴转动（绕一固定轴的运动）实现。因在实验中忽视飞机的平动，在$\{B\}$的运动中，其原点始终固定于$\{A\}$的原点，所以飞机符合欧拉定理的定点转动假设。对于$\{B\}$从与$\{A\}$重合变化到任何姿态，根据欧拉定理，变化后的姿态应可由一个旋转轴和一个旋转角度决定。

为分析定轴转动引起的姿态变化，先考虑如图 2-20 的三维向量旋转问题：在三维空间中，向量 $\boldsymbol{r}_{OQ}$以单位向量 $\boldsymbol{r}_{OK}$为轴旋转 θ 角后，变为向量 $\boldsymbol{r}_{OQ'}$，如何用 $\boldsymbol{r}_{OQ}$、$\boldsymbol{r}_{OK}$ 和 θ 表达 $\boldsymbol{r}_{OQ'}$？在图 2-20 中，将 $\boldsymbol{r}_{OQ}$向 $\boldsymbol{r}_{OK}$作投影，得到 $\boldsymbol{r}_{OP}$。由于 $\boldsymbol{r}_{OK}$是单位向量，根据投影与内积的关系，知

$$\boldsymbol{r}_{OP}=(\boldsymbol{r}_{OQ}\cdot\boldsymbol{r}_{OK})\boldsymbol{r}_{OK} \tag{2-77}$$

且 $\boldsymbol{r}_{PQ}=\boldsymbol{r}_{OQ}-\boldsymbol{r}_{OP}$。再由投影和旋转的性质，知 $\boldsymbol{r}_{PQ}$ 和 $\boldsymbol{r}_{PQ'}$均垂直于 $\boldsymbol{r}_{OK}$、$|\boldsymbol{r}_{PQ}|=|\boldsymbol{r}_{PQ'}|$且 $\boldsymbol{r}_{PQ}$与 $\boldsymbol{r}_{PQ'}$的夹角为 θ。令向量

$$\boldsymbol{r}_{PW}=\boldsymbol{r}_{OK}\times\boldsymbol{r}_{PQ} \tag{2-78}$$

因为 $\boldsymbol{r}_{PQ}$ 垂直于 $\boldsymbol{r}_{OK}$，由外积的性质知 $|\boldsymbol{r}_{PW}|=|\boldsymbol{r}_{OK}||\boldsymbol{r}_{PQ}|\sin\dfrac{\pi}{2}=|\boldsymbol{r}_{PQ}|$且 $\boldsymbol{r}_{OK}$和 $\boldsymbol{r}_{PQ}$均垂直于 $\boldsymbol{r}_{PW}$。注意到 $\boldsymbol{r}_{PQ}$、$\boldsymbol{r}_{PQ'}$ 和 $\boldsymbol{r}_{PW}$ 均垂直于 $\boldsymbol{r}_{OK}$ 且 $|\boldsymbol{r}_{PQ}|=|\boldsymbol{r}_{PQ'}|=|\boldsymbol{r}_{PW}|$，于是 $\boldsymbol{r}_{PQ}$、$\boldsymbol{r}_{PQ'}$ 和 $\boldsymbol{r}_{PW}$处于同一个平面且点 Q、Q'和 W 均位于以 P 为圆心、以$|\boldsymbol{r}_{PQ}|$为半径的平面圆周上。该平面圆周如图 2-21 所示，$\boldsymbol{r}_{PW}$垂直于 $\boldsymbol{r}_{PQ}$，$\boldsymbol{r}_{PQ}$与 $\boldsymbol{r}_{PQ'}$的夹角为 θ，由这些平面几何关系可知

$$\boldsymbol{r}_{PQ'}=\boldsymbol{r}_{PQ}\cos\theta+\boldsymbol{r}_{PW}\sin\theta \tag{2-79}$$

进而

$$\begin{aligned}\boldsymbol{r}_{OQ'}&=\boldsymbol{r}_{OP}+(\boldsymbol{r}_{OQ}-\boldsymbol{r}_{OP})\cos\theta+(\boldsymbol{r}_{OK}\times\boldsymbol{r}_{OQ})\sin\theta-(\boldsymbol{r}_{OK}\times\boldsymbol{r}_{OP})\sin\theta\\&=\boldsymbol{r}_{OQ}\cos\theta+\boldsymbol{r}_{OP}(1-\cos\theta)+(\boldsymbol{r}_{OK}\times\boldsymbol{r}_{OQ})\sin\theta\end{aligned} \tag{2-80}$$

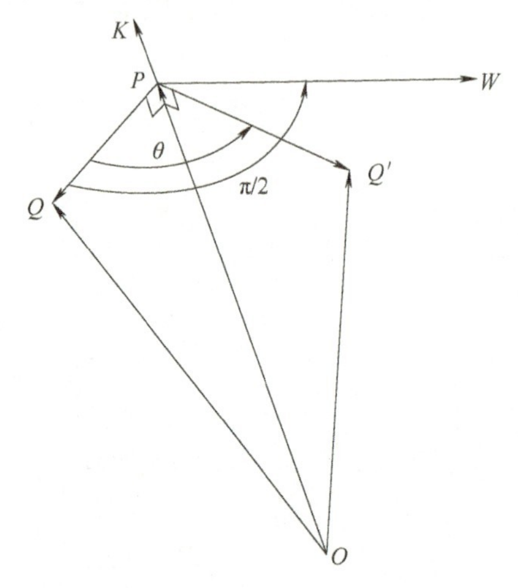

图 2-20　三维向量绕单位向量旋转

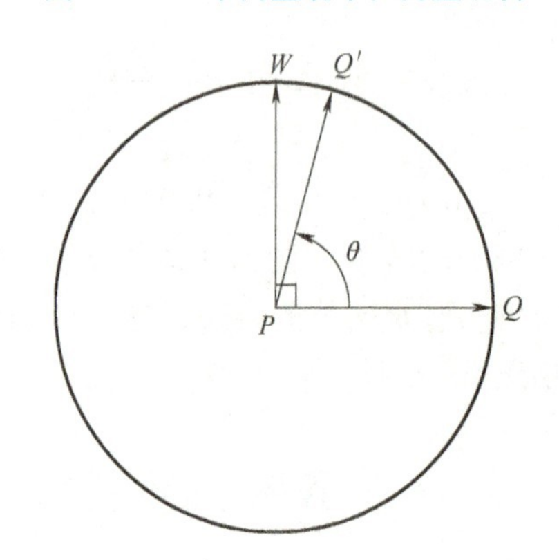

图 2-21　三维向量绕单位向量旋转的俯视

最后得到罗德里格斯公式

$$\boldsymbol{r}_{OQ'}=\boldsymbol{r}_{OQ}\cos\theta+(\boldsymbol{r}_{OQ}\cdot\boldsymbol{r}_{OK})\boldsymbol{r}_{OK}(1-\cos\theta)+(\boldsymbol{r}_{OK}\times\boldsymbol{r}_{OQ})\sin\theta \tag{2-81}$$

再考虑$\{B\}$在参考系$\{A\}$中的定轴旋转。设起初的$\{B\}$与$\{A\}$重合，$\{B\}$绕单位向量${}^A\boldsymbol{K}=(k_x\quad k_y\quad k_z)^{\mathrm{T}}$ 旋转 θ 角。记旋转前的$\{B\}$为$\{B\}(0)$，旋转后的$\{B\}$为$\{B\}(1)$。由${}_{B(0)}^{\ A}\boldsymbol{R}=\boldsymbol{I}$，可知

$${}^A\boldsymbol{X}_{B(0)}=\begin{pmatrix}1\\0\\0\end{pmatrix},{}^A\boldsymbol{Y}_{B(0)}=\begin{pmatrix}0\\1\\0\end{pmatrix},{}^A\boldsymbol{Z}_{B(0)}=\begin{pmatrix}0\\0\\1\end{pmatrix} \tag{2-82}$$

在绕 ${}^{A}\boldsymbol{K}$ 旋转 θ 角后，利用罗德里格斯公式，可得

$$
\begin{aligned}
{}^{A}\boldsymbol{X}_{B(1)} &= {}^{A}\boldsymbol{X}_{B(0)}\cos\theta+({}^{A}\boldsymbol{X}_{B(0)}\cdot{}^{A}\boldsymbol{K}){}^{A}\boldsymbol{K}(1-\cos\theta)+({}^{A}\boldsymbol{K}\times{}^{A}\boldsymbol{X}_{B(0)})\sin\theta \\
&= \begin{pmatrix}\cos\theta\\0\\0\end{pmatrix}+\begin{pmatrix}k_x^2\\k_xk_y\\k_xk_z\end{pmatrix}(1-\cos\theta)+\begin{pmatrix}0\\k_z\\-k_y\end{pmatrix}\sin\theta \\
&= \begin{pmatrix}k_x^2v\theta+c\theta\\k_xk_yv\theta+k_zs\theta\\k_xk_zv\theta-k_ys\theta\end{pmatrix}
\end{aligned}
\tag{2-83}
$$

式中，$v\theta=1-\cos\theta$，$c\theta=\cos\theta$，$s\theta=\sin\theta$。类似可得

$$
{}^{A}\boldsymbol{Y}_{B(1)}=\begin{pmatrix}k_xk_yv\theta-k_zs\theta\\k_y^2v\theta+c\theta\\k_yk_zv\theta+k_xs\theta\end{pmatrix},\ {}^{A}\boldsymbol{Z}_{B(1)}=\begin{pmatrix}k_xk_zv\theta+k_ys\theta\\k_yk_zv\theta-k_xs\theta\\k_z^2v\theta+c\theta\end{pmatrix}
\tag{2-84}
$$

于是

$$
{}_{B(1)}^{\ \ A}\boldsymbol{R}=\begin{pmatrix}k_x^2v\theta+c\theta & k_xk_yv\theta-k_zs\theta & k_xk_zv\theta+k_ys\theta\\k_xk_yv\theta+k_zs\theta & k_y^2v\theta+c\theta & k_yk_zv\theta-k_xs\theta\\k_xk_zv\theta-k_ys\theta & k_yk_zv\theta+k_xs\theta & k_z^2v\theta+c\theta\end{pmatrix}
\tag{2-85}
$$

当然，也由欧拉定理可知：对于任何 $\boldsymbol{R}\in\mathrm{SO}(3)$，存在角度 θ 和单位向量$(k_x\quad k_y\quad k_z)^{\mathrm{T}}$，使得

$$
\boldsymbol{R}=\begin{pmatrix}k_x^2v\theta+c\theta & k_xk_yv\theta-k_zs\theta & k_xk_zv\theta+k_ys\theta\\k_xk_yv\theta+k_zs\theta & k_y^2v\theta+c\theta & k_yk_zv\theta-k_xs\theta\\k_xk_zv\theta-k_ys\theta & k_yk_zv\theta+k_xs\theta & k_z^2v\theta+c\theta\end{pmatrix}=\boldsymbol{R}_K(\theta)
\tag{2-86}
$$

式（2-86）称为姿态的等效轴角表示，在式中记以 $\boldsymbol{R}_K(\theta)$，并称$(k_x\quad k_y\quad k_z)^{\mathrm{T}}$ 为等效轴。显然，$\boldsymbol{R}_K(\theta)$用 4 个变量 k_x、k_y、k_z 和 θ 描述了姿态。因一个约束 $k_x^2+k_y^2+k_z^2=1$ 的存在，这 4 个变量并非完全独立。不难验证：${}^{A}\boldsymbol{X}_{B(1)}$ 和 ${}^{A}\boldsymbol{Y}_{B(1)}$ 是正交的单位向量且 ${}^{A}\boldsymbol{Z}_{B(1)}={}^{A}\boldsymbol{X}_{B(1)}\times{}^{A}\boldsymbol{Y}_{B(1)}$。这意味着，无论 θ 角各取何值以及$(k_x\quad k_y\quad k_z)^{\mathrm{T}}$ 取哪个单位向量，总有 $\boldsymbol{R}_K(\theta)\in\mathrm{SO}(3)$。

例 2-11　在参考系{A}中，初始时的向量 ${}^{A}\boldsymbol{P}(0)=(3\quad 2\quad 1)^{\mathrm{T}}$，该向量绕单位向量 ${}^{A}\boldsymbol{K}=(0.8\quad 0\quad 0.6)^{\mathrm{T}}$ 旋转 $\pi/4$ 后变为 ${}^{A}\boldsymbol{P}(1)$，试求 ${}^{A}\boldsymbol{P}(1)$。

解　方法 1：引入一个原点与{A}相同的辅助坐标系{B}，它满足两个条件：一是初始时的{B}与{A}重合；二是{B}绕 ${}^{A}\boldsymbol{K}=(0.8\quad 0\quad 0.6)^{\mathrm{T}}$ 旋转 $\pi/4$。则旋转后{B}的姿态

$$
{}_{B}^{A}\boldsymbol{R}=\boldsymbol{R}_K(\theta)=\begin{pmatrix}0.8946 & -0.4243 & 0.1406\\0.4243 & 0.7071 & -0.5657\\0.1406 & 0.5657 & 0.8125\end{pmatrix}
$$

因为{B}和例中的旋转向量都是绕 ${}^{A}\boldsymbol{K}=(0.8\quad 0\quad 0.6)^{\mathrm{T}}$ 旋转 $\pi/4$，所以旋转向量可视为与{B}固连，在{B}中记该向量为 ${}^{B}\boldsymbol{P}$。由初始{B}与{A}重合，知 ${}^{B}\boldsymbol{P}=(3\quad 2\quad 1)^{\mathrm{T}}$。再由{$B$}的原点与{$A$}相同以及式（2-43），有

$$
{}^{A}\boldsymbol{P}={}^{A}\boldsymbol{O}_{B}+{}^{A}_{B}\boldsymbol{R}^{B}\boldsymbol{P}={}^{A}_{B}\boldsymbol{R}^{B}\boldsymbol{P}=\begin{pmatrix}0.8946 & -0.4243 & 0.1406\\ 0.4243 & 0.7071 & -0.5657\\ 0.1406 & 0.5657 & 0.8125\end{pmatrix}\begin{pmatrix}3\\2\\1\end{pmatrix}=\begin{pmatrix}1.9757\\2.1213\\2.3657\end{pmatrix}
$$

方法 2：由罗德里格斯公式，有

$$
{}^{A}\boldsymbol{P}=\begin{pmatrix}3\\2\\1\end{pmatrix}\cos\frac{\pi}{4}+\left(\begin{pmatrix}3\\2\\1\end{pmatrix}\cdot\begin{pmatrix}0.8\\0\\0.6\end{pmatrix}\right)\begin{pmatrix}0.8\\0\\0.6\end{pmatrix}\left(1-\cos\frac{\pi}{4}\right)+\left(\begin{pmatrix}0.8\\0\\0.6\end{pmatrix}\times\begin{pmatrix}3\\2\\1\end{pmatrix}\right)\sin\frac{\pi}{4}=\begin{pmatrix}1.9757\\2.1213\\2.3657\end{pmatrix}
$$

上面导出了姿态的等效轴角表示，接下来的一个关键问题就是等效轴角表示的计算，即给定一个 $\boldsymbol{R}\in \mathrm{SO}(3)$，如何找到 $\theta\in(-\pi,\pi]$ 和单位向量 $(k_x \quad k_y \quad k_z)^{\mathrm{T}}$，满足

$$
\boldsymbol{R}=\begin{pmatrix}r_{11} & r_{12} & r_{13}\\ r_{21} & r_{22} & r_{23}\\ r_{31} & r_{32} & r_{33}\end{pmatrix}
=\begin{pmatrix}k_x^2 v\theta+c\theta & k_x k_y v\theta-k_z s\theta & k_x k_z v\theta+k_y s\theta\\ k_x k_y v\theta+k_z s\theta & k_y^2 v\theta+c\theta & k_y k_z v\theta-k_x s\theta\\ k_x k_z v\theta-k_y s\theta & k_y k_z v\theta+k_x s\theta & k_z^2 v\theta+c\theta\end{pmatrix} \tag{2-87}
$$

不难理解：$\theta\in(-\pi,0)$ 的绕 ${}^{A}\boldsymbol{K}$ 旋转等价于 $-\theta\in(0,\pi)$ 的绕 $-{}^{A}\boldsymbol{K}$ 旋转，这一点也可通过证明 $\boldsymbol{R}_K(\theta)=\boldsymbol{R}_{-K}(-\theta)$ 验证。因此，可以缩小 θ 的范围，规定 $\theta\in[0,\pi]$。在此规定下，由式（2-87）可导出

$$
\theta=\arccos\left(\frac{r_{11}+r_{22}+r_{33}-1}{2}\right) \tag{2-88}
$$

如果所得的 θ 不等于 0 或 π，可进一步导出

$$
\begin{pmatrix}k_x\\k_y\\k_z\end{pmatrix}=\frac{1}{2\sin\theta}\begin{pmatrix}r_{32}-r_{23}\\ r_{13}-r_{31}\\ r_{21}-r_{12}\end{pmatrix} \tag{2-89}
$$

即这些姿态对应的等效轴角解是唯一的。如果 $\theta=\pi$，则式（2-87）变为

$$
\begin{pmatrix}r_{11} & r_{12} & r_{13}\\ r_{21} & r_{22} & r_{23}\\ r_{31} & r_{32} & r_{33}\end{pmatrix}=\begin{pmatrix}2k_x^2-1 & 2k_x k_y & 2k_x k_z\\ 2k_x k_y & 2k_y^2-1 & 2k_y k_z\\ 2k_x k_z & 2k_y k_z & 2k_z^2-1\end{pmatrix} \tag{2-90}
$$

由 $r_{11}+r_{22}+r_{33}=(2k_x^2-1)+(2k_y^2-1)+(2k_z^2-1)=-1$ 知 r_{11}、r_{22} 和 r_{33} 不会同时等于-1，找出一个不等于-1 的 r_{ii}，这里以 $r_{11}\neq-1$ 为例，先求得 $k_x=\pm\sqrt{(r_{11}+1)/2}$，再将 2 个 k_x 值代入 $r_{12}=2k_x k_y$ 和 $r_{13}=2k_x k_z$，可求得 k_y 和 k_z。具体公式如下（$r_{22}\neq-1$ 或 $r_{33}\neq-1$ 的公式可类似推导）：

$$
\begin{pmatrix}k_x\\k_y\\k_z\end{pmatrix}=\pm\begin{pmatrix}\sqrt{(r_{11}+1)/2}\\ r_{12}/\sqrt{2(r_{11}+1)}\\ r_{13}/\sqrt{2(r_{11}+1)}\end{pmatrix} \tag{2-91}
$$

式（2-91）的两个解方向相反，也意味着绕一个轴旋转 180°等价于绕其反向轴旋转 180°。如果 $\theta=0$，则式（2-87）变为

$$\begin{pmatrix} r_{11} & r_{12} & r_{13} \\ r_{21} & r_{22} & r_{23} \\ r_{31} & r_{32} & r_{33} \end{pmatrix} = \begin{pmatrix} 1 & 0 & 0 \\ 0 & 1 & 0 \\ 0 & 0 & 1 \end{pmatrix} \tag{2-92}$$

似乎无法求得$(k_x \quad k_y \quad k_z)^{\mathrm{T}}$，其实 $\theta=0$ 意味着$\{B\}$不旋转，任何单位向量都是满足式（2-87）的$(k_x \quad k_y \quad k_z)^{\mathrm{T}}$。等效轴角表示仍出现了无穷多组解的情况。

2.5.2 旋转矩阵与坐标系旋转

在上面对等效轴角表示的介绍中，等效轴${}^{A}\boldsymbol{K}$的上标是 A，这意味着等效轴是在$\{A\}$中表达的。注意到在$\{B\}$的旋转过程中，无论是相对于$\{A\}$还是相对于$\{B\}$，等效轴始终保持不动，因此也可以在$\{B\}$中用${}^{B}\boldsymbol{K}$表达等效轴。当然，由初始时的$\{B\}$与$\{A\}$重合，知${}^{B}\boldsymbol{K}={}^{A}\boldsymbol{K}$，看不出这两种表达的明显区别。为了探究等效轴不同表达之间的差别，考虑初始$\{B\}$与$\{A\}$不重合的旋转。在初始$\{B\}$与$\{A\}$不重合的情况下，对于${}^{B}\boldsymbol{K}={}^{A}\boldsymbol{K}$的${}^{A}\boldsymbol{K}$和${}^{B}\boldsymbol{K}$，它们表达的不是同一个轴，以致$\{B\}$绕${}^{A}\boldsymbol{K}$旋转 θ 角后和绕${}^{B}\boldsymbol{K}$旋转 θ 角后会得到不同的姿态。下面对这两种旋转分别进行研究。

先研究第一种旋转的问题：在参考系$\{A\}$中，设初始时$\{B\}$的姿态是${}^{A}_{B}\boldsymbol{R}(0)$，求$\{B\}$绕单位向量${}^{A}\boldsymbol{K}=(k_x \quad k_y \quad k_z)^{\mathrm{T}}$旋转 θ 角后的姿态${}^{A}_{B}\boldsymbol{R}(1)$。这里用“0”和“1”区分了旋转前、后的姿态。为了得到${}^{A}_{B}\boldsymbol{R}(1)$，引入一个原点与$\{A\}$、$\{B\}$相同的辅助坐标系$\{C\}$，该坐标系满足两个条件：一是$\{C\}$与$\{B\}$固连；二是初始时的$\{C\}$与$\{A\}$重合。由$\{C\}$与$\{B\}$固连，知$\{C\}$也绕单位向量${}^{A}\boldsymbol{K}$旋转 θ 角，再加上初始时的$\{C\}$与$\{A\}$重合，于是$\{C\}$在$\{A\}$中的旋转正是式（2-85）讨论的情形，从而有${}^{A}_{C}\boldsymbol{R}(1)=\boldsymbol{R}_K(\theta)$。另外，$\{C\}$的两个条件也意味着${}^{A}_{B}\boldsymbol{R}(0)={}^{C}_{B}\boldsymbol{R}(0)={}^{C}_{B}\boldsymbol{R}(1)$。最后，由链式法则${}^{A}_{B}\boldsymbol{R}(1)={}^{A}_{C}\boldsymbol{R}(1){}^{C}_{B}\boldsymbol{R}(1)$，得到第一种旋转问题的答案

$${}^{A}_{B}\boldsymbol{R}(1)=\boldsymbol{R}_K(\theta){}^{A}_{B}\boldsymbol{R}(0) \tag{2-93}$$

例 2-12　在参考坐标系$\{A\}$中，某向量在初始时的描述为${}^{A}\boldsymbol{P}(0)$，该向量先绕单位向量${}^{A}\boldsymbol{K}_1$旋转 θ_1 角度，再绕单位向量${}^{A}\boldsymbol{K}_2$旋转 θ_2 角度，最后绕单位向量${}^{A}\boldsymbol{K}_3$旋转 θ_3 角度，求完成上述旋转后该向量的描述${}^{A}\boldsymbol{P}(1)$。

解　引入一个原点与$\{A\}$相同的辅助坐标系$\{B\}$，该坐标系满足两个条件：一是$\{B\}$与题中向量固连；二是初始时的$\{B\}$与$\{A\}$重合。引入$\{B\}$后，可以换一种方式理解向量的旋转：向量在$\{B\}$中是固定不动的，$\{B\}$带着此向量在$\{A\}$中进行上述旋转。对于旋转后$\{B\}$在$\{A\}$中的姿态，由式（2-93），有

$${}^{A}_{B}\boldsymbol{R}(1)=\boldsymbol{R}_{K_3}(\theta_3)\boldsymbol{R}_{K_2}(\theta_2)\boldsymbol{R}_{K_1}(\theta_1)\boldsymbol{I} \tag{2-94}$$

另由$\{B\}$的两个条件，可知

$${}^{B}\boldsymbol{P}(1)={}^{B}\boldsymbol{P}(0)={}^{A}\boldsymbol{P}(0) \tag{2-95}$$

再由式（2-43），有

$${}^{A}\boldsymbol{P}(1)={}^{A}\boldsymbol{O}_B(1)+{}^{A}_{B}\boldsymbol{R}(1){}^{B}\boldsymbol{P}(1) \tag{2-96}$$

注意到$\{B\}$与$\{A\}$的原点始终相同，${}^{A}\boldsymbol{O}_B(1)$是零向量，于是

$$^{A}\boldsymbol{P}(1)={}_{B}^{A}\boldsymbol{R}(1)\,^{B}\boldsymbol{P}(1)=\boldsymbol{R}_{K_3}(\theta_3)\boldsymbol{R}_{K_2}(\theta_2)\boldsymbol{R}_{K_1}(\theta_1)\,^{A}\boldsymbol{P}(0) \tag{2-97}$$

接下来研究第二种旋转的问题：在参考系$\{A\}$中，设初始时$\{B\}$的姿态是${}_{B}^{A}\boldsymbol{R}(0)$，求$\{B\}$绕单位向量$^{B}\boldsymbol{K}=(k_x\quad k_y\quad k_z)^{\mathrm{T}}$旋转$\theta$角后的姿态${}_{B}^{A}\boldsymbol{R}(1)$。为了得到${}_{B}^{A}\boldsymbol{R}(1)$，引入一个原点与$\{A\}$、$\{B\}$相同的辅助坐标系$\{C\}$，该坐标系满足两个条件：一是$\{C\}$与$\{A\}$固连；二是初始时的$\{C\}$与$\{B\}$重合。由$\{C\}$的两个条件，可知旋转轴$^{B}\boldsymbol{K}={}^{C}\boldsymbol{K}$且$\{B\}$也可视为绕$^{C}\boldsymbol{K}$旋转$\theta$角，再加上初始时的$\{B\}$与$\{C\}$重合，于是$\{B\}$在$\{C\}$中的旋转正是式（2-85）讨论的情形，从而有${}_{B}^{C}\boldsymbol{R}(1)=\boldsymbol{R}_{K}(\theta)$。由$\{C\}$的两个条件，还可知${}_{C}^{A}\boldsymbol{R}(1)={}_{C}^{A}\boldsymbol{R}(0)={}_{B}^{A}\boldsymbol{R}(0)$。最后，由链式法则${}_{B}^{A}\boldsymbol{R}(1)={}_{C}^{A}\boldsymbol{R}(1){}_{B}^{C}\boldsymbol{R}(1)$，得到

$${}_{B}^{A}\boldsymbol{R}(1)={}_{B}^{A}\boldsymbol{R}(0)\boldsymbol{R}_{K}(\theta) \tag{2-98}$$

按照关于等效轴角表示的结论，每个旋转矩阵都可写成$\boldsymbol{R}_{K}(\theta)$形式且每个$\boldsymbol{R}_{K}(\theta)$都是旋转矩阵，而$\boldsymbol{R}_{K}(\theta)$对应着坐标系绕某个轴旋转某个角度的一次旋转，因此旋转矩阵可以描述坐标系的旋转变换。坐标系旋转前后姿态变化的定量关系，则根据旋转轴的表达呈现不同的形式。如果旋转轴是在参考坐标系中表达的，那么式（2-93）成立，$\boldsymbol{R}_{K}(\theta)$左乘旋转前的姿态得到旋转后的姿态；如果旋转轴是在联体坐标系中表达的，那么式（2-98）成立，$\boldsymbol{R}_{K}(\theta)$右乘旋转前的姿态得到旋转后的姿态。换句话说，右乘旋转矩阵相当于绕联体坐标系中的单位向量旋转，左乘旋转矩阵相当于绕参考坐标系中的单位向量旋转。“右乘联体左乘基”的规律显然也适用于旋转矩阵。

例 2-13 已知参考坐标系$\{A\}$中$\{B\}$的初始姿态${}_{B}^{A}\boldsymbol{R}(0)$，已知与$\{B\}$固连的向量$^{B}\boldsymbol{P}$，$\{B\}$先绕单位向量$^{A}\boldsymbol{K}_1$旋转$\theta_1$角度，再绕单位向量$^{B}\boldsymbol{K}_2$旋转$\theta_2$角度，最后绕单位向量$^{A}\boldsymbol{K}_3$旋转$\theta_3$角度，求完成上述旋转后$^{B}\boldsymbol{P}$在$\{A\}$中的描述。

解 由“右乘联体左乘基”，知

$${}_{B}^{A}\boldsymbol{R}(1)=\boldsymbol{R}_{K_3}(\theta_3)\boldsymbol{R}_{K_1}(\theta_1){}_{B}^{A}\boldsymbol{R}(0)\boldsymbol{R}_{K_2}(\theta_2) \tag{2-99}$$

再由$\{B\}$与$\{A\}$原点重合以及式（2-43），有

$$^{A}\boldsymbol{P}={}_{B}^{A}\boldsymbol{R}(1)\,^{B}\boldsymbol{P} \tag{2-100}$$

于是

$$^{A}\boldsymbol{P}=\boldsymbol{R}_{K_3}(\theta_3)\boldsymbol{R}_{K_1}(\theta_1){}_{B}^{A}\boldsymbol{R}(0)\boldsymbol{R}_{K_2}(\theta_2)\,^{B}\boldsymbol{P} \tag{2-101}$$

旋转矩阵既能描述姿态又能描述旋转。从式（2-93）和式（2-98）中可见，${}_{B}^{A}\boldsymbol{R}(0)$、${}_{B}^{A}\boldsymbol{R}(1)$和$\boldsymbol{R}_{K}(\theta)$都是旋转矩阵，${}_{B}^{A}\boldsymbol{R}(0)$和${}_{B}^{A}\boldsymbol{R}(1)$描述了姿态，$\boldsymbol{R}_{K}(\theta)$描述了旋转。从本质上讲，旋转矩阵的姿态描述只是其旋转描述功能的一个特定应用：若令${}_{B}^{A}\boldsymbol{R}(0)=\boldsymbol{I}$，则式（2-93）和式（2-98）退化成

$${}_{B}^{A}\boldsymbol{R}(1)=\boldsymbol{R}_{K}(\theta)=\boldsymbol{R}_{K}(\theta)\boldsymbol{I}=\boldsymbol{I}\boldsymbol{R}_{K}(\theta) \tag{2-102}$$

姿态被表达成了$\boldsymbol{R}_{K}(\theta)$，即姿态的等效轴角表示。正是因为这一点，SO(3)中的矩阵被称为旋转矩阵而不是被称为姿态矩阵。对于旋转矩阵，需要从旋转运动的观点把握它的本质。

2.5.3 齐次变换矩阵与坐标系的旋转、平移

前面的研究表明，旋转矩阵具有描述坐标系（或刚体）旋转的功能。这使我们联想到含有旋转矩阵和位置向量的齐次变换矩阵，信息更丰富的齐次变换矩阵可能具有描述坐标系旋转和平移的功能。本节将对此展开研究。

先研究旋转矩阵为单位阵的齐次变换矩阵

$$\boldsymbol{T}_P=\left(\begin{array}{ccc|c}\multicolumn{3}{c|}{\boldsymbol{I}} & \boldsymbol{P}\\ \hline 0 & 0 & 0 & 1\end{array}\right)\in \mathrm{SE}(3) \tag{2-103}$$

设初始时参考系$\{A\}$中$\{B\}$的位姿为

$$_B^A\boldsymbol{T}(0)=\left(\begin{array}{ccc|c}\multicolumn{3}{c|}{_B^A\boldsymbol{R}(0)} & {}^A\boldsymbol{O}_B(0)\\ \hline 0 & 0 & 0 & 1\end{array}\right)\in \mathrm{SE}(3) \tag{2-104}$$

下面分别考虑左乘和右乘两种情况。

将 $\boldsymbol{T}_P$ 左乘$_B^A\boldsymbol{T}(0)$，得到

$$\begin{aligned}\boldsymbol{T}_P{}_B^A\boldsymbol{T}(0)&=\left(\begin{array}{ccc|c}\multicolumn{3}{c|}{\boldsymbol{I}} & \boldsymbol{P}\\ \hline 0 & 0 & 0 & 1\end{array}\right)\left(\begin{array}{ccc|c}\multicolumn{3}{c|}{_B^A\boldsymbol{R}(0)} & {}^A\boldsymbol{O}_B(0)\\ \hline 0 & 0 & 0 & 1\end{array}\right)\\&=\left(\begin{array}{ccc|c}\multicolumn{3}{c|}{_B^A\boldsymbol{R}(0)} & {}^A\boldsymbol{O}_B(0)+\boldsymbol{P}\\ \hline 0 & 0 & 0 & 1\end{array}\right)\\&=\left(\begin{array}{ccc|c}\multicolumn{3}{c|}{_B^A\boldsymbol{R}(1)} & {}^A\boldsymbol{O}_B(1)\\ \hline 0 & 0 & 0 & 1\end{array}\right)\\&={}_B^A\boldsymbol{T}(1)\end{aligned} \tag{2-105}$$

式中，$_B^A\boldsymbol{R}(1)={}_B^A\boldsymbol{R}(0)$表明$\{B\}$在变换前后的姿态不变，${}^A\boldsymbol{O}_B(1)={}^A\boldsymbol{O}_B(0)+\boldsymbol{P}$ 表明$\{B\}$的原点发生了移动。显然，这是坐标系的平移变换，在$\{A\}$中平移的方向和距离由 $\boldsymbol{P}$ 表征。

将 $\boldsymbol{T}_P$ 右乘$_B^A\boldsymbol{T}(0)$，得到

$$\begin{aligned}{}_B^A\boldsymbol{T}(0)\boldsymbol{T}_P&=\left(\begin{array}{ccc|c}\multicolumn{3}{c|}{_B^A\boldsymbol{R}(0)} & {}^A\boldsymbol{O}_B(0)\\ \hline 0 & 0 & 0 & 1\end{array}\right)\left(\begin{array}{ccc|c}\multicolumn{3}{c|}{\boldsymbol{I}} & \boldsymbol{P}\\ \hline 0 & 0 & 0 & 1\end{array}\right)\\&=\left(\begin{array}{ccc|c}\multicolumn{3}{c|}{_B^A\boldsymbol{R}(0)} & {}^A\boldsymbol{O}_B(0)+{}_B^A\boldsymbol{R}(0)\boldsymbol{P}\\ \hline 0 & 0 & 0 & 1\end{array}\right)\\&=\left(\begin{array}{ccc|c}\multicolumn{3}{c|}{_B^A\boldsymbol{R}(1)} & {}^A\boldsymbol{O}_B(1)\\ \hline 0 & 0 & 0 & 1\end{array}\right)\\&={}_B^A\boldsymbol{T}(1)\end{aligned} \tag{2-106}$$

这也是坐标系的平移变换，但在$\{A\}$中平移的方向和距离并非由 $\boldsymbol{P}$ 表征。为明确变换中 $\boldsymbol{P}$ 的含义，引入一个辅助坐标系$\{C\}$，该坐标系满足两个条件：一是$\{C\}$与$\{A\}$固连；二是初始时的$\{C\}$与$\{B\}$重合。于是

$$_B^C\boldsymbol{T}(0)=\left(\begin{array}{ccc|c}\multicolumn{3}{c|}{\boldsymbol{I}} & 0\\ \hline 0 & 0 & 0 & 1\end{array}\right) \tag{2-107}$$

$$_B^C\boldsymbol{T}(1)={}_A^C\boldsymbol{T}(1){}_B^A\boldsymbol{T}(1)={}_A^C\boldsymbol{T}(0){}_B^A\boldsymbol{T}(0)\boldsymbol{T}_P={}_A^B\boldsymbol{T}(0){}_B^A\boldsymbol{T}(0)\boldsymbol{T}_P=\boldsymbol{T}_P=\left(\begin{array}{ccc|c}\multicolumn{3}{c|}{\boldsymbol{I}} & \boldsymbol{P}\\ \hline 0 & 0 & 0 & 1\end{array}\right) \tag{2-108}$$

显然，相对于初始的$\{B\}$，平移的方向和距离由 $\boldsymbol{P}$ 表征。

关于 $\boldsymbol{T}_P$ 的研究表明，它具有描述坐标系平移的功能，且“右乘联体左乘基”的规律仍有效。

再研究位置向量为零的齐次变换矩阵

$$\boldsymbol{T}_K(\theta)=\left(\begin{array}{ccc:c} & \boldsymbol{R}_K(\theta) & & 0 \\ \hdashline 0 & 0 & 0 & 1\end{array}\right)\in \mathrm{SE}(3) \tag{2-109}$$

下面也分别考虑左乘和右乘两种情况。

将 $\boldsymbol{T}_K(\theta)$ 右乘 ${}_B^A\boldsymbol{T}(0)$，得到

$$\begin{aligned}
{}_B^A\boldsymbol{T}(0)\boldsymbol{T}_K(\theta)&=\left(\begin{array}{ccc:c} & {}_B^A\boldsymbol{R}(0) & & {}^A\boldsymbol{O}_B(0) \\ \hdashline 0 & 0 & 0 & 1\end{array}\right)\left(\begin{array}{ccc:c} & \boldsymbol{R}_K(\theta) & & 0 \\ \hdashline 0 & 0 & 0 & 1\end{array}\right)\\
&=\left(\begin{array}{ccc:c} & {}_B^A\boldsymbol{R}(0)\boldsymbol{R}_K(\theta) & & {}^A\boldsymbol{O}_B(0) \\ \hdashline 0 & 0 & 0 & 1\end{array}\right)\\
&=\left(\begin{array}{ccc:c} & {}_B^A\boldsymbol{R}(1) & & {}^A\boldsymbol{O}_B(1) \\ \hdashline 0 & 0 & 0 & 1\end{array}\right)\\
&={}_B^A\boldsymbol{T}(1)
\end{aligned} \tag{2-110}$$

式中，${}^A\boldsymbol{O}_B(1)={}^A\boldsymbol{O}_B(0)$ 表明 $\{B\}$ 在变换前后的位置不变，${}_B^A\boldsymbol{R}(1)={}_B^A\boldsymbol{R}(0)\boldsymbol{R}_K(\theta)$ 表明绕 ${}^B\boldsymbol{K}$ 旋转 θ 角度，发生了相对于联体坐标系的旋转。

将 $\boldsymbol{T}_K(\theta)$ 左乘 ${}_B^A\boldsymbol{T}(0)$，得到

$$\begin{aligned}
\boldsymbol{T}_K(\theta){}_B^A\boldsymbol{T}(0)&=\left(\begin{array}{ccc:c} & \boldsymbol{R}_K(\theta) & & 0 \\ \hdashline 0 & 0 & 0 & 1\end{array}\right)\left(\begin{array}{ccc:c} & {}_B^A\boldsymbol{R}(0) & & {}^A\boldsymbol{O}_B(0) \\ \hdashline 0 & 0 & 0 & 1\end{array}\right)\\
&=\left(\begin{array}{ccc:c} & \boldsymbol{R}_K(\theta){}_B^A\boldsymbol{R}(0) & & \boldsymbol{R}_K(\theta){}^A\boldsymbol{O}_B(0) \\ \hdashline 0 & 0 & 0 & 1\end{array}\right)\\
&=\left(\begin{array}{ccc:c} & {}_B^A\boldsymbol{R}(1) & & {}^A\boldsymbol{O}_B(1) \\ \hdashline 0 & 0 & 0 & 1\end{array}\right)\\
&={}_B^A\boldsymbol{T}(1)
\end{aligned} \tag{2-111}$$

式中，${}_B^A\boldsymbol{R}(1)=\boldsymbol{R}_K(\theta){}_B^A\boldsymbol{R}(0)$ 意味着 $\{B\}$ 绕 ${}^A\boldsymbol{K}$ 旋转 θ 角度，发生了相对于参考坐标系的旋转，${}^A\boldsymbol{O}_B(1)=\boldsymbol{R}_K(\theta){}^A\boldsymbol{O}_B(0)$ 表明相对于参考坐标系的旋转会引起 $\{B\}$ 的位置变化。下面用图来直观解释这种位置变化：图 2-22 展示了 $\{B\}$ 绕 $\hat{\boldsymbol{Z}}_A$ 旋转 θ 角度的情形，图中画出了各坐标系的 x 轴和 y 轴，由右手螺旋法则，可知它们的 z 轴垂直于书面指向读者。因为 $\{B\}$ 的原点与 $\{A\}$ 不同，所以 $\{B\}$ 绕 $\hat{\boldsymbol{Z}}_A$ 旋转 θ 角度使得向量 $\boldsymbol{r}_{O_AO_B}$ 也绕 $\hat{\boldsymbol{Z}}_A$ 旋转 θ 角度，其结果就是 $\{B\}$ 的位置变化 ${}^A\boldsymbol{O}_B(1)=\boldsymbol{R}_K(\theta){}^A\boldsymbol{O}_B(0)$。

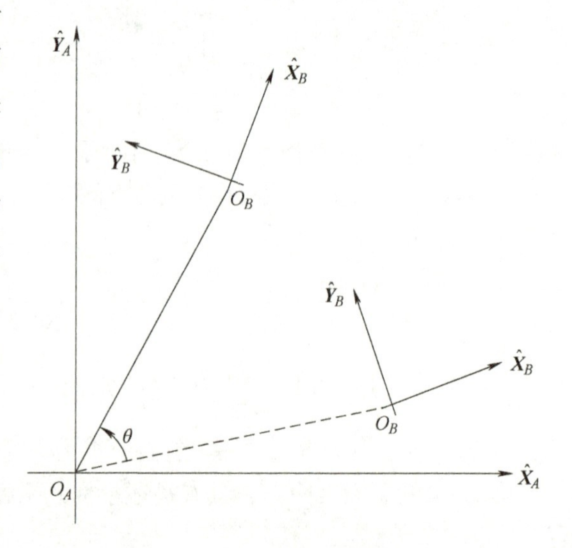

图 2-22 $\{B\}$ 绕 $\{A\}$ 的 z 轴旋转

关于 $\boldsymbol{T}_K(\theta)$ 的研究表明，它具有描述坐标系旋转的功能，且“右乘联体左乘基”的规律仍有效。

然后研究任何齐次变换矩阵

$$T=\left(\begin{array}{ccc:c}\multicolumn{3}{c:}{R_K(\theta)} & P \\ \hdashline 0 & 0 & 0 & 1\end{array}\right)\in \mathrm{SE}(3) \tag{2-112}$$

对 T 作分解

$$\begin{aligned}T&=\left(\begin{array}{ccc:c}\multicolumn{3}{c:}{R_K(\theta)} & P \\ \hdashline 0 & 0 & 0 & 1\end{array}\right)\\&=\left(\begin{array}{ccc:c}\multicolumn{3}{c:}{I} & P \\ \hdashline 0 & 0 & 0 & 1\end{array}\right)\left(\begin{array}{ccc:c}\multicolumn{3}{c:}{R_K(\theta)} & 0 \\ \hdashline 0 & 0 & 0 & 1\end{array}\right)\\&=T_P T_K(\theta)\end{aligned} \tag{2-113}$$

式（2-113）表明 T 描述了坐标系的一个平移变换和一个旋转变换。既然“右乘联体左乘基”的规律对 T_P 和 $T_K(\theta)$ 均有效，那么该规律对齐次变换矩阵也是有效的。需要指出，T 的分解不满足交换律，即

$$\left(\begin{array}{ccc:c}\multicolumn{3}{c:}{R_K(\theta)} & P \\ \hdashline 0 & 0 & 0 & 1\end{array}\right)\neq\left(\begin{array}{ccc:c}\multicolumn{3}{c:}{R_K(\theta)} & 0 \\ \hdashline 0 & 0 & 0 & 1\end{array}\right)\left(\begin{array}{ccc:c}\multicolumn{3}{c:}{I} & P \\ \hdashline 0 & 0 & 0 & 1\end{array}\right) \tag{2-114}$$

因此，平移变换与旋转变换之间的次序不能随意调换。从本质上讲，齐次变换矩阵的位姿描述只是其旋转平移描述功能的一个特定应用。

最后，将齐次变换矩阵对坐标系变换的描述总结如下：

1）式（2-112）中的齐次变换矩阵 T 具有描述坐标系旋转变换和平移变换的功能。

2）“右乘联体左乘基”的规律适用于齐次变换矩阵对坐标系变换的描述。

3）将式（2-112）中的 T 右乘坐标系位姿 ${}^A_BT$，可视为相对于联体坐标系的两个变换：$\{B\}$ 先平移 ${}^BP$，然后绕 ${}^BK$ 旋转角度。

4）将式（2-112）中的 T 左乘坐标系位姿 ${}^A_BT$，可视为相对于参考坐标系的两个变换：$\{B\}$ 先绕 ${}^AK$ 旋转 θ 角度，然后平移 ${}^AP$。

5）相对于参考坐标系的旋转变换可能也使变换坐标系的位置发生改变。

例 2-14　已知

$$T_1=\left(\begin{array}{ccc:c}0.8660 & -0.4000 & 0.3000 & 1\\ 0.4000 & 0.9143 & 0.0643 & 2\\ -0.3000 & 0.0643 & 0.9518 & 3\\ \hdashline 0 & 0 & 0 & 1\end{array}\right),T_2=\left(\begin{array}{ccc:c}0.9143 & 0.0643 & 0.4000 & -2\\ 0.0643 & 0.9518 & -0.3000 & 1\\ -0.4000 & 0.3000 & 0.8660 & -3\\ \hdashline 0 & 0 & 0 & 1\end{array}\right)$$

则下面关于 $T_1{}^A_BT(0)T_2$ 的解释中，错误的是（　　）。

A. $\{B\}$ 先绕 ${}^AK=(0\quad 0.6\quad 0.8)^{\mathrm{T}}$ 旋转 $\pi/6$ 角度，再平移 ${}^AP=(1\quad 2\quad 3)^{\mathrm{T}}$，然后平移 ${}^BP=(-2\quad 1\quad -3)^{\mathrm{T}}$，最后绕 ${}^BK=(0.6\quad 0.8\quad 0)^{\mathrm{T}}$ 旋转 $\pi/6$ 角度

B. $\{B\}$ 先绕 ${}^AK=(0\quad 0.6\quad 0.8)^{\mathrm{T}}$ 旋转 $\pi/6$ 角度，再平移 ${}^AP=(1\quad 2\quad 3)^{\mathrm{T}}$，然后绕 ${}^BK=(0.6\quad 0.8\quad 0)^{\mathrm{T}}$ 旋转 $\pi/6$ 角度，最后平移 ${}^BP=(-2\quad 1\quad -3)^{\mathrm{T}}$

C. $\{B\}$ 先平移 ${}^BP=(-2\quad 1\quad -3)^{\mathrm{T}}$，再绕 ${}^AK=(0\quad 0.6\quad 0.8)^{\mathrm{T}}$ 旋转 $\pi/6$ 角度，然后平移 ${}^AP=(1\quad 2\quad 3)^{\mathrm{T}}$，最后绕 ${}^BK=(0.6\quad 0.8\quad 0)^{\mathrm{T}}$ 旋转 $\pi/6$ 角度

D. $\{B\}$ 先平移 ${}^BP=(-2\quad 1\quad -3)^{\mathrm{T}}$，再绕 ${}^AK=(0\quad 0.6\quad 0.8)^{\mathrm{T}}$ 旋转 $\pi/6$ 角度，然后

绕 $^{B}\boldsymbol{K}=(0.6\quad 0.8\quad 0)^{\mathrm{T}}$ 旋转 π/6 角度，最后平移 $^{A}\boldsymbol{P}=(1\quad 2\quad 3)^{\mathrm{T}}$

解　分别对于 $\boldsymbol{T}_1$ 和 $\boldsymbol{T}_2$ 中的旋转矩阵，运用式（2-88）和式（2-89）求等效轴和转角，得

$$\theta_1=\theta_2=\arccos\left(\frac{0.8660+0.9143+0.9518-1}{2}\right)=\frac{\pi}{6}$$

$$\begin{pmatrix}k_{x1}\\k_{y1}\\k_{z1}\end{pmatrix}=\frac{1}{2\sin\dfrac{\pi}{6}}\begin{pmatrix}0.0643-0.0643\\0.3-(-0.3)\\0.4-(-0.4)\end{pmatrix}=\begin{pmatrix}0\\0.6\\0.8\end{pmatrix}$$

$$\begin{pmatrix}k_{x2}\\k_{y2}\\k_{z2}\end{pmatrix}=\frac{1}{2\sin\dfrac{\pi}{6}}\begin{pmatrix}0.3-(-0.3)\\0.4-(-0.4)\\0.0643-0.0643\end{pmatrix}=\begin{pmatrix}0.6\\0.8\\0\end{pmatrix}$$

根据齐次变换矩阵的分解顺序和“右乘联体左乘基”的规律进行判断，发现答案 B 中先右乘旋转、后右乘平移的次序有误。故此题选 B。

2.6　姿态的单位四元数表示

采用 4 个变量的等效轴角表示依然未克服欧拉角表示和固定角表示的缺点。对于不发生旋转的单位矩阵，等效轴角表示仍存在无穷多组解。本节将继续就此展开探讨。

2.6.1　四元数

四元数可视为复数的一种推广。复数有一个单位为 i 的虚部，规定虚部单位满足 $\mathrm{i}^2=-1$。四元数有 3 个单位分别为 i、j 和 k 的虚部，规定虚部单位满足

$$\mathrm{i}^2=\mathrm{j}^2=\mathrm{k}^2=\mathrm{ijk}=-1 \tag{2-115}$$

由此规定，可推得

$$\mathrm{ij}=\mathrm{k},\mathrm{ji}=-\mathrm{k},\mathrm{jk}=\mathrm{i},\mathrm{kj}=-\mathrm{i},\mathrm{ki}=\mathrm{j},\mathrm{ik}=-\mathrm{j} \tag{2-116}$$

四元数写为 $\eta+\mathrm{i}\varepsilon_1+\mathrm{j}\varepsilon_2+\mathrm{k}\varepsilon_3$，其中 η、ε_1、ε_2 和 ε_3 均为实数。记 $\mathbb{H}$ 为全体四元数构成的集合。四元数的加法定义为

$$\begin{aligned}&(\eta+\mathrm{i}\varepsilon_1+\mathrm{j}\varepsilon_2+\mathrm{k}\varepsilon_3)+(\xi+\mathrm{i}\delta_1+\mathrm{j}\delta_2+\mathrm{k}\delta_3)\\&=(\eta+\xi)+\mathrm{i}(\varepsilon_1+\delta_1)+\mathrm{j}(\varepsilon_2+\delta_2)+\mathrm{k}(\varepsilon_3+\delta_3)\end{aligned} \tag{2-117}$$

四元数的乘法事实上已由式（2-115）和式（2-116）确定为

$$\begin{aligned}&(\eta+\mathrm{i}\varepsilon_1+\mathrm{j}\varepsilon_2+\mathrm{k}\varepsilon_3)(\xi+\mathrm{i}\delta_1+\mathrm{j}\delta_2+\mathrm{k}\delta_3)\\&=(\eta\xi-\varepsilon_1\delta_1-\varepsilon_2\delta_2-\varepsilon_3\delta_3)+\mathrm{i}(\eta\delta_1+\varepsilon_1\xi+\varepsilon_2\delta_3-\varepsilon_3\delta_2)+\\&\quad\mathrm{j}(\eta\delta_2-\varepsilon_1\delta_3+\varepsilon_2\xi+\varepsilon_3\delta_1)+\mathrm{k}(\eta\delta_3+\varepsilon_1\delta_2-\varepsilon_2\delta_1+\varepsilon_3\xi)\end{aligned} \tag{2-118}$$

例 2-15　求(3+6i+j-2k)(-4+i+5j+2k)和(-4+i+5j+2k)(3+6i+j-2k)。

解　由式（2-118）可得

$$(3+6\mathrm{i}+\mathrm{j}-2\mathrm{k})(-4+\mathrm{i}+5\mathrm{j}+2\mathrm{k})=-19-9\mathrm{i}-3\mathrm{j}+43\mathrm{k}$$

$$(-4+\mathrm{i}+5\mathrm{j}+2\mathrm{k})(3+6\mathrm{i}+\mathrm{j}-2\mathrm{k})=-19-33\mathrm{i}+25\mathrm{j}-15\mathrm{k}$$

从上例可见，四元数的乘法不满足交换律。分别定义四元数 $\eta+\mathrm{i}\varepsilon_1+\mathrm{j}\varepsilon_2+\mathrm{k}\varepsilon_3$ 的共轭和

模为

$$(\eta+\mathrm{i}\varepsilon_1+\mathrm{j}\varepsilon_2+\mathrm{k}\varepsilon_3)^*=\eta-\mathrm{i}\varepsilon_1-\mathrm{j}\varepsilon_2-\mathrm{k}\varepsilon_3 \tag{2-119}$$

$$|\eta+\mathrm{i}\varepsilon_1+\mathrm{j}\varepsilon_2+\mathrm{k}\varepsilon_3|=\sqrt{\eta^2+\varepsilon_1^2+\varepsilon_2^2+\varepsilon_3^2} \tag{2-120}$$

单位四元数是模等于 1 的四元数，记 S^3 为全体单位四元数构成的集合，S^3 相当于 $\mathbb{H}$ 中的单位超球面。称实部等于 0 的四元数为纯四元数，记 $\mathbb{P}$ 为全体纯四元数构成的集合，$\mathbb{P}$ 相当于 $\mathbb{H}$ 中的一个超平面。可以证明，单位四元数的乘积仍是单位四元数，其证明作为习题留给有兴趣的读者完成。

命题 2-15　对任意的 $\eta+\mathrm{i}\varepsilon_1+\mathrm{j}\varepsilon_2+\mathrm{k}\varepsilon_3\in\mathbb{H}$ 和任意的 $\mathrm{i}\delta_1+\mathrm{j}\delta_2+\mathrm{k}\delta_3\in\mathbb{P}$，有

$$(\eta+\mathrm{i}\varepsilon_1+\mathrm{j}\varepsilon_2+\mathrm{k}\varepsilon_3)(\mathrm{i}\delta_1+\mathrm{j}\delta_2+\mathrm{k}\delta_3)(\eta+\mathrm{i}\varepsilon_1+\mathrm{j}\varepsilon_2+\mathrm{k}\varepsilon_3)^*\in\mathbb{P} \tag{2-121}$$

证　记 $\zeta+\mathrm{i}\rho_1+\mathrm{j}\rho_2+\mathrm{k}\rho_3=(\eta+\mathrm{i}\varepsilon_1+\mathrm{j}\varepsilon_2+\mathrm{k}\varepsilon_3)(\mathrm{i}\delta_1+\mathrm{j}\delta_2+\mathrm{k}\delta_3)(\eta+\mathrm{i}\varepsilon_1+\mathrm{j}\varepsilon_2+\mathrm{k}\varepsilon_3)^*$。由式（2-118），有

$$\begin{aligned}&(\eta+\mathrm{i}\varepsilon_1+\mathrm{j}\varepsilon_2+\mathrm{k}\varepsilon_3)(\mathrm{i}\delta_1+\mathrm{j}\delta_2+\mathrm{k}\delta_3)\\&=(-\varepsilon_1\delta_1-\varepsilon_2\delta_2-\varepsilon_3\delta_3)+\mathrm{i}(\eta\delta_1+\varepsilon_2\delta_3-\varepsilon_3\delta_2)+\mathrm{j}(\eta\delta_2-\varepsilon_1\delta_3+\varepsilon_3\delta_1)+\mathrm{k}(\eta\delta_3+\varepsilon_1\delta_2-\varepsilon_2\delta_1)\end{aligned} \tag{2-122}$$

进而有

$$\begin{cases}\zeta=0\\\rho_1=(\eta^2+\varepsilon_1^2-\varepsilon_2^2-\varepsilon_3^2)\delta_1+(-2\eta\varepsilon_3+2\varepsilon_1\varepsilon_2)\delta_2+(2\eta\varepsilon_2+2\varepsilon_1\varepsilon_3)\delta_3\\\rho_2=(2\eta\varepsilon_3+2\varepsilon_1\varepsilon_2)\delta_1+(\eta^2-\varepsilon_1^2+\varepsilon_2^2-\varepsilon_3^2)\delta_2+(-2\eta\varepsilon_1+2\varepsilon_2\varepsilon_3)\delta_3\\\rho_3=(-2\eta\varepsilon_2+2\varepsilon_1\varepsilon_3)\delta_1+(2\eta\varepsilon_1+2\varepsilon_2\varepsilon_3)\delta_2+(\eta^2-\varepsilon_1^2-\varepsilon_2^2+\varepsilon_3^2)\delta_3\end{cases} \tag{2-123}$$

于是 $\zeta+\mathrm{i}\rho_1+\mathrm{j}\rho_2+\mathrm{k}\rho_3=\mathrm{i}\rho_1+\mathrm{j}\rho_2+\mathrm{k}\rho_3\in\mathbb{P}$。

2.6.2　单位四元数表示

容易看出，$\mathbb{P}$ 中的纯四元数与 $\mathbb{R}^3$ 中的三维向量是一一对应的。将式（2-123）改写为向量形式，得到

$$\begin{pmatrix}\rho_1\\\rho_2\\\rho_3\end{pmatrix}=\begin{pmatrix}\eta^2+\varepsilon_1^2-\varepsilon_2^2-\varepsilon_3^2 & -2\eta\varepsilon_3+2\varepsilon_1\varepsilon_2 & 2\eta\varepsilon_2+2\varepsilon_1\varepsilon_3\\2\eta\varepsilon_3+2\varepsilon_1\varepsilon_2 & \eta^2-\varepsilon_1^2+\varepsilon_2^2-\varepsilon_3^2 & -2\eta\varepsilon_1+2\varepsilon_2\varepsilon_3\\-2\eta\varepsilon_2+2\varepsilon_1\varepsilon_3 & 2\eta\varepsilon_1+2\varepsilon_2\varepsilon_3 & \eta^2-\varepsilon_1^2-\varepsilon_2^2+\varepsilon_3^2\end{pmatrix}\begin{pmatrix}\delta_1\\\delta_2\\\delta_3\end{pmatrix} \tag{2-124}$$

式（2-124）可以理解为三维向量的一种变化，这种变化取决于四元数 $\eta+\mathrm{i}\varepsilon_1+\mathrm{j}\varepsilon_2+\mathrm{k}\varepsilon_3$。当然，就姿态或坐标系的旋转变换而言，考虑的是由旋转矩阵决定的三维向量变化，即式（2-100）。将式（2-124）中的矩阵及其各列记为 $\boldsymbol{M}=(\boldsymbol{M}_1\quad\boldsymbol{M}_2\quad\boldsymbol{M}_3)$，要使 $\boldsymbol{M}\in\mathrm{SO}(3)$，四元数 $\eta+\mathrm{i}\varepsilon_1+\mathrm{j}\varepsilon_2+\mathrm{k}\varepsilon_3$ 应满足什么条件呢？首先，通过计算 $\boldsymbol{M}_1^{\mathrm{T}}\boldsymbol{M}_2$，可知 $\boldsymbol{M}_1$ 与 $\boldsymbol{M}_2$ 正交。接着，$\boldsymbol{M}_1$ 需为单位向量，即

$$(\eta^2+\varepsilon_1^2-\varepsilon_2^2-\varepsilon_3^2)^2+(2\eta\varepsilon_3+2\varepsilon_1\varepsilon_2)^2+(-2\eta\varepsilon_2+2\varepsilon_1\varepsilon_3)^2=1 \tag{2-125}$$

化简之，得到

$$\eta^2+\varepsilon_1^2+\varepsilon_2^2+\varepsilon_3^2=1 \tag{2-126}$$

这要求 $\eta+\mathrm{i}\varepsilon_1+\mathrm{j}\varepsilon_2+\mathrm{k}\varepsilon_3$ 是单位四元数。然后，在式（2-126）成立时，不难验证 $\boldsymbol{M}_2$ 为单位向量且 $\boldsymbol{M}_3=\boldsymbol{M}_1\times\boldsymbol{M}_2$。最后，设

$$\boldsymbol{R}_\varepsilon(\eta)=\begin{pmatrix}2(\eta^2+\varepsilon_1^2)-1 & 2(\varepsilon_1\varepsilon_2-\eta\varepsilon_3) & 2(\varepsilon_1\varepsilon_3+\eta\varepsilon_2)\\2(\varepsilon_1\varepsilon_2+\eta\varepsilon_3) & 2(\eta^2+\varepsilon_2^2)-1 & 2(\varepsilon_2\varepsilon_3-\eta\varepsilon_1)\\2(\varepsilon_1\varepsilon_3-\eta\varepsilon_2) & 2(\varepsilon_2\varepsilon_3+\eta\varepsilon_1) & 2(\eta^2+\varepsilon_3^2)-1\end{pmatrix} \tag{2-127}$$

由前述推导可得结论：$\boldsymbol{R}_{\varepsilon}(\eta)\in \mathrm{SO}(3)$的充要条件是$\eta+\mathrm{i}\varepsilon_1+\mathrm{j}\varepsilon_2+\mathrm{k}\varepsilon_3\in S^3$。该结论建立了旋转矩阵与单位四元数间的联系。

若已知旋转矩阵$\begin{pmatrix} r_{11} & r_{12} & r_{13} \\ r_{21} & r_{22} & r_{23} \\ r_{31} & r_{32} & r_{33} \end{pmatrix}$，且知该矩阵可用单位四元数 $\eta+\mathrm{i}\varepsilon_1+\mathrm{j}\varepsilon_2+\mathrm{k}\varepsilon_3$ 表达为 $\boldsymbol{R}_{\varepsilon}(\eta)$，由式（2-127）可以导出计算 η、ε_1、ε_2 和 ε_3 的步骤和公式：若 $r_{11}+r_{22}+r_{33}>-1$，则有两组解

$$\begin{pmatrix} \eta \\ \varepsilon_1 \\ \varepsilon_2 \\ \varepsilon_3 \end{pmatrix}=\frac{1}{2}\begin{pmatrix} \sqrt{r_{11}+r_{22}+r_{33}+1} \\ \mathrm{sgn}(r_{32}-r_{23})\sqrt{r_{11}-r_{22}-r_{33}+1} \\ \mathrm{sgn}(r_{13}-r_{31})\sqrt{r_{22}-r_{33}-r_{11}+1} \\ \mathrm{sgn}(r_{21}-r_{12})\sqrt{r_{33}-r_{11}-r_{22}+1} \end{pmatrix} \tag{2-128}$$

$$\begin{pmatrix} \eta \\ \varepsilon_1 \\ \varepsilon_2 \\ \varepsilon_3 \end{pmatrix}=-\frac{1}{2}\begin{pmatrix} \sqrt{r_{11}+r_{22}+r_{33}+1} \\ \mathrm{sgn}(r_{32}-r_{23})\sqrt{r_{11}-r_{22}-r_{33}+1} \\ \mathrm{sgn}(r_{13}-r_{31})\sqrt{r_{22}-r_{33}-r_{11}+1} \\ \mathrm{sgn}(r_{21}-r_{12})\sqrt{r_{33}-r_{11}-r_{22}+1} \end{pmatrix} \tag{2-129}$$

式中，

$$\mathrm{sgn}(x)=\begin{cases} 1, & x\geqslant 0 \\ -1, & x<0 \end{cases} \tag{2-130}$$

若 $r_{11}+r_{22}+r_{33}=-1$，由旋转矩阵的性质，知 r_{11}、r_{22}和 r_{33}不会同时等于-1。当 $r_{11}\neq -1$ 时，也有两组解

$$\begin{pmatrix} \eta \\ \varepsilon_1 \\ \varepsilon_2 \\ \varepsilon_3 \end{pmatrix}=\frac{1}{2}\begin{pmatrix} 0 \\ \sqrt{r_{11}-r_{22}-r_{33}+1} \\ \mathrm{sgn}(r_{12})\sqrt{r_{22}-r_{33}-r_{11}+1} \\ \mathrm{sgn}(r_{13})\sqrt{r_{33}-r_{11}-r_{22}+1} \end{pmatrix} \tag{2-131}$$

$$\begin{pmatrix} \eta \\ \varepsilon_1 \\ \varepsilon_2 \\ \varepsilon_3 \end{pmatrix}=-\frac{1}{2}\begin{pmatrix} 0 \\ \sqrt{r_{11}-r_{22}-r_{33}+1} \\ \mathrm{sgn}(r_{12})\sqrt{r_{22}-r_{33}-r_{11}+1} \\ \mathrm{sgn}(r_{13})\sqrt{r_{33}-r_{11}-r_{22}+1} \end{pmatrix} \tag{2-132}$$

当 $r_{22}\neq -1$ 或 $r_{33}\neq -1$ 时，同样有两组解，其解的公式不再赘述。

关于旋转矩阵与单位四元数的关系，还有一个重要问题需要回答：对任何的 $\boldsymbol{R}\in \mathrm{SO}(3)$，是否都存在 $\eta+\mathrm{i}\varepsilon_1+\mathrm{j}\varepsilon_2+\mathrm{k}\varepsilon_3\in S^3$ 使得 $\boldsymbol{R}=\boldsymbol{R}_{\varepsilon}(\eta)$？由等效轴角表示可知，对任何的 $\boldsymbol{R}\in \mathrm{SO}(3)$，存在单位向量$(k_x \quad k_y \quad k_z)^{\mathrm{T}}$和旋转角 θ，使得 $\boldsymbol{R}=\boldsymbol{R}_K(\theta)$。取

$$\eta=\cos\frac{\theta}{2} \tag{2-133}$$

则

$$c\theta=2\eta^2-1, v\theta=2\sin^2\frac{\theta}{2}, s\theta=2\eta\sin\frac{\theta}{2} \tag{2-134}$$

将其代换入 $\boldsymbol{R}_K(\theta)$ 的 9 个元素，分别得到

$$k_x^2 v\theta+c\theta=2\left(k_x\sin\frac{\theta}{2}\right)^2+2\eta^2-1 \tag{2-135}$$

$$k_y^2 v\theta+c\theta=2\left(k_y\sin\frac{\theta}{2}\right)^2+2\eta^2-1 \tag{2-136}$$

$$k_z^2 v\theta+c\theta=2\left(k_z\sin\frac{\theta}{2}\right)^2+2\eta^2-1 \tag{2-137}$$

$$k_x k_y v\theta \pm k_z s\theta=2\left(k_x\sin\frac{\theta}{2}\right)\left(k_y\sin\frac{\theta}{2}\right)\pm 2\eta\left(k_z\sin\frac{\theta}{2}\right) \tag{2-138}$$

$$k_x k_z v\theta \pm k_y s\theta=2\left(k_x\sin\frac{\theta}{2}\right)\left(k_z\sin\frac{\theta}{2}\right)\pm 2\eta\left(k_y\sin\frac{\theta}{2}\right) \tag{2-139}$$

$$k_y k_z v\theta \pm k_x s\theta=2\left(k_y\sin\frac{\theta}{2}\right)\left(k_z\sin\frac{\theta}{2}\right)\pm 2\eta\left(k_x\sin\frac{\theta}{2}\right) \tag{2-140}$$

再取

$$\varepsilon_1=k_x\sin\frac{\theta}{2}, \varepsilon_2=k_y\sin\frac{\theta}{2}, \varepsilon_3=k_z\sin\frac{\theta}{2} \tag{2-141}$$

于是

$$\eta^2+\varepsilon_1^2+\varepsilon_2^2+\varepsilon_3^2=\cos^2\frac{\theta}{2}+(k_x^2+k_y^2+k_z^2)\sin^2\frac{\theta}{2}=1 \tag{2-142}$$

且 $\boldsymbol{R}=\boldsymbol{R}_\varepsilon(\eta)$。

综上，可以对旋转矩阵与单位四元数的关系总结如下：对任何的单位四元数 $\eta+\mathrm{i}\varepsilon_1+\mathrm{j}\varepsilon_2+\mathrm{k}\varepsilon_3$，$\boldsymbol{R}_\varepsilon(\eta)$ 都是旋转矩阵；对任何的旋转矩阵 $\boldsymbol{R}$，都存在两个互为相反数的单位四元数 $\pm(\eta+\mathrm{i}\varepsilon_1+\mathrm{j}\varepsilon_2+\mathrm{k}\varepsilon_3)$ 使得 $\boldsymbol{R}=\boldsymbol{R}_\varepsilon(\eta)$。因此，称式（2-127）为姿态的单位四元数表示。单位四元数表示采用带一个约束的 4 个实变量描述姿态，对任何姿态不会出现无穷多组解，有效克服了欧拉角、固定角和等效轴角的缺点。

例 2-16　已知

$$\boldsymbol{R}_\varepsilon(\eta)=\begin{pmatrix}1&0&0\\0&1&0\\0&0&1\end{pmatrix}$$

试求 $\eta+\mathrm{i}\varepsilon_1+\mathrm{j}\varepsilon_2+\mathrm{k}\varepsilon_3$。

解　由式（2-128）和式（2-129），知

$$\begin{pmatrix}\eta\\\varepsilon_1\\\varepsilon_2\\\varepsilon_3\end{pmatrix}=\pm\frac{1}{2}\begin{pmatrix}\sqrt{1+1+1+1}\\\mathrm{sgn}(0-0)\sqrt{1-1-1+1}\\\mathrm{sgn}(0-0)\sqrt{1-1-1+1}\\\mathrm{sgn}(0-0)\sqrt{1-1-1+1}\end{pmatrix}=\begin{pmatrix}\pm1\\0\\0\\0\end{pmatrix}$$

即 $\eta+\mathrm{i}\varepsilon_1+\mathrm{j}\varepsilon_2+\mathrm{k}\varepsilon_3=1$ 或 -1。

2.6.3 单位四元数乘法与坐标系旋转

根据单位四元数与旋转矩阵的关系，两个单位四元数表达了两个旋转矩阵。若将这两个单位四元数相乘，其乘积仍是一个单位四元数，即其乘积也表达了一个旋转矩阵。这个乘积表达的旋转矩阵与两个乘数所表达的旋转矩阵之间有什么关系呢？下面的命题回答了此问题。

命题 2-16 设 $\eta+\mathrm{i}\varepsilon_1+\mathrm{j}\varepsilon_2+\mathrm{k}\varepsilon_3$，$\xi+\mathrm{i}\delta_1+\mathrm{j}\delta_2+\mathrm{k}\delta_3$，$\zeta+\mathrm{i}\rho_1+\mathrm{j}\rho_2+\mathrm{k}\rho_3\in S^3$ 且满足

$$\zeta+\mathrm{i}\rho_1+\mathrm{j}\rho_2+\mathrm{k}\rho_3=(\eta+\mathrm{i}\varepsilon_1+\mathrm{j}\varepsilon_2+\mathrm{k}\varepsilon_3)(\xi+\mathrm{i}\delta_1+\mathrm{j}\delta_2+\mathrm{k}\delta_3) \tag{2-143}$$

则对于这 3 个单位四元数分别表达的旋转矩阵 $\boldsymbol{R}_\varepsilon(\eta)$、$\boldsymbol{R}_\delta(\xi)$、$\boldsymbol{R}_\rho(\zeta)$，有

$$\boldsymbol{R}_\rho(\zeta)=\boldsymbol{R}_\varepsilon(\eta)\boldsymbol{R}_\delta(\xi) \tag{2-144}$$

证 由四元数乘法式（2-118），知

$$\zeta=\eta\xi-\varepsilon_1\delta_1-\varepsilon_2\delta_2-\varepsilon_3\delta_3 \tag{2-145}$$

$$\rho_1=\eta\delta_1+\varepsilon_1\xi+\varepsilon_2\delta_3-\varepsilon_3\delta_2 \tag{2-146}$$

$$\rho_2=\eta\delta_2-\varepsilon_1\delta_3+\varepsilon_2\xi+\varepsilon_3\delta_1 \tag{2-147}$$

$$\rho_3=\eta\delta_3+\varepsilon_1\delta_2-\varepsilon_2\delta_1+\varepsilon_3\xi \tag{2-148}$$

另由姿态的单位四元数表示，知

$$\boldsymbol{R}_\varepsilon(\eta)=\begin{pmatrix}2(\eta^2+\varepsilon_1^2)-1 & 2(\varepsilon_1\varepsilon_2-\eta\varepsilon_3) & 2(\varepsilon_1\varepsilon_3+\eta\varepsilon_2)\\ 2(\varepsilon_1\varepsilon_2+\eta\varepsilon_3) & 2(\eta^2+\varepsilon_2^2)-1 & 2(\varepsilon_2\varepsilon_3-\eta\varepsilon_1)\\ 2(\varepsilon_1\varepsilon_3-\eta\varepsilon_2) & 2(\varepsilon_2\varepsilon_3+\eta\varepsilon_1) & 2(\eta^2+\varepsilon_3^2)-1\end{pmatrix} \tag{2-149}$$

$$\boldsymbol{R}_\delta(\xi)=\begin{pmatrix}2(\xi^2+\delta_1^2)-1 & 2(\delta_1\delta_2-\xi\delta_3) & 2(\delta_1\delta_3+\xi\delta_2)\\ 2(\delta_1\delta_2+\xi\delta_3) & 2(\xi^2+\delta_2^2)-1 & 2(\delta_2\delta_3-\xi\delta_1)\\ 2(\delta_1\delta_3-\xi\delta_2) & 2(\delta_2\delta_3+\xi\delta_1) & 2(\xi^2+\delta_3^2)-1\end{pmatrix} \tag{2-150}$$

$$\boldsymbol{R}_\rho(\zeta)=\begin{pmatrix}2(\zeta^2+\rho_1^2)-1 & 2(\rho_1\rho_2-\zeta\rho_3) & 2(\rho_1\rho_3+\zeta\rho_2)\\ 2(\rho_1\rho_2+\zeta\rho_3) & 2(\zeta^2+\rho_2^2)-1 & 2(\rho_2\rho_3-\zeta\rho_1)\\ 2(\rho_1\rho_3-\zeta\rho_2) & 2(\rho_2\rho_3+\zeta\rho_1) & 2(\zeta^2+\rho_3^2)-1\end{pmatrix} \tag{2-151}$$

本证明的基本思路是分别经两种不同的途径计算 $\boldsymbol{R}_\rho(\zeta)$ 的 9 个元素（只需计算第 1 列和第2 列的 6 个元素，因为第 3 列是第 1 列和第 2 列的外积）：第一种途径是将式（2-145）~式（2-148）代入式（2-151），第二种途径是将式（2-149）和式（2-150）代入式（2-144），两种途径的计算结果相等则表明命题成立。对于 $\boldsymbol{R}_\rho(\zeta)$ 的 $(1,1)$ 元素，由第一种途径，有

$$\begin{aligned}2(\zeta^2+\rho_1^2)-1&=\zeta^2+\rho_1^2-\rho_2^2-\rho_3^2\\&=(\eta\xi-\varepsilon_1\delta_1-\varepsilon_2\delta_2-\varepsilon_3\delta_3)^2+(\eta\delta_1+\varepsilon_1\xi+\varepsilon_2\delta_3-\varepsilon_3\delta_2)^2-\\&\quad(\eta\delta_2-\varepsilon_1\delta_3+\varepsilon_2\xi+\varepsilon_3\delta_1)^2-(\eta\delta_3+\varepsilon_1\delta_2-\varepsilon_2\delta_1+\varepsilon_3\xi)^2\\&=(\eta^2+\varepsilon_1^2-\varepsilon_2^2-\varepsilon_3^2)(\xi^2+\delta_1^2-\delta_2^2-\delta_3^2)-4\eta\xi\varepsilon_2\delta_2-4\eta\xi\varepsilon_3\delta_3+4\varepsilon_1\varepsilon_2\delta_1\delta_2+\\&\quad 4\varepsilon_1\varepsilon_3\delta_1\delta_3+4\eta\varepsilon_2\delta_1\delta_3-4\eta\varepsilon_3\delta_1\delta_2+4\xi\varepsilon_1\varepsilon_2\delta_3-4\xi\varepsilon_1\varepsilon_3\delta_2\end{aligned} \tag{2-152}$$

由第二种途径，有

$$\begin{aligned}&(2(\eta^2+\varepsilon_1^2)-1)(2(\xi^2+\delta_1^2)-1)+(2(\varepsilon_1\varepsilon_2-\eta\varepsilon_3))(2(\delta_1\delta_2+\xi\delta_3))+(2(\varepsilon_1\varepsilon_3+\eta\varepsilon_2))(2(\delta_1\delta_3-\xi\delta_2))\\&=(\eta^2+\varepsilon_1^2-\varepsilon_2^2-\varepsilon_3^2)(\xi^2+\delta_1^2-\delta_2^2-\delta_3^2)+4\varepsilon_1\varepsilon_2\delta_1\delta_2+4\xi\varepsilon_1\varepsilon_2\delta_3-4\eta\varepsilon_3\delta_1\delta_2-4\eta\xi\varepsilon_3\delta_3+4\varepsilon_1\varepsilon_3\delta_1\delta_3-\\&\quad 4\xi\varepsilon_1\varepsilon_3\delta_2+4\eta\varepsilon_2\delta_1\delta_3-4\eta\xi\varepsilon_2\delta_2\end{aligned} \tag{2-153}$$

显然，关于(1,1)元素的计算结果相等。类似地，可以验证关于其他 8 个元素的计算结果也相等，具体过程不在此赘述。故命题得证。

上述定理揭示了单位四元数乘法与旋转矩阵乘法的对应关系。旋转矩阵描述坐标系旋转变换的功能正是通过旋转矩阵乘法具体体现出来的。因此，单位四元数也可以描述坐标系的旋转变换。对单位四元数 $\eta+\mathrm{i}\varepsilon_1+\mathrm{j}\varepsilon_2+\mathrm{k}\varepsilon_3$，设三维向量 $\boldsymbol{\varepsilon}=(\varepsilon_1\quad\varepsilon_2\quad\varepsilon_3)^{\mathrm{T}}$，并设该单位四元数所描述的是绕单位向量 $\boldsymbol{K}$ 旋转 θ 角的旋转变换。由关于 $\boldsymbol{R}_{\varepsilon}(\eta)$ 与 $\boldsymbol{R}_K(\theta)$ 间联系的讨论式（2-133）~式（2-142），该单位四元数以如下方式描述旋转变换

$$\eta=\cos\frac{\theta}{2}\tag{2-154}$$

$$\boldsymbol{\varepsilon}=\boldsymbol{K}\sin\frac{\theta}{2}\tag{2-155}$$

即实部代表旋转角半角的余弦、虚部代表一个与旋转轴平行的向量，此向量相当于旋转轴乘以旋转角半角的正弦。当然，单位四元数描述坐标系旋转变换的功能也是通过单位四元数乘法具体体现出来的。“右乘联体左乘基”的规律和链乘法则自然也适用于单位四元数乘法。对于参考坐标系$\{A\}$和联体坐标系$\{B\}$，在左乘 $\eta+\mathrm{i}\varepsilon_1+\mathrm{j}\varepsilon_2+\mathrm{k}\varepsilon_3$ 时，式（2-155）表达为

$${}^{A}\boldsymbol{\varepsilon}={}^{A}\boldsymbol{K}\sin\frac{\theta}{2}\tag{2-156}$$

在右乘 $\eta+\mathrm{i}\varepsilon_1+\mathrm{j}\varepsilon_2+\mathrm{k}\varepsilon_3$ 时，式（2-155）表达为

$${}^{B}\boldsymbol{\varepsilon}={}^{B}\boldsymbol{K}\sin\frac{\theta}{2}\tag{2-157}$$

例 2-17　在参考坐标系$\{A\}$中，原点与$\{A\}$相同的$\{B\}$在初始时刻 0 时${}^{A}_{B}\boldsymbol{R}(0)=\boldsymbol{R}_K(60°)$，其中 $\boldsymbol{K}=(0.64\quad 0.6\quad 0.48)^{\mathrm{T}}$。设在 $t\in[0,10]$（单位为 s）内$\{B\}$绕${}^{B}\boldsymbol{K}=(0.64\quad 0.6\quad 0.48)^{\mathrm{T}}$以 180°/s 的速度匀速转动，试求：

（1）表示${}^{A}_{B}\boldsymbol{R}(0)$的等效轴角参数、旋转矩阵和单位四元数；

（2）在 $t\in[0,10]$内，表示${}^{A}_{B}\boldsymbol{R}(t)$的等效轴角参数、旋转矩阵和单位四元数。

解　（1）表示${}^{A}_{B}\boldsymbol{R}(0)$的等效轴角参数为$(\theta,k_x,k_y,k_z)=(\pi/3,0.64,0.6,0.48)$；由式（2-86），初始旋转矩阵为

$${}^{A}_{B}\boldsymbol{R}(0)=\begin{pmatrix}0.7048 & -0.2237 & 0.6732\\ 0.6077 & 0.6800 & -0.4103\\ -0.3660 & 0.6983 & 0.6152\end{pmatrix}$$

由式（2-154）和式（2-155），表示${}^{A}_{B}\boldsymbol{R}(0)$的单位四元数为

$$\eta+\mathrm{i}\varepsilon_1+\mathrm{j}\varepsilon_2+\mathrm{k}\varepsilon_3=0.8660+0.32\mathrm{i}+0.3\mathrm{j}+0.24\mathrm{k}$$

（2）因为${}^{B}\boldsymbol{K}=\boldsymbol{K}$，所以表示${}^{A}_{B}\boldsymbol{R}(t)$的等效轴角参数为$(\theta(t),k_x(t),k_y(t),k_z(t))$，其中，

$$\theta(t)=\begin{cases}\pi/3+\pi t, & t\in[0,2/3]\\ 5\pi/3+2k\pi-\pi t, & t\in(2/3+2k,5/3+2k],k\in\{0,1,2,3,4\}\\ -5\pi/3-2k\pi+\pi t, & t\in(5/3+2k,8/3+2k],k\in\{0,1,2,3\}\\ -29\pi/3+\pi t, & t\in(29/3,10]\end{cases}$$

$$k_x(t)=\begin{cases}0.64, & t\in[0,2/3]\\ -0.64, & t\in[2/3+2k,5/3+2k],k\in\{0,1,2,3,4\}\\ 0.64, & t\in[5/3+2k,8/3+2k],k\in\{0,1,2,3\}\\ 0.64, & t\in[29/3,10]\end{cases}$$

$$k_y(t)=\begin{cases}0.6, & t\in[0,2/3]\\ -0.6, & t\in[2/3+2k,5/3+2k],k\in\{0,1,2,3,4\}\\ 0.6, & t\in[5/3+2k,8/3+2k],k\in\{0,1,2,3\}\\ 0.6, & t\in[29/3,10]\end{cases}$$

$$k_z(t)=\begin{cases}0.48, & t\in[0,2/3]\\ -0.48, & t\in[2/3+2k,5/3+2k],k\in\{0,1,2,3,4\}\\ 0.48, & t\in[5/3+2k,8/3+2k],k\in\{0,1,2,3\}\\ 0.48, & t\in[29/3,10]\end{cases}$$

相应的旋转矩阵

$$ {}_B^A\boldsymbol{R}(t)=\begin{pmatrix}r_{11}(t) & r_{12}(t) & r_{13}(t)\\ r_{21}(t) & r_{22}(t) & r_{23}(t)\\ r_{31}(t) & r_{32}(t) & r_{33}(t)\end{pmatrix},\ t\in[0,10]$$

式中

$$r_{11}(t)=0.4096(1-\cos(\pi/3+\pi t))+\cos(\pi/3+\pi t)=0.4096+0.5904\cos(\pi/3+\pi t)$$

$$r_{12}(t)=0.384(1-\cos(\pi/3+\pi t))-0.48\sin(\pi/3+\pi t)=0.384-0.6147\sin(1.7219+\pi t)$$

$$r_{13}(t)=0.3072(1-\cos(\pi/3+\pi t))+0.6\sin(\pi/3+\pi t)=0.3072-0.6741\cos(2.1448+\pi t)$$

$$r_{21}(t)=0.384(1-\cos(\pi/3+\pi t))+0.48\sin(\pi/3+\pi t)=0.384-0.6147\cos(1.9433+\pi t)$$

$$r_{22}(t)=0.36(1-\cos(\pi/3+\pi t))+\cos(\pi/3+\pi t)=0.36+0.64\cos(1.047+\pi t)$$

$$r_{23}(t)=0.288(1-\cos(\pi/3+\pi t))-0.64\sin(\pi/3+\pi t)=0.288-0.7018\sin(1.47+\pi t)$$

$$r_{31}(t)=0.3072(1-\cos(\pi/3+\pi t))-0.6\sin(\pi/3+\pi t)=0.3072-0.6741\sin(1.5204+\pi t)$$

$$r_{32}(t)=0.288(1-\cos(\pi/3+\pi t))+0.64\sin(\pi/3+\pi t)=0.288+0.7018\sin(0.6243+\pi t)$$

$$r_{33}(t)=0.2304(1-\cos(\pi/3+\pi t))+\cos(\pi/3+\pi t)=0.2304+0.7696\cos(1.047+\pi t)$$

表示${}_B^A\boldsymbol{R}(t)$的单位四元数为$\eta(t)+\mathrm{i}\varepsilon_1(t)+\mathrm{j}\varepsilon_2(t)+\mathrm{k}\varepsilon_3(t)$，其中

$$\eta(t)=\cos\frac{\pi/3+\pi t}{2}=\cos(\pi/6+0.5\pi t)$$

$$\varepsilon_1(t)=0.64\sin\frac{\pi/3+\pi t}{2}=0.64\sin(\pi/6+0.5\pi t)$$

$$\varepsilon_2(t)=0.6\sin\frac{\pi/3+\pi t}{2}=0.6\sin(\pi/6+0.5\pi t)$$

$$\varepsilon_3(t)=0.48\sin\frac{\pi/3+\pi t}{2}=0.48\sin(\pi/6+0.5\pi t)$$

图 2-23、图 2-24 和图 2-25 分别展示了等效轴角参数、旋转矩阵和单位四元数的各元素曲线。

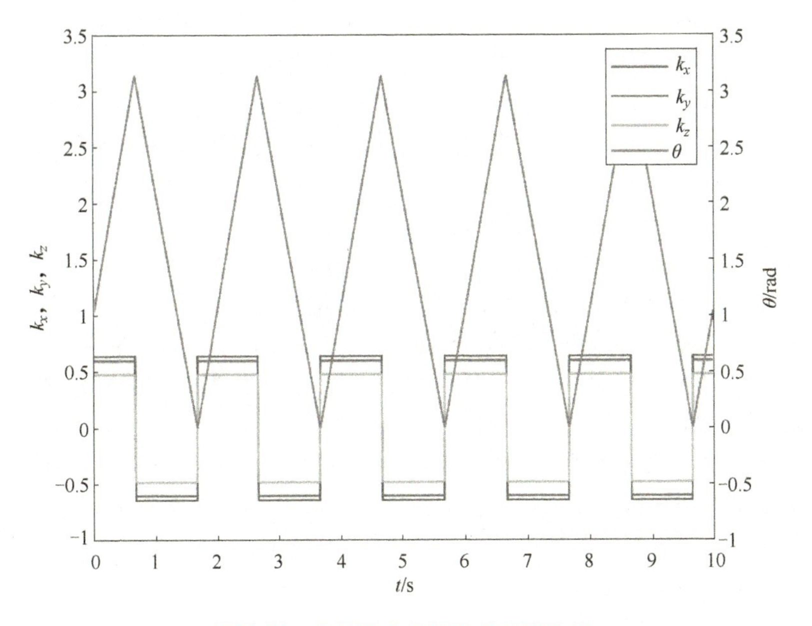

图 2-23　等效轴角参数的各元素曲线

图 2-23　彩图

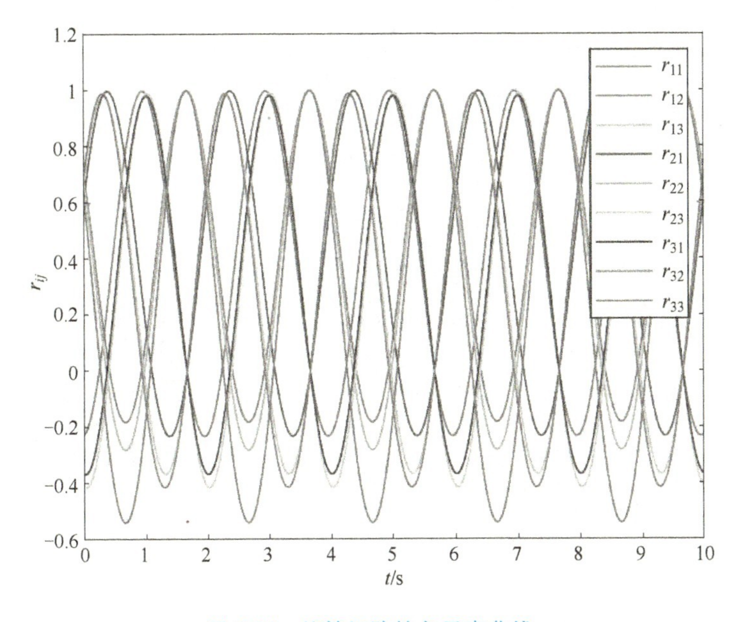

图 2-24　旋转矩阵的各元素曲线

图 2-24　彩图

从例 2-17 中可以看出，由于限制了角度范围，等效轴角在描述大范围旋转刚体的姿态时，会出现参数跳变，给运动分析和研究带来不利因素。一般说来，欧拉角表示、固定角表示和等效轴角表示等姿态表示方式，适合于静止刚体或小范围旋转运动刚体。大范围旋转刚体的姿态更适合采用旋转矩阵表示或单位四元数表示。对于任何运动刚体，若采用旋转矩阵表示，刚体姿态是 SO(3) 中的一条连续轨迹；若采用单位四元数表示，刚体姿态是 S^3 中的一条连续轨迹。例 2-17 还显示出旋转矩阵轨迹与单位四元数轨迹的一个重要区别。当 $t=$

2s 时，旋转角度为 360°，此时的姿态还原成初始姿态，此时的旋转矩阵同步还原成初始旋转矩阵，但此时的单位四元数并不是初始单位四元数，而是初始单位四元数的相反数。当 $t=4\text{s}$ 时，旋转角度为 720°，此时的姿态又还原成初始姿态，此时的旋转矩阵同步还原成初始旋转矩阵，此时的单位四元数也还原成初始单位四元数。通俗地说，实际刚体在三维空间中旋转一圈，相当于旋转矩阵在 SO(3) 中旋转一圈，也相当于单位四元数在 $\mathbb{H}$ 中的单位超球面上旋转半圈。这也印证了单位四元数与旋转矩阵（或姿态）的二对一关系。虽然不具有理想中的一一对应，但单位四元数与姿态的二对一关系，并不会给使用者带来困难。在应用中可以从初始姿态对应的两个单位四元数中任选一个作为初始单位四元数，根据单位四元数轨迹的连续性，很容易判断出其后每个时刻应取哪个单位四元数。例如，在例 2-17 中，也可以取初始单位四元数为 $-0.8660-0.32\mathrm{i}-0.3\mathrm{j}-0.24\mathrm{k}$，得到一条与现轨迹关于单位超球球心对称的轨迹。当然，因为单位四元数可以描述多圈旋转刚体的姿态，所以式（2-154）和式（2-155）中的旋转角 $\theta\in\mathbb{R}$。无论是描述姿态还是描述旋转，单位四元数与旋转矩阵相比，所用的参数个数和约束个数都要少得多。在很多场合下，这会带来计算、存储和插值上的优势，因此单位四元数已广泛用于机器人、计算机视觉、计算机图形学和航空航天等领域。

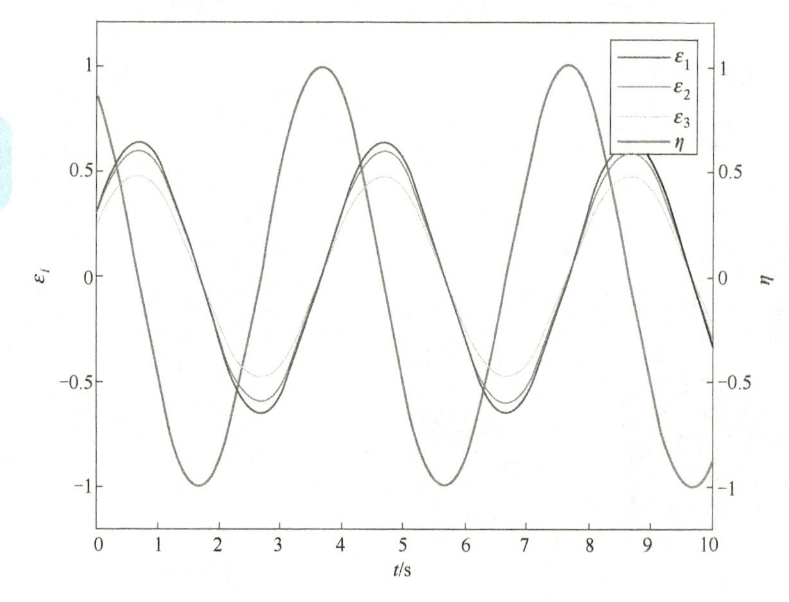

图 2-25　单位四元数的各元素曲线

图 2-25　彩图

2.6.4　欧拉参数

以“超复数”形式呈现的四元数 $\eta+\mathrm{i}\varepsilon_1+\mathrm{j}\varepsilon_2+\mathrm{k}\varepsilon_3\in\mathbb{H}$，显然与向量形式呈现的 $(\eta\quad\varepsilon_1\quad\varepsilon_2\quad\varepsilon_3)^{\mathrm{T}}\in\mathbb{R}^4$ 是一一对应的。在 $\mathbb{R}^4$ 中定义格拉斯曼积：任给 $(\eta\quad\varepsilon_1\quad\varepsilon_2\quad\varepsilon_3)^{\mathrm{T}}$，$(\xi\quad\delta_1\quad\delta_2\quad\delta_3)^{\mathrm{T}}\in\mathbb{R}^4$，它们的格拉斯曼积为

$$\begin{pmatrix}\eta\\\varepsilon_1\\\varepsilon_2\\\varepsilon_3\end{pmatrix}\oplus\begin{pmatrix}\xi\\\delta_1\\\delta_2\\\delta_3\end{pmatrix}=\begin{pmatrix}\eta&-\varepsilon_1&-\varepsilon_2&-\varepsilon_3\\\varepsilon_1&\eta&-\varepsilon_3&\varepsilon_2\\\varepsilon_2&\varepsilon_3&\eta&-\varepsilon_1\\\varepsilon_3&-\varepsilon_2&\varepsilon_1&\eta\end{pmatrix}\begin{pmatrix}\xi\\\delta_1\\\delta_2\\\delta_3\end{pmatrix}\in\mathbb{R}^4\tag{2-158}$$

对比式（2-158）和式（2-118）可以看到，$\mathbb{R}^4$ 中的格拉斯曼积本质上就是四元数的乘法，只不过前者是矩阵形式、后者是超复数形式。记三维向量 $\boldsymbol{\varepsilon}=(\varepsilon_1\quad\varepsilon_2\quad\varepsilon_3)^{\mathrm{T}}$，$\boldsymbol{\delta}=(\delta_1\quad\delta_2\quad\delta_3)^{\mathrm{T}}$，格拉斯曼积也可写成

$$\begin{pmatrix}\eta\\\varepsilon_1\\\varepsilon_2\\\varepsilon_3\end{pmatrix}\oplus\begin{pmatrix}\xi\\\delta_1\\\delta_2\\\delta_3\end{pmatrix}=\begin{pmatrix}\eta\\\boldsymbol{\varepsilon}\end{pmatrix}\oplus\begin{pmatrix}\xi\\\boldsymbol{\delta}\end{pmatrix}=\begin{pmatrix}\eta\xi-\boldsymbol{\varepsilon}^{\mathrm{T}}\boldsymbol{\delta}\\\eta\boldsymbol{\delta}+\xi\boldsymbol{\varepsilon}+\boldsymbol{\varepsilon}\times\boldsymbol{\delta}\end{pmatrix}\tag{2-159}$$

将 $\mathbb{R}^3$ 中的内积推广到 $\mathbb{R}^4$，$\boldsymbol{r}_0=(\eta\quad\varepsilon_1\quad\varepsilon_2\quad\varepsilon_3)^{\mathrm{T}}$ 与 $\boldsymbol{r}_1=(\xi\quad\delta_1\quad\delta_2\quad\delta_3)^{\mathrm{T}}$ 的内积为

$$\boldsymbol{r}_0\cdot\boldsymbol{r}_1=\eta\xi+\varepsilon_1\delta_1+\varepsilon_2\delta_2+\varepsilon_3\delta_3\tag{2-160}$$

四维向量的长度定义为其内积的二次方根，即

$$\|\boldsymbol{r}_0\|=\sqrt{\boldsymbol{r}_0\cdot\boldsymbol{r}_0}=\sqrt{\eta^2+\varepsilon_1^2+\varepsilon_2^2+\varepsilon_3^2}\tag{2-161}$$

四元数的模与对应四维向量的长度相等，四元数的内积可仿式（2-160）作相应定义。称长度等于 1 的四维向量为四维单位向量，记四维单位向量的全体为 $\mathbb{U}$。显然，$\mathbb{U}$ 中的四维单位向量与 S^3 中的单位四元数是一一对应的；四维单位向量的格拉斯曼积仍是四维单位向量；基于格拉斯曼积，四维单位向量可以描述坐标系的旋转。在描述旋转时，也称四维单位向量为欧拉参数。习惯上，将欧拉参数写成一个标量和一个三维向量的组合，如

$$\begin{pmatrix}\eta\\\boldsymbol{\varepsilon}\end{pmatrix}\in\mathbb{U}\tag{2-162}$$

式中，标量是旋转角半角的余弦，三维向量与旋转轴平行。当然，式（2-127）也可以称为姿态的欧拉参数表示，它与单位四元数表示完全等价。最后，关于三维向量的旋转

$$\begin{pmatrix}\rho_1\\\rho_2\\\rho_3\end{pmatrix}=\boldsymbol{R}_{\varepsilon}(\eta)\begin{pmatrix}\delta_1\\\delta_2\\\delta_3\end{pmatrix}\tag{2-163}$$

由欧拉参数格拉斯曼积与单位四元数乘法的关系，利用命题 2-15 可以得到其在欧拉参数形式下的表达式

$$\begin{pmatrix}0\\\rho_1\\\rho_2\\\rho_3\end{pmatrix}=\begin{pmatrix}\eta\\\varepsilon_1\\\varepsilon_2\\\varepsilon_3\end{pmatrix}\oplus\begin{pmatrix}0\\\delta_1\\\delta_2\\\delta_3\end{pmatrix}\oplus\begin{pmatrix}\eta\\-\varepsilon_1\\-\varepsilon_2\\-\varepsilon_3\end{pmatrix}\tag{2-164}$$

例 2-18　在例 2-17 中有一向量 ${}^B\boldsymbol{P}=(1\quad2\quad3)^{\mathrm{T}}$ 与 $\{B\}$ 固连，试采用欧拉参数求 $t=3.6\mathrm{s}$ 时该向量在 $\{A\}$ 中的表达 ${}^A\boldsymbol{P}$。

解　由例 2-17 知，当 $t=3.6\mathrm{s}$ 时，有

$$\eta(3.6)=\cos(\pi/6+0.5\pi3.6)=0.9945$$

$$\varepsilon_1(3.6)=0.64\sin(\pi/6+0.5\pi3.6)=-0.0669$$

$$\varepsilon_2(3.6)=0.6\sin(\pi/6+0.5\pi3.6)=-0.0627$$

$$\varepsilon_3(3.6)=0.48\sin(\pi/6+0.5\pi3.6)=-0.0502$$

再由式（2-164），有

$$\begin{pmatrix} 0 \\ {}^{A}\boldsymbol{P} \end{pmatrix} = \begin{pmatrix} 0.9945 \\ -0.0669 \\ -0.0627 \\ -0.0502 \end{pmatrix} \oplus \begin{pmatrix} 0 \\ 1 \\ 2 \\ 3 \end{pmatrix} \oplus \begin{pmatrix} 0.9945 \\ 0.0669 \\ 0.0627 \\ 0.0502 \end{pmatrix} = \begin{pmatrix} 0 \\ 0.8494 \\ 2.2987 \\ 2.8275 \end{pmatrix}$$

故 ${}^{A}\boldsymbol{P}=(0.8494 \quad 2.2987 \quad 2.8275)^{\mathrm{T}}$。

习　题

2-1　对任何 $\boldsymbol{R}\in\mathrm{SO}(3)$ 和任何 $\boldsymbol{P}\in\mathbb{R}^3$，试证明 $|\boldsymbol{RP}|=|\boldsymbol{P}|$。

2-2　已知

$${}^{A}_{B}\boldsymbol{T}=\begin{pmatrix} 0.25 & 0.43 & 0.86 & 5.0 \\ 0.87 & -0.50 & 0.00 & -4.0 \\ 0.43 & 0.75 & -0.50 & 3.0 \\ 0 & 0 & 0 & 1 \end{pmatrix}$$

${}^{B}_{A}\boldsymbol{T}$ 中的(1,4)元素是什么?

2-3　给定

$${}^{A}_{B}\boldsymbol{T}=\begin{pmatrix} 0.25 & 0.43 & 0.86 & 5.0 \\ 0.87 & -0.50 & 0.00 & -4.0 \\ 0.43 & 0.75 & -0.50 & 3.0 \\ 0 & 0 & 0 & 1 \end{pmatrix}$$

求 ${}^{B}\boldsymbol{O}_{A}$。

2-4　已知 $\alpha=\pi/3$，$\beta=-\pi/6$，$\gamma=3\pi/4$，求 $\boldsymbol{R}_{y'x'z'}(\alpha,\beta,\gamma)$ 和 $\boldsymbol{R}_{x'z'x'}(\alpha,\beta,\gamma)$。

2-5　坐标系{B}的姿态变化如下：初始时坐标系{A}与{B}重合，让坐标系{B}绕 $\hat{\boldsymbol{Z}}_B$ 轴旋转 θ_1 角；然后再绕 $\hat{\boldsymbol{X}}_B$ 轴旋转 θ_2 角。给出把对向量 ${}^{B}\boldsymbol{P}$ 的描述变为对 ${}^{A}\boldsymbol{P}$ 描述的旋转矩阵。

2-6　在论证 z-y-x 欧拉角的 β 角的范围为 $[-\pi/2,\pi/2]$ 时，运用了三角函数等式

$$\boldsymbol{R}_z(\pm\pi+\alpha)\boldsymbol{R}_y(\pm\pi-\beta)\boldsymbol{R}_x(\pm\pi+\gamma)=\boldsymbol{R}_z(\alpha)\boldsymbol{R}_y(\beta)\boldsymbol{R}_x(\gamma)$$

其实，也可论证 z-y-z 欧拉角的 β 角的范围为 $[0,\pi]$，请给出此论证要运用的三角函数等式，并证明你给出的等式。

2-7　令 $\boldsymbol{K}=\dfrac{1}{\sqrt{3}}(1 \quad 1 \quad 1)^{\mathrm{T}}$，$\theta=90°$，试计算 $\boldsymbol{R}_K(\theta)$。

2-8　参考系{A}固定不动，坐标系{B}作了以下几次的变动：

(1)　姿态不变，原点移动到原{B}中的点 ${}^{B}\boldsymbol{P}$。

(2)　绕{A}中的单位向量 ${}^{A}\boldsymbol{K}$ 旋转 θ_1 角度。

(3)　姿态不变，原点移动，从旧原点到新原点的向量为 ${}^{A}\boldsymbol{Q}$。

(4)　绕{B}中的单位向量 ${}^{B}\boldsymbol{L}$ 旋转 θ_2 角度。

上述变动前后{B}相对于{A}的位姿分别为 ${}^{A}_{B}\boldsymbol{T}$ 和 $\boldsymbol{T}_1{}^{A}_{B}\boldsymbol{T}\boldsymbol{T}_2$，已知

$$T_1=\begin{pmatrix}0.866 & -0.5 & 0 & -3\\ 0.433 & 0.75 & -0.5 & -3\\ 0.25 & 0.433 & 0.866 & 3\\ 0 & 0 & 0 & 1\end{pmatrix},\quad T_2=\begin{pmatrix}0.911 & -0.244 & 0.333 & 2\\ 0.333 & 0.911 & -0.244 & -2\\ -0.244 & 0.333 & 0.911 & 1\\ 0 & 0 & 0 & 1\end{pmatrix}$$

试求${}^{B}\boldsymbol{P}$、${}^{A}\boldsymbol{K}$、${}^{A}\boldsymbol{Q}$、${}^{B}\boldsymbol{L}$、θ_1、θ_2（旋转角的范围为$[0,\pi]$）。

2-9　如果旋转足够小使得 $\sin\theta=\theta$，$\cos\theta=1$，$\theta^2=0$ 近似成立，推导绕单位轴$(k_x \quad k_y \quad k_z)^{\mathrm{T}}$旋转 θ 的等效旋转矩阵。从下式开始推导：

$$\boldsymbol{R}_K(\theta)=\begin{pmatrix}k_x^2 v\theta+c\theta & k_x k_y v\theta-k_z s\theta & k_x k_z v\theta+k_y s\theta\\ k_x k_y v\theta+k_z s\theta & k_y^2 v\theta+c\theta & k_y k_z v\theta-k_x s\theta\\ k_x k_z v\theta-k_y s\theta & k_y k_z v\theta+k_x s\theta & k_z^2 v\theta+c\theta\end{pmatrix}$$

2-10　用习题 2-9 的结果证明两个无穷小旋转相乘可交换（即旋转的次序不重要）。

2-11　试证明单位四元数的乘积仍是单位四元数。

2-12　试证明单位四元数 $\eta+\mathrm{i}\varepsilon_1+\mathrm{j}\varepsilon_2+\mathrm{k}\varepsilon_3$ 的逆是其共轭，即

$$(\eta+\mathrm{i}\varepsilon_1+\mathrm{j}\varepsilon_2+\mathrm{k}\varepsilon_3)(\eta+\mathrm{i}\varepsilon_1+\mathrm{j}\varepsilon_2+\mathrm{k}\varepsilon_3)^*=(\eta+\mathrm{i}\varepsilon_1+\mathrm{j}\varepsilon_2+\mathrm{k}\varepsilon_3)^*(\eta+\mathrm{i}\varepsilon_1+\mathrm{j}\varepsilon_2+\mathrm{k}\varepsilon_3)=1$$

第 3 章　机器人运动学

导　读

本章针对串联机器人，首先讨论串联机构中的运动学参量，然后介绍配置机器人连杆坐标系的非标准 D-H（Denavit-Hartenberg）方法，最后建立机器人正运动学问题并给出求解方法。

本章知识点

- 连杆长度
- 连杆转角
- 连杆偏距
- 关节角
- 非标准 D-H（Denavit-Hartenberg）方法
- 机器人正运动学
- 笛卡儿空间
- 关节空间

机械臂的机械结构由一系列连杆和关节组成。本书讨论的机器人均为机械结构较简单的串联机械臂，即多个连杆通过关节以串联形式连接成首尾不封闭的机械结构——串联机构。当然，本书对于串联机械臂还有一条假设：连杆均为刚性连杆。运动学是理论力学的三大内容之一，它在不考虑质量和作用力的前提下，研究一个刚体或一个刚体系的运动特性。本章将利用运动学的方法，研究用各关节变量表达机器人各连杆的位姿。机器人作业用的执行器安装于串联机构的尾连杆上，以各关节变量为自变量求取执行器位姿函数的问题，被称为机器人正运动学问题，该问题是本章讨论的重点。

3.1　串联机构中的运动学参量

3.1.1　串联机构的组成

使两个刚体直接接触而又能产生一定相对运动的连接称为运动副。若运动副连接的两刚体之间为面与面的接触，则称运动副为低副。低副有 6 种，它们是如图 3-1 所示的转动副、移动副、圆柱副、平面副、螺旋副和球面副。机器人的关节只有 2 种：转动型关节和平动型关节。转动型关节即是图 3-1 中的转动副，平动型关节即是图 3-1 中的移动副。机器人的连杆即指由关节所连的刚体。

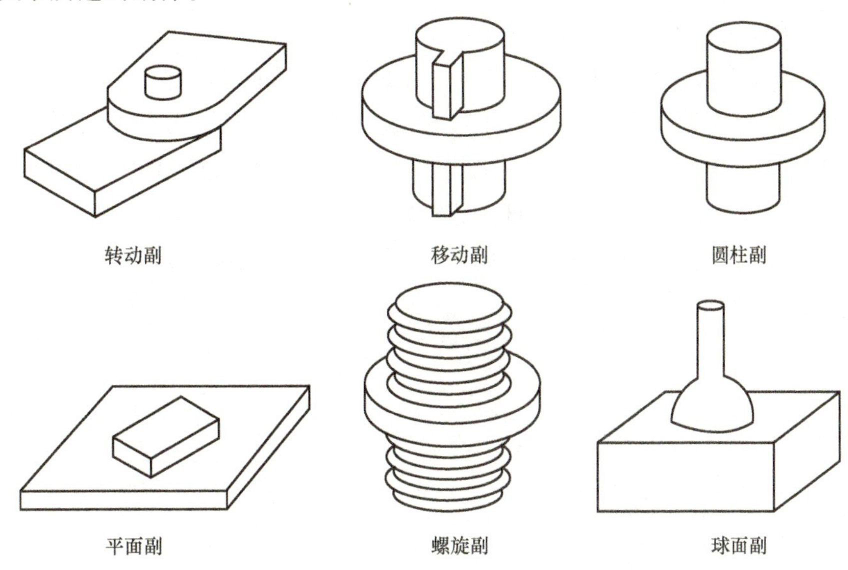

图 3-1　6 种低副的示意图

机器人的串联机构由 N+1 个连杆和 N 个关节组成，关节个数 N 也表示机器人的自由度，理论上 N 可以是任何正整数，但实用机器人的自由度 N 至少是 3。本书按如下方法对这些连杆和关节进行编号：固定基座（首连杆）为连杆 0；与连杆 0 相连的连杆为连杆 1，连接连杆 0 和连杆 1 的关节为关节 1（首关节）；除连杆 0 和关节 1 外，还有另一个连杆通过另一个关节与连杆 1 相连，这就是连杆 2 和关节 2；以此类推；尾连杆为连杆 N，连接连杆 $N-1$ 和连杆 N 的关节为关节 N（末关节）。在连杆 0 和连杆 N 上都只有一个关节，在连杆 1，…，连杆 $N-1$ 这些中间连杆上都有两个关节。每个关节都连接着 2 个连杆。

3.1.2　连杆长度与连杆转角

从几何上讲，关节 i 有一条轴线。若关节 i 是转动型关节，则连杆 i 绕这条轴线相对于连杆 i-1 旋转；若关节 i 是平动型关节，则连杆 i 沿这条轴线相对于连杆 i-1 平移。一条轴线具有两个互为相反的轴向。对于关节 i 的轴线，任取它的一个轴向为正轴向，使之成为有向轴线，并称关节 i 的这条有向轴线为轴 i。

先以轴 i-1 和轴 i 为例，研究如何描述两个相邻关节轴线的相对方位关系。三维空间中的任意两个轴之间的距离均为一个确定值，两个轴之间的距离即为两轴之间公垂线段的长度。两轴之间的公垂线段总是存在的，当两轴不平行时，两轴之间的公垂线段只有一条，它与轴 i-1 和轴 i 的垂足分别是 O_{i-1} 和 P_i，即形成方向由轴 i-1 指向轴 i 的公垂向量 $\boldsymbol{r}_{O_{i-1}P_i}$。当两关节轴平行时，则存在无数条长度相等的公垂线段，可以从中任选一条形成公垂向量

$\boldsymbol{r}_{O_{i-1}P_i}$。本书将$\boldsymbol{r}_{O_{i-1}P_i}$称为几何连杆。相应地，称$\boldsymbol{r}_{O_{i-1}P_i}$的长度为连杆长度，并记为$a_{i-1}$。如果轴$i$-1与轴$i$相交，$a_{i-1}=0$，即几何连杆的长度为零，但并不将零长度的几何连杆视为传统的零向量（传统的零向量方向任意），而是在与轴i-1和轴i同时垂直的方向中选一个作为$\boldsymbol{r}_{O_{i-1}P_i}$的正方向。可以注意到连杆长度$a_{i-1}$本质上是串联机构的空间几何信息之一，它并非是指实物连杆i-1的长度，而是指几何连杆的长度。

连杆长度a_{i-1}这个参数仅给出了轴i-1与轴i的距离，未能提供轴i-1与轴i的相对方向信息，因此还需要定义第二个参数——连杆转角。过轴i-1作一个平面垂直于几何连杆$\boldsymbol{r}_{O_{i-1}P_i}$，然后将轴$i$投影到该平面上，按照轴$i$-1绕$\boldsymbol{r}_{O_{i-1}P_i}$旋转到轴$i$投影的思路以右手螺旋法则确定轴$i$-1与轴$i$夹角的值，此夹角即为连杆转角$\alpha_{i-1}$。图3-2展示了轴$i$-1和轴$i$的空间方位、连杆长度$a_{i-1}$和连杆转角$\alpha_{i-1}$，其中带有三条短画线的两条线为平行线。

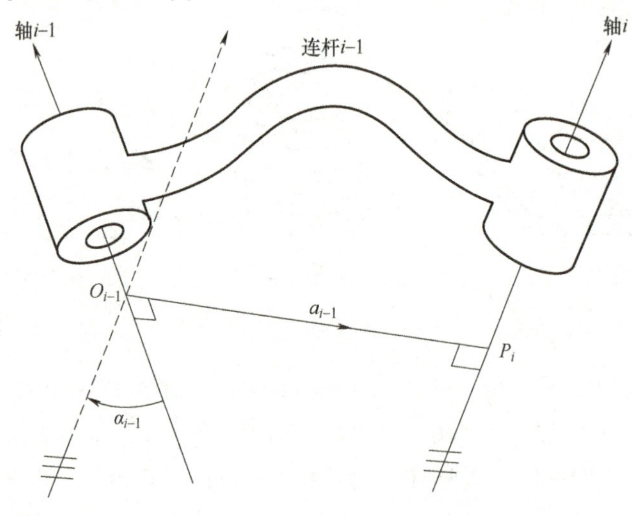

图3-2 连杆长度与连杆转角示意图

显然，通过连杆长度和连杆转角可以完整地描述两个相邻关节轴线的相对方位关系。

3.1.3 连杆偏距与关节角

注意到几何连杆是由两个相邻关节轴线确定的，那么对于$i\in\{2,\cdots,N-1\}$，串联机构中的关节i连接着两个相邻的几何连杆$\boldsymbol{r}_{O_{i-1}P_i}$和$\boldsymbol{r}_{O_iP_{i+1}}$。描述出这两根相邻几何连杆的相对方位关系也是表达串联机构空间几何信息的一个重要部分。仿相邻关节轴线相对方位描述的思路，先看$\boldsymbol{r}_{O_{i-1}P_i}$和$\boldsymbol{r}_{O_iP_{i+1}}$的公垂线段。注意到轴$i$上的$\boldsymbol{r}_{P_iO_i}$是$\boldsymbol{r}_{O_{i-1}P_i}$和$\boldsymbol{r}_{O_iP_{i+1}}$的公垂向量，基于$\boldsymbol{r}_{P_iO_i}$定义连杆偏距$d_i$：$d_i$的绝对值等于$\boldsymbol{r}_{P_iO_i}$的长度，若$\boldsymbol{r}_{P_iO_i}$与轴$i$同向，则$d_i$为正值，否则为负值。再过$\boldsymbol{r}_{O_{i-1}P_i}$作一个平面垂直于轴$i$，然后将$\boldsymbol{r}_{O_iP_{i+1}}$投影到该平面上，在平面内按照轴$\boldsymbol{r}_{O_{i-1}P_i}$绕轴$i$旋转到$\boldsymbol{r}_{O_iP_{i+1}}$投影的思路以右手螺旋法则确定$\boldsymbol{r}_{O_{i-1}P_i}$与$\boldsymbol{r}_{O_iP_{i+1}}$夹角的值，此旋转角度即为关节角$\theta_i$。图3-3展示了几何连杆$\boldsymbol{r}_{O_{i-1}P_i}$和几何连杆$\boldsymbol{r}_{O_iP_{i+1}}$的空间方位、连杆偏距$d_i$和关节角$\theta_i$，其中带有两条短画线的两条线为平行线。

显然，通过连杆偏距和关节角可以完整地描述两个相邻几何连杆的相对方位关系。

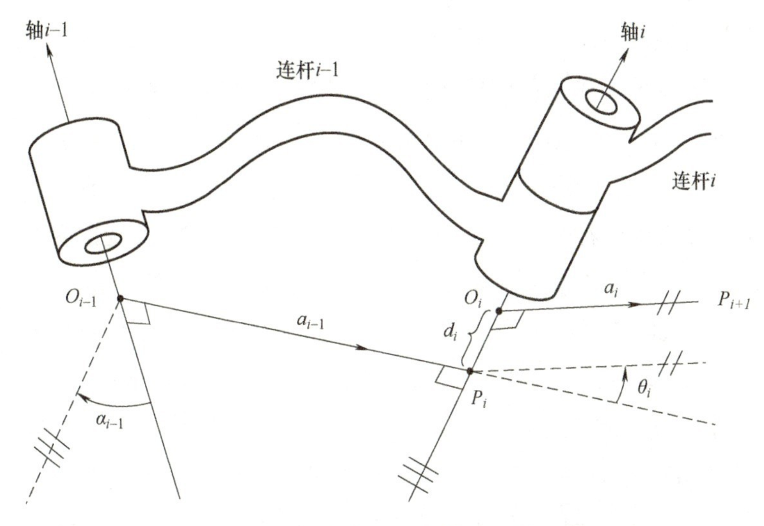

图 3-3　连杆偏距和关节角示意图

3.1.4　首末关节的运动学参量

上述的连杆长度 a_{i-1}、连杆转角 α_{i-1}、连杆偏距 d_i 和关节角 θ_i 都称为关节 i 的运动学参量。这组参量描述了串联机构在关节 i 附近的空间几何信息。当然，还必须知道关节 1 和关节 N 的运动学参量。

对于关节 1，设定一个虚拟的轴 0 与轴 1 重合，即取 $a_0=0$，$\alpha_0=0$，这种设定也意味着与连杆 0 对应的几何连杆是长度为零的 $\boldsymbol{r}_{O_0P_1}$。接下来需要确定 $\boldsymbol{r}_{O_0P_1}$ 的方位：若关节 1 是转动型关节，取 $d_1=0$，即 $\boldsymbol{r}_{O_0P_1}$（点 O_0 和点 P_1）位于点 O_1，而 $\boldsymbol{r}_{O_0P_1}$ 的方向则任取与轴 1 垂直的某个方向，取 $\boldsymbol{r}_{O_0P_1}$ 的方向就是决定 $\boldsymbol{r}_{O_1P_2}$ 的零位方向（$\theta_1=0$ 时 $\boldsymbol{r}_{O_1P_2}$ 的方向）；若关节 1 是平动型关节，取 $\theta_1=0$，即 $\boldsymbol{r}_{O_0P_1}$ 与 $\boldsymbol{r}_{O_1P_2}$ 同向，而 $\boldsymbol{r}_{O_0P_1}$（点 O_0 和点 P_1）的位置则任取轴 1 上的某个点，取 $\boldsymbol{r}_{O_0P_1}$ 的位置就是决定 $\boldsymbol{r}_{O_1P_2}$ 的零位位置（$d_1=0$ 时 $\boldsymbol{r}_{O_1P_2}$ 的位置）。轴 1 和轴 0 的方位是固定的，$\boldsymbol{r}_{O_0P_1}$ 是一个固定不动的几何连杆。

对于关节 N，参量 a_{N-1} 和 α_{N-1} 的值由轴 $N-1$ 与轴 N 的空间几何关系确定。因不存在轴 $N+1$，如何设定一个虚拟的几何连杆 $\boldsymbol{r}_{O_NP_{N+1}}$ 成为关键。由于该几何连杆的长度并非关节 N 的运动学参量之一，因此 $\boldsymbol{r}_{O_NP_{N+1}}$ 的长度可任取；若关节 N 是转动型关节，取 $d_N=0$ 以确定 $\boldsymbol{r}_{O_NP_{N+1}}$ 的位置，即点 O_N 位于点 P_N，而 $\boldsymbol{r}_{O_NP_{N+1}}$ 的方向则任取垂直于轴 N 且与连杆 N 固连的某个方向，$\boldsymbol{r}_{O_NP_{N+1}}$ 与 $\boldsymbol{r}_{O_{N-1}P_N}$ 的夹角即是关节角 θ_N；若关节 N 是平动型关节，取 $\theta_N=0$ 以确定 $\boldsymbol{r}_{O_NP_{N+1}}$ 的方向，即 $\boldsymbol{r}_{O_NP_{N+1}}$ 与 $\boldsymbol{r}_{O_{N-1}P_N}$ 同向，而点 O_N（代表 $\boldsymbol{r}_{O_NP_{N+1}}$ 的位置）则任取轴 N 上与连杆 N 固连的某个点，O_N 与 P_N 的相对位移即决定了连杆偏距 d_N。$\boldsymbol{r}_{O_NP_{N+1}}$ 是一个会动的几何连杆。

3.2　建立坐标系的非标准 D-H（Denavit-Hartenberg）方法

3.2.1　运动学参量表

对于一个有 N 个关节的串联机构，按照上述方法可以得到 $N+1$ 个轴（轴 0，轴 1，…，

轴 N）和 $N+1$ 个几何连杆（$\boldsymbol{r}_{O_0P_1},\boldsymbol{r}_{O_1P_2},\cdots,\boldsymbol{r}_{O_NP_{N+1}}$），每个几何连杆 $\boldsymbol{r}_{O_iP_{i+1}}$ 是固连于实物连杆 i 的。根据这 $N+1$ 个轴和 $N+1$ 个几何连杆的空间几何关系，可以得到每个关节的运动学参量，即 a_{i-1}、α_{i-1}、d_i 和 θ_i，$i\in\{1,\cdots,N\}$，其中 $a_{i-1}\geqslant 0$，而 α_{i-1}、d_i 和 θ_i 的值可正可负。这 $4N$ 个参量包含了串联机构的全部空间几何信息，其中，a_{i-1} 和 α_{i-1} 是固定不变的参数，它们不会随着关节的运动而变化；若关节 i 是转动型关节，则 d_i 是固定不变的参数，θ_i 是会随着关节 i 的运动而变化并描述关节旋转运动的关节变量；若关节 i 是平动型关节，则 θ_i 是固定不变的参数，d_i 是会随着关节 i 的运动而变化并描述关节直线运动的关节变量。简而言之，关节 i 的 4 个运动学参量中，3 个是连杆参数、1 个是关节变量；串联机构的 $4N$ 个运动学参量中，$3N$ 个是连杆参数、N 个是关节变量。若描述一个 6 关节机器人，需要用 24 个运动学参量，其中 18 个为连杆参数，6 个是各关节变量。如果 6 关节机器人的 6 个关节均为转动型关节，这时 18 个连杆参数可以用 6 组（a_{i-1},α_{i-1},d_i）表示，关节变量则是（$\theta_1,\theta_2,\theta_3,\theta_4,\theta_5,\theta_6$）。

例 3-1 图 3-4 所示为一个 3 关节机器人，该机器人的末端装有吸盘作为操作工具。因为 3 个关节均为转动型关节，有时称该机器人为 RRR 或 3R 机构。试在此机构上建立几何连杆、写出各连杆参数的值并列出各关节变量。

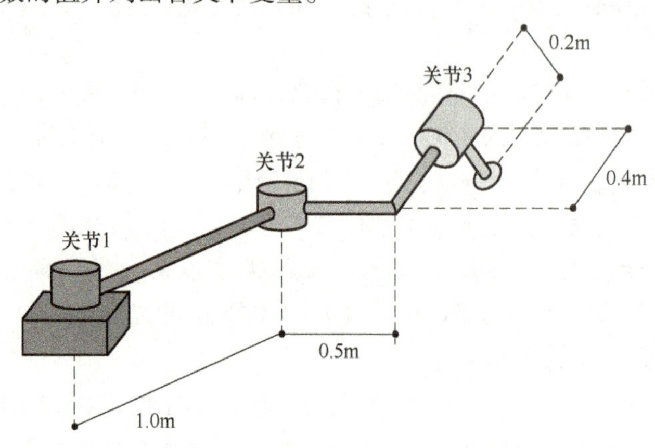

图 3-4 一个 3 关节机器人

解 在各关节处确定轴 1、轴 2 和轴 3 并确定它们的方向如图 3-5 所示，取虚拟的轴 0 与轴 1 重合。轴 2 与轴 3 的公垂线唯一，由此确定几何连杆 $\boldsymbol{r}_{O_2P_3}$。轴 1 与轴 2 平行，它们的公垂线有无数条，为方便起见，将几何连杆 $\boldsymbol{r}_{O_1P_2}$ 取得与 $\boldsymbol{r}_{O_2P_3}$ 相交，即点 P_2 与点 O_2 重合。几何连杆 $\boldsymbol{r}_{O_0P_1}$ 位于点 O_1，取其方向水平向右（因为 $\boldsymbol{r}_{O_0P_1}$ 的长度为零，图 3-5 中用带箭头虚线表示 $\boldsymbol{r}_{O_0P_1}$）。几何连杆 $\boldsymbol{r}_{O_3P_4}$ 的点 O_3 重合于点 P_3，为方便描述末端工具的姿态，取其方向与吸盘所在平面的法线方向相同（因 $\boldsymbol{r}_{O_3P_4}$ 的长度任意，图 3-5 中表示 $\boldsymbol{r}_{O_3P_4}$ 的线段其实可以伸缩）。由轴 0~3 以及 4 根几何连杆的几何关系，可以列写运动学参量表见表 3-1，该表汇总了连杆参数值以及关节变量 θ_1、θ_2、θ_3。关节变量 θ_1、θ_2 和 θ_3 也显示在图 3-5 中。

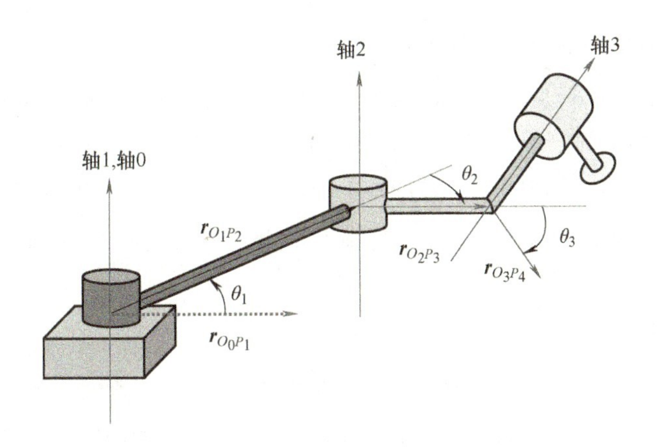

图 3-5 用运动学参量描述一个 3 关节机器人

表 3-1 例 3-1 的运动学参量表

i	α_{i-1}/rad	a_{i-1}/m	d_i/m	θ_i/rad
1	0	0	0	θ_1
2	0	1.0	0	θ_2
3	$-\pi/2$	0.5	0	θ_3

3.2.2 连杆联体坐标系的配置

机器人的运动涉及每个连杆，需要对每个连杆建立一个联体坐标系。根据联体坐标系所在连杆的编号对联体坐标系命名，因此，连杆 i 的联体坐标系称为坐标系$\{i\}$。

对于连杆 i，可按照下面的方法确定连杆上的联体坐标系：将 O_i 定为$\{i\}$的原点，轴 i 的方向定为$\{i\}$的 z 轴方向，$\boldsymbol{r}_{O_iP_{i+1}}$的方向定为$\{i\}$的 x 轴方向，$\{i\}$的 y 轴方向则由右手定则确定。图 3-6 展示了机器人上部分连杆的联体坐标系。

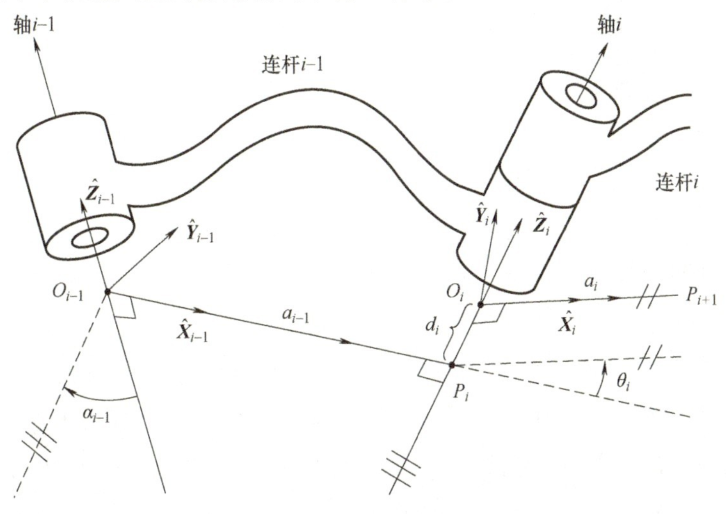

图 3-6 连杆的联体坐标系示意图

建立连杆联体坐标系的步骤总结如下：

1）找出各关节轴线，分别给每条轴线确定正方向，规定 $\hat{\boldsymbol{Z}}_i$ 沿轴 i 的指向。

2）找出轴 i 和轴 $i+1$ 的一条公垂线或轴 i 与轴 $i+1$ 的交点，公垂线的正方向由轴 i 指向轴 $i+1$，以轴 i 与轴 $i+1$ 的交点或公垂线与轴 i 的交点作为坐标系 $\{i\}$ 的原点 O_i。

3）规定 $\hat{\boldsymbol{X}}_i$ 沿公垂线的指向，如果轴 i 与轴 $i+1$ 相交，则规定 $\hat{\boldsymbol{X}}_i$ 垂直于轴 i 和轴 $i+1$ 所在的平面。

4）按照右手定则确定 $\hat{\boldsymbol{Y}}_i$。

5）对于坐标系 $\{0\}$（即基座坐标系），规定它在第一个关节变量为 0 时与 $\{1\}$ 重合。对于坐标系 $\{N\}$，其原点 O_N 和 $\hat{\boldsymbol{X}}_N$ 的方向可以灵活选取。但是在选取时，通常尽量使连杆参数为 0。

这种建立串联机构连杆联体坐标系的方法称为非标准 D-H（Denavit-Hartenberg）方法。有时也将上述的运动学参量称为非标准的 D-H 参数。1955 年，Denavit 和 Hartenberg 提出了标准 D-H 方法。为直观用于串联机构，1986 年 Craig 对其进行少量调整形成了非标准 D-H 方法。一些相关软件对这两种方法都支持，比如 MATLAB 的 Robotics System 工具箱的 Link 函数通过一个选项显示所采用的方法，选项置 modified 表示非标准 D-H 方法，选项置 standard 或省略表示标准 D-H 方法。

对于例 3-1，采用非标准 D-H 方法建立连杆联体坐标系，得到 4 个坐标系 $\{0\}$、$\{1\}$、$\{2\}$ 和 $\{3\}$，如图 3-7 所示。这 4 个坐标系分别与连杆 0、连杆 1、连杆 2 和连杆 3 固连。

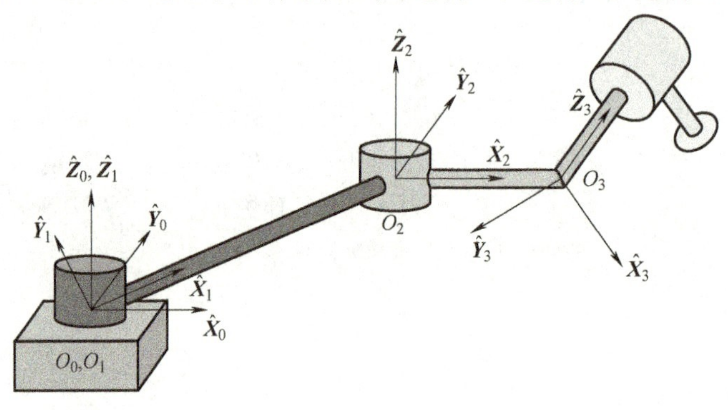

图 3-7　连杆的联体坐标系示意图

例 3-2　图 3-8a 所示为一个三连杆平面机器人（3R 机构），图 3-8b 为该机器人的简图。注意在 3 个关节轴上均标有双斜线，表示这些关节轴线平行。试在此机构上用非标准 D-H 方法建立连杆联体坐标系并写出运动学参量表。

解　分别将 $\hat{\boldsymbol{Z}}_1$、$\hat{\boldsymbol{Z}}_2$ 和 $\hat{\boldsymbol{Z}}_3$ 确定在关节 1、2 和 3 的旋转轴上，且规定所有的 z 轴都垂直纸面向外。注意到该例中所有的 z 轴都是平行的，$\hat{\boldsymbol{Z}}_1$ 与 $\hat{\boldsymbol{Z}}_2$ 的公垂线有无数条，取机器人平面上的那条公垂线，且规定该公垂线方向自 $\hat{\boldsymbol{Z}}_1$ 指向 $\hat{\boldsymbol{Z}}_2$。由此可确定 O_1 及 $\hat{\boldsymbol{X}}_1$。同理，可确定 O_2 和 $\hat{\boldsymbol{X}}_2$。取 $\hat{\boldsymbol{Z}}_0=\hat{\boldsymbol{Z}}_1$，因关节 1 是转动型关节，取 $O_0=O_1$，取 $\hat{\boldsymbol{X}}_0$ 水平向右（这意味着 $\theta_1=0$ 时 $\hat{\boldsymbol{X}}_1$ 水平向右）。因关节 3 是转动型关节，为使 $d_3=0$，取 $O_3=P_3$，取 $\hat{\boldsymbol{X}}_3$ 的方向指向

执行器中心。最后，用右手定则可确定 $\hat{Y}_0$、$\hat{Y}_1$、$\hat{Y}_2$ 和 $\hat{Y}_3$。图 3-9 展示了各连杆联体坐标系的布局，表 3-2 是相应的运动学参量表。

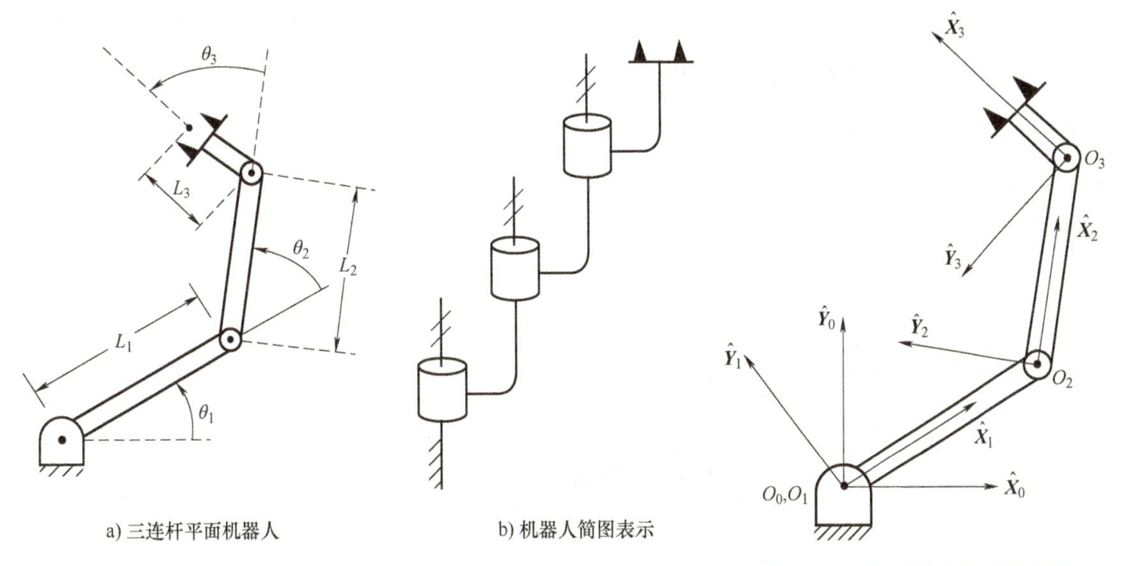

a) 三连杆平面机器人　　b) 机器人简图表示

图 3-8　例 3-2 机器人示意图　　图 3-9　连杆联体坐标系的布局

表 3-2　三连杆平面机器人的运动学参量表

i	α_{i-1}	a_{i-1}	d_i	θ_i
1	0	0	0	θ_1
2	0	L_1	0	θ_2
3	0	L_2	0	θ_3

例 3-3　图 3-10 所示为一个 3 关节机器人，其中关节 1 和关节 3 为转动型关节，关节 2 为平动型关节，因此有时称该机器人为 RPR 机构。试在此机构上用非标准 D-H 方法建立连杆联体坐标系并写出运动学参量表。

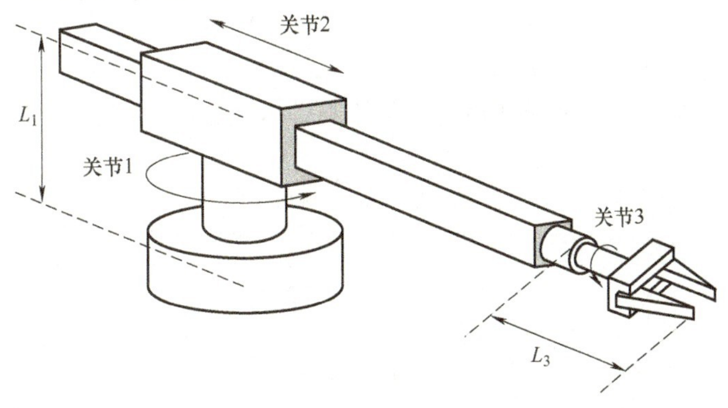

图 3-10　一个 RPR 机构

解　如图 3-11 所示，分别将 $\hat{Z}_1$、$\hat{Z}_2$ 和 $\hat{Z}_3$ 确定在关节 1、2 和 3 的轴线上，且选定所有

z 轴的方向。关节 1 轴线与关节 2 轴线的交点即是 O_1，将 $\hat{X}_1$ 确定在关节 1 轴线与关节 2 轴线的公垂线上，且选定 $\hat{X}_1$ 的方向。注意到该例中关节 2 轴线与关节 3 轴线重合，它们的交点有无数个，它们的公垂线有无数条，将 O_2 取在关节 3 的中心上，并选定 $\hat{X}_2$ 的方向为竖直向上。取 $\hat{Z}_0=\hat{Z}_1$，因关节 1 是转动型关节，取 $O_0=O_1$，取 $\hat{X}_0$ 指向正左方（这意味着 $\theta_1=0$ 时 $\hat{X}_1$ 指向正左方）。因关节 3 是转动型关节，为使 $d_3=0$，取 $O_3=O_2$，选定 $\hat{X}_3$ 的方向垂直于工具面。最后，用右手定则可确定 $\hat{Y}_0$、$\hat{Y}_1$、$\hat{Y}_2$ 和 $\hat{Y}_3$。表 3-3 是相应的运动学参量表，关节变量 d_2 也在图 3-11 中标出。

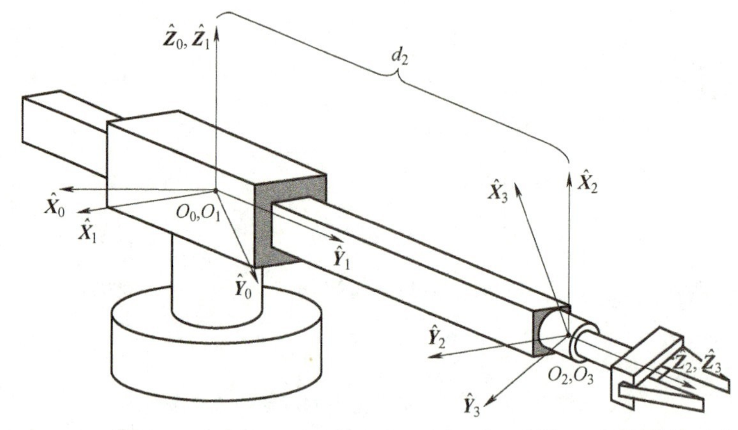

图 3-11　RPR 机构的坐标系布局

表 3-3　例 3-3 的机器人运动学参量表

i	α_{i-1}	a_{i-1}	d_i	θ_i
1	0	0	0	θ_1
2	$-\pi/2$	0	d_2	$-\pi/2$
3	0	0	0	θ_3

从上述例子中可以看到，一些轴向、交点和公垂线等可以有多种甚至无数种选择，因此用非标准 D-H 方法建立的连杆坐标系及相应的运动学参量表并不是唯一的。另外，非标准 D-H 方法是针对串联机构的，如果所讨论的机构不是串联机构，那么需要用其他方法建立坐标系。

3.3　机器人正运动学

3.3.1　相邻连杆联体坐标系的变换

建立机器人各连杆的联体坐标系为分析机器人奠定了基础，这些坐标系间的定量几何关系是机器人运动学分析的重要内容，相邻连杆联体坐标系间的定量几何关系尤为重要。

这里针对相邻坐标系$\{i-1\}$和$\{i\}$，介绍如何定量表达它们的齐次变换矩阵${}^{i-1}_{i}\boldsymbol{T}$。由图 3-6

以及运动学参量的几何意义，可以这样理解$\{i-1\}$到$\{i\}$的变换：$\{i-1\}$为参考系，变换前，$\{i\}$与$\{i-1\}$重合；第一步，$\{i\}$沿 $\hat{\boldsymbol{X}}_i$ 轴平移 a_{i-1}；第二步，$\{i\}$绕 $\hat{\boldsymbol{X}}_i$ 轴旋转 α_{i-1}；第三步，$\{i\}$沿 $\hat{\boldsymbol{Z}}_i$ 轴平移 d_i；第四步，$\{i\}$绕 $\hat{\boldsymbol{Z}}_i$ 轴旋转 θ_i。这四步都是相对于联体坐标系的变换，根据"右乘联体左乘基"的规律，有

$$
\begin{aligned}
{}^{i-1}_{\ i}\boldsymbol{T} &= \begin{pmatrix} 1 & 0 & 0 & a_{i-1} \\ 0 & \cos\alpha_{i-1} & -\sin\alpha_{i-1} & 0 \\ 0 & \sin\alpha_{i-1} & \cos\alpha_{i-1} & 0 \\ 0 & 0 & 0 & 1 \end{pmatrix} \begin{pmatrix} \cos\theta_i & -\sin\theta_i & 0 & 0 \\ \sin\theta_i & \cos\theta_i & 0 & 0 \\ 0 & 0 & 1 & d_i \\ 0 & 0 & 0 & 1 \end{pmatrix} \\
&= \begin{pmatrix} \cos\theta_i & -\sin\theta_i & 0 & a_{i-1} \\ \sin\theta_i\cos\alpha_{i-1} & \cos\theta_i\cos\alpha_{i-1} & -\sin\alpha_{i-1} & -\sin\alpha_{i-1}d_i \\ \sin\theta_i\sin\alpha_{i-1} & \cos\theta_i\sin\alpha_{i-1} & \cos\alpha_{i-1} & \cos\alpha_{i-1}d_i \\ 0 & 0 & 0 & 1 \end{pmatrix}
\end{aligned} \tag{3-1}
$$

式（3-1）表明${}^{i-1}_{\ i}\boldsymbol{T}$由关节 i 的运动学参量 a_{i-1}、α_{i-1}、d_i 和 θ_i 确定。关节 i 正是连接连杆 $i-1$ 和连杆 i 的关节，其 4 个运动学参量包括 3 个不变的连杆参数和 1 个可变的关节变量。记关节 i 的关节变量为 ϕ_i：若关节 i 是转动型关节，则 $\phi_i=\theta_i$；若关节 i 是平动型关节，则 $\phi_i=d_i$。在机器人的运动过程中，齐次变换矩阵${}^{i-1}_{\ i}\boldsymbol{T}$随着 ϕ_i 的变化而变化，因此也可表达为${}^{i-1}_{\ i}\boldsymbol{T}(\phi_i)$。

3.3.2　正运动学问题及其求解

给定一个具有 N 个关节的机器人，其正运动学问题的数学描述如下：已知各关节变量 $\phi_1,\phi_2,\cdots,\phi_N$，求${}^0_N\boldsymbol{T}$。该问题是机器人运动学分析的重点问题。在机器人作业中，末端工具位姿对作业质量有举足轻重的影响。机器人末端工具位姿的变化是机器人各关节独立运动变化的合成结果，要获得全部关节变量合成为末端工具位姿的定量公式，就需要解决正运动学问题。

利用式（3-1）和链乘法则，正运动学问题可直接按式（3-2）求解

$$
{}^0_N\boldsymbol{T}={}^0_1\boldsymbol{T}(\phi_1)\,{}^1_2\boldsymbol{T}(\phi_2)\cdots{}^{N-1}_{\ \ N}\boldsymbol{T}(\phi_N) \tag{3-2}
$$

显然，齐次变换矩阵${}^0_N\boldsymbol{T}$与每个关节变量都有关系，因此可表达为${}^0_N\boldsymbol{T}(\phi_1,\phi_2,\cdots,\phi_N)$，并称${}^0_N\boldsymbol{T}(\phi_1,\phi_2,\cdots,\phi_N)$为机器人的运动学方程。

在例 3-1 中，虽然操作工具吸盘相对于$\{3\}$静止，但与吸盘中心存在距离的 O_3 不能直接表示出吸盘的位置。于是，另建如图 3-12 所示的吸盘联体坐标系（工具坐标系）$\{4\}$，其原点为吸盘中心、姿态与$\{3\}$相同。对于$\{3\}$和$\{4\}$，总有

$$
{}^3_4\boldsymbol{T}=\begin{pmatrix} 1 & 0 & 0 & 0.2 \\ 0 & 1 & 0 & 0 \\ 0 & 0 & 1 & 0.4 \\ 0 & 0 & 0 & 1 \end{pmatrix}
$$

利用式（3-1）和例 3-1 的运动学参量表，得到其机器人的运动学方程

$$
{}^0_3\boldsymbol{T}={}^0_1\boldsymbol{T}(\theta_1)\,{}^1_2\boldsymbol{T}(\theta_2)\,{}^2_3\boldsymbol{T}(\theta_3)
$$

$$=\begin{pmatrix}\cos\theta_1 & -\sin\theta_1 & 0 & 0\\ \sin\theta_1 & \cos\theta_1 & 0 & 0\\ 0 & 0 & 1 & 0\\ 0 & 0 & 0 & 1\end{pmatrix}\begin{pmatrix}\cos\theta_2 & -\sin\theta_2 & 0 & 1\\ \sin\theta_2 & \cos\theta_2 & 0 & 0\\ 0 & 0 & 1 & 0\\ 0 & 0 & 0 & 1\end{pmatrix}\begin{pmatrix}\cos\theta_3 & -\sin\theta_3 & 0 & 0.5\\ 0 & 0 & 1 & 0\\ -\sin\theta_3 & -\cos\theta_3 & 0 & 0\\ 0 & 0 & 0 & 1\end{pmatrix} \tag{3-3}$$

$$=\begin{pmatrix}\cos(\theta_1+\theta_2)\cos\theta_3 & -\cos(\theta_1+\theta_2)\sin\theta_3 & -\sin(\theta_1+\theta_2) & 0.5\cos(\theta_1+\theta_2)+\cos\theta_1\\ \sin(\theta_1+\theta_2)\cos\theta_3 & -\sin(\theta_1+\theta_2)\sin\theta_3 & \cos(\theta_1+\theta_2) & 0.5\sin(\theta_1+\theta_2)+\sin\theta_1\\ -\sin\theta_3 & -\cos\theta_3 & 0 & 0\\ 0 & 0 & 0 & 1\end{pmatrix}$$

于是吸盘在参考系{0}下的位姿为

$$\begin{aligned}{}_4^0\boldsymbol{T}(\theta_1,\theta_2,\theta_3) &= {}_3^0\boldsymbol{T}{}_4^3\boldsymbol{T}\\ &=\begin{pmatrix}c_{12}c_3 & -c_{12}s_3 & -s_{12} & 0.2c_{12}c_3-0.4s_{12}+0.5c_{12}+c_1\\ s_{12}c_3 & -s_{12}s_3 & c_{12} & 0.2s_{12}c_3+0.4c_{12}+0.5s_{12}+s_1\\ -s_3 & -c_3 & 0 & -0.2s_3\\ 0 & 0 & 0 & 1\end{pmatrix}\end{aligned} \tag{3-4}$$

在例 3-2 中，建立如图 3-13 所示的夹具联体坐标系（工具坐标系）{4}，其原点为夹具末端中点、姿态与{3}相同。对于{3}和{4}，总有

$${}_4^3\boldsymbol{T}=\begin{pmatrix}1 & 0 & 0 & L_3\\ 0 & 1 & 0 & 0\\ 0 & 0 & 1 & 0\\ 0 & 0 & 0 & 1\end{pmatrix}$$

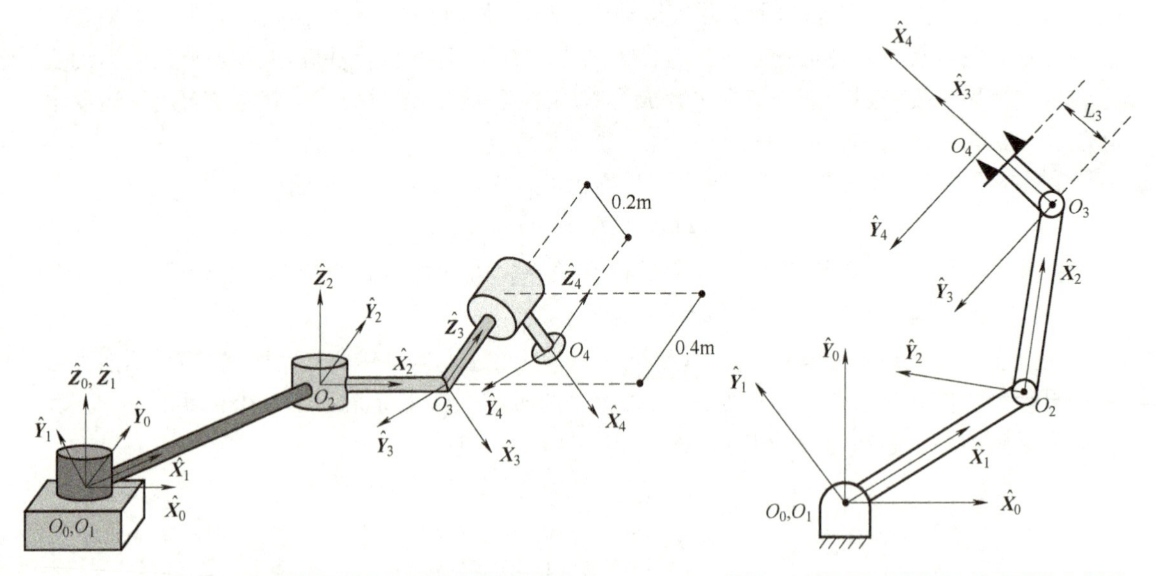

图 3-12　3 关节机器人的吸盘联体坐标系　　图 3-13　平面机器人的夹具联体坐标系

利用式（3-1）和例 3-2 的运动学参量表，得到其机器人的运动学方程

$${}_3^0\boldsymbol{T}={}_1^0\boldsymbol{T}(\theta_1){}_2^1\boldsymbol{T}(\theta_2){}_3^2\boldsymbol{T}(\theta_3)$$

$$
=\begin{pmatrix}\cos\theta_1 & -\sin\theta_1 & 0 & 0\\ \sin\theta_1 & \cos\theta_1 & 0 & 0\\ 0 & 0 & 1 & 0\\ 0 & 0 & 0 & 1\end{pmatrix}\begin{pmatrix}\cos\theta_2 & -\sin\theta_2 & 0 & L_1\\ \sin\theta_2 & \cos\theta_2 & 0 & 0\\ 0 & 0 & 1 & 0\\ 0 & 0 & 0 & 1\end{pmatrix}\begin{pmatrix}\cos\theta_3 & -\sin\theta_3 & 0 & L_2\\ \sin\theta_3 & \cos\theta_3 & 0 & 0\\ 0 & 0 & 1 & 0\\ 0 & 0 & 0 & 1\end{pmatrix} \tag{3-5}
$$

$$
=\begin{pmatrix}c_{123} & -s_{123} & 0 & L_2c_{12}+L_1c_1\\ s_{123} & c_{123} & 0 & L_2s_{12}+L_1s_1\\ 0 & 0 & 1 & 0\\ 0 & 0 & 0 & 1\end{pmatrix}
$$

式（3-4）和式（3-5）采用了三角函数的速记符号，如 $s_1=\sin\theta_1, c_{12}=\cos(\theta_1+\theta_2)$，$s_{123}=\sin(\theta_1+\theta_2+\theta_3)$等。于是夹具在参考系$\{0\}$下的位姿为

$$
{}^0_4\boldsymbol{T}(\theta_1,\theta_2,\theta_3)={}^0_3\boldsymbol{T}{}^3_4\boldsymbol{T}=\begin{pmatrix}c_{123} & -s_{123} & 0 & L_3c_{123}+L_2c_{12}+L_1c_1\\ s_{123} & c_{123} & 0 & L_3s_{123}+L_2s_{12}+L_1s_1\\ 0 & 0 & 1 & 0\\ 0 & 0 & 0 & 1\end{pmatrix} \tag{3-6}
$$

3.3.3　PUMA560 机器人的运动学方程

Unimation PUMA560 是一个 6 自由度机器人，所有关节均为转动型关节（即这是一个 6R 机构）。图 3-14 所示是所有关节角为零位时连杆坐标系的分布情况。图 3-15 所示是机器人前臂的一些详细情况，当 θ_1 为 0 时，坐标系$\{0\}$（未在图中表示）与坐标系$\{1\}$重合。这台机器人与许多工业机器人一样，轴 4、5 和 6 相交于同一点，因此该交点同时是坐标系$\{4\}$、$\{5\}$和$\{6\}$的原点。另外，该机器人有多对垂直的相邻关节轴线，如轴 3 与轴 4 垂直、轴 4 与轴 5 垂直、轴 5 与轴 6 垂直。图 3-16 所示为机器人腕部机构简图，表 3-4 所示为机器人的运动学参量表。

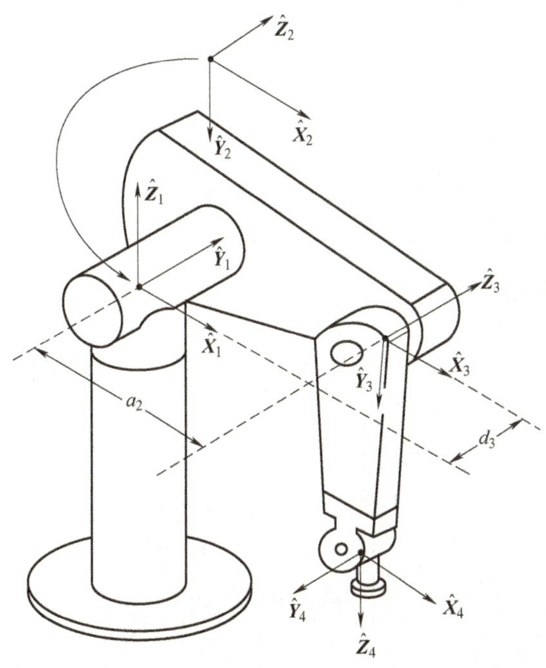

图 3-14　PUMA560 机器人运动学参量和坐标系分布

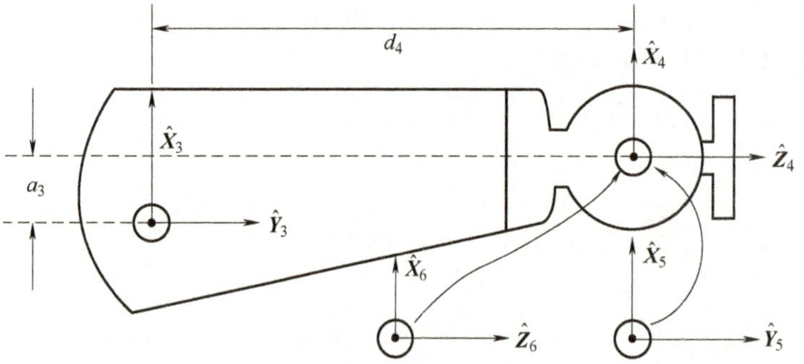

图 3-15 PUMA560 前臂的运动学参量和坐标系分布

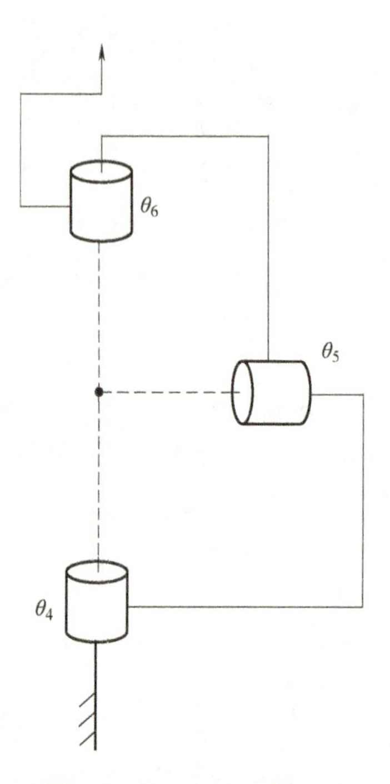

图 3-16 PUMA560 的 3R 腕部机构简图

表 3-4 PUMA560 的运动学参量表

i	α_{i-1}	a_{i-1}	d_i	θ_i
1	0	0	0	θ_1
2	-90°	0	0	θ_2
3	0	a_2	d_3	θ_3
4	-90°	a_3	d_4	θ_4
5	90°	0	0	θ_5
6	-90°	0	0	θ_6

首先求出每一个连杆的变换矩阵：

$$
{}_1^0\boldsymbol{T}=\begin{pmatrix} c\theta_1 & -s\theta_1 & 0 & 0 \\ s\theta_1 & c\theta_1 & 0 & 0 \\ 0 & 0 & 1 & 0 \\ 0 & 0 & 0 & 1 \end{pmatrix} \tag{3-7}
$$

$$
{}_2^1\boldsymbol{T}=\begin{pmatrix} c\theta_2 & -s\theta_2 & 0 & 0 \\ 0 & 0 & 1 & 0 \\ -s\theta_2 & -c\theta_2 & 0 & 0 \\ 0 & 0 & 0 & 1 \end{pmatrix} \tag{3-8}
$$

$$
{}_{3}^{2}\boldsymbol{T}=\begin{pmatrix} c\theta_3 & -s\theta_3 & 0 & a_2 \\ s\theta_3 & c\theta_3 & 0 & 0 \\ 0 & 0 & 1 & d_3 \\ 0 & 0 & 0 & 1 \end{pmatrix} \tag{3-9}
$$

$$
{}_{4}^{3}\boldsymbol{T}=\begin{pmatrix} c\theta_4 & -s\theta_4 & 0 & a_3 \\ 0 & 0 & 1 & d_4 \\ -s\theta_4 & -c\theta_4 & 0 & 0 \\ 0 & 0 & 0 & 1 \end{pmatrix} \tag{3-10}
$$

$$
{}_{5}^{4}\boldsymbol{T}=\begin{pmatrix} c\theta_5 & -s\theta_5 & 0 & 0 \\ 0 & 0 & -1 & 0 \\ s\theta_5 & c\theta_5 & 0 & 0 \\ 0 & 0 & 0 & 1 \end{pmatrix} \tag{3-11}
$$

$$
{}_{6}^{5}\boldsymbol{T}=\begin{pmatrix} c\theta_6 & -s\theta_6 & 0 & 0 \\ 0 & 0 & 1 & 0 \\ -s\theta_6 & -c\theta_6 & 0 & 0 \\ 0 & 0 & 0 & 1 \end{pmatrix} \tag{3-12}
$$

为了通过连乘得到${}_{6}^{0}\boldsymbol{T}$，从${}_{5}^{4}\boldsymbol{T}$ 和${}_{6}^{5}\boldsymbol{T}$ 相乘开始：

$$
{}_{6}^{4}\boldsymbol{T}={}_{5}^{4}\boldsymbol{T}{}_{6}^{5}\boldsymbol{T}=\begin{pmatrix} c_5c_6 & -c_5s_6 & -s_5 & 0 \\ s_6 & c_6 & 0 & 0 \\ s_5c_6 & -s_5s_6 & c_5 & 0 \\ 0 & 0 & 0 & 1 \end{pmatrix} \tag{3-13}
$$

于是有

$$
{}_{6}^{3}\boldsymbol{T}={}_{4}^{3}\boldsymbol{T}{}_{6}^{4}\boldsymbol{T}=\begin{pmatrix} c_4c_5c_6-s_4s_6 & -c_4c_5s_6-s_4c_6 & -c_4s_5 & a_3 \\ s_5c_6 & -s_5s_6 & c_5 & d_4 \\ -s_4c_5c_6-c_4s_6 & s_4c_5s_6-c_4c_6 & s_4s_5 & 0 \\ 0 & 0 & 0 & 1 \end{pmatrix} \tag{3-14}
$$

因为关节 2 和关节 3 通常是平行的，所以${}_{3}^{1}\boldsymbol{T}$ 中的旋转矩阵其实是 $\theta_2+\theta_3$ 的函数，即

$$
{}_{3}^{1}\boldsymbol{T}={}_{2}^{1}\boldsymbol{T}{}_{3}^{2}\boldsymbol{T}=\begin{pmatrix} c_{23} & -s_{23} & 0 & a_2c_2 \\ 0 & 0 & 1 & d_3 \\ -s_{23} & -c_{23} & 0 & -a_2s_2 \\ 0 & 0 & 0 & 1 \end{pmatrix} \tag{3-15}
$$

则得

$$
{}_{6}^{1}\boldsymbol{T}={}_{3}^{1}\boldsymbol{T}{}_{6}^{3}\boldsymbol{T}=\begin{pmatrix} {}^{1}r_{11} & {}^{1}r_{12} & {}^{1}r_{13} & {}^{1}p_x \\ {}^{1}r_{21} & {}^{1}r_{22} & {}^{1}r_{23} & {}^{1}p_y \\ {}^{1}r_{31} & {}^{1}r_{32} & {}^{1}r_{33} & {}^{1}p_z \\ 0 & 0 & 0 & 1 \end{pmatrix} \tag{3-16}
$$

式中

$$
\begin{cases}
{}^1r_{11}=c_{23}[c_4c_5c_6-s_4s_6]-s_{23}s_5s_6 \\
{}^1r_{21}=-s_4c_5c_6-c_4s_6 \\
{}^1r_{31}=-s_{23}[c_4c_5c_6-s_4s_6]-c_{23}s_5c_6 \\
{}^1r_{12}=-c_{23}[c_4c_5s_6+s_4c_6]+s_{23}s_5s_6 \\
{}^1r_{22}=s_4c_5s_6-c_4c_6 \\
{}^1r_{32}=s_{23}[c_4c_5s_6+s_4c_6]+c_{23}s_5s_6 \\
{}^1r_{13}=-c_{23}c_4s_5-s_{23}c_5 \\
{}^1r_{23}=s_4s_5 \\
{}^1r_{33}=s_{23}c_4s_5-c_{23}c_5 \\
{}^1p_x=a_2c_2+a_3c_{23}-d_4s_{23} \\
{}^1p_y=d_3 \\
{}^1p_z=-a_3s_{23}-a_2s_2-d_4c_{23}
\end{cases}
\tag{3-17}
$$

最后，得到 6 个连杆坐标变换矩阵的乘积为

$$
{}_6^0\boldsymbol{T}={}_1^0\boldsymbol{T}{}_6^1\boldsymbol{T}=\begin{pmatrix} r_{11} & r_{12} & r_{13} & p_x \\ r_{21} & r_{22} & r_{23} & p_y \\ r_{31} & r_{32} & r_{33} & p_z \\ 0 & 0 & 0 & 1 \end{pmatrix}
\tag{3-18}
$$

式中

$$
\begin{cases}
r_{11}=c_1[c_{23}(c_4c_5c_6-s_4s_5)-s_{23}s_5c_5]+s_1(s_4c_5c_6+c_4s_6) \\
r_{21}=s_1[c_{23}(c_4c_5c_6-s_4s_6)-s_{23}s_5c_6]-c_1(s_4c_5c_6+c_4s_6) \\
r_{31}=-s_{23}(c_4c_5c_6-s_4s_6)-c_{23}s_5c_6 \\
r_{12}=c_1[c_{23}(-c_4c_5s_6-s_4c_6)+s_{23}s_5s_6]+s_1(c_4c_6-s_4c_5s_6) \\
r_{22}=s_1[c_{23}(-c_4c_5s_6-s_4c_6)+s_{23}s_5s_6]-c_1(c_4c_6-s_4c_5s_6) \\
r_{32}=-s_{23}[-c_4c_5s_6-s_4c_6]+c_{23}s_5s_6 \\
r_{13}=-c_1(c_{23}c_4s_5+s_{23}c_5)-s_1s_4s_5 \\
r_{23}=-s_1(c_{23}c_4s_5+s_{23}c_5)+c_1s_4s_5 \\
r_{33}=s_{23}c_4s_5-c_{23}c_5 \\
p_x=c_1[a_2c_2+a_3c_{23}-d_4s_{23}]-d_3s_1 \\
p_y=s_1[a_2c_2+a_3c_{23}-d_4s_{23}]+d_3c_1 \\
p_z=-a_3s_{23}-a_2s_2-d_4c_{23}
\end{cases}
\tag{3-19}
$$

式（3-18）和式（3-19）构成 PUMA560 的运动学方程，运动学方程是机器人运动学分析的基本方程。

3.3.4　笛卡儿空间和关节空间

笛卡儿空间（也称任务空间或操作空间）是一种由刚体全部位姿构成的空间，该空间中的每一个元素可以确定刚体的一个位姿，刚体位置在直角参考系中度量，刚体姿态按照旋转矩阵、欧拉角、固定角、等效轴角、单位四元数或其他合适的方式度量。显然，笛卡儿空间可以用于度量机器人末端工具位姿。末端工具位姿需要在机器人作业中得到高度关注，称这种基于笛卡儿空间的末端工具位姿度量为机器人的笛卡儿空间描述。

对于具有 N 个关节的机器人，其 N 个关节变量可形成一个 $N\times1$ 的关节向量

$$\boldsymbol{\Phi}=\begin{pmatrix}\phi_1\\ \phi_2\\ \vdots\\ \phi_N\end{pmatrix} \tag{3-20}$$

所有关节向量构成的空间称为关节空间。关节空间中的每一个关节向量都确定了机器人的一个位形，称这种基于关节空间的机器人位形度量为机器人的关节空间描述。

因为刚体的位置和姿态各有 3 个自由度，所以笛卡儿空间是六维的。表达笛卡儿空间中的元素可以有多种形式，比如齐次变换矩阵

$$\boldsymbol{T}=\left(\begin{array}{ccc:c} & & & x\\ & \boldsymbol{R} & & y\\ & & & z\\ \hdashline 0 & 0 & 0 & 1\end{array}\right) \tag{3-21}$$

式中，旋转矩阵 $\boldsymbol{R}$ 表达姿态、向量$(x\quad y\quad z)^{\mathrm{T}}$ 表达位置；又比如六维向量$(x\quad y\quad z\quad \alpha\quad \beta\quad \gamma)^{\mathrm{T}}$，其中，$x$-$y$-$z$ 固定角向量$(\alpha\quad \beta\quad \gamma)^{\mathrm{T}}$ 表达姿态，即 $\boldsymbol{R}=\boldsymbol{R}_{xyz}(\gamma,\beta,\alpha)$；再比如六维向量$(x\quad y\quad z\quad \theta k_x\quad \theta k_y\quad \theta k_y)^{\mathrm{T}}$，其中，等效轴角向量$(\theta k_x\quad \theta k_y\quad \theta k_z)^{\mathrm{T}}$ 表达姿态，即 $\boldsymbol{R}=\boldsymbol{R}_K(\theta)$。机器人的关节空间维度就是机器人的自由度 N。机器人正运动学本质上是将关节空间描述转换为笛卡儿空间描述。

习　题

3-1　设某机器人的轴 1 和轴 2 所在的直线分别为

$$\begin{cases}x=k_1\\ y=-2k_1,\\ z=3k_1\end{cases} k_1\in\mathbb{R},\qquad \begin{cases}x=-k_2-4\\ y=-2k_2+3,\\ z=-k_2\end{cases}\quad k_2\in\mathbb{R}$$

试求连杆长度 a_1。

3-2　在图 3-17 中，没有确知工具的位置${}^{W}_{T}\boldsymbol{T}$。机器人利用力控制对工具末端进行检测直到把工件插入位于${}^{S}_{G}\boldsymbol{T}$ 的孔中（即目标）。在这个“标定”过程中（坐标系$\{G\}$和坐标系$\{T\}$是重合的），通过读取关节角度传感器，进行运动学计算得到机器人的位置${}^{B}_{W}\boldsymbol{T}$。假定已知${}^{B}_{S}\boldsymbol{T}$和${}^{S}_{G}\boldsymbol{T}$，求计算未知工具坐标系${}^{W}_{T}\boldsymbol{T}$ 的变换方程。

3-3　图 3-18 所示为某 3 自由度机器人（RPR）。

（1）试在此机器人上用非标准 D-H 方法建立连杆联体坐标系并写出运动学参量表；

（2）求出该机器人用齐次变换矩阵形式表示的运动学方程。

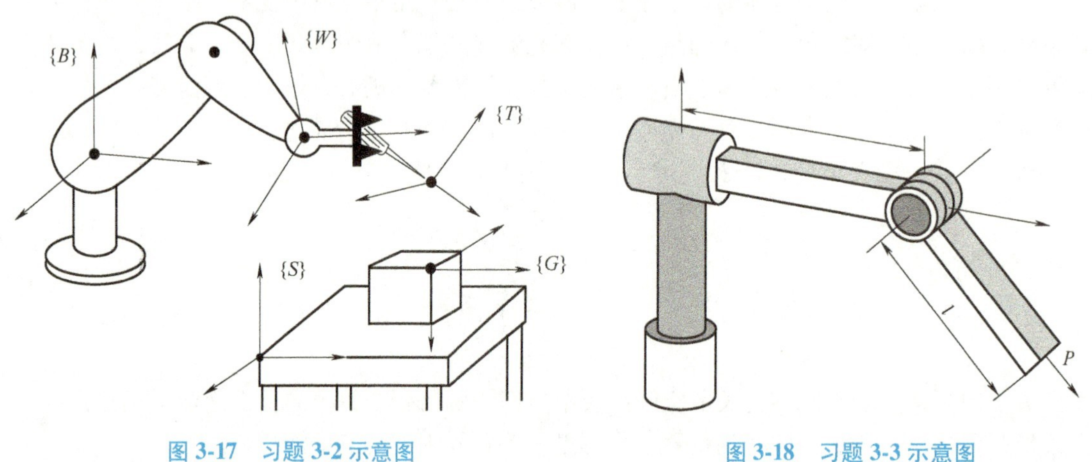

图 3-17　习题 3-2 示意图　　　　图 3-18　习题 3-3 示意图

3-4　如图 3-19 所示的机器人，由两个转动关节与一个滑动关节组成，其各连杆的运动被约束在一个平面内。

（1）试在此机器人上用非标准 D-H 方法建立连杆联体坐标系并写出运动学参量表；

（2）求出该机器人用齐次变换矩阵形式表示的运动学方程。

3-5　图 3-20 所示为 2 自由度平面机器人，连杆长度均为 0.3m，关节角度均为 30°，试求机器人末端在基座坐标系{0}中的 x 坐标值和 y 坐标值。

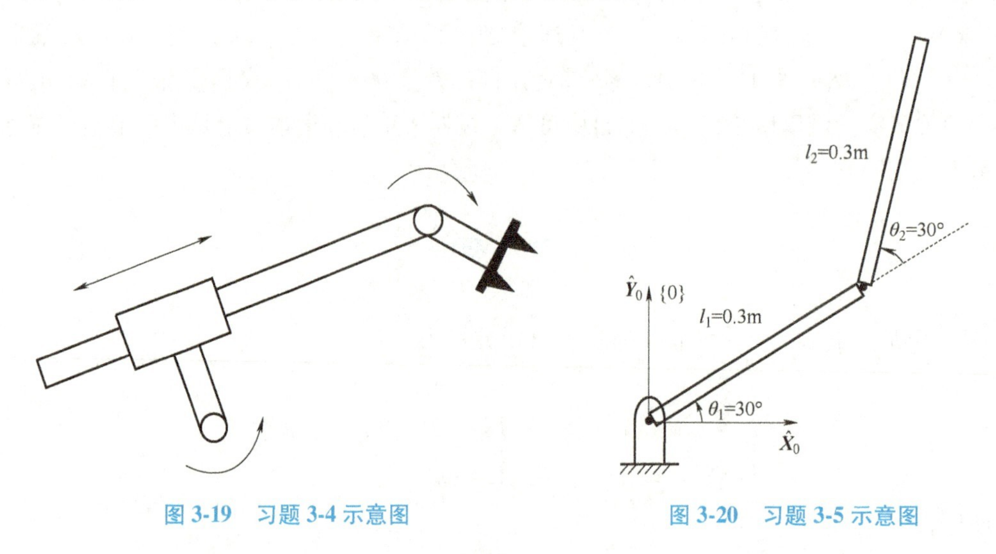

图 3-19　习题 3-4 示意图　　　　图 3-20　习题 3-5 示意图

3-6　4R 平面机器人如图 3-21 所示，其连杆联体坐标系已标在图中。试求：

（1）每个坐标系变换矩阵 ${}^{i-1}_{i}\boldsymbol{T}, i=1,2,3,4$；

（2）末端执行器的全局坐标；

（3）末端执行器的方位 φ。

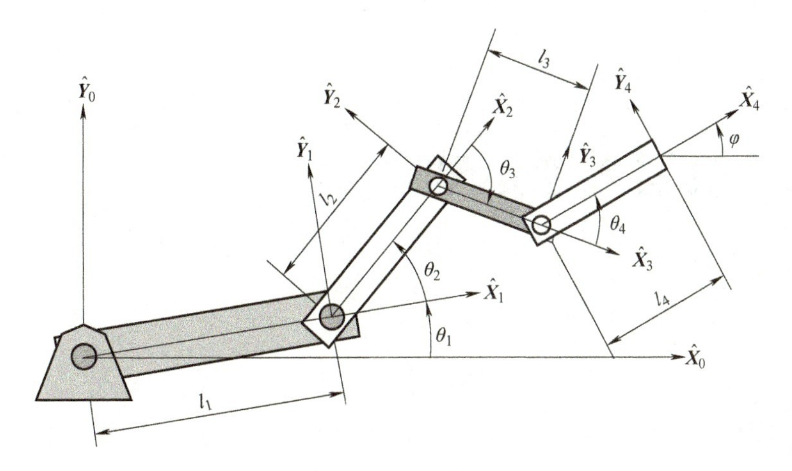

图 3-21　习题 3-6 示意图

第 4 章　机器人逆运动学

导　读

本章探讨如何从机器人末端执行器的期望位姿逆向求解出各关节变量的大小的逆运动学问题。首先介绍机器人逆运动学问题的基本定义，分析逆运动学问题的可解性，然后详细介绍逆运动学求解的代数解法和几何解法两种主要方法，重点阐述针对三轴相交机器人逆运动学的 PIEPER 解法，最后针对具体机械臂实例，根据机械臂构型展示了一种个性化的逆运动学代数解法。本章能够帮助读者深入理解机器人逆运动学的本质和复杂性，掌握逆运动学的求解方法和技巧，为机器人规划和控制打下坚实的基础。

本章知识点

- 逆运动学的可解性
- 机器人的工作空间
- 逆运动学的代数解法和几何解法
- 三轴相交机器人的 PIEPER 解法

机器人正运动学是根据机器人的关节变量确定机器人末端执行器的位置和姿态。本章介绍机器人逆运动学问题，即在给定机器人末端执行器位置和姿态的情况下确定各关节变量的大小。与正运动学有标准的步骤可以得到末端位姿的解析解不同，逆运动学只有在一些特殊的机器人构型下才有解析解，一般构型下需要通过数值方法迭代得到收敛的数值解，因此，相对而言，逆运动学比正运动学要困难得多。幸运的是，机器人是人设计的，常见的机器人位形都有逆运动学解析解。

4.1　逆运动学问题

机器人实际运行中经常要处理这样的问题（见图 3-17）：已知工具坐标系 $\{T\}$ 相对于工作台坐标系 $\{S\}$ 的期望位置和姿态，需要计算满足期望要求的关节变量。这可以分两步求解：第一步，进行坐标变换求出相对于基坐标系 $\{B\}$ 的腕部坐标系 $\{W\}$；第二步，应用逆运动学求机器人的关节变量。

逆运动学问题是以基坐标系为参考系，已知末端工具联体坐标系的位姿，求机器人各关节变量的值，本质上得到的是从基坐标系笛卡儿空间到机器人关节空间的映射。以 6R 机器人为例，逆运动学问题是已知 4×4 齐次变换矩阵${}_6^0\boldsymbol{T}$，求各个关节角 $\theta_1,\theta_2,\cdots,\theta_6$,满足

$$
{}_6^0\boldsymbol{T}={}_1^0\boldsymbol{T}(\theta_1){}_2^1\boldsymbol{T}(\theta_2){}_3^2\boldsymbol{T}(\theta_3){}_4^3\boldsymbol{T}(\theta_4){}_5^4\boldsymbol{T}(\theta_5){}_6^5\boldsymbol{T}(\theta_6)=\begin{pmatrix} r_{11} & r_{12} & r_{13} & p_x \\ r_{21} & r_{22} & r_{23} & p_y \\ r_{31} & r_{32} & r_{33} & p_z \\ 0 & 0 & 0 & 1 \end{pmatrix} \tag{4-1}
$$

式（4-1）共有 12 个非线性方程，其中位置 3 个、姿态 9 个。由于姿态存在 6 个约束，本质上只有 3 个独立的方程。因此，对于 6 自由度机器人，式（4-1）总共给出 6 个方程，其中含有 6 个未知量。这些方程为非线性超越方程，要考虑其解的存在性、多重解性以及求解方法。

4.2　逆运动学的可解性

4.2.1　工作空间和解的存在性

逆运动学解的存在性问题与机器人的工作空间密切相关。工作空间是机器人末端工具联体坐标系原点所能到达的范围。工作空间有两种形式：一种是灵巧工作空间，指机器人末端工具能够以任何姿态到达的区域；另一种是可达工作空间，指机器人末端工具可以以至少一种姿态到达的区域。显然，灵巧工作空间是可达工作空间的子集。

机器人的可达工作空间是笛卡儿空间的子集。对于空间机器人，它的工作空间是三维笛卡儿空间的子集，当机器人少于 6 自由度时，它的末端在工作空间内只能达到特定的位姿，不能达到工作空间内的全部位姿。对于平面机器人，它的工作空间是末端操作平面的子集。一般平面机器人末端的自由度为三维，其中位置自由度为二维，即在平面的移动，姿态自由度为一维，即绕平面法线的旋转。

例 4-1　讨论如图 4-1 所示的两连杆机器人的工作空间。如果 $L_1=L_2$，则可达工作空间是半径为 $2L_1$ 的圆，而灵巧工作空间仅是单独的一点，即原点。如果 $L_1\neq L_2$，则不存在灵巧工作空间，可达工作空间为一外径为 L_1+L_2、内径为 $|L_1-L_2|$的圆环。

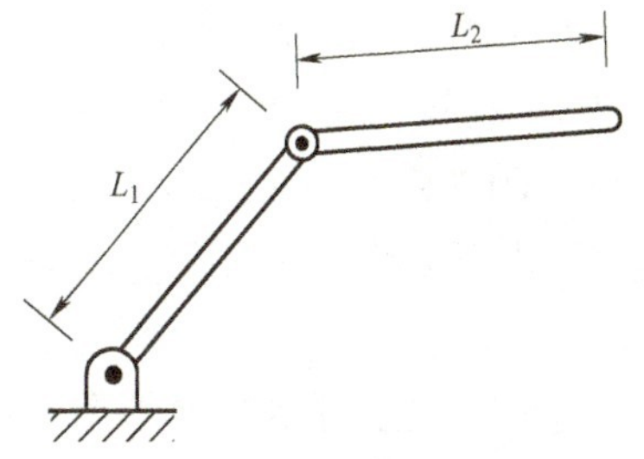

图 4-1　连杆长度为 L_1 和 L_2 的两连杆机器人

N 自由度机器人末端能达到的所有位姿是 6 自由度位姿空间的子集，确定 N 自由度机器人工作空间的一种方法是：给出末端坐标系或工具坐标系在笛卡儿空间基坐标系中含有 N 个变量的表达式，这 N 个变量所有可能取值得到的位置表达形成的集合即为机器人的工作空间。

若机器人的期望目标位姿在灵巧工作空间内，则逆运动学问题的解存在；若期望目标位姿不在可达工作空间内，则逆运动学问题的解不存在。

4.2.2 逆运动学的多解可能性

逆运动学求解的一个困难是可能会有多个解。如图 4-2 所示的具有三个转动型关节的三连杆平面机器人，在连杆长度合适并不考虑关节限制的情况下，在工作空间内部的任何位置都可以到达任何姿态，因而在平面中该机器人具有较大的灵巧工作空间。图中实线和虚线分别展示了机器人末端达到某一特定位置和姿态的两种可能位形，即针对该末端位姿，该机器人在工作空间内存在两个解。

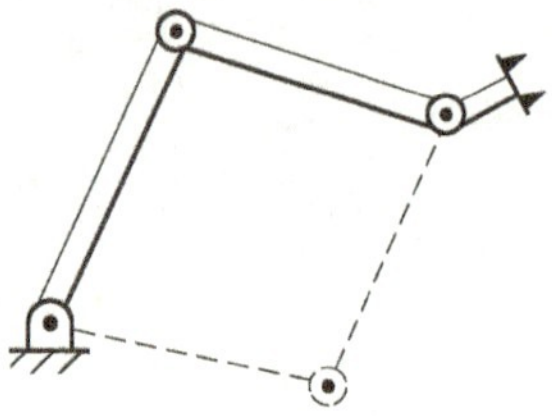

图 4-2 三连杆机器人逆运行学解的两种可能位形

如果逆运动学有多个解，那么控制机器人运行时，就必须选择其中一个解。如何选择合适的解有许多不同的准则，其中一种比较合理的方法就是选择“最短行程”解。

在计算逆运动学解时，可以将当前机器人的关节位置作为输入参数，这样就可以选择关节空间中离当前关节位置最近的解。如图 4-3 所示，机器人末端处于 A 点，并期望移动到 B 点，“最短行程”解就是使得每一个运动关节的运动量最小的那一个解。在无障碍物的情况下，图中上部的虚线位形会被选为逆解。在有障碍物的情况下，原来的“最短行程”解的位形会与障碍物发生碰撞，这时需要选择图中下部的虚线位形作为“最短行程”解，这一位形具有较长的行程。

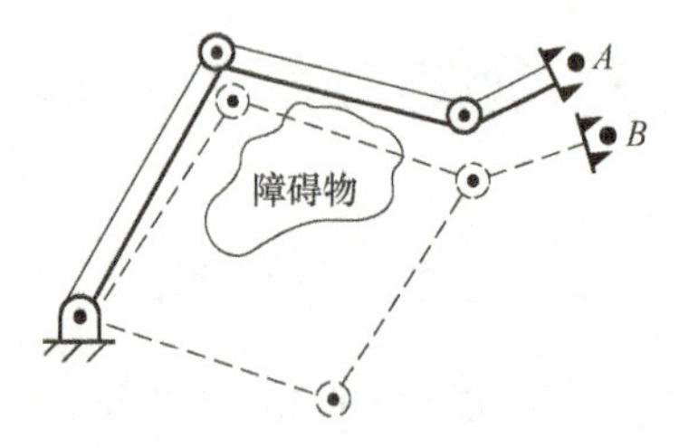

图 4-3 三连杆机器人避障的“最短行程”解

典型的机器人通常有 3 个大连杆，附带 3 个小连杆，调整姿态的连杆靠近末端执行器。这时，计算最短行程需要加权，使得选择侧重于移动小连杆而不是移动大连杆。

逆运动学解的个数取决于机器人的关节数量、连杆参数和关节运动范围。以 PUMA560 为例，图 4-4 给出了同一末端位姿的其中 4 个解的位形。由于末端姿态由最后 3 个轴相交的转动型关节决定，实质上这 3 个关节变量与末端姿态的欧拉角相一致。回顾欧拉角计算，在不限制旋转角度的条件下，每种姿态可以有两种欧拉角表示，因此，对于图中所示每一个解，其中最后 3 个关节都可以进行翻转，形成另外一个位形的解。这样，PUMA560 末端到达一个确定的目标位姿有 8 个不同的解。由于关节运动的限制，这 8 个解中的某些解是不能实现的。

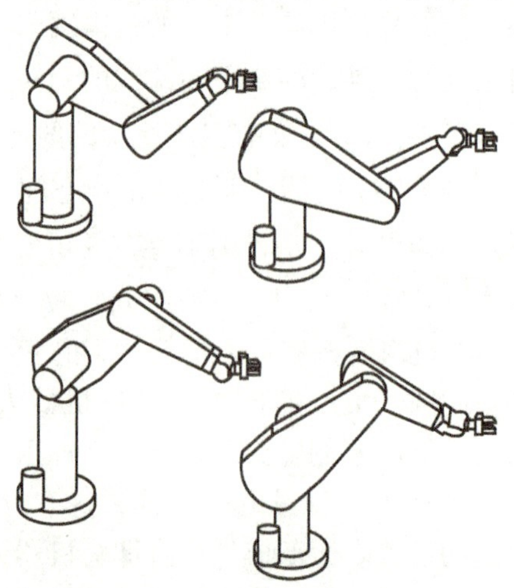

图 4-4 PUMA560 位姿的不同位形

通常，决定机器人构型的 D-H 参数表中的非零值越多，就有越多的逆运动学解存在。对于通用型 6 个转动型关节的机器人来说，最多可能存在 16 个不同的解。表 4-1 给出了 6R 机器人的逆运动学解的数量与非零值的连杆长度参数 a_i 的关系。

表 4-1　6R 机器人逆运动学解的数量与连杆长度参数 a_i 的关系

a_i	逆运动学解的数目
$a_1=a_3=a_5=0$	≤4
$a_3=a_5=0$	≤8
$a_3=0$	≤16
所有 $a_i\neq0$	≤16

4.2.3　逆运动学的封闭解和数值解

机器人逆运动学求解有多种方法，一般分为封闭解和数值解两类。

1）封闭解法是指基于解析形式的算法，或者是可以不用迭代，仅通过求解不高于 4 次的多项式方程就可完全求解的算法。

2）数值解法通过迭代方法进行计算，通常比封闭解法的求解速度慢得多。在存在逆运动学多重解的情况下，数值解法往往不能求出全部的解。

所有包含转动型关节和平动型关节的串联型 6 自由度机器人都是可解的，但这种解一般是数值解。对于 6 自由度机器人来说，只有在特殊情况下才有解析解。这种存在解析解（封闭解）的机器人具有如下特性：存在几个正交关节轴或者有多个 α_i 为 0 或±90°。

对机器人进行逆运动学求解，应该从计算方法的计算效率、计算精度等要求出发，选择较好的解法。通常来说数值迭代解法比计算封闭解的解析表达式更慢、更耗时，因此在设计机器人的构型时就要考虑封闭解的存在性。

具有 6 个转动型关节的机器人存在封闭解的充分条件是相邻的 3 个关节轴线相交于一点，这也包括相邻的 3 个关节轴线平行的情况，这时可以看成 3 个关节轴线相交于无穷远点。所有的机器人都是人设计的，因此，当今的主流 6 自由度机器人都有 3 根相交轴。

逆运动学的封闭解法分为两类：代数解法和几何解法，下面予以详细介绍。

4.3　代数解法和几何解法

4.3.1　代数解法

代数解法是求解逆运动学封闭解的基本方法。以图 3-8 所示简单的三连杆平面机器人为例，由例 3-2 知其运动学方程为

$$
{}_W^B\boldsymbol{T}={}_3^0\boldsymbol{T}=\begin{pmatrix} c_{123} & -s_{123} & 0 & l_1c_1+l_2c_{12} \\ s_{123} & c_{123} & 0 & l_1s_1+l_2s_{12} \\ 0 & 0 & 1 & 0 \\ 0 & 0 & 0 & 1 \end{pmatrix} \tag{4-2}
$$

对于三连杆平面机器人，期望的末端目标位姿必须位于操作平面的工作空间中。该机器人目标点的位姿可以由 3 个待定的量 x、y 和 ϕ 确定，即

$$
{}_{W}^{B}\boldsymbol{T}=\begin{pmatrix} c_{\phi} & -s_{\phi} & 0 & x \\ s_{\phi} & c_{\phi} & 0 & y \\ 0 & 0 & 1 & 0 \\ 0 & 0 & 0 & 1 \end{pmatrix} \tag{4-3}
$$

下面由代数方法求解这 3 个待定量。由待定系数法，式（4-2）与式（4-3）相等，可以得到 4 个非线性方程

$$
\begin{cases} x=l_1c_1+l_2c_{12} \\ y=l_1s_1+l_2s_{12} \\ c_{\phi}=c_{123} \\ s_{\phi}=s_{123} \end{cases} \tag{4-4}
$$

计算式（4-4）的第一、二个方程式的二次方和，利用三角函数公式得到

$$
\begin{aligned} x^2+y^2 &= l_1^2+l_2^2+2l_1l_2(c_1c_{12}+s_1s_{12}) \\ &= l_1^2+l_2^2+2l_1l_2(c_1^2c_2-c_1s_1s_2+s_1^2c_2+s_1c_1s_2) \\ &= l_1^2+l_2^2+2l_1l_2c_2 \end{aligned} \tag{4-5}
$$

进一步得到

$$
c_2=\frac{x^2+y^2-l_1^2-l_2^2}{2l_1l_2} \tag{4-6}
$$

若式（4-6）右边处于−1～1 之间，则 θ_2 有解，此时期望目标点在工作空间内；否则，目标点位置不可达。

若目标点在工作空间内，则 $s_2=\pm\sqrt{1-c_2^2}$，从而得到用双变量反正切公式计算的 θ_2，即

$$
\theta_2=\arctan2(s_2,c_2) \tag{4-7}
$$

这里 s_2 的符号选取得到了 θ_2 的两个解，分别代表“肘部朝上”解和“肘部朝下”解。

进一步，为便于计算引入新的变量

$$
\begin{cases} k_1=l_1+l_2c_2 \\ k_2=l_2s_2 \end{cases} \tag{4-8}
$$

则式（4-4）的第三、四个方程式可以写成如下形式

$$
\begin{cases} x=k_1c_1-k_2s_1 \\ y=k_1s_1+k_2c_1 \end{cases} \tag{4-9}
$$

利用变量代换和三角函数公式，令 $r=\sqrt{k_1^2+k_2^2}$，和 $\gamma=\arctan2(k_2,k_1)$，则

$$
\begin{cases} k_1=r\cos\gamma \\ k_2=r\sin\gamma \end{cases} \tag{4-10}
$$

这样，式（4-9）可变换为

$$
\begin{cases} \dfrac{x}{r}=\cos\gamma\cos\theta_1-\sin\gamma\sin\theta_1 \\ \dfrac{y}{r}=\cos\gamma\sin\theta_1+\sin\gamma\cos\theta_1 \end{cases} \tag{4-11}
$$

即

$$\begin{cases}\cos(\gamma+\theta_1)=\dfrac{x}{r}\\ \sin(\gamma+\theta_1)=\dfrac{y}{r}\end{cases} \tag{4-12}$$

于是

$$\gamma+\theta_1=\arctan2\left(\frac{y}{r},\frac{x}{r}\right)=\arctan2(y,x) \tag{4-13}$$

由此得到 θ_1，即

$$\theta_1=\arctan2(y,x)-\arctan2(k_2,k_1) \tag{4-14}$$

注意，θ_2 的不同解将导致 k_2 的符号变化，从而得到不同的 θ_1。值得说明的是，如果目标点在基坐标系原点，即 $x=y=0$，则 θ_1 可取任何值。

最后，由式（4-4）的第三、四个方程式可以得到

$$\theta_1+\theta_2+\theta_3=\arctan2(s_\phi,c_\phi)=\phi \tag{4-15}$$

因此，$\theta_3=\phi-\theta_1-\theta_2$。

机器人逆运动学求解的代数解法中经常会出现三角函数形式的超越方程，式（4-8）~式（4-13）的变换求解方法经常应用在处理这些超越方程的解法中。

4.3.2　几何解法

用几何解法求解机器人的逆运动学解时，需将机器人的空间结构分解为多个平面几何结构，然后通过平面几何方法求出相应的关节变量。这种分解在连杆扭转角为 0°或 90°时最方便。

由于图 3-8 所示的 3 自由度机器人是平面的，因此可利用平面几何关系直接求解。

图 4-5 画出了由 L_1、L_2 及连接坐标系{0}的原点和坐标系{3}的原点的连线所组成的三角形。图中虚线给出了该三角形的另一种可能，此时坐标系{3}能够到达相同的位姿。对于实线表示的三角形，利用余弦定理得到

$$x^2+y^2=l_1^2+l_2^2-2l_1l_2\cos(180°+\theta_2) \tag{4-16}$$

由于 $\cos(180°+\theta_2)=-\cos(\theta_2)$，可以得到

$$c_2=\frac{x^2+y^2-l_1^2-l_2^2}{2l_1l_2} \tag{4-17}$$

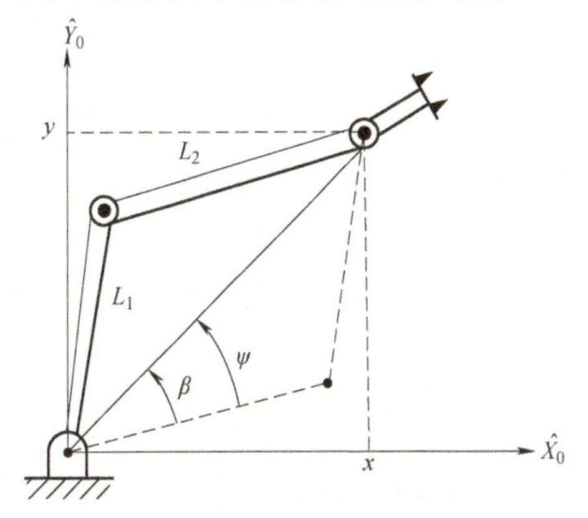

图 4-5　三连杆机器人的平面几何关系

由三角形的性质，可知式（4-17）有解的条件是 $|l_1-l_2|\leqslant\sqrt{x^2+y^2}\leqslant l_1+l_2$。在求逆解时需要验证是否满足这一条件，判断解的存在性。该条件成立时，由反余弦可以得到两个解，实线三角形的解满足 $\theta_2\in[-180°,0°]$，而另一个解是虚线三角形的解，可以由对称关系 $\theta_2'=-\theta_2$ 得到。

进一步求解 θ_1，若关节角无限制，图 4-5 中角 β 可以位于任何象限，由坐标值 x 和 y 决定，根据双变量反正切公式得到

$$\beta=\arctan2(y,x) \tag{4-18}$$

观察虚线三角形，再次利用余弦定理得到

$$\cos\psi=\frac{x^2+y^2+l_1^2-l_2^2}{2l_1\sqrt{x^2+y^2}} \tag{4-19}$$

式（4-19）成立的条件仍然是三角形两边之和大于或等于第三边，这种几何关系的约束要求目标点在机器人的工作空间内。应用几何法求解逆运动学时，经常要用到类似的几何约束。由于 ψ 是三角形的一个内角，同样由反余弦得到一个满足条件的解 $\psi\in[0°,180°]$。由此，可以得到

$$\theta_1=\begin{cases}\beta+\psi,\theta_2\leqslant 0\\ \beta-\psi,\theta_2>0\end{cases} \tag{4-20}$$

注意到 3 个关节角度之和即为连杆 3 的姿态，因此

$$\theta_1+\theta_2+\theta_3=\phi \tag{4-21}$$

由此可求得 θ_3。

4.3.3 通过化简为多项式的代数解法

机器人逆运动学经常需要解超越方程，这些方程往往包含三角函数，有些情况下很难求解，此时，通过将超越方程化简为一元 n 次方程是一种可行的方案。

当超越方程中包含 $\sin\theta$ 和 $\cos\theta$ 时，可以用半角公式对其进行变换，令

$$u=\tan\frac{\theta}{2} \tag{4-22}$$

则

$$\cos\theta=\frac{1-u^2}{1+u^2} \tag{4-23}$$

$$\sin\theta=\frac{2u}{1+u^2} \tag{4-24}$$

这样，三角函数就变换成了单一变量 u 的有理分式，进一步处理有可能将含三角函数的超越方程变换成 u 的多项式。

例 4-2 求满足超越方程 $a\cos\theta+b\sin\theta=c$ 的 θ。

解 利用含有半角正切的变换公式式（4-22）~式（4-24），得到

$$a(1-u^2)+2bu=c(1+u^2) \tag{4-25}$$

整理成 u 的幂函数形式

$$(a+c)u^2-2bu+(c-a)=0 \tag{4-26}$$

由一元二次方程求解公式得到

$$u=\frac{b\pm\sqrt{b^2+a^2-c^2}}{a+c} \tag{4-27}$$

因此

$$\theta=2\arctan\left(\frac{b\pm\sqrt{b^2+a^2-c^2}}{a+c}\right) \tag{4-28}$$

如果 $b^2+a^2<c^2$，则 u 没有实数解，从而 θ 也没有实数解。如果 $a+c=0$，则 $\theta=180°$。

4 次以下的多项式具有封闭形式的解。若机器人的逆运动学解可以通过 4 阶以下的代数

方程求解，则该机器人也可以看作有封闭解的机器人。

4.4　三轴相交的 PIEPER 解法

尽管一般具有 6 自由度的机器人没有封闭解，但是在某些特殊情况下封闭解是存在的。PIEPER 研究了 3 个相邻的轴相交于一点的 6 自由度机器人（包括 3 个相邻的轴平行的情况，此时可以认为交点为无穷远点），提出了相应的求逆运动学解的系统方法，该成果广泛应用于产品化的机器人中。PIEPER 的方法主要针对 6 个关节均为转动型关节的机器人，且后面 3 个轴相交。机器人运动学中机器人存在逆运动学封闭解的 PIEPER 准则是：机器人的 3 个相邻关节轴交于一点或 3 轴线平行。现在的大多数商品化机器人一般都满足 PIEPER 准则的两个充分条件之一，如 PUMA 和 Stanford 机器人满足第一条件（3 轴交于一点），而 ASEA 和 MiniMover 机器人满足第二条件（3 轴线平行）。以 PUMA560 机器人为例（见图 3-14 和图 3-15），它的最后 3 个关节轴相交于一点。

回顾相邻连杆坐标系间的齐次变换

$$ {}^{i-1}_{i}\boldsymbol{T}=\begin{pmatrix} c\theta_i & -s\theta_i & 0 & a_{i-1} \\ s\theta_i c\alpha_{i-1} & c\theta_i c\alpha_{i-1} & -s\alpha_{i-1} & -s\alpha_{i-1}d_i \\ s\theta_i s\alpha_{i-1} & c\theta_i s\alpha_{i-1} & c\alpha_{i-1} & c\alpha_{i-1}d_i \\ 0 & 0 & 0 & 1 \end{pmatrix} \tag{4-29} $$

当 6R 机器人最后 3 个轴相交于一点时，连杆坐标系{4}、{5}和{6}的原点均位于这个交点上，这点在基坐标系中的齐次坐标为

$$ \begin{pmatrix} x \\ y \\ z \\ 1 \end{pmatrix}=\begin{pmatrix} {}^{0}\boldsymbol{O}_4 \\ 1 \end{pmatrix}={}^{0}_{1}\boldsymbol{T}{}^{1}_{2}\boldsymbol{T}{}^{2}_{3}\boldsymbol{T}\begin{pmatrix} {}^{3}\boldsymbol{O}_4 \\ 1 \end{pmatrix} \tag{4-30} $$

当 $i=4$ 时，由式（4-29）齐次变换阵的第 4 列得到

$$ \begin{pmatrix} {}^{2}\boldsymbol{O}_4 \\ 1 \end{pmatrix}={}^{2}_{3}\boldsymbol{T}\begin{pmatrix} {}^{3}\boldsymbol{O}_4 \\ 1 \end{pmatrix}=\begin{pmatrix} c\theta_3 & -s\theta_3 & 0 & a_2 \\ s\theta_3 c\alpha_2 & c\theta_3 c\alpha_2 & -s\alpha_2 & -s\alpha_2 d_3 \\ s\theta_3 s\alpha_2 & c\theta_3 s\alpha_2 & c\alpha_2 & c\alpha_2 d_3 \\ 0 & 0 & 0 & 1 \end{pmatrix}\begin{pmatrix} a_3 \\ -d_4 s\alpha_3 \\ d_4 c\alpha_3 \\ 1 \end{pmatrix} \tag{4-31} $$

注意对于 6R 机器人，式（4-31）右边仅有的变量是 θ_3，因此也可以写成

$$ \begin{pmatrix} {}^{2}\boldsymbol{O}_4 \\ 1 \end{pmatrix}=\begin{pmatrix} f_1(\theta_3) \\ f_2(\theta_3) \\ f_3(\theta_3) \\ 1 \end{pmatrix} \tag{4-32} $$

其中，由式（4-31）展开可得到

$$ \begin{cases} f_1=f_1(\theta_3)=a_3c_3+d_4s\alpha_3s_3+a_2 \\ f_2=f_2(\theta_3)=a_3c\alpha_2s_3-d_4s\alpha_3c\alpha_2c_3-d_4s\alpha_2c\alpha_3-d_3s\alpha_2 \\ f_3=f_3(\theta_3)=a_3s\alpha_2s_3-d_4s\alpha_3s\alpha_2c_3+d_4c\alpha_2c\alpha_3+d_3c\alpha_2 \end{cases} \tag{4-33} $$

利用式（4-29）表示的${}_2^1\boldsymbol{T}$，可以得到

$$\begin{pmatrix} {}^1\boldsymbol{O}_4 \\ 1 \end{pmatrix} = {}_2^1\boldsymbol{T}\begin{pmatrix} {}^2\boldsymbol{O}_4 \\ 1 \end{pmatrix} = \begin{pmatrix} c\theta_2 & -s\theta_2 & 0 & a_1 \\ s\theta_2 c\alpha_1 & c\theta_2 c\alpha_1 & -s\alpha_1 & -s\alpha_1 d_2 \\ s\theta_2 s\alpha_1 & c\theta_2 s\alpha_1 & c\alpha_1 & c\alpha_1 d_2 \\ 0 & 0 & 0 & 1 \end{pmatrix}\begin{pmatrix} f_1(\theta_3) \\ f_2(\theta_3) \\ f_3(\theta_3) \\ 1 \end{pmatrix} \tag{4-34}$$

同样，由于式（4-34）右边仅有 θ_2 和 θ_3 是变量，因此也可以写成

$$\begin{pmatrix} {}^1\boldsymbol{O}_4 \\ 1 \end{pmatrix} = \begin{pmatrix} g_1(\theta_2,\theta_3) \\ g_2(\theta_2,\theta_3) \\ g_3(\theta_2,\theta_3) \\ 1 \end{pmatrix} \tag{4-35}$$

其中

$$\begin{cases} g_1 = g_1(\theta_2,\theta_3) = c_2 f_1 - s_2 f_2 + a_1 \\ g_2 = g_2(\theta_2,\theta_3) = s_2 c\alpha_1 f_1 + c_2 c\alpha_1 f_2 - s\alpha_1 f_3 - d_2 s\alpha_1 \\ g_3 = g_3(\theta_2,\theta_3) = s_2 s\alpha_1 f_1 + c_2 s\alpha_1 f_2 + c\alpha_1 f_3 + d_2 c\alpha_1 \end{cases} \tag{4-36}$$

同样，利用式（4-29）表示的${}_1^0\boldsymbol{T}$，可以得到

$$\begin{pmatrix} x \\ y \\ z \\ 1 \end{pmatrix} = \begin{pmatrix} {}^0\boldsymbol{O}_4 \\ 1 \end{pmatrix} = {}_1^0\boldsymbol{T}\begin{pmatrix} {}^1\boldsymbol{O}_4 \\ 1 \end{pmatrix} = \begin{pmatrix} c\theta_1 & -s\theta_1 & 0 & 0 \\ s\theta_1 & c\theta_1 & 0 & 0 \\ 0 & 0 & 1 & 0 \\ 0 & 0 & 0 & 1 \end{pmatrix}\begin{pmatrix} g_1 \\ g_2 \\ g_3 \\ 1 \end{pmatrix} = \begin{pmatrix} c_1 g_1 - s_1 g_2 \\ s_1 g_1 + c_1 g_2 \\ g_3 \\ 1 \end{pmatrix} \tag{4-37}$$

进一步，计算交点到基坐标系原点的欧氏距离的二次方，即坐标系{4}原点的基坐标的二次方和

$$r = x^2 + y^2 + z^2 = (c_1 g_1 - s_1 g_2)^2 + (s_1 g_1 + c_1 g_2)^2 + g_3^2 \tag{4-38}$$

展开后有

$$r = g_1^2 + g_2^2 + g_3^2 \tag{4-39}$$

结合式（4-36），可以得到

$$r = f_1^2 + f_2^2 + f_3^2 + a_1^2 + d_2^2 + 2d_2 f_3 + 2a_1(c_2 f_1 - s_2 f_2) \tag{4-40}$$

注意式（4-40）中不包含 θ_1，仅有 θ_2 和 θ_3 是变量，其他量都是已知量。同时，观察式（4-37）中 z 方向分量的方程

$$z = s_2 s\alpha_1 f_1 + c_2 s\alpha_1 f_2 + c\alpha_1 f_3 + d_2 c\alpha_1 \tag{4-41}$$

式（4-41）中也是不包含 θ_1，仅有 θ_2 和 θ_3 是变量，其他量都是已知量。因此，可以由这两个方程求解出 θ_2 和 θ_3。

先求解 θ_3。将式（4-40）和式（4-41）进行转换，得到如下两个方程

$$\begin{cases} r = (k_1 c_2 + k_2 s_2) 2a_1 + k_3 \\ z = (k_1 s_2 - k_2 c_2) s\alpha_1 + k_4 \end{cases} \tag{4-42}$$

其中的转换式为

$$\begin{cases} k_1=f_1 \\ k_2=-f_2 \\ k_3=f_1^2+f_2^2+f_3^2+a_1^2+d_2^2+2d_2f_3 \\ k_4=f_3c\alpha_1+d_2c\alpha_1 \end{cases} \tag{4-43}$$

式（4-42）中，比较容易消去 θ_2，从而求出 θ_3，可以分三种情况求解。

1）若 $a_1=0$，则 $r=k_3$，由式（4-43）和式（4-33）知 k_3 仅是 θ_3 的函数，而 r 是已知的，因此，采用半角公式代换 $u=\tan\dfrac{\theta_3}{2}$，$c_3=\dfrac{1-u^2}{1+u^2}$，$s_3=\dfrac{2u}{1+u^2}$，可以将方程转化为 u 的二次方程，从而解出 θ_3。

2）若 $s\alpha_1=0$，则 $z=k_4$，同样 z 是已知的，而 k_4 也仅是 θ_3 的函数，因此，同样采用化简为多项式的办法，由二次方程得到 θ_3。

3）一般情况，$a_1\neq0$ 且 $s\alpha_1\neq0$，可以从式（4-42）中消去 s_2 和 c_2，得到

$$\frac{(r-k_3)^2}{4a_1^2}+\frac{(z-k_4)^2}{s^2\alpha_1}=k_1^2+k_2^2 \tag{4-44}$$

式（4-44）中仅有 θ_3 为变量，可以采用化简为多项式的办法得到一个 4 次方程，由此得到 θ_3。

解出 θ_3 后，代入式（4-42）即可解出 θ_2；进一步，根据式（4-36）可以解得 θ_1。

求出 θ_1、θ_2 和 θ_3 后，还需要求出 θ_4、θ_5 和 θ_6。由于最后 3 个轴相交，最后这 3 个关节角只影响末端连杆的姿态，因此，只需要通过已知的末端连杆坐标系{6}在基坐标系{0}中的姿态矩阵 ${}^0_6\boldsymbol{R}$ 就可以计算出这 3 个关节角度。

考虑第 4 个关节处于零位的情况，此时 $\theta_4=0$，这时坐标系{4}相对于基坐标系的姿态为 ${}^0_4\boldsymbol{R}\big|_{\theta_4=0}$，由于求出 θ_1、θ_2 和 θ_3 后，这个姿态也是已知的，并且可以计算得到，即

$${}^0_4\boldsymbol{R}\big|_{\theta_4=0}={}^0_3\boldsymbol{R}{}^3_4\boldsymbol{R}\big|_{\theta_4=0}={}^0_1\boldsymbol{R}{}^1_2\boldsymbol{R}{}^2_3\boldsymbol{R}{}^3_4\boldsymbol{R}\big|_{\theta_4=0} \tag{4-45}$$

而末端坐标系{6}的期望姿态与 $\theta_4=0$ 时的坐标系{4}的差别是由最后 3 个关节的转动引起的，即 θ_4、θ_5 和 θ_6 引起的，因此，由已知的 ${}^0_6\boldsymbol{R}$ 可以计算得到

$${}^4_6\boldsymbol{R}\big|_{\theta_4=0}={}^0_4\boldsymbol{R}^{-1}\big|_{\theta_4=0}{}^0_6\boldsymbol{R} \tag{4-46}$$

对于任何一个 4、5、6 轴相互正交的 6R 机器人，最后 3 个关节角能够通过一种合适的欧拉角来定义，即 ${}^4_6\boldsymbol{R}\big|_{\theta_4=0}$ 可由这种欧拉角表示，因此，可以通过第 2 章介绍的欧拉角求解法将 ${}^4_6\boldsymbol{R}\big|_{\theta_4=0}$ 用欧拉角表示，从而解出后面的 3 个关节角，即 θ_4、θ_5 和 θ_6。

4.5　机器人逆运动学实例

PUMA560 机器人是可以采用 PIEPER 解法进行逆运动学求解的。PIEPER 解法本质上是一种代数解法，下面针对 PUMA560 机器人，采用另一种代数解法进行逆运动学的求解。

PUMA560 机器人的逆运动学问题可以描述为：通过已知具体数值的 ${}^0_6\boldsymbol{T}$，即

$${}^0_6\boldsymbol{T}=\begin{pmatrix} r_{11} & r_{12} & r_{13} & p_x \\ r_{21} & r_{22} & r_{23} & p_y \\ r_{31} & r_{32} & r_{33} & p_z \\ 0 & 0 & 0 & 1 \end{pmatrix} \tag{4-47}$$

求解出满足以下方程的各关节角 $\theta_1,\theta_2,\cdots,\theta_6$：

$$ {}^0_6\boldsymbol{T}={}^0_1\boldsymbol{T}(\theta_1){}^1_2\boldsymbol{T}(\theta_2){}^2_3\boldsymbol{T}(\theta_3){}^3_4\boldsymbol{T}(\theta_4){}^4_5\boldsymbol{T}(\theta_5){}^5_6\boldsymbol{T}(\theta_6) \tag{4-48}$$

具体的求解过程中需要多次在式（4-48）两边同乘以齐次变换的逆矩阵，以帮助分离出各关节角变量。

首先，求解 θ_1。将含有 θ_1 的部分移到式（4-48）的左边，得到

$$[{}^0_1\boldsymbol{T}(\theta_1)]^{-1}{}^0_6\boldsymbol{T}={}^1_2\boldsymbol{T}(\theta_2){}^2_3\boldsymbol{T}(\theta_3){}^3_4\boldsymbol{T}(\theta_4){}^4_5\boldsymbol{T}(\theta_5){}^5_6\boldsymbol{T}(\theta_6)={}^1_6\boldsymbol{T} \tag{4-49}$$

由于${}^0_1\boldsymbol{T}=\begin{pmatrix} c_1 & -s_1 & 0 & 0 \\ s_1 & c_1 & 0 & 0 \\ 0 & 0 & 1 & 0 \\ 0 & 0 & 0 & 1 \end{pmatrix}$是正交阵，因此有

$$ {}^0_1\boldsymbol{T}^{-1}{}^0_6\boldsymbol{T}=\begin{pmatrix} c_1 & s_1 & 0 & 0 \\ -s_1 & c_1 & 0 & 0 \\ 0 & 0 & 1 & 0 \\ 0 & 0 & 0 & 1 \end{pmatrix}\begin{pmatrix} r_{11} & r_{12} & r_{13} & p_x \\ r_{21} & r_{22} & r_{23} & p_y \\ r_{31} & r_{32} & r_{33} & p_z \\ 0 & 0 & 0 & 1 \end{pmatrix}={}^1_6\boldsymbol{T} \tag{4-50}$$

而${}^1_6\boldsymbol{T}$ 可以通过计算表示为

$$ {}^1_6\boldsymbol{T}=\begin{pmatrix} {}^1r_{11} & {}^1r_{12} & {}^1r_{13} & {}^1p_x \\ {}^1r_{21} & {}^1r_{22} & {}^1r_{23} & {}^1p_y \\ {}^1r_{31} & {}^1r_{32} & {}^1r_{33} & {}^1p_z \\ 0 & 0 & 0 & 1 \end{pmatrix} \tag{4-51}$$

其中

$$\begin{cases} {}^1r_{11}=c_{23}[c_4c_5c_6-s_4s_6]-s_{23}s_5s_6 \\ \quad\vdots \\ {}^1p_x=a_2c_2+a_3c_{23}-d_4s_{23} \\ {}^1p_y=d_3 \\ {}^1p_z=-a_3s_{23}-a_2s_2-d_4c_{23} \end{cases} \tag{4-52}$$

由式（4-50）左右两边的元素(2,4)相等，得到

$$-s_1p_x+c_1p_y=d_3 \tag{4-53}$$

为求解这种形式的方程，采用三角变换

$$\begin{cases} p_x=\rho\cos\phi \\ p_y=\rho\sin\phi \end{cases} \tag{4-54}$$

其中

$$\begin{cases} \rho=\sqrt{p_x^2+p_y^2} \\ \phi=\arctan2(p_y,p_x) \end{cases} \tag{4-55}$$

将式（4-54）代入式（4-53），并由差角公式可以得到

$$-s_1c_\phi+c_1s_\phi=d_3/\rho=\sin(\phi-\theta_1) \tag{4-56}$$

由此可以得到

$$\cos(\phi-\theta_1)=\pm\sqrt{1-\frac{d_3^2}{\rho^2}} \tag{4-57}$$

因此得到

$$\phi-\theta_1=\arctan2\left(\frac{d_3}{\rho},\pm\sqrt{1-\frac{d_3^2}{\rho^2}}\right) \tag{4-58}$$

则解出 θ_1 为

$$\theta_1=\arctan2(p_y,p_x)-\arctan2(d_3,\pm\sqrt{p_x^2+p_y^2-d_3^2}) \tag{4-59}$$

注意，式（4-59）表示的 θ_1 有两个解，分别对应式中的正负号。

第二步，求解 θ_3。由于 θ_1 已求出，式（4-50）左边已知。由式（4-50）两边的元素(1,4)和(3,4)分别相等，得到

$$c_1p_x+s_1p_y=a_3c_{23}-d_4s_{23}+a_2c_2 \tag{4-60}$$

$$-p_z=a_3s_{23}+d_4c_{23}+a_2s_2 \tag{4-61}$$

将式（4-53）、式（4-60）和式（4-61）三式二次方后相加，得到

$$a_3c_3-d_4s_3=K \tag{4-62}$$

式中

$$K=\frac{p_x^2+p_y^2+p_z^2-a_2^2-a_3^2-d_3^2-d_4^2}{2a_2} \tag{4-63}$$

注意，由于式（4-62）中已经消去了与 θ_2 有关的项，所以类似于式（4-53）的求解，同样可以采用三角变换解出 θ_3，即

$$\theta_3=\arctan2(a_3,d_4)-\arctan2(K,\pm\sqrt{a_3^2+d_4^2-K^2}) \tag{4-64}$$

同样注意，式（4-64）表示的 θ_3 也有两个解，分别对应式中的正负号。

第三步，求解 θ_2。由于 θ_3 也已求出，齐次变换${}_3^0\boldsymbol{T}$ 中只有 θ_2 是未知变量，将式（4-48）两边同左乘$[{}_3^0\boldsymbol{T}(\theta_2)]^{-1}$，得到等式

$$[{}_3^0\boldsymbol{T}(\theta_2)]^{-1}{}_6^0\boldsymbol{T}=\begin{pmatrix} c_1c_{23} & s_1c_{23} & -s_{23} & -a_2c_3 \\ -c_1s_{23} & -s_1s_{23} & -c_{23} & a_2s_3 \\ -s_1 & c_1 & 0 & -d_3 \\ 0 & 0 & 0 & 1 \end{pmatrix}\begin{pmatrix} r_{11} & r_{12} & r_{13} & p_x \\ r_{21} & r_{22} & r_{23} & p_y \\ r_{31} & r_{32} & r_{33} & p_z \\ 0 & 0 & 0 & 1 \end{pmatrix}={}_6^3\boldsymbol{T} \tag{4-65}$$

右边的${}_6^3\boldsymbol{T}$ 可以通过${}_6^3\boldsymbol{T}={}_4^3\boldsymbol{T}{}_5^4\boldsymbol{T}{}_6^5\boldsymbol{T}$ 计算，结果表示为

$${}_6^3\boldsymbol{T}=\begin{pmatrix} c_4c_5c_6-s_4s_6 & -c_4c_5s_6-s_4c_6 & -c_4s_5 & a_3 \\ s_5c_6 & -s_5s_6 & c_5 & d_4 \\ -s_4c_5c_6-c_4s_6 & s_4c_5s_6-c_4c_6 & s_4s_5 & 0 \\ 0 & 0 & 0 & 1 \end{pmatrix} \tag{4-66}$$

由式（4-65）两边的元素(1,4)和(2,4)分别相等，得到

$$c_1c_{23}p_x+s_1c_{23}p_y-s_{23}p_z-a_2c_3=a_3 \tag{4-67}$$

$$-c_1s_{23}p_x-s_1s_{23}p_y-c_{23}p_z+a_2s_3=d_4 \tag{4-68}$$

式（4-67）和式（4-68）中只有 θ_2 未知，联立这两个方程可以解出 s_{23}和 c_{23}，即

$$s_{23}=[(-a_3-a_2c_3)p_z+(c_1p_x+s_1p_y)(a_2s_3-d_4)]/[p_z^2+(c_1p_x+s_1p_y)^2] \tag{4-69}$$

$$c_{23}=[(a_2s_3-d_4)p_z+(a_3+a_2c_3)(c_1p_x+s_1p_y)]/[p_z^2+(c_1p_x+s_1p_y)^2] \tag{4-70}$$

式（4-69）和式（4-70）的分母相等且均为正数，因此可得到 θ_2 和 θ_3 的和，由此得到 θ_2，即

$$\theta_2=\arctan2[(-a_3-a_2c_3)p_z-(c_1p_x+s_1p_y)(d_4-a_2s_3),\\ (a_2s_3-d_4)p_z-(a_3+a_2c_3)(c_1p_x+s_1p_y)]-\theta_3 \tag{4-71}$$

第四步，求解 θ_4。由于 θ_2 也已求出，式（4-65）左边已完全已知。由式（4-65）两边的元素(1,3)和(3,3)分别相等，得到

$$r_{13}c_1c_{23}+r_{23}s_1c_{23}-r_{33}s_{23}=-c_4s_5 \tag{4-72}$$

$$-r_{13}s_1+r_{23}c_1=s_4s_5 \tag{4-73}$$

当 $s_5\neq0$ 时，由式（4-72）和式（4-73）可以解出 θ_4，即

$$\theta_4=\arctan2(-r_{13}s_1+r_{23}c_1,-r_{13}c_1c_{23}-r_{23}s_1c_{23}+r_{33}s_{23}) \tag{4-74}$$

当 $s_5=0$ 时，机器人处于奇异位形，此时关节轴 4 和关节轴 6 共线。在此情况下，所有可能的解都是 θ_4 和 θ_6 的和或差，θ_4 可以任意选取。一般先得到 θ_6 的值，再相应地选取 θ_4 的值。

第五步，求解 θ_5。由于 $\theta_1\sim\theta_4$ 都已经求出，可以计算 ${}^0_4\boldsymbol{T}^{-1}$，有

$${}^0_4\boldsymbol{T}^{-1}=\begin{pmatrix} c_1c_{23}c_4+s_1s_4 & s_1c_{23}c_4-c_1s_4 & -s_{23}c_4 & -a_2c_3c_4+d_3s_4-a_3c_4 \\ -c_1c_{23}s_4+s_1c_4 & -s_1c_{23}s_4-c_1c_4 & s_{23}s_4 & a_2c_3s_4+d_3c_4-a_3s_4 \\ -c_1s_{23} & -s_1s_{23} & -c_{23} & a_2s_3-d_4 \\ 0 & 0 & 0 & 1 \end{pmatrix} \tag{4-75}$$

针对式（4-48）重新建立等式，有

$${}^0_4\boldsymbol{T}^{-1}{}^0_6\boldsymbol{T}={}^4_6\boldsymbol{T} \tag{4-76}$$

右边的 ${}^4_6T$ 可以通过计算得到，即

$${}^4_6\boldsymbol{T}=\begin{pmatrix} c_5c_6 & -c_5s_6 & -s_5 & 0 \\ s_6 & c_6 & 0 & 0 \\ s_5c_6 & -s_5s_6 & c_5 & 0 \\ 0 & 0 & 0 & 1 \end{pmatrix} \tag{4-77}$$

由式（4-76）两边的元素(1,3)和(3,3)分别相等，得到

$$r_{13}(c_1c_{23}c_4+s_1s_4)+r_{23}(s_1c_{23}c_4-c_1s_4)-r_{33}s_{23}c_4=-s_5 \tag{4-78}$$

$$r_{13}(-c_1s_{23})+r_{23}(-s_1s_{23})+r_{33}(-c_{23})=c_5 \tag{4-79}$$

则由式（4-78）和式（4-79）可以求解得到 θ_5，即

$$\theta_5=\arctan2(s_5,c_5) \tag{4-80}$$

最后一步，求解 θ_6。再次针对式（4-48）重新建立等式，有

$${}^0_5\boldsymbol{T}^{-1}{}^0_6\boldsymbol{T}={}^5_6\boldsymbol{T}(\theta_6) \tag{4-81}$$

右边的 ${}^5_6\boldsymbol{T}$ 为

$${}^5_6\boldsymbol{T}=\begin{pmatrix} c\theta_6 & -s\theta_6 & 0 & 0 \\ 0 & 0 & 1 & 0 \\ -s\theta_6 & -c\theta_6 & 0 & 0 \\ 0 & 0 & 0 & 1 \end{pmatrix} \tag{4-82}$$

由式（4-81）两边的元素(1,1)和(3,1)分别相等，得到

$$s_6=-r_{11}(c_1c_{23}s_4-s_1c_4)-r_{21}(s_1c_{23}s_4+c_1c_4)+r_{31}(s_{23}s_4) \tag{4-83}$$

$$c_6=r_{11}[(c_1c_{23}c_4+s_1s_4)c_5-c_1s_{23}s_5]+r_{21}[(s_1c_{23}c_4-c_1s_4)c_5-s_1s_{23}s_5]-r_{31}(c_{23}c_4c_5+c_{23}s_5) \tag{4-84}$$

则由式（4-83）和式（4-84）可以求解得到 θ_6，即

$$\theta_6=\arctan2(s_6,c_6) \tag{4-85}$$

由于求解 θ_1 和 θ_3 的表达式中出现了正负号，各有 2 个解，因此这些方程可能有 4 组解。另外，由于机器人关节翻转可以得到另外 4 个解。对于以上计算出的 4 种解，由腕关节的翻转可得

$$\begin{cases}\theta_4'=\theta_4+180^\circ\\ \theta_5'=-\theta_5\\ \theta_6'=\theta_6+180^\circ\end{cases} \tag{4-86}$$

当计算出所有解之后，由于关节运动范围的限制，要将其中的一些解舍去，在余下的有效解中选取一个最接近于当前机器人的解。

习　题

4-1　若三连杆平面机器人（见图 3-8）的杆长分别为 $L_1=L_2=0.6\text{m}$，$L_3=0.05\text{m}$，确定该机器人末端的工作空间和灵巧工作空间。

4-2　如图 4-6 所示，3 自由度机器人的杆长分别为 $L_1=1.0\text{m}$，$L_2=0.6\text{m}$，$L_3=0.2\text{m}$，确定该机器人末端的工作空间，并求解该机器人的逆运动学方程。

4-3　求出如图 4-7 所示的 Stanford 机器人的逆运动学解，其中 $d_2=0.1\text{m}$。

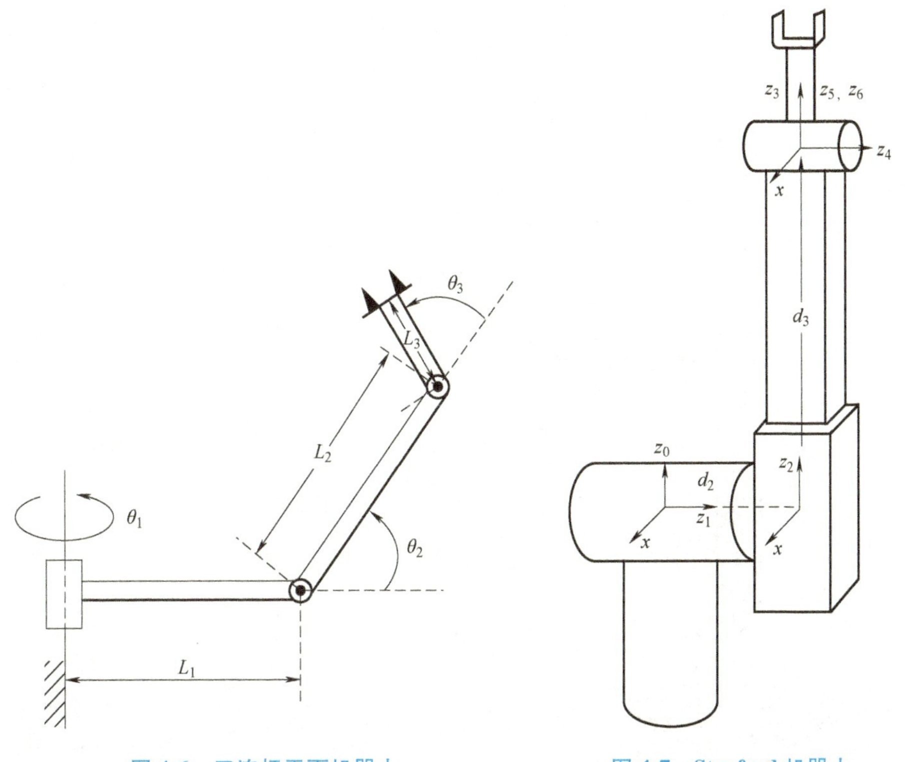

图 4-6　三连杆平面机器人　　　图 4-7　Stanford 机器人

4-4　求出如图 4-8 所示的 PUMA260 机器人的逆运动学解。

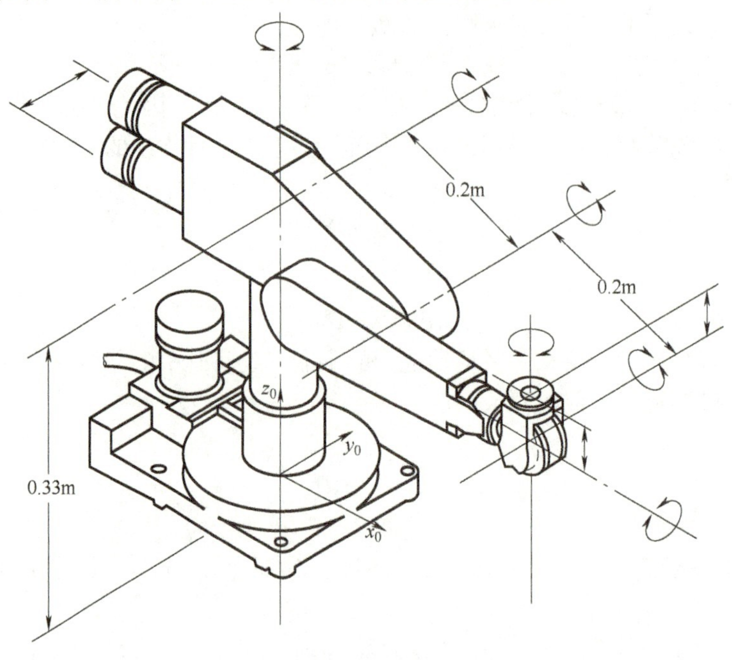

图 4-8　PUMA260 机器人

4-5　求出如图 4-9 所示的 4 自由度机器人的逆运动学解。

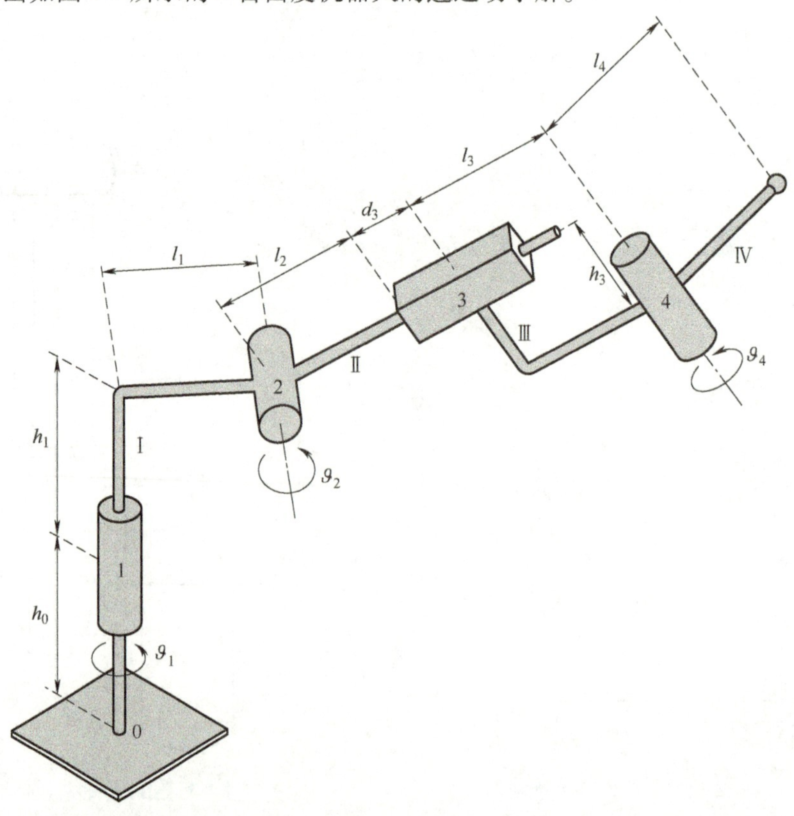

图 4-9　4 自由度机器人

第 5 章　机器人微分运动学和静力学

导　读

机器人微分运动学主要研究机器人位姿随时间的变化规律，静力学则关注机器人在静止状态下力的平衡问题，由于机器人微分运动学和静力学存在对偶关系，因此放在同一章介绍。本章首先详细讨论刚体在运动坐标系之间以及平移和旋转等不同运动状态下的线速度和角速度变化关系，找到机器人连杆间的速度传递规律，其次引入雅可比矩阵的概念，建立了机器人关节速度与末端执行器速度之间的映射关系，介绍了雅可比计算的几种方法，探讨了机器人逆微分运动的奇异性和评估机器人在不同位形下运动能力的可操作度问题，然后介绍了几何雅可比和分析雅可比的概念和关系，最后分析了机器人连杆间的静力传递规律，引入了力域中的雅可比矩阵，建立了关节力与末端执行器力之间的映射关系。本章能够帮助读者深入理解机器人微分运动学和静力学的基本原理和方法，为机器人的运动控制和动力学分析奠定坚实的基础。

本章知识点

- 运动坐标系之间的角速度向量关系
- 机器人连杆间的速度传递
- 连杆速度计算的向外迭代法
- 雅可比矩阵
- 几何雅可比
- 雅可比矩阵的向量积构造法
- 奇异性
- 可操作度
- 分析雅可比
- 机器人连杆间的静力传递
- 连杆作用力计算的向内迭代法
- 力域中的雅可比

本章介绍描述机器人关节速度与末端执行器线速度和角速度之间关系的微分运动学。这种速度间的映射关系可以通过机器人正运动学方程的雅可比函数来确定。雅可比矩阵是机器人运动分析和控制中最重要的量之一，利用它可以确定奇异位形，进行逆运动学的数值计算等。特别地，雅可比矩阵同时可以描述机器人末端执行器施加力/力矩和所需关节力/力矩之间的映射，因此，常常将机器人的微分运动学与静力学放在一起进行介绍。

5.1 时变位姿的符号表示

5.1.1 线速度向量

线速度向量可以表示为位置向量的微分。速度向量的表示取决于两个坐标系：一个是进行微分的局部坐标系，也就是该速度向量针对的坐标系；另一个是描述该速度向量的坐标系。

如图 5-1 所示，若${}^{B}\boldsymbol{Q}$是坐标系$\{B\}$中描述某个点 Q 的位置向量，该点关于坐标系$\{B\}$的速度${}^{B}\boldsymbol{V}_{Q}$为向量${}^{B}\boldsymbol{Q}$的同维向量，由向量${}^{B}\boldsymbol{Q}$在坐标系$\{B\}$中的微分得到

$$
{}^{B}\boldsymbol{V}_{Q}=\frac{\mathrm{d}}{\mathrm{d}t}{}^{B}\boldsymbol{Q}=\lim_{\Delta t\to 0}\frac{{}^{B}\boldsymbol{Q}(t+\Delta t)-{}^{B}\boldsymbol{Q}(t)}{\Delta t} \tag{5-1}
$$

作为向量，${}^{B}\boldsymbol{V}_{Q}$ 可在任意坐标系中描述。若描述向量的坐标系为$\{A\}$，该向量的大小和方向其实不变，只是在$\{A\}$中的向量表达会因另向 $\hat{\boldsymbol{X}}_{A}$、$\hat{\boldsymbol{Y}}_{A}$ 和 $\hat{\boldsymbol{Z}}_{A}$ 做投影而变化。在$\{A\}$中描述的速度向量${}^{B}\boldsymbol{V}_{Q}$可以表示为

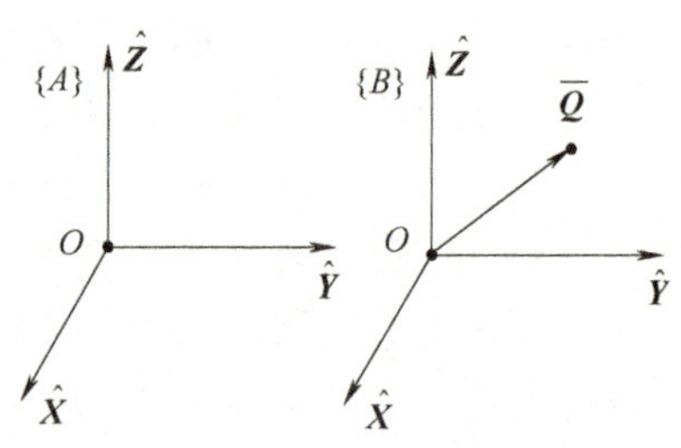

图 5-1 速度向量的局部坐标系$\{B\}$和描述坐标系$\{A\}$

$$
{}^{A}({}^{B}\boldsymbol{V}_{Q})={}^{A}\left(\frac{\mathrm{d}}{\mathrm{d}t}{}^{B}\boldsymbol{Q}\right)=\lim_{\Delta t\to 0}{}^{A}_{B}\boldsymbol{R}(t)\left(\frac{{}^{B}\boldsymbol{Q}(t+\Delta t)-{}^{B}\boldsymbol{Q}(t)}{\Delta t}\right)={}^{A}_{B}\boldsymbol{R}{}^{B}\boldsymbol{V}_{Q} \tag{5-2}
$$

重点需要说明的是，${}^{A}({}^{B}\boldsymbol{V}_{Q})$通常不同于${}^{A}\boldsymbol{V}_{Q}$，由式（5-1）可知

$$
\begin{aligned}
{}^{A}\boldsymbol{V}_{Q}&=\lim_{\Delta t\to 0}\frac{{}^{A}\boldsymbol{Q}(t+\Delta t)-{}^{A}\boldsymbol{Q}(t)}{\Delta t}\\
&=\lim_{\Delta t\to 0}\frac{{}^{A}\boldsymbol{O}_{B}(t+\Delta t)+{}^{A}_{B}\boldsymbol{R}(t+\Delta t){}^{B}\boldsymbol{Q}(t+\Delta t)-{}^{A}\boldsymbol{O}_{B}(t)-{}^{A}_{B}\boldsymbol{R}(t){}^{B}\boldsymbol{Q}(t)}{\Delta t}
\end{aligned} \tag{5-3}
$$

关于${}^{A}({}^{B}\boldsymbol{V}_{Q})$，也可以这样理解：设$\{A'\}$是一个与$\{B\}$固连的且在时刻 t 与$\{A\}$重合的坐标系，则${}^{A}({}^{B}\boldsymbol{V}_{Q})$即是参考系$\{A'\}$下点 Q 的速度。它显然不同于参考系$\{A\}$下点 Q 的速度${}^{A}\boldsymbol{V}_{Q}$。当然，在式（5-2）中，若两个上标相同，则无须给出外层上标，即

$$
{}^{B}({}^{B}\boldsymbol{V}_{Q})={}^{B}\boldsymbol{V}_{Q} \tag{5-4}
$$

机器人学中经常要讨论某坐标系原点相对于世界坐标系$\{U\}$的速度，对于这种情况，定义一个缩写符号

$$
\boldsymbol{v}_{C}={}^{U}\boldsymbol{V}_{CORG} \tag{5-5}
$$

表示坐标系$\{C\}$原点的线速度，其中 CORG 为坐标系$\{C\}$的原点，即

$$
{}^{U}\boldsymbol{V}_{CORG}=\frac{\mathrm{d}}{\mathrm{d}t}{}^{U}\boldsymbol{O}_{C}=\lim_{\Delta t\to 0}\frac{{}^{U}\boldsymbol{O}_{C}(t+\Delta t)-{}^{U}\boldsymbol{O}_{C}(t)}{\Delta t} \tag{5-6}
$$

特别要注意下列符号具体意义的区别

$$^{A}\boldsymbol{v}_{C}={}_{U}^{A}\boldsymbol{R}\boldsymbol{v}_{C}={}_{U}^{A}\boldsymbol{R}^{U}\boldsymbol{V}_{CORG}\neq{}^{A}\boldsymbol{V}_{CORG} \tag{5-7}$$

$$^{C}\boldsymbol{v}_{C}={}_{U}^{C}\boldsymbol{R}\boldsymbol{v}_{C}={}_{U}^{C}\boldsymbol{R}^{U}\boldsymbol{V}_{CORG} \tag{5-8}$$

5.1.2　角速度向量

位置向量的变化可用速度向量表示，描述了点的一种属性。姿态的变化则可用角速度向量表示，由于姿态是刚体的属性，因此，角速度向量描述了刚体的一种属性。由第 2 章知道，与位置可以简单用位置向量表示不同，刚体姿态表示方法比较多而复杂，故角速度向量并不由姿态表达式的微分得到，而是由刚体旋转运动定义。

刚体的运动可以是平动、转动或两者的结合。转动又可分为定轴转动和定点转动。定轴转动时刚体上各质点做圆周运动，且各圆心都在同一固定的转轴上。定点转动时刚体上或其外延部分有一点固定不动，整个刚体绕过该定点的某一瞬时轴线转动。由理论力学可知，刚体不受任何限制的任意运动可以分解为两种刚体的基本运动，即随可任选的联体坐标系原点的平动和绕该原点的定点转动，因此，刚体（其联体坐标系为$\{B\}$）在参考坐标系$\{A\}$中的任何运动都可以分解为点$^{A}\boldsymbol{O}_{B}$的运动和刚体绕$^{A}\boldsymbol{O}_{B}$的定点转动。

如图 5-2 所示，仅考虑刚体（或联体坐标系$\{B\}$）的定点转动，令$^{A}\boldsymbol{O}_{B}=0$，则$\{B\}$与$\{A\}$原点重合，在任一瞬间，$\{B\}$ 在 $\{A\}$ 中的定点转动可以看作绕瞬时转动轴（简称瞬轴，瞬轴上的每个点在该瞬时相对于$\{A\}$的速度为零）的转动。瞬轴的位置可随时间 t 变化，但$\{B\}$的原点始终在瞬轴上。

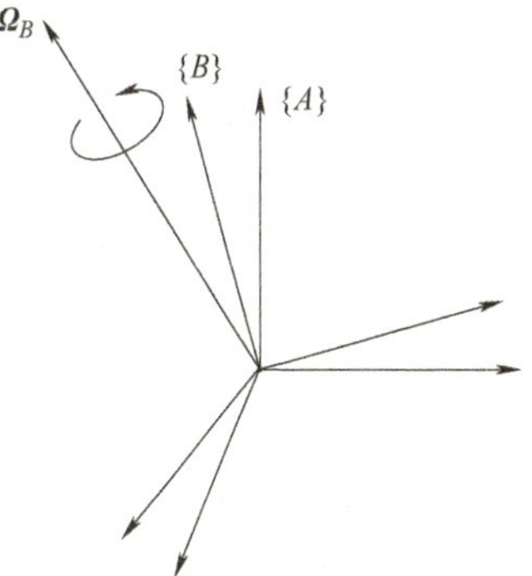

图 5-2　坐标系$\{B\}$相对于坐标系$\{A\}$以角速度$^{A}\boldsymbol{\Omega}_{B}$旋转

在$\{A\}$中描述$\{B\}$的定点转动可用角速度向量$^{A}\boldsymbol{\Omega}_{B}$表示，$^{A}\boldsymbol{\Omega}_{B}$的方向是瞬轴在$\{A\}$中的方向，$^{A}\boldsymbol{\Omega}_{B}$的大小表示在$\{A\}$中$\{B\}$绕瞬轴的旋转速度。

注意，如上定义的角速度向量并不能通过对姿态的最小表示（如欧拉角）微分得到。

像速度向量一样，角速度向量也可以在任意坐标系中描述，这时也需要附加一个左上标，如$^{C}(^{A}\boldsymbol{\Omega}_{B})$表示坐标系$\{B\}$相对坐标系$\{A\}$的角速度在坐标系$\{C\}$中的描述，满足

$$^{C}(^{A}\boldsymbol{\Omega}_{B})={}_{A}^{C}\boldsymbol{R}^{A}\boldsymbol{\Omega}_{B} \tag{5-9}$$

经常需要讨论的是动坐标系（比如$\{C\}$）相对于世界坐标系$\{U\}$的角速度，对于这种情况，定义一个缩写符号

$$\boldsymbol{\omega}_{C}={}^{U}\boldsymbol{\Omega}_{C} \tag{5-10}$$

特别要注意下列符号具体意义的区别

$$^{A}\boldsymbol{\omega}_{C}={}_{U}^{A}\boldsymbol{R}\boldsymbol{\omega}_{C}={}_{U}^{A}\boldsymbol{R}^{U}\boldsymbol{\Omega}_{C}\neq{}^{A}\boldsymbol{\Omega}_{C} \tag{5-11}$$

$$^{C}\boldsymbol{\omega}_{C}={}_{U}^{C}\boldsymbol{R}\boldsymbol{\omega}_{C}={}_{U}^{C}\boldsymbol{R}^{U}\boldsymbol{\Omega}_{C} \tag{5-12}$$

5.2　刚体的线速度与角速度

本节讨论刚体的运动描述，与速度向量和角速度向量相关。将坐标系固连在所要描述的

刚体上，刚体运动等同于一个坐标系相对于另一个坐标系的运动。

5.2.1 刚体纯平移时的线速度变化

如图 5-3 所示，将坐标系$\{B\}$固连在刚体上，描述${}^{B}\boldsymbol{Q}$相对于坐标系$\{A\}$的运动。$\{B\}$相对于$\{A\}$用位置向量${}^{A}\boldsymbol{O}_B$和旋转矩阵${}^{A}_{B}\boldsymbol{R}$来描述。若方位${}^{A}_{B}\boldsymbol{R}$不随时间变化，则Q点相对于坐标系$\{A\}$的运动是由于${}^{A}\boldsymbol{O}_B$或${}^{B}\boldsymbol{Q}$随时间的变化引起的。此时，由式（5-4），坐标系$\{A\}$中的Q点的线速度为

$$\begin{aligned}{}^{A}\boldsymbol{V}_Q &= \lim_{\Delta t\to 0}\frac{{}^{A}\boldsymbol{O}_B(t+\Delta t)-{}^{A}\boldsymbol{O}_B(t)+{}^{A}_{B}R({}^{B}\boldsymbol{Q}(t+\Delta t)-{}^{B}\boldsymbol{Q}(t))}{\Delta t}\\ &= {}^{A}\boldsymbol{V}_{BORG}+{}^{A}_{B}\boldsymbol{R}\,{}^{B}\boldsymbol{V}_Q\end{aligned} \tag{5-13}$$

式（5-13）只适用于坐标系$\{B\}$和坐标系$\{A\}$的相对方位保持不变的情况。

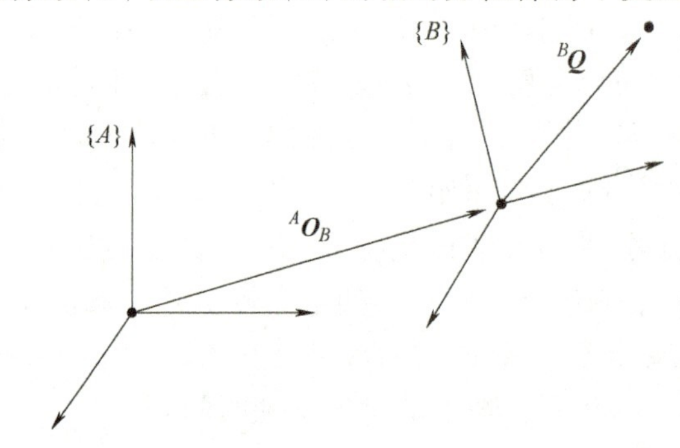

图 5-3 坐标系$\{B\}$相对于坐标系$\{A\}$以速度${}^{A}\boldsymbol{V}_{BORG}$平移

5.2.2 刚体一般运动时的线速度变化

在讨论刚体同时平移和旋转的情况之前，介绍一下刚体旋转矩阵的导数相关的性质。旋转矩阵$\boldsymbol{R}$满足

$$\boldsymbol{R}\boldsymbol{R}^{\mathrm{T}}=\boldsymbol{I}_n \tag{5-14}$$

式中，$\boldsymbol{I}_n$是$n\times n$单位阵。对于旋转矩阵，n为 3。

对式（5-14）求导得

$$\dot{\boldsymbol{R}}\boldsymbol{R}^{\mathrm{T}}+\boldsymbol{R}\dot{\boldsymbol{R}}^{\mathrm{T}}=\dot{\boldsymbol{R}}\boldsymbol{R}^{\mathrm{T}}+(\dot{\boldsymbol{R}}\boldsymbol{R}^{\mathrm{T}})^{\mathrm{T}}=0_n \tag{5-15}$$

若定义$\boldsymbol{S}=\dot{\boldsymbol{R}}\boldsymbol{R}^{\mathrm{T}}$，则由式（5-15）可知，$\boldsymbol{S}$是一个反对称阵（skew-symmetric matrix），满足

$$\boldsymbol{S}+\boldsymbol{S}^{\mathrm{T}}=0_n \tag{5-16}$$

因此知道，旋转矩阵的微分与某个反对称阵之间存在如下特性

$$\boldsymbol{S}=\dot{\boldsymbol{R}}\boldsymbol{R}^{-1} \tag{5-17}$$

下面讨论刚体做一般运动时的线速度变化。假设Q是空间中的动点，$\{A\}$和$\{B\}$是动坐标系，需要求${}^{A}\boldsymbol{V}_Q$与${}^{B}\boldsymbol{V}_Q$的关系，此时有

$${}^{A}\boldsymbol{V}_Q=\lim_{\Delta t\to 0}\frac{{}^{A}\boldsymbol{Q}(t+\Delta t)-{}^{A}\boldsymbol{Q}(t)}{\Delta t} \tag{5-18}$$

$${}^{B}\boldsymbol{V}_Q=\lim_{\Delta t\to 0}\frac{{}^{B}\boldsymbol{Q}(t+\Delta t)-{}^{B}\boldsymbol{Q}(t)}{\Delta t} \tag{5-19}$$

由于${}^{A}\boldsymbol{P}={}^{A}\boldsymbol{P}_{BORG}+{}_{B}^{A}\boldsymbol{R}{}^{B}\boldsymbol{P}$，因此

$$\begin{aligned}{}^{A}\boldsymbol{V}_{Q}&=\lim_{\Delta t\to 0}\frac{{}^{A}\boldsymbol{P}_{BORG}(t+\Delta t)+{}_{B}^{A}\boldsymbol{R}(t+\Delta t){}^{B}\boldsymbol{Q}(t+\Delta t)-{}^{A}\boldsymbol{P}_{BORG}(t)-{}_{B}^{A}\boldsymbol{R}(t){}^{B}\boldsymbol{Q}(t)}{\Delta t}\\&=\lim_{\Delta t\to 0}\frac{{}^{A}\boldsymbol{P}_{BORG}(t+\Delta t)-{}^{A}\boldsymbol{P}_{BORG}(t)}{\Delta t}+\lim_{\Delta t\to 0}\frac{{}_{B}^{A}\boldsymbol{R}(t+\Delta t){}^{B}\boldsymbol{Q}(t+\Delta t)-{}_{B}^{A}\boldsymbol{R}(t){}^{B}\boldsymbol{Q}(t)}{\Delta t}\\&={}^{A}\boldsymbol{V}_{BORG}+\frac{\mathrm{d}}{\mathrm{d}t}{}_{B}^{A}\boldsymbol{R}(t){}^{B}\boldsymbol{Q}(t)\\&={}^{A}\boldsymbol{V}_{BORG}+{}_{B}^{A}\dot{\boldsymbol{R}}{}^{B}\boldsymbol{Q}+{}_{B}^{A}\boldsymbol{R}{}^{B}\boldsymbol{V}_{Q}\end{aligned}\tag{5-20}$$

其中

$${}_{B}^{A}\dot{\boldsymbol{R}}=\lim_{\Delta t\to 0}\frac{{}_{B}^{A}\boldsymbol{R}(t+\Delta t)-{}_{B}^{A}\boldsymbol{R}(t)}{\Delta t}\tag{5-21}$$

如图 5-4 所示，若在时间间隔 Δt 中，固定在坐标系$\{B\}$中向量${}^{B}\boldsymbol{Q}$随坐标系$\{B\}$绕瞬轴匀速旋转 φ 角度，向量由姿态${}_{B}^{A}\boldsymbol{R}(t)$变成姿态${}_{B}^{A}\boldsymbol{R}(t+\Delta t)$，根据姿态的等效轴角表示方法，有

$${}_{B}^{A}\boldsymbol{R}(t+\Delta t)=\mathrm{Rot}({}^{A}\boldsymbol{K},\varphi){}_{B}^{A}\boldsymbol{R}(t)\tag{5-22}$$

式中，${}^{A}\boldsymbol{K}$是瞬轴的归一化向量，即

$${}^{A}\boldsymbol{K}=\begin{pmatrix}k_x\\k_y\\k_z\end{pmatrix}=\begin{pmatrix}\Omega_x/\dot{\varphi}\\\Omega_y/\dot{\varphi}\\\Omega_z/\dot{\varphi}\end{pmatrix}\tag{5-23}$$

式中，标量 $\dot{\varphi}$ 表示旋转速度。记

$${}^{A}\boldsymbol{\Omega}_{B}=\begin{pmatrix}\Omega_x\\\Omega_y\\\Omega_z\end{pmatrix}\tag{5-24}$$

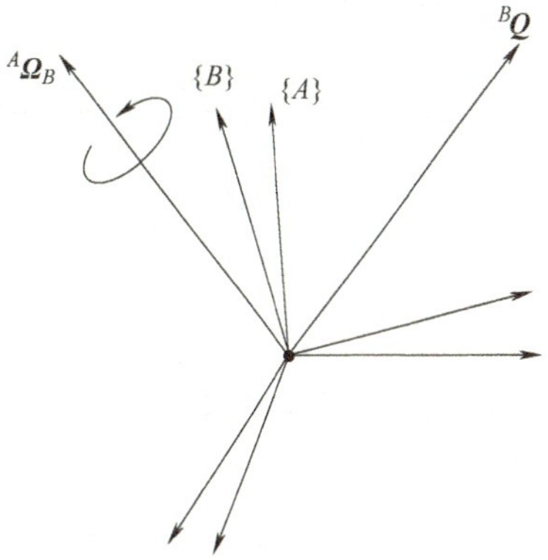

图 5-4　坐标系$\{B\}$中固定向量${}^{B}Q$相对于坐标系$\{A\}$以角速度${}^{A}\boldsymbol{\Omega}_{B}$旋转

由以上描述和 5.1.2 节的角速度向量定义可知，式（5-24）表示的${}^{A}\boldsymbol{\Omega}_{B}$即为坐标系$\{B\}$相对坐标系$\{A\}$的角速度向量。

由式（5-21）和式（5-22）得

$$\begin{aligned}{}_{B}^{A}\dot{\boldsymbol{R}}&=\lim_{\Delta t\to 0}\frac{\mathrm{Rot}({}^{A}\boldsymbol{K},\varphi)-\boldsymbol{I}_{3}}{\Delta t}{}_{B}^{A}\boldsymbol{R}(t)\\&=\lim_{\varphi\to 0}\frac{\mathrm{Rot}({}^{A}\boldsymbol{K},\varphi)-\boldsymbol{I}_{3}}{\varphi}\dot{\varphi}{}_{B}^{A}\boldsymbol{R}(t)\end{aligned}\tag{5-25}$$

给定旋转轴${}^{A}\boldsymbol{K}$和旋转角 φ，由第 2 章的介绍，已知等效旋转矩阵$\mathrm{Rot}({}^{A}\boldsymbol{K},\varphi)$为

$$\mathrm{Rot}({}^{A}\boldsymbol{K},\varphi)=\begin{pmatrix}k_xk_xv\varphi+c\varphi & k_xk_yv\varphi-k_zs\varphi & k_xk_zv\varphi+k_ys\varphi\\k_xk_yv\varphi+k_zs\varphi & k_yk_yv\varphi+c\varphi & k_yk_zv\varphi-k_xs\varphi\\k_xk_zv\varphi-k_ys\varphi & k_yk_zv\varphi+k_xs\varphi & k_zk_zv\varphi+c\varphi\end{pmatrix}\tag{5-26}$$

式中，$v\varphi=1-c\varphi$。由于$\mathrm{Rot}({}^{A}\boldsymbol{K},0)=\boldsymbol{I}_{3}$，因此

$$\lim_{\varphi\to 0}\frac{\mathrm{Rot}({}^{A}\boldsymbol{K},\varphi)-\boldsymbol{I}_{3}}{\varphi}=\lim_{\varphi\to 0}\frac{\mathrm{Rot}({}^{A}\boldsymbol{K},\varphi)-\mathrm{Rot}({}^{A}\boldsymbol{K},0)}{\varphi-0}=\frac{\mathrm{d}}{\mathrm{d}\varphi}\mathrm{Rot}({}^{A}\boldsymbol{K},\varphi)\bigg|_{\varphi=0}$$

$$=\begin{pmatrix} k_xk_xs\varphi-s\varphi & k_xk_ys\varphi-k_zc\varphi & k_xk_zs\varphi+k_yc\varphi \\ k_xk_ys\varphi+k_zc\varphi & k_yk_ys\varphi-s\varphi & k_yk_zs\varphi-k_xc\varphi \\ k_xk_zs\varphi-k_yc\varphi & k_yk_zs\varphi+k_xc\varphi & k_zk_zs\varphi-s\varphi \end{pmatrix}\Bigg|_{\varphi=0}$$

$$=\begin{pmatrix} 0 & -k_z & k_y \\ k_z & 0 & -k_x \\ -k_y & k_x & 0 \end{pmatrix} \tag{5-27}$$

对应角速度向量${}^A\boldsymbol{\Omega}_B$，定义角速度矩阵${}^A_B\boldsymbol{S}$为

$${}^A_B\boldsymbol{S}=\begin{pmatrix} 0 & -\Omega_z & \Omega_y \\ \Omega_z & 0 & -\Omega_x \\ -\Omega_y & \Omega_x & 0 \end{pmatrix}={}^A\boldsymbol{\Omega}_B^{\wedge}\in\mathbb{R}^{3\times3} \tag{5-28}$$

显然，角速度矩阵${}^A_B\boldsymbol{S}$是反对称矩阵且${}^A\boldsymbol{\Omega}_B={}^A_B\boldsymbol{S}^{\vee}$。进一步，由式（5-25）、式（5-27）和式（5-28）得

$${}^A_B\dot{\boldsymbol{R}}=\dot{\varphi}\lim_{\varphi\to0}\frac{\mathrm{Rot}({}^A\boldsymbol{K},\varphi)-\boldsymbol{I}_3}{\varphi}{}^A_B\boldsymbol{R}$$

$$=\dot{\varphi}\begin{pmatrix} 0 & -k_z & k_y \\ k_z & 0 & -k_x \\ -k_y & k_x & 0 \end{pmatrix}{}^A_B\boldsymbol{R}=\begin{pmatrix} 0 & -\Omega_z & \Omega_y \\ \Omega_z & 0 & -\Omega_x \\ -\Omega_y & \Omega_x & 0 \end{pmatrix}{}^A_B\boldsymbol{R}={}^A_B\boldsymbol{S}{}^A_B\boldsymbol{R}={}^A\boldsymbol{\Omega}_B^{\wedge}{}^A_B\boldsymbol{R} \tag{5-29}$$

由此看到，旋转矩阵${}^A_B\boldsymbol{R}(t)$关于t求导得到的矩阵为由角速度向量${}^A\boldsymbol{\Omega}_B$构成的反对称矩阵${}^A_B\boldsymbol{S}$乘以旋转矩阵${}^A_B\boldsymbol{R}(t)$自身，这说明了反对称矩阵${}^A_B\boldsymbol{S}$称为角速度矩阵的合理性。

以下两个针对旋转矩阵导数的公式非常有用，在后面的讨论中要用到：

$${}^A_B\dot{\boldsymbol{R}}={}^A_B\boldsymbol{S}{}^A_B\boldsymbol{R} \tag{5-30}$$

$${}^A_B\boldsymbol{S}={}^A_B\dot{\boldsymbol{R}}{}^A_B\boldsymbol{R}^{-1}={}^A_B\dot{\boldsymbol{R}}{}^A_B\boldsymbol{R}^{\mathrm{T}} \tag{5-31}$$

由式（2-12）和式（2-14）知，对任意三维向量$\boldsymbol{P}$，均有

$${}^A_B\boldsymbol{S}\boldsymbol{P}={}^A\boldsymbol{\Omega}_B^{\wedge}\boldsymbol{P}={}^A\boldsymbol{\Omega}_B\times\boldsymbol{P} \tag{5-32}$$

继续由式（5-20）讨论刚体在一般运动情况下，Q点的速度公式，此时

$$\begin{aligned}{}^A\boldsymbol{V}_Q&={}^A\boldsymbol{V}_{BORG}+{}^A_B\dot{\boldsymbol{R}}{}^B\boldsymbol{Q}+{}^A_B\boldsymbol{R}{}^B\boldsymbol{V}_Q\\&={}^A\boldsymbol{V}_{BORG}+{}^A_B\boldsymbol{S}{}^A_B\boldsymbol{R}{}^B\boldsymbol{Q}+{}^A_B\boldsymbol{R}{}^B\boldsymbol{V}_Q\end{aligned} \tag{5-33}$$

即

$${}^A\boldsymbol{V}_Q={}^A\boldsymbol{V}_{BORG}+{}^A_B\boldsymbol{R}{}^B\boldsymbol{V}_Q+{}^A\boldsymbol{\Omega}_B\times{}^A_B\boldsymbol{R}{}^B\boldsymbol{Q} \tag{5-34}$$

式（5-34）即为相对于坐标系$\{A\}$的坐标系$\{B\}$中的速度向量公式，它的几何意义与我们的主观感觉是一致的，说明Q点针对坐标系$\{A\}$的线速度为坐标系$\{B\}$原点的线速度、Q点在坐标系$\{B\}$中的线速度和坐标系$\{B\}$针对坐标系$\{A\}$旋转形成的Q点切向线速度三者的向量合成。

5.2.3 运动坐标系之间的角速度向量关系

如果坐标系$\{A\}$、$\{B\}$和$\{C\}$是运动坐标系，角速度向量${}^A\boldsymbol{\Omega}_B$、${}^B\boldsymbol{\Omega}_C$和${}^A\boldsymbol{\Omega}_C$的关系如何？

姿态矩阵的传递关系为

$$ {}^{A}_{C}\boldsymbol{R}={}^{A}_{B}\boldsymbol{R}{}^{B}_{C}\boldsymbol{R} \tag{5-35}$$

对式（5-35）求导，可以得到

$$ {}^{A}_{C}\dot{\boldsymbol{R}}={}^{A}_{B}\dot{\boldsymbol{R}}{}^{B}_{C}\boldsymbol{R}+{}^{A}_{B}\boldsymbol{R}{}^{B}_{C}\dot{\boldsymbol{R}} \tag{5-36}$$

由式（5-30）代换式（5-36）中的旋转矩阵导数，式（5-36）可以写成

$$ {}^{A}\boldsymbol{\Omega}_{C}^{\wedge}{}^{A}_{C}\boldsymbol{R}={}^{A}\boldsymbol{\Omega}_{B}^{\wedge}{}^{A}_{B}\boldsymbol{R}{}^{B}_{C}\boldsymbol{R}+{}^{A}_{B}\boldsymbol{R}{}^{B}\boldsymbol{\Omega}_{C}^{\wedge}{}^{B}_{C}\boldsymbol{R} \tag{5-37}$$

再由链乘法则${}^{A}_{C}\boldsymbol{R}={}^{A}_{B}\boldsymbol{R}{}^{B}_{C}\boldsymbol{R}$ 和本章习题 1，可知

$$ {}^{A}\boldsymbol{\Omega}_{C}^{\wedge}{}^{A}_{C}\boldsymbol{R}={}^{A}\boldsymbol{\Omega}_{B}^{\wedge}{}^{A}_{C}\boldsymbol{R}+({}^{A}_{B}\boldsymbol{R}{}^{B}\boldsymbol{\Omega}_{C})^{\wedge}{}^{A}_{B}\boldsymbol{R}{}^{B}_{C}\boldsymbol{R} \tag{5-38}$$

进而

$$ {}^{A}\boldsymbol{\Omega}_{C}^{\wedge}{}^{A}_{C}\boldsymbol{R}={}^{A}\boldsymbol{\Omega}_{B}^{\wedge}{}^{A}_{C}\boldsymbol{R}+({}^{A}({}^{B}\boldsymbol{\Omega}_{C}))^{\wedge}{}^{A}_{C}\boldsymbol{R} \tag{5-39}$$

因${}^{A}_{C}\boldsymbol{R}$ 可逆，有

$$ {}^{A}\boldsymbol{\Omega}_{C}^{\wedge}={}^{A}\boldsymbol{\Omega}_{B}^{\wedge}+({}^{A}({}^{B}\boldsymbol{\Omega}_{C}))^{\wedge} \tag{5-40}$$

利用式（2-16）定义的 $\vee$ 符号，有

$$ ({}^{A}\boldsymbol{\Omega}_{C}^{\wedge})^{\vee}=({}^{A}\boldsymbol{\Omega}_{B}^{\wedge})^{\vee}+(({}^{A}({}^{B}\boldsymbol{\Omega}_{C}))^{\wedge})^{\vee} \tag{5-41}$$

以及三维向量 $\boldsymbol{P}$ 的性质

$$ (\boldsymbol{P}^{\wedge})^{\vee}=\boldsymbol{P} \tag{5-42}$$

得到

$$ {}^{A}\boldsymbol{\Omega}_{C}={}^{A}\boldsymbol{\Omega}_{B}+{}^{A}({}^{B}\boldsymbol{\Omega}_{C}) \tag{5-43}$$

这意味着动坐标系角速度向量之间满足

$$ {}^{A}\boldsymbol{\Omega}_{C}={}^{A}\boldsymbol{\Omega}_{B}+{}^{A}_{B}\boldsymbol{R}{}^{B}\boldsymbol{\Omega}_{C} \tag{5-44}$$

式（5-44）表明，在同一坐标系中，角速度向量可以相加。

5.3　机器人连杆间的速度传递

分析机器人的运动时，需要了解各关节变量的变化如何影响后续连杆的速度，因此，需要建立各关节变量的变化速度与连杆的线速度和角速度的传递关系。

如图 5-5 所示，机器人的每个连杆可以看作一个刚体，可以用线速度向量和角速度向量描述其运动。整个机器人是一个链式结构，每个连杆的运动都与它的相邻杆有关，由于这种结构的特点，可以依次计算各连杆的速度，该速度可以由连杆坐标系原点的线速度和连杆坐标系的角速度表示。

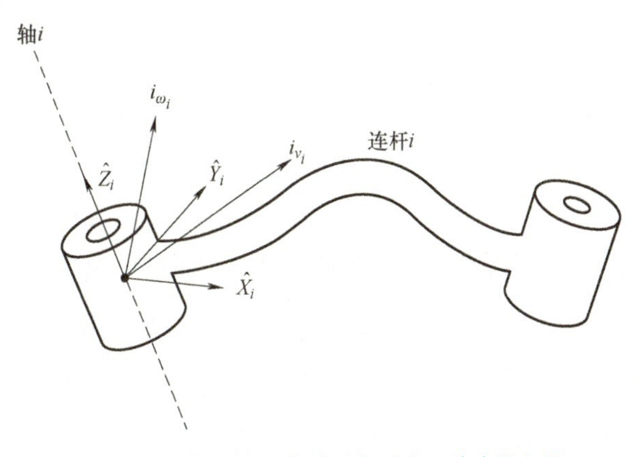

图 5-5　连杆 i 的速度由连杆坐标系$\{i\}$原点的线速度向量和$\{i\}$的角速度向量表示

在机器人工作过程中通常基座静止，所以一般将连杆坐标系$\{0\}$作为世界坐标系$\{U\}$。若连杆 i 的联体坐标系为$\{i\}$，记$\{i\}$的原点线速度为$\boldsymbol{v}_i$ 和$\{i\}$

的角速度为 $\boldsymbol{\omega}_i$，则有

$$^{i}\boldsymbol{v}_i={}_{U}^{i}\boldsymbol{R}\boldsymbol{v}_i={}_{U}^{i}\boldsymbol{R}^{U}\boldsymbol{V}_{iORG}={}_{0}^{i}\boldsymbol{R}^{0}\boldsymbol{V}_{iORG} \tag{5-45}$$

$$^{i}\boldsymbol{\omega}_i={}_{U}^{i}\boldsymbol{R}\boldsymbol{\omega}_i={}_{U}^{i}\boldsymbol{R}^{U}\boldsymbol{\Omega}_i={}_{0}^{i}\boldsymbol{R}^{0}\boldsymbol{\Omega}_i \tag{5-46}$$

$$^{i+1}\boldsymbol{v}_i={}_{U}^{i+1}\boldsymbol{R}\boldsymbol{v}_i={}_{U}^{i+1}\boldsymbol{R}^{U}\boldsymbol{V}_{iORG}={}_{0}^{i+1}\boldsymbol{R}^{0}\boldsymbol{V}_{iORG} \tag{5-47}$$

$$^{i+1}\boldsymbol{\omega}_i={}_{U}^{i+1}\boldsymbol{R}\boldsymbol{\omega}_i={}_{U}^{i+1}\boldsymbol{R}^{U}\boldsymbol{\Omega}_i={}_{0}^{i+1}\boldsymbol{R}^{0}\boldsymbol{\Omega}_i \tag{5-48}$$

因此

$$^{i+1}\boldsymbol{v}_i={}_{i}^{i+1}\boldsymbol{R}^{i}\boldsymbol{v}_i \tag{5-49}$$

$$^{i+1}\boldsymbol{\omega}_i={}_{i}^{i+1}\boldsymbol{R}^{i}\boldsymbol{\omega}_i \tag{5-50}$$

图 5-6 所示为连杆 i 和 i+1 在连杆坐标系中的速度向量表示。

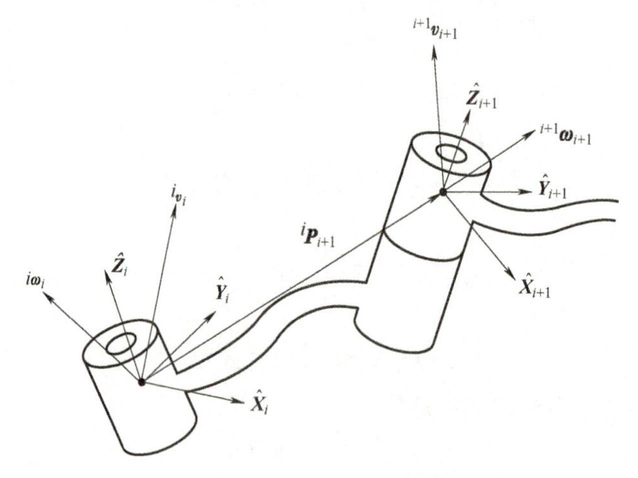

图 5-6　相邻连杆的速度向量

5.3.1　转动型关节的速度传递

当关节 i+1 是转动型关节时，连杆 i+1 针对连杆坐标系$\{i\}$的角速度为

$$^{i}\boldsymbol{\Omega}_{i+1}=\dot{\theta}_{i+1}{}_{i+1}^{i}\boldsymbol{R}^{i+1}\hat{\boldsymbol{Z}}_{i+1} \tag{5-51}$$

式中，$^{i+1}\hat{\boldsymbol{Z}}_{i+1}=(0\quad 0\quad 1)^{\mathrm{T}}$ 是轴 i+1 在$\{i+1\}$中的表示；$\dot{\theta}_{i+1}$是转动型关节 i+1 的关节转速。

由角速度向量关系的公式（5-44），连杆 i+1 针对世界坐标系的角速度为连杆 i 针对世界坐标系的角速度与连杆 i+1 针对连杆坐标系$\{i\}$的角速度在世界坐标系中表示进行合成的结果，即

$$\boldsymbol{\omega}_{i+1}=\boldsymbol{\omega}_i+{}_{i}^{0}\boldsymbol{R}^{i}\boldsymbol{\Omega}_{i+1}=\boldsymbol{\omega}_i+\dot{\theta}_{i+1}{}_{i}^{0}\boldsymbol{R}{}_{i+1}^{i}\boldsymbol{R}^{i+1}\hat{\boldsymbol{Z}}_{i+1} \tag{5-52}$$

因此可以得到连杆 i+1 针对世界坐标系的角速度在连杆坐标系$\{i\}$中的表示

$$^{i}\boldsymbol{\omega}_{i+1}={}_{0}^{i}\boldsymbol{R}\boldsymbol{\omega}_{i+1}={}_{0}^{i}\boldsymbol{R}\boldsymbol{\omega}_i+{}_{0}^{i}\boldsymbol{R}\dot{\theta}_{i+1}{}_{i}^{0}\boldsymbol{R}{}_{i+1}^{i}\boldsymbol{R}^{i+1}\hat{\boldsymbol{Z}}_{i+1}={}^{i}\boldsymbol{\omega}_i+{}_{i+1}^{i}\boldsymbol{R}\dot{\theta}_{i+1}{}^{i+1}\hat{\boldsymbol{Z}}_{i+1} \tag{5-53}$$

两边同时左乘$_{i}^{i+1}\boldsymbol{R}$，即得到了连杆 i+1 针对世界坐标系的角速度在连杆坐标系$\{i+1\}$中的表示

$$^{i+1}\boldsymbol{\omega}_{i+1}={}_{i}^{i+1}\boldsymbol{R}^{i}\boldsymbol{\omega}_i+\dot{\theta}_{i+1}{}^{i+1}\hat{\boldsymbol{Z}}_{i+1} \tag{5-54}$$

式（5-54）即为转动型关节的角速度传递公式。

进一步，由速度向量公式（5-34）可以计算连杆坐标系$\{i+1\}$原点的线速度。当关节 $i+1$ 是转动型关节时，${}^{B}\boldsymbol{Q}={}^{i}\boldsymbol{P}_{i+1}$是定常向量，因此${}^{B}\boldsymbol{V}_{Q}=0$，于是

$${}^{0}\boldsymbol{V}_{i+1}={}^{0}\boldsymbol{V}_{i}+{}^{0}\boldsymbol{\Omega}_{i}\times{}_{i}^{0}\boldsymbol{R}^{i}\boldsymbol{P}_{i+1} \tag{5-55}$$

即

$$\boldsymbol{v}_{i+1}=\boldsymbol{v}_{i}+\boldsymbol{\omega}_{i}\times{}_{i}^{0}\boldsymbol{R}^{i}\boldsymbol{P}_{i+1} \tag{5-56}$$

因此连杆坐标系$\{i+1\}$原点针对世界坐标系的线速度在连杆坐标系$\{i\}$中的表示为

$$\begin{aligned}{}^{i}\boldsymbol{v}_{i+1}&={}_{0}^{i}\boldsymbol{R}\boldsymbol{v}_{i+1}={}_{0}^{i}\boldsymbol{R}\boldsymbol{v}_{i}+{}_{0}^{i}\boldsymbol{R}(\boldsymbol{\omega}_{i}\times{}_{i}^{0}\boldsymbol{R}^{i}\boldsymbol{P}_{i+1})\\&={}^{i}\boldsymbol{v}_{i}+({}_{0}^{i}\boldsymbol{R}\boldsymbol{\omega}_{i})\times{}^{i}\boldsymbol{P}_{i+1}={}^{i}\boldsymbol{v}_{i}+{}^{i}\boldsymbol{\omega}_{i}\times{}^{i}\boldsymbol{P}_{i+1}\end{aligned} \tag{5-57}$$

式（5-57）两边同时左乘${}_{i}^{i+1}\boldsymbol{R}$，得到连杆 $i+1$ 针对世界坐标系的线速度在连杆坐标系$\{i+1\}$中的表示

$${}^{i+1}\boldsymbol{v}_{i+1}={}_{i}^{i+1}\boldsymbol{R}({}^{i}\boldsymbol{v}_{i}+{}^{i}\boldsymbol{\omega}_{i}\times{}^{i}\boldsymbol{P}_{i+1}) \tag{5-58}$$

式（5-58）即为转动型关节的线速度传递公式。

5.3.2　平动型关节的速度传递

当关节 $i+1$ 是平动型关节时，连杆 $i+1$ 针对世界坐标系的角速度与连杆坐标系$\{i\}$的角速度是不变的，因此

$${}^{i+1}\boldsymbol{\omega}_{i+1}={}_{i}^{i+1}\boldsymbol{R}^{i}\boldsymbol{\omega}_{i} \tag{5-59}$$

式（5-59）即为平动型关节的角速度传递公式。

同样可由速度向量公式（5-34）计算连杆坐标系$\{i+1\}$原点的线速度。实际上，当关节 $i+1$ 是平动型关节时，若 $\dot{d}_{i+1}$是$\{i+1\}$的原点沿轴 $i+1$ 移动的平移速度，则其在$\{i+1\}$中的线速度为 $\dot{d}_{i+1}{}^{i+1}\hat{\boldsymbol{Z}}_{i+1}$，结合式（5-58），通过速度向量合成可以得到

$${}^{i+1}\boldsymbol{v}_{i+1}={}_{i}^{i+1}\boldsymbol{R}({}^{i}\boldsymbol{v}_{i}+{}^{i}\boldsymbol{\omega}_{i}\times{}^{i}\boldsymbol{P}_{i+1})+\dot{d}_{i+1}{}^{i+1}\hat{\boldsymbol{Z}}_{i+1} \tag{5-60}$$

式（5-60）即为平动型关节的线速度传递公式。

5.3.3　连杆速度计算的向外迭代法

针对机器人，若已知每个转动型关节的 θ_i 和 $\dot{\theta}_i$ 以及每个平动型关节的 d_i 和 $\dot{d}_i$，从连杆 0 的角速度${}^{0}\boldsymbol{\omega}_{0}=0$ 和线速度${}^{0}\boldsymbol{v}_{0}=0$ 开始，依次应用转动型关节的角速度传递公式（5-54）和线速度传递公式（5-58）以及平动型关节的角速度传递公式（5-59）和线速度传递公式（5-60），可以计算每一连杆的角速度${}^{i}\boldsymbol{\omega}_{i}$ 和线速度${}^{i}\boldsymbol{v}_{i}$，直至最后一个连杆的角速度${}^{N}\boldsymbol{\omega}_{N}$ 和线速度${}^{N}\boldsymbol{v}_{N}$。

若需要得到基坐标系下表示的角速度和线速度，可以用${}_{N}^{0}\boldsymbol{R}$ 左乘结果，即

$$\boldsymbol{\omega}_{N}={}_{N}^{0}\boldsymbol{R}^{N}\boldsymbol{\omega}_{N} \tag{5-61}$$

$$\boldsymbol{v}_{N}={}_{N}^{0}\boldsymbol{R}^{N}\boldsymbol{v}_{N} \tag{5-62}$$

由于上述计算是从连杆 0 依次计算到最后一个连杆，这个计算连杆速度的方法称为“连杆速度计算的向外迭代法”。

例 5-1　如图 5-7 所示的一个具有两个转动型关节的两连杆机器人，采用非标准 D-H 方法建立的连杆坐标系如图 5-8 所示。计算该机器人末端的速度，将它表达成关节速度的函数。给出两种形式的解答：一种是用坐标系$\{3\}$来表示，另一种是用坐标系$\{0\}$来表示。

解 先求出各连杆坐标系之间的齐次变换

$$
{}_1^0\boldsymbol{T}=\begin{pmatrix} c_1 & -s_1 & 0 & 0\\ s_1 & c_1 & 0 & 0\\ 0 & 0 & 1 & 0\\ 0 & 0 & 0 & 1 \end{pmatrix} \tag{5-63}
$$

$$
{}_2^1\boldsymbol{T}=\begin{pmatrix} c_2 & -s_2 & 0 & l_1\\ s_2 & c_2 & 0 & 0\\ 0 & 0 & 1 & 0\\ 0 & 0 & 0 & 1 \end{pmatrix} \tag{5-64}
$$

$$
{}_3^2\boldsymbol{T}=\begin{pmatrix} 1 & 0 & 0 & l_2\\ 0 & 1 & 0 & 0\\ 0 & 0 & 1 & 0\\ 0 & 0 & 0 & 1 \end{pmatrix} \tag{5-65}
$$

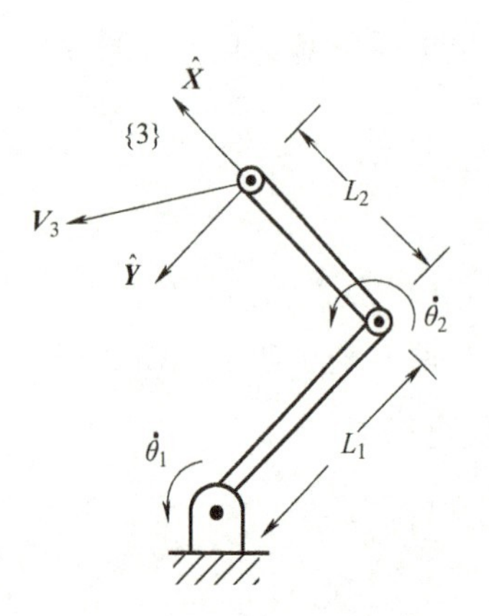

图 5-7 两连杆机器人

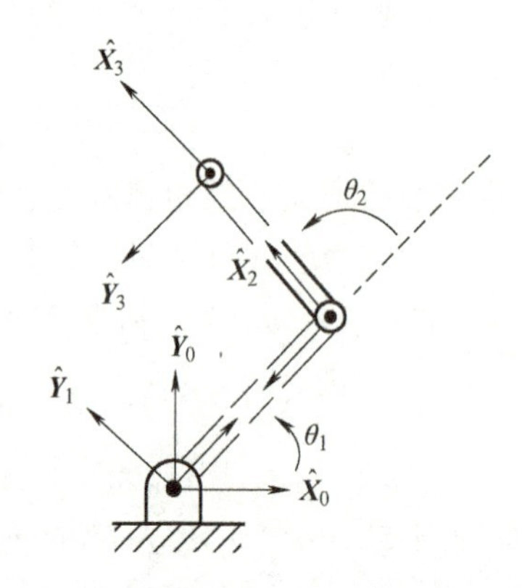

图 5-8 两连杆机器人的连杆坐标系

由于该机器人每个关节均为转动型关节，因此，可以从基坐标系{0}开始，应用式（5-54）和式（5-58）依次计算每个坐标系的角速度和原点的线速度。基坐标系的速度为零，即${}^0\boldsymbol{\omega}_0=0$和${}^0\boldsymbol{v}_0=0$，注意到图 5-8 中关节 3 的转角是固定不变的，即$\dot{\theta}_3=0$，依次计算可得

$$
{}^1\boldsymbol{\omega}_1={}_0^1\boldsymbol{R}\,{}^0\boldsymbol{\omega}_0+\dot{\theta}_1\,{}^1\hat{\boldsymbol{Z}}_1=\begin{pmatrix}0\\0\\\dot{\theta}_1\end{pmatrix} \tag{5-66}
$$

$$
{}^1\boldsymbol{v}_1={}_0^1\boldsymbol{R}({}^0\boldsymbol{v}_0+{}^0\boldsymbol{\omega}_0\times{}^0\boldsymbol{P}_1)=\begin{pmatrix}0\\0\\0\end{pmatrix} \tag{5-67}
$$

$$
{}^2\boldsymbol{\omega}_2={}_1^2\boldsymbol{R}\,{}^1\boldsymbol{\omega}_1+\dot{\theta}_2\,{}^2\hat{\boldsymbol{Z}}_2=\begin{pmatrix} c_2 & s_2 & 0\\ -s_2 & c_2 & 0\\ 0 & 0 & 1\end{pmatrix}\begin{pmatrix}0\\0\\\dot{\theta}_1\end{pmatrix}+\dot{\theta}_2\,{}^2\hat{\boldsymbol{Z}}_2=\begin{pmatrix}0\\0\\\dot{\theta}_1+\dot{\theta}_2\end{pmatrix} \tag{5-68}
$$

$$
{}^{2}\boldsymbol{v}_2={}_1^2\boldsymbol{R}({}^1\boldsymbol{v}_1+{}^1\boldsymbol{\omega}_1\times{}^1\boldsymbol{P}_2)=\begin{pmatrix}c_2 & s_2 & 0\\ -s_2 & c_2 & 0\\ 0 & 0 & 1\end{pmatrix}\left(\begin{pmatrix}0\\0\\\dot{\theta}_1\end{pmatrix}\times\begin{pmatrix}l_1\\0\\0\end{pmatrix}\right)=\begin{pmatrix}c_2 & s_2 & 0\\ -s_2 & c_2 & 0\\ 0 & 0 & 1\end{pmatrix}\begin{pmatrix}0\\l_1\dot{\theta}_1\\0\end{pmatrix}=\begin{pmatrix}l_1s_2\dot{\theta}_1\\l_1c_2\dot{\theta}_1\\0\end{pmatrix} \tag{5-69}
$$

$$
{}^3\boldsymbol{\omega}_3={}_2^3\boldsymbol{R}\,{}^2\boldsymbol{\omega}_2+\dot{\theta}_3\,{}^3\hat{\boldsymbol{Z}}_3={}^2\boldsymbol{\omega}_2=\begin{pmatrix}0\\0\\\dot{\theta}_1+\dot{\theta}_2\end{pmatrix} \tag{5-70}
$$

$$
{}^3\boldsymbol{v}_3={}_2^3\boldsymbol{R}({}^2\boldsymbol{v}_2+{}^2\boldsymbol{\omega}_2\times{}^2\boldsymbol{P}_3)={}_2^3\boldsymbol{R}\left(\begin{pmatrix}l_1s_2\dot{\theta}_1\\l_1c_2\dot{\theta}_1\\0\end{pmatrix}+\begin{pmatrix}0\\0\\\dot{\theta}_1+\dot{\theta}_2\end{pmatrix}\times\begin{pmatrix}l_2\\0\\0\end{pmatrix}\right)=\begin{pmatrix}l_1s_2\dot{\theta}_1\\l_1c_2\dot{\theta}_1+l_2(\dot{\theta}_1+\dot{\theta}_2)\\0\end{pmatrix} \tag{5-71}
$$

由此基坐标系下表示的末端坐标系的角速度和线速度为

$$
{}^0\boldsymbol{\omega}_3={}_3^0\boldsymbol{R}\,{}^3\boldsymbol{\omega}_3={}^3\boldsymbol{\omega}_3 \tag{5-72}
$$

$$
{}^0\boldsymbol{v}_3=\begin{pmatrix}c_{12} & -s_{12} & 0\\ s_{12} & c_{12} & 0\\ 0 & 0 & 1\end{pmatrix}\begin{pmatrix}l_1s_2\dot{\theta}_1\\l_1c_2\dot{\theta}_1+l_2(\dot{\theta}_1+\dot{\theta}_2)\\0\end{pmatrix}=\begin{pmatrix}-l_1s_1\dot{\theta}_1-l_2s_{12}(\dot{\theta}_1+\dot{\theta}_2)\\l_1c_1\dot{\theta}_1+l_2c_{12}(\dot{\theta}_1+\dot{\theta}_2)\\0\end{pmatrix} \tag{5-73}
$$

对于机器人的确定位形，如果已知具体的连杆参数数值，可以通过向外迭代法算出各连杆的速度。从上面例子的式（5-70）~式（5-73）还可以看到，采用符号表示，能够得到机器人末端的速度与关节速度之间的解析关系式，这正是机器人微分运动学的重要内容。

5.4　雅可比矩阵

5.4.1　雅可比矩阵的定义

雅可比（Jacobian）矩阵是多元函数的偏导数矩阵。若有 6 个多元函数，每个函数有 6 个独立的变量，即

$$
\begin{cases}y_1=f_1(x_1,x_2,x_3,x_4,x_5,x_6)\\y_2=f_2(x_1,x_2,x_3,x_4,x_5,x_6)\\\quad\vdots\\y_6=f_6(x_1,x_2,x_3,x_4,x_5,x_6)\end{cases} \tag{5-74}
$$

可用向量符号表示该函数

$$
\boldsymbol{Y}=\boldsymbol{F}(\boldsymbol{X}) \tag{5-75}
$$

对式（5-75）进行微分，得到用偏微分表达的 y_i 的微分与 x_j 的微分的关系式

$$
\begin{cases}\delta y_1=\dfrac{\partial f_1}{\partial x_1}\delta x_1+\dfrac{\partial f_1}{\partial x_2}\delta x_2+\cdots+\dfrac{\partial f_1}{\partial x_6}\delta x_6\\\delta y_2=\dfrac{\partial f_2}{\partial x_1}\delta x_1+\dfrac{\partial f_2}{\partial x_2}\delta x_2+\cdots+\dfrac{\partial f_2}{\partial x_6}\delta x_6\\\quad\vdots\\\delta y_6=\dfrac{\partial f_6}{\partial x_1}\delta x_1+\dfrac{\partial f_6}{\partial x_2}\delta x_2+\cdots+\dfrac{\partial f_6}{\partial x_6}\delta x_6\end{cases} \tag{5-76}
$$

用向量符号简化表示上述关系式

$$\delta Y=\frac{\partial F}{\partial X}\delta X=J(X)\delta X \tag{5-77}$$

式中，偏导数矩阵 $J(X)=\frac{\partial F}{\partial X}$即为雅可比矩阵，是 x_i 的函数。雅可比矩阵 $J(X)$ 是一个时变的线性变换，可看成是 X 中的速度向 Y 中速度的映射。

针对机器人，可用雅可比矩阵描述关节空间的速度变化与目标空间的速度变化之间的关系，其相当于关节空间到目标空间的速度传送比。若记关节速度为 $\dot{\boldsymbol{\Phi}}$，机器人末端速度为$\boldsymbol{v}$，则雅可比矩阵 $J(\boldsymbol{\Phi})$ 满足如下关系

$$\boldsymbol{v}=J(\boldsymbol{\Phi})\dot{\boldsymbol{\Phi}} \tag{5-78}$$

可以看到，雅可比矩阵的维数与机器人的构型有关，它的行数为机器人在笛卡儿空间的自由度数量，列数为机器人的关节数量。对于空间机器人，雅可比矩阵的行数通常不超过6，而对于平面机器人，其行数不能超过3。对于任意已知的机器人位形，关节速度和机器人末端速度的关系是线性的，然而这种线性关系仅仅是瞬时的，因为在下一刻，雅可比矩阵就会有微小的变化，所以雅可比矩阵是时变的。

5.4.2 几何雅可比矩阵

5.3.3 节介绍的“连杆速度计算的向外迭代法”可以得到雅可比矩阵。

由例 5-1 中从式（5-66）~式（5-73）的计算可以看到

$$\begin{pmatrix} {}^0\boldsymbol{v}_3 \\ {}^0\boldsymbol{\omega}_3 \end{pmatrix}=\begin{pmatrix} -l_1s_1-l_2s_{12} & -l_2s_{12} \\ l_1c_1+l_2c_{12} & l_2c_{12} \\ 0 & 0 \\ 0 & 0 \\ 0 & 0 \\ 1 & 1 \end{pmatrix}\begin{pmatrix} \dot{\theta}_1 \\ \dot{\theta}_2 \end{pmatrix} \tag{5-79}$$

该两连杆机器人是平面机器人，其末端位置只有 2 个自由度，末端姿态只有 1 个旋转自由度，旋转轴一直垂直于平面，角速度大小为所有转动型关节的角速度之和，因此对于平面机器人，通常重视平面二维线速度部分，记${}^0\boldsymbol{v}_3=({}^0u_x \quad {}^0u_y \quad 0)^{\mathrm{T}}$，由式（5-79）得

$$\begin{pmatrix} {}^0\boldsymbol{u}_x \\ {}^0\boldsymbol{u}_y \end{pmatrix}=\begin{pmatrix} -l_1s_1-l_2s_{12} & -l_2s_{12} \\ l_1c_1+l_2c_{12} & l_2c_{12} \end{pmatrix}\begin{pmatrix} \dot{\theta}_1 \\ \dot{\theta}_2 \end{pmatrix} \tag{5-80}$$

由此得到该两连杆机器人的雅可比矩阵为

$$J(\boldsymbol{\Theta})=\begin{pmatrix} -l_1s_1-l_2s_{12} & -l_2s_{12} \\ l_1c_1+l_2c_{12} & l_2c_{12} \end{pmatrix} \tag{5-81}$$

对于一般的机器人，机器人的关节速度 $\dot{\boldsymbol{\Phi}}$ 与末端线速度和角速度$(\boldsymbol{v} \quad \boldsymbol{\omega})^{\mathrm{T}}$之间的映射关系矩阵 $J(\boldsymbol{\Phi})$ 即为雅可比矩阵，满足

$$\begin{pmatrix} \boldsymbol{v} \\ \boldsymbol{\omega} \end{pmatrix}=J(\boldsymbol{\Phi})\dot{\boldsymbol{\Phi}} \tag{5-82}$$

注意，式（5-82）表达的雅可比矩阵并不能通过对机器人的运动学方程直接求导得到，因为

机器人末端相对基坐标系的角速度 $\boldsymbol{\omega}=(\omega_x \quad \omega_y \quad \omega_z)^{\mathrm{T}}$ 并不能由基坐标系下的末端姿态最小表示（如欧拉角）求导得到，因此，由式（5-82）描述的雅可比矩阵称为几何雅可比矩阵。

前述向外迭代法计算机器人末端速度的算法本质上是计算机器人几何雅可比矩阵的方法之一。

5.4.3　雅可比矩阵的向量积构造法

另一种常用的计算机器人几何雅可比矩阵的方法是“向量积构造法”，该方法采用向量积法直接求出末端线速度和角速度，从而构造出几何雅可比矩阵。下面具体描述该方法。

如图 5-9 所示，若机器人末端执行器固连在连杆 N 上，而且每个连杆的坐标系原点 $\boldsymbol{O}_i$ 和转轴单位向量 $\hat{\boldsymbol{Z}}_i$ 已由正运动学求得。

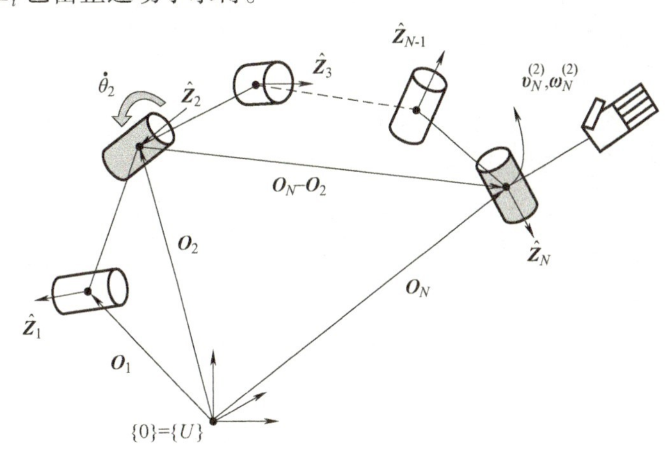

图 5-9　几何雅可比矩阵的向量积构造法

根据式（5-34）和式（5-44），假设其他关节固定不动，只有第 i 个关节运动，则由此运动产生的连杆 N 的线速度和角速度如下：

1）若第 i 个关节为平动型关节，则

$$\boldsymbol{v}_N^{(i)}=\dot{d}_i\hat{\boldsymbol{Z}}_i \tag{5-83}$$

$$\boldsymbol{\omega}_N^{(i)}=0 \tag{5-84}$$

2）若第 i 个关节为转动型关节，则

$$\boldsymbol{v}_N^{(i)}=\dot{\theta}_i\hat{\boldsymbol{Z}}_i\times(\boldsymbol{O}_N-\boldsymbol{O}_i) \tag{5-85}$$

$$\boldsymbol{\omega}_N^{(i)}=\dot{\theta}_i\hat{\boldsymbol{Z}}_i \tag{5-86}$$

一般情况下，末端实际线速度和角速度就是各关节造成的线速度和角速度的总和，即

$$\boldsymbol{v}_N=\sum_{i=1}^{N}\boldsymbol{v}_N^{(i)} \tag{5-87}$$

$$\boldsymbol{\omega}_N=\sum_{i=1}^{N}\boldsymbol{\omega}_N^{(i)} \tag{5-88}$$

以机器人每个关节均为转动型关节为例构造几何雅可比矩阵。定义笛卡儿速度向量 $\boldsymbol{v}_N=$

$\begin{pmatrix} \boldsymbol{v}_N \\ \boldsymbol{\omega}_N \end{pmatrix} \in \mathbb{R}^6$ 和关节空间角速度向量 $\dot{\boldsymbol{\Phi}} = \begin{pmatrix} \dot{\theta}_1 \\ \dot{\theta}_2 \\ \vdots \\ \dot{\theta}_N \end{pmatrix} \in \mathbb{R}^N$，则

$$
\begin{aligned}
\boldsymbol{v}_N &= \begin{pmatrix} \hat{\boldsymbol{Z}}_1 \times (\boldsymbol{O}_N - \boldsymbol{O}_1) & \hat{\boldsymbol{Z}}_2 \times (\boldsymbol{O}_N - \boldsymbol{O}_2) & \cdots & \hat{\boldsymbol{Z}}_{N-1} \times (\boldsymbol{O}_N - \boldsymbol{O}_{N-1}) & 0 \\ \hat{\boldsymbol{Z}}_1 & \hat{\boldsymbol{Z}}_2 & \cdots & \hat{\boldsymbol{Z}}_{N-1} & \hat{\boldsymbol{Z}}_N \end{pmatrix} \dot{\boldsymbol{\Phi}} \\
&= \boldsymbol{J}(\boldsymbol{\Phi}) \dot{\boldsymbol{\Phi}}
\end{aligned} \tag{5-89}
$$

此处，$\boldsymbol{J}(\boldsymbol{\Phi}) \in \mathbb{R}^{6\times N}$即为雅可比矩阵。

例 5-2 仍以图 5-7 所示的两连杆机器人为例，采用雅可比向量积法求末端执行器的速度。

解 由正运动学计算得

$$
\hat{\boldsymbol{Z}}_1 = \hat{\boldsymbol{Z}}_2 = \hat{\boldsymbol{Z}}_3 = \begin{pmatrix} 0 \\ 0 \\ 1 \end{pmatrix}, \boldsymbol{O}_1 = \begin{pmatrix} 0 \\ 0 \\ 0 \end{pmatrix}, \boldsymbol{O}_2 = \begin{pmatrix} l_1 c_1 \\ l_1 s_1 \\ 0 \end{pmatrix}, \boldsymbol{O}_3 = \begin{pmatrix} l_2 c_{12} + l_1 c_1 \\ l_2 s_{12} + l_1 s_1 \\ 0 \end{pmatrix} \tag{5-90}
$$

由于该机器人的关节均为转动型关节，设 $\dot{\boldsymbol{\Phi}} = (\dot{\theta}_1 \quad \dot{\theta}_2 \quad \dot{\theta}_3)^{\mathrm{T}}$，由式（5-89）可得 6×3 维的雅可比矩阵为

$$
\begin{pmatrix} \boldsymbol{v}_3 \\ \boldsymbol{\omega}_3 \end{pmatrix} = \begin{pmatrix} -l_2 s_{12} - l_1 s_1 & -l_2 s_{12} & 0 \\ l_2 c_{12} + l_1 c_1 & l_2 c_{12} & 0 \\ 0 & 0 & 0 \\ 0 & 0 & 0 \\ 0 & 0 & 0 \\ 1 & 1 & 1 \end{pmatrix} \begin{pmatrix} \dot{\theta}_1 \\ \dot{\theta}_2 \\ \dot{\theta}_3 \end{pmatrix} \tag{5-91}
$$

此处，关节 3 是一个伪关节，其关节角固定不变，关节速度恒为零。经比较可知，式（5-91）与式（5-79）是一致的，可以得

$$
\boldsymbol{v}_3 = \begin{pmatrix} -l_1 s_1 \dot{\theta}_1 - l_2 s_{12} (\dot{\theta}_1 + \dot{\theta}_2) \\ l_1 c_1 \dot{\theta}_1 + l_2 c_{12} (\dot{\theta}_1 + \dot{\theta}_2) \\ 0 \end{pmatrix} \tag{5-92}
$$

$$
\boldsymbol{\omega}_3 = \begin{pmatrix} 0 \\ 0 \\ \dot{\theta}_1 + \dot{\theta}_2 \end{pmatrix} \tag{5-93}
$$

由雅可比向量积法得到的结果与由向外迭代法得到的结果是相同的。

5.4.4 参考坐标系变换下的雅可比矩阵

雅可比矩阵可以在不同的参考坐标系下表示。若在关节坐标系 $\{i\}$ 中表达机器人末端笛卡儿速度向量，则

$$\begin{pmatrix} {}^i\boldsymbol{v}_N \\ {}^i\boldsymbol{\omega}_N \end{pmatrix} = \begin{pmatrix} {}^i_0\boldsymbol{R} & 0 \\ 0 & {}^i_0\boldsymbol{R} \end{pmatrix} \begin{pmatrix} \boldsymbol{v}_N \\ \boldsymbol{\omega}_N \end{pmatrix} = \begin{pmatrix} {}^i_0\boldsymbol{R} & 0 \\ 0 & {}^i_0\boldsymbol{R} \end{pmatrix} \boldsymbol{J}(\boldsymbol{\Phi})\dot{\boldsymbol{\Phi}} \tag{5-94}$$

所以，参考坐标系变换下的雅可比矩阵可以表示为

$$ {}^i\boldsymbol{J}(\boldsymbol{\Phi}) = \begin{pmatrix} {}^i_0\boldsymbol{R} & 0 \\ 0 & {}^i_0\boldsymbol{R} \end{pmatrix} \boldsymbol{J}(\boldsymbol{\Phi}) \tag{5-95}$$

即有

$$\begin{pmatrix} {}^i\boldsymbol{v}_N \\ {}^i\boldsymbol{\omega}_N \end{pmatrix} = {}^i\boldsymbol{J}(\boldsymbol{\Phi})\dot{\boldsymbol{\Phi}} \tag{5-96}$$

针对图 5-7 所示的两连杆机器人，将式（5-96）应用于式（5-92）和式（5-93），得

$$\begin{aligned}
\begin{pmatrix} {}^3\boldsymbol{v}_3 \\ {}^3\boldsymbol{\omega}_3 \end{pmatrix} &= \begin{pmatrix} {}^3_0\boldsymbol{R} & \boldsymbol{0} \\ \boldsymbol{0} & {}^3_0\boldsymbol{R} \end{pmatrix} \begin{pmatrix} \boldsymbol{v}_3 \\ \boldsymbol{\omega}_3 \end{pmatrix} \\
&= \left(\begin{array}{ccc:ccc} c_{12} & s_{12} & 0 & 0 & 0 & 0 \\ -s_{12} & c_{12} & 0 & 0 & 0 & 0 \\ 0 & 0 & 1 & 0 & 0 & 0 \\ \hdashline 0 & 0 & 0 & c_{12} & s_{12} & 0 \\ 0 & 0 & 0 & -s_{12} & c_{12} & 0 \\ 0 & 0 & 0 & 0 & 0 & 1 \end{array}\right) \left(\begin{array}{c:c:c} -l_2s_{12}-l_1s_1 & -l_2s_{12} & 0 \\ l_2c_{12}+l_1c_1 & l_2c_{12} & 0 \\ 0 & 0 & 0 \\ \hdashline 0 & 0 & 0 \\ 0 & 0 & 0 \\ 1 & 1 & 1 \end{array}\right) \begin{pmatrix} \dot{\theta}_1 \\ \dot{\theta}_2 \\ \dot{\theta}_3 \end{pmatrix} \\
&= \left(\begin{array}{c:c:c} l_1s_2 & 0 & 0 \\ l_2+l_1c_2 & l_2 & 0 \\ 0 & 0 & 0 \\ \hdashline 0 & 0 & 0 \\ 0 & 0 & 0 \\ 1 & 1 & 1 \end{array}\right) \begin{pmatrix} \dot{\theta}_1 \\ \dot{\theta}_2 \\ \dot{\theta}_3 \end{pmatrix}
\end{aligned} \tag{5-97}$$

如前所述，平面机器人重视二维线速度，且该机器人的 $\dot{\theta}_3 \equiv 0$，设 ${}^3\boldsymbol{v}_3 = (u_x \quad u_y \quad 0)^{\mathrm{T}}$，则由式（5-97）得

$$\begin{pmatrix} u_x \\ u_y \end{pmatrix} = \begin{pmatrix} l_1s_2 & 0 \\ l_2+l_1c_2 & l_2 \end{pmatrix} \begin{pmatrix} \dot{\theta}_1 \\ \dot{\theta}_2 \end{pmatrix} \tag{5-98}$$

故在坐标系{3}中表示的两连杆机器人 2×2 维雅可比矩阵为

$$ {}^3\boldsymbol{J}(\boldsymbol{\Theta}) = \begin{pmatrix} l_1s_2 & 0 \\ l_2+l_1c_2 & l_2 \end{pmatrix} \tag{5-99}$$

5.5　逆微分运动学及奇异性

5.5.1　逆微分运动

本节讨论机器人的逆微分运动问题，即已知期望机器人末端的笛卡儿空间速度，如何求

解需要的关节速度。

如前所述，在机器人关节向量处于 $\boldsymbol{\Phi}$ 时，利用此时的雅可比矩阵 $\boldsymbol{J}(\boldsymbol{\Phi})$ 和关节速度向量 $\dot{\boldsymbol{\Phi}}$，可以计算末端执行器的笛卡儿空间速度 $\boldsymbol{v}_N$（包括线速度和角速度），即

$$\boldsymbol{v}_N = J(\boldsymbol{\Phi})\dot{\boldsymbol{\Phi}} \tag{5-100}$$

因此，雅可比矩阵表明关节速度与末端笛卡儿速度之间是线性关系，相比逆运动学中关节变量与末端位姿之间的非线性关系要相对简单。当然这种线性关系仅仅是瞬时的，因为在下一瞬间，机器人的各关节变量将由于具有关节速度而改变，从而导致雅可比矩阵发生变化。

当机器人末端操作空间维度与机器人关节数一致时，机器人是无冗余的，此时雅可比矩阵为方阵。若雅可比矩阵满秩，则雅可比矩阵的逆存在，此时，机器人的逆微分运动计算比较简单，即当机器人关节向量处于 $\boldsymbol{\Phi}$ 时，已知末端执行器笛卡儿空间速度 $\boldsymbol{v}_N$，则产生 $\boldsymbol{v}_N$ 的各关节角速度如下计算

$$\dot{\boldsymbol{\Phi}} = \boldsymbol{J}^{-1}(\boldsymbol{\Phi})\boldsymbol{v}_N \tag{5-101}$$

对于冗余机器人和欠驱动机器人，雅可比矩阵不是方阵，要计算关节速度，需要考虑雅可比矩阵的伪逆（广义逆）。

若矩阵 $\boldsymbol{A}$ 的维度为 $m\times n(m\neq n)$，且 $\boldsymbol{A}$ 为满秩（行满秩或列满秩），则 $\boldsymbol{A}$ 的伪逆 $\boldsymbol{A}^+$ 为：

1）当 $m>n$ 时，若 $\boldsymbol{A}$ 为列满秩，则 $\boldsymbol{A}^+$ 为左逆矩阵，即

$$\boldsymbol{A}^+ = \boldsymbol{A}_{left}^{-1} = (\boldsymbol{A}^{\mathrm{T}}\boldsymbol{A})^{-1}\boldsymbol{A}^{\mathrm{T}} \tag{5-102}$$

2）当 $m<n$ 时，若 $\boldsymbol{A}$ 为行满秩，则 $\boldsymbol{A}^+$ 为右逆矩阵，即

$$\boldsymbol{A}^+ = \boldsymbol{A}_{right}^{-1} = \boldsymbol{A}^{\mathrm{T}}(\boldsymbol{A}\boldsymbol{A}^{\mathrm{T}})^{-1} \tag{5-103}$$

若 $\boldsymbol{A}$ 为 $m\times n$ 矩阵，对于线性方程组 $\boldsymbol{Ax}=\boldsymbol{b}$：

1）当方程个数大于未知量个数，即 $m>n$ 时，方程组是过定的，通常方程组无解。此时，使得 $\|\boldsymbol{Ax}-\boldsymbol{b}\|^2$ 最小的 $\boldsymbol{x}$ 为方程的最小二乘解，如下得到

$$\boldsymbol{x}^* = \boldsymbol{A}^+\boldsymbol{b} = \boldsymbol{A}_{left}^{-1}\boldsymbol{b} = (\boldsymbol{A}^{\mathrm{T}}\boldsymbol{A})^{-1}\boldsymbol{A}^{\mathrm{T}}\boldsymbol{b} \tag{5-104}$$

2）当方程个数小于未知量个数，即 $m<n$ 时，方程组是欠定的，通常方程组可能存在无数个解。此时，所有解中使得 $\boldsymbol{x}$ 范数最小的 $\boldsymbol{x}$ 为方程的最小范数解，如下得到

$$\boldsymbol{x}^* = \boldsymbol{A}^+\boldsymbol{b} = \boldsymbol{A}_{right}^{-1}\boldsymbol{b} = \boldsymbol{A}^{\mathrm{T}}(\boldsymbol{A}\boldsymbol{A}^{\mathrm{T}})^{-1}\boldsymbol{b} \tag{5-105}$$

若 $\boldsymbol{A}$ 为 $m\times n$ 矩阵，则 $\boldsymbol{A}$ 的零空间（Null Space）为线性方程组 $\boldsymbol{Ax}=\boldsymbol{0}$ 的所有解的集合，记为 $\mathbb{N}(\boldsymbol{A})$，即

$$\mathbb{N}(\boldsymbol{A}) = \{\boldsymbol{x}\in\mathbb{R}^n : \boldsymbol{Ax}=\boldsymbol{0}\} \tag{5-106}$$

矩阵 $\boldsymbol{A}$ 的零空间 $\mathbb{N}(\boldsymbol{A})$ 是线性空间，可以用若干满足线性方程组的基向量表示。$\mathbb{N}(\boldsymbol{A})$ 中的任意一个向量可表示为基向量的线性组合。求解矩阵 $\boldsymbol{A}$ 的零空间，本质是计算矩阵零空间 $\mathbb{N}(\boldsymbol{A})$ 的一组基向量。当 $m\geqslant n$ 时，矩阵 $\boldsymbol{A}$ 的零空间中只有零向量，因此，通常考虑的是 $m<n$ 时矩阵 $\boldsymbol{A}$ 的零空间，此时，若 $\boldsymbol{A}$ 为行满秩，对于任意的向量 $\boldsymbol{x}\in\mathbb{R}^n$，记 $\tilde{\boldsymbol{x}}$ 为

$$\tilde{\boldsymbol{x}} = (\boldsymbol{I}-\boldsymbol{A}^+\boldsymbol{A})\boldsymbol{x} = (\boldsymbol{I}-\boldsymbol{A}_{right}^{-1}\boldsymbol{A})\boldsymbol{x} = (\boldsymbol{I}-\boldsymbol{A}^{\mathrm{T}}(\boldsymbol{A}\boldsymbol{A}^{\mathrm{T}})^{-1}\boldsymbol{A})\boldsymbol{x} \tag{5-107}$$

则 $\tilde{\boldsymbol{x}}$ 为 $\boldsymbol{A}$ 的零空间中的向量。

当机器人末端操作空间维度大于机器人关节数时，机器人是欠驱动的，此时，若雅可比矩阵是列满秩的，当机器人关节向量处于 $\boldsymbol{\Phi}$ 时，对于机器人末端执行器的某一笛卡儿空间速度 $\boldsymbol{v}_N$，可能没有对应的关节速度，这时，只能得到误差范数最小的关节速度（最小二乘

解)，根据线性方程组（5-100）用左伪逆计算，即

$$\dot{\boldsymbol{\Phi}}=(\boldsymbol{J}^{\mathrm{T}}\boldsymbol{J})^{-1}\boldsymbol{J}^{\mathrm{T}}\boldsymbol{v}_N \tag{5-108}$$

当机器人末端操作空间维度小于机器人关节数时，机器人是冗余的，此时，若雅可比矩阵是行满秩的，当机器人关节向量处于 $\boldsymbol{\Phi}$ 时，对于机器人末端执行器的某一笛卡儿空间速度 $\boldsymbol{v}_N$，会有无穷组对应的关节速度，其中满足关节速度范数最小的一个特解（最小范数解）可以用右伪逆计算得到

$$\dot{\boldsymbol{\Phi}}_r=\boldsymbol{J}^{\mathrm{T}}(\boldsymbol{J}\boldsymbol{J}^{\mathrm{T}})^{-1}\boldsymbol{v}_N \tag{5-109}$$

对于任意的关节速度向量 $\dot{\boldsymbol{\Phi}}_f$，由式（5-107）知 $\dot{\tilde{\boldsymbol{\Phi}}}=(\boldsymbol{I}-\boldsymbol{J}^{\mathrm{T}}(\boldsymbol{J}\boldsymbol{J}^{\mathrm{T}})^{-1}\boldsymbol{J})\dot{\boldsymbol{\Phi}}_f$ 是雅可比矩阵 $\boldsymbol{J}$ 的零空间 $\mathbb{N}(\boldsymbol{J})$ 中的一个关节速度向量。由零空间的定义可知，该零空间中的速度向量影响机器人的内部运动，可以对机器人的位形进行重新配置但不改变机器人末端的位姿，因此，由式（5-109）知如式（5-110）所示的 $\dot{\boldsymbol{\Phi}}$ 也是满足条件式（5-100）的一个关节速度向量：

$$\dot{\boldsymbol{\Phi}}=\dot{\boldsymbol{\Phi}}_r+\dot{\tilde{\boldsymbol{\Phi}}}=\boldsymbol{J}^{\mathrm{T}}(\boldsymbol{J}\boldsymbol{J}^{\mathrm{T}})^{-1}\boldsymbol{v}_N+(\boldsymbol{I}-\boldsymbol{J}^{\mathrm{T}}(\boldsymbol{J}\boldsymbol{J}^{\mathrm{T}})^{-1}\boldsymbol{J})\dot{\boldsymbol{\Phi}}_f \tag{5-110}$$

式中，$\dot{\boldsymbol{\Phi}}_f$ 遍历所有的关节速度向量。式（5-110）描述了冗余机器人逆微分运动的通解。

5.5.2　奇异性

若机器人某个位形的关节向量为 $\boldsymbol{\Phi}$，且使雅可比矩阵 $J(\boldsymbol{\Phi})$ 为满秩，则由上节公式可以通过已知的机器人末端速度求得需要的关节变量速度。然而，当机器人某个位形的关节向量 $\boldsymbol{\Phi}$ 值使得雅可比矩阵不满秩时，在给定姿态下，无法通过关节变量速度实现要求的机器人末端速度，这些 $\boldsymbol{\Phi}$ 值所对应的机器人位姿称为机器人的奇异位形。所有的机器人在工作空间的边界都存在奇异位形，并且大多数机器人在它们的工作空间也有奇异位形。

若 N 为机器人关节数，$\boldsymbol{J}$ 为机器人雅可比矩阵，则对于空间机器人，总有

$$\mathrm{rank}(\boldsymbol{J})\leqslant\min(6,N) \tag{5-111}$$

而对于平面机器人，总有

$$\mathrm{rank}(\boldsymbol{J})\leqslant\min(2,N) \tag{5-112}$$

对于一般机器人，奇异位形为令雅可比矩阵 $\boldsymbol{J}$ 不满秩的 $\boldsymbol{\Phi}$ 值所构成的位形，此时

$$\mathrm{rank}(\boldsymbol{J}(\boldsymbol{\Phi}))<\min(m,N) \tag{5-113}$$

不同情况下的奇异点的判断条件为

1）无冗余($m=N$)：在此 $\boldsymbol{\Phi}$ 时 $\boldsymbol{J}(\boldsymbol{\Phi})$ 不可逆，即 $\det(\boldsymbol{J}(\boldsymbol{\Phi}))=0$。

2）冗余（$m<N$）：在此 $\boldsymbol{\Phi}$ 时 $\boldsymbol{J}(\boldsymbol{\Phi})$ 不行满秩，即 $\mathrm{rank}(\boldsymbol{J}(\boldsymbol{\Phi}))<m$。

3）欠驱动($m>N$)：在此 $\boldsymbol{\Phi}$ 时 $\boldsymbol{J}(\boldsymbol{\Phi})$ 不列满秩，即 $\mathrm{rank}(\boldsymbol{J}(\boldsymbol{\Phi}))<N$。

需要注意的是，对于平面机器人，由于其末端姿态只有一个旋转自由度，且旋转轴一直垂直于平面，转角大小为所有转动关节的转角之和，所以判断奇异性时，平面机器人只需关心平面二维线速度部分的雅可比矩阵，即

$$\begin{pmatrix} v_x \\ v_y \end{pmatrix}=\boldsymbol{J}_v\dot{\boldsymbol{\Phi}} \tag{5-114}$$

因此，对于平面机器人，上述奇异位形的判断条件需利用雅可比矩阵 $\boldsymbol{J}_v$。

机器人奇异位形大致分为两类：

1）边界奇异性：工作空间边界的奇异位形。出现在机器人完全展开或者收回使得末端

执行器处于或非常接近空间边界的情况。

2）内点奇异性：工作空间内部的奇异位形。出现在远离工作空间的边界，通常是由于两个或两个以上的关节轴线共线引起的。

当机器人处于奇异位形时，机器人的末端在笛卡儿空间中会失去一个或多个自由度，即此时无论选择多大的关节速度，机器人的末端在笛卡儿空间的某个方向上（或某个子空间中）都不能运动。

如例 5-1 中的两连杆机器人的雅可比矩阵为式（5-81），根据上述奇异位形的判定条件，要求出该机器人的奇异位形，需要得到使雅可比矩阵不满秩的 $\boldsymbol{\Phi}$ 值。此时雅可比矩阵是奇异的，满足式（5-115）：

$$\det[\boldsymbol{J}(\boldsymbol{\Phi})]=\begin{vmatrix}-l_1s_1-l_2s_{12} & -l_2s_{12}\\ l_1c_1+l_2c_{12} & l_2c_{12}\end{vmatrix}=l_1l_2(s_{12}c_1-c_{12}s_1)=l_1l_2s_2=0 \tag{5-115}$$

因此，当 θ_2 为 0 或 π 时，机器人处于奇异位形。当 θ_2 为 0 时，机器人完全展开；当 θ_2 为 π 时，机器人完全收回。在此两种位形下，机器人末端都只能沿垂直于连杆的方向运动，失去了一个自由度。这类奇异位形处于机器人工作空间的边界上，因此称为工作空间边界的奇异位形。

如图 3-14 和图 3-15 所示的 PUMA560 机器人，当其处于关节角 θ_5 为 0 的位形时，关节轴 4 和关节轴 6 在一条直线上，因此这两个关节轴的转动会使机器人末端产生相同的运动，此时，机器人失去了一个自由度，该位形是 PUMA560 机器人的奇异位形。由于这类奇异位形处于工作空间内部，因此称为工作空间内部的奇异位形。

机器人的奇异位形是由机器人的构型决定的，是机器人的固有特征，并不会由于运动学坐标系选择的不同而变化。如前所述，例 5-1 中的两连杆机器人在坐标系{3}中表示的雅可比矩阵 ${}^3\boldsymbol{J}(\boldsymbol{\Phi})$ 为式（5-99），其行列式为

$$\det[{}^3\boldsymbol{J}(\boldsymbol{\Phi})]=\begin{vmatrix}l_1s_2 & 0\\ l_1c_2+l_2 & l_2\end{vmatrix}=l_1l_2s_2 \tag{5-116}$$

与式（5-115）是一致的，因此，利用不同坐标系中的雅可比矩阵进行奇异性分析，其结果是相同的。

例 5-3 如图 5-10 所示的两连杆机器人，考虑末端执行器沿着 $\hat{X}$ 轴以 1m/s 的速度运动时的情况。

解 首先根据坐标系{0}中机器人雅可比矩阵式（5-81）计算其逆矩阵

$${}^0\boldsymbol{J}^{-1}(\boldsymbol{\Phi})=\frac{1}{l_1l_2s_2}\begin{pmatrix}l_2c_{12} & l_2s_{12}\\ -l_1c_1-l_2c_{12} & -l_1s_1-l_2s_{12}\end{pmatrix} \tag{5-117}$$

当末端执行器以 1m/s 的速度沿着 $\hat{X}$ 轴方向运动时，按照机器人位形的函数计算出关节速度为

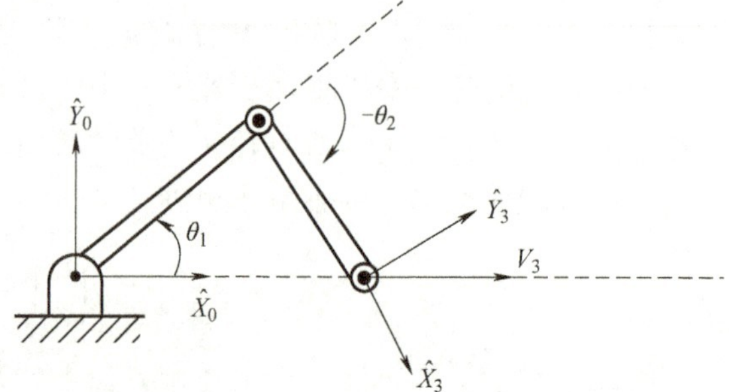

图 5-10　两连杆机器人末端沿基坐标系 $\hat{X}$ 轴匀速运动

$$\dot{\theta}_1 = \frac{c_{12}}{l_1 s_2}\quad,\quad \dot{\theta}_2 = -\frac{c_1}{l_2 s_2} - \frac{c_{12}}{l_1 s_2} \tag{5-118}$$

因此，当 θ_2 远离零时，机器人远离奇异位形，关节速度都在允许范围内，但是当 θ_2 接近零时，机器人接近奇异位形，此时关节速度趋向于无穷大。当机器人伸展到 $\theta_2=0$ 时，机器人处于奇异位形，两个关节的速度为无穷大，机器人末端已不可能沿 $\hat{X}$ 轴方向运动。

5.5.3　可操作度

机器人接近奇异位形时，会存在机器人末端在工作空间中的微小速度将导致关节空间产生过大速度的情况，因此希望能定量判断机器人当前位形离奇异位形有多远。可操作度就是衡量机器人位形与奇异位形距离的一种度量方式。

由于机器人在处于某位形的瞬时，关节速度与末端速度之间是线性关系，为定量描述机器人处于某位形时改变末端位姿的能力，可以限制关节速度为单位速度向量，此时末端速度的响应体现了机器人的运动能力。

由式（5-108）可知，一般欠驱动机器人的逆微分运动不一定存在精确解，而只能得到最小二乘解，因此，通常只讨论无冗余和冗余机器人的可操作性问题。

假设机器人处于某位形时关节向量为 $\boldsymbol{\Phi}$，取单位速度向量 $\dot{\boldsymbol{\Phi}}_e$ 作为机器人关节速度，即满足

$$\dot{\boldsymbol{\Phi}}_e^{\mathrm{T}}\dot{\boldsymbol{\Phi}}_e = 1 \tag{5-119}$$

式（5-119）表示的 $\dot{\boldsymbol{\Phi}}_e$ 可以看成高维单位球面上的一点。记机器人关节向量为 $\boldsymbol{\Phi}$ 且关节速度向量为 $\dot{\boldsymbol{\Phi}}_e$ 时的机器人末端速度为$\boldsymbol{v}_e$。

若机器人是无冗余的，且雅可比矩阵 $\boldsymbol{J}(\boldsymbol{\Phi})$满秩，则由式（5-101）和式（5-119）可得

$$\boldsymbol{v}_e^{\mathrm{T}}(\boldsymbol{J}(\boldsymbol{\Phi})\boldsymbol{J}(\boldsymbol{\Phi})^{\mathrm{T}})^{-1}\boldsymbol{v}_e = 1 \tag{5-120}$$

式（5-120）说明此时末端速度$\boldsymbol{v}_e$ 在末端速度空间中的高维椭球面上，椭球体的形状和姿态由$(\boldsymbol{J}(\boldsymbol{\Phi})\boldsymbol{J}(\boldsymbol{\Phi})^{\mathrm{T}})^{-1}$确定。

若机器人是冗余的，针对其逆微分运动的最小范数解式（5-109），应用式（5-119）也可以得到式（5-120）；而针对其逆微分运动的通解式（5-110），由于限制了 $\dot{\boldsymbol{\Phi}}_e$ 为单位速度向量，此时末端速度$\boldsymbol{v}_e$ 在由式（5-120）描述的末端速度空间高维椭球的内部，即

$$\boldsymbol{v}_e^{\mathrm{T}}(\boldsymbol{J}(\boldsymbol{\Phi})\boldsymbol{J}(\boldsymbol{\Phi})^{\mathrm{T}})^{-1}\boldsymbol{v}_e \leqslant 1 \tag{5-121}$$

当机器人处于某位形时，限制关节速度为单位速度向量，机器人末端速度所构成的空间称作该位形的可操作椭球体。

假设机器人有 N 个关节，末端速度空间的维数为 m，要求 $N \geqslant m$，则 $m \times N$ 维雅可比矩阵 $\boldsymbol{J}$ 的奇异值分解为

$$\boldsymbol{J} = \boldsymbol{U}\boldsymbol{\Sigma}\boldsymbol{V}^{\mathrm{T}} \tag{5-122}$$

式中，$\boldsymbol{\Sigma}$ 是 $m \times N$ 维矩阵，其主对角线外的元素均为零，主对角线上的每个元素为 $\boldsymbol{J}$ 的奇异值 $\sigma_i = \sqrt{\lambda_i(\boldsymbol{J}\boldsymbol{J}^{\mathrm{T}})}\,(i=1,\cdots,m)$，且 $\sigma_1 \geqslant \sigma_2 \geqslant \cdots \geqslant \sigma_m \geqslant 0$；$\boldsymbol{U}$ 和 $\boldsymbol{V}$ 分别为 m 维和 N 维正交矩阵，且 $\boldsymbol{U}$ 由矩阵 $\boldsymbol{J}\boldsymbol{J}^{\mathrm{T}}$ 的特征向量 $\boldsymbol{u}_i(i=1,\cdots,m)$张成，$\boldsymbol{V}$ 由矩阵 $\boldsymbol{J}^{\mathrm{T}}\boldsymbol{J}$ 的特征向量 $\boldsymbol{v}_i(i=1,\cdots,N)$张成。由此得到

$$\boldsymbol{v}_e^{\mathrm{T}}(\boldsymbol{J}\boldsymbol{J}^{\mathrm{T}})^{-1}\boldsymbol{v}_e = (\boldsymbol{U}^{\mathrm{T}}\boldsymbol{v}_e)^{\mathrm{T}}\boldsymbol{\Sigma}^{-2}(\boldsymbol{U}^{\mathrm{T}}\boldsymbol{v}_e) \tag{5-123}$$

此时，$\boldsymbol{\Sigma}^{-2}=\mathrm{diag}(\sigma_1^{-2},\sigma_2^{-2},\cdots,\sigma_m^{-2})$ 为 m 维对角矩阵。记 $\alpha=\boldsymbol{U}^{\mathrm{T}}\boldsymbol{v}_e$，则由式（5-121）和式（5-123）得

$$\boldsymbol{v}_e^{\mathrm{T}}(\boldsymbol{J}\boldsymbol{J}^{\mathrm{T}})^{-1}\boldsymbol{v}_e=\boldsymbol{\alpha}^{\mathrm{T}}\boldsymbol{\Sigma}^{-2}\boldsymbol{\alpha}=\sum_{i=1}^{m}\frac{\alpha_i^2}{\sigma_i^2}\leqslant 1 \tag{5-124}$$

式（5-124）是一个标准的椭球体方程，表明机器人此位形的可操作椭球体的轴由向量 $\sigma_i\boldsymbol{u}_i$ 给出。

机器人关节速度取单位速度时，可操作椭球体轴的长度越大，在该轴方向上，所得到的末端速度可以越大，表明在该方向上运动能力越强；反之，轴的长度越小，在该轴方向上，所得到的末端速度被限制得越小，表明在该方向上运动能力越弱。因此，机器人位形的可操作椭球体描述了机器人改变末端位姿的能力。

当可操作椭球体接近于球体时，末端沿着操作空间的各个方向都具有良好的运动能力；而当机器人处于奇异位形时，雅可比矩阵 $\boldsymbol{J}$ 存在为零的奇异值，机器人在可操作椭球体的某些轴方向上没有运动能力，此时，该位形的可操作椭球体的体积为零。因此，为更直观地衡量机器人位形与奇异位形之间的距离，可以使用可操作椭球体的体积作为度量。由式（5-124）知可操作椭球体的体积与 $\boldsymbol{J}$ 的奇异值的连乘 $\sigma_1\sigma_2\cdots\sigma_m$ 成比例，即与 $\boldsymbol{J}\boldsymbol{J}^{\mathrm{T}}$ 的行列式的二次方根成比例，因此，定义机器人处于位形 $\boldsymbol{\Phi}$ 时的可操作度为 $\kappa(\boldsymbol{\Phi})$，有

$$\kappa(\boldsymbol{\Phi})=\sigma_1\sigma_2\cdots\sigma_m=\sqrt{\det(\boldsymbol{J}(\boldsymbol{\Phi})\boldsymbol{J}^{\mathrm{T}}(\boldsymbol{\Phi}))} \tag{5-125}$$

当机器人处于奇异位形时，$\boldsymbol{J}\boldsymbol{J}^{\mathrm{T}}$ 不是满秩的，因此可操作度 $\kappa=0$，在非奇异位形，可操作度 $\kappa>0$，而且 κ 越大，机器人改变末端位姿的可操作性越好。

当机器人无冗余时，雅可比矩阵 $\boldsymbol{J}$ 为方阵，则 $\det(\boldsymbol{J}\boldsymbol{J}^{\mathrm{T}})=(\det\boldsymbol{J})^2$，此时机器人位形的可操作度为

$$\kappa(\boldsymbol{\Phi})=|\det(\boldsymbol{J}(\boldsymbol{\Phi}))| \tag{5-126}$$

例 5-4 计算如图 5-7 所示的两连杆机器人的可操作度。

解 该机器人是无冗余的平面机器人，由式（5-81）描述的雅可比矩阵和可操作度计算式（5-126），得

$$\kappa=|\det(\boldsymbol{J})|=l_1l_2|s_2| \tag{5-127}$$

图 5-11 描述了两连杆平面机器人几种不同位形的可操作椭球体。

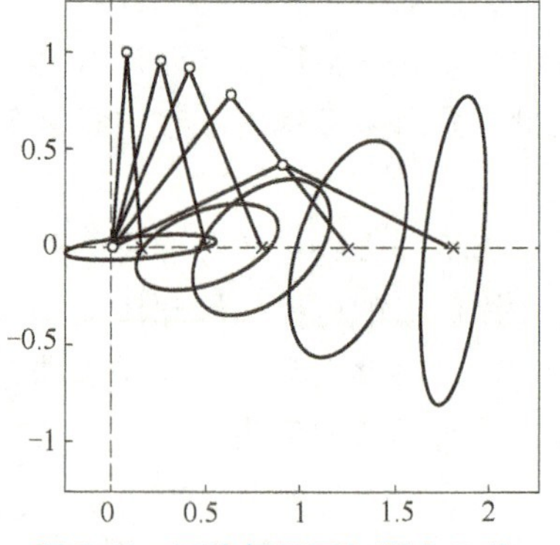

图 5-11 两连杆平面机器人几种不同位形的可操作椭球体

利用可操作度可以确定机器人用于执行任务的最优位形。在该例中，当 $\theta_2=\pm\dfrac{\pi}{2}$时，机器人末端具有最大的可操作度。

可操作度还可以用于机器人结构的辅助设计。若需要设计一个两连杆平面机器人，当连杆总长度 l_1+l_2 为定值时，为使机器人具有最大的可操作性，由该机器人的可操作度 κ 的表达式（5-127）可知应当使乘积 l_1l_2 最大化，所以取连杆长度 $l_1=l_2$，即选择相同长度的连杆可以达到相应的目标。

5.6　分析雅可比矩阵

5.6.1　分析雅可比矩阵的定义

前面的雅可比矩阵 $\boldsymbol{J}(\boldsymbol{\Phi})$ 满足式（5-82），为几何雅可比矩阵。本节介绍基于通过机器人末端执行器位置和姿态的最小表示运动学方程，对关节变量进行微分计算得到的雅可比矩阵，这种雅可比矩阵称为分析雅克比矩阵，以区别前面的几何雅可比矩阵。

令 $\boldsymbol{X}=\begin{pmatrix}\boldsymbol{P}(\boldsymbol{\Phi})\\ \boldsymbol{\Psi}(\boldsymbol{\Phi})\end{pmatrix}$ 表示机器人末端执行器的位置与姿态，其中 $\boldsymbol{P}(\boldsymbol{\Phi})$ 为基座坐标系原点到末端执行器坐标系原点的一般向量，$\boldsymbol{\Psi}(\boldsymbol{\Phi})$ 为末端执行器坐标系相对于基座坐标系姿态的最小表示（如固定角表示或欧拉角表示）。分析雅可比矩阵满足以下形式

$$\dot{\boldsymbol{X}}=\begin{pmatrix}\dot{\boldsymbol{P}}\\ \dot{\boldsymbol{\Psi}}\end{pmatrix}=\boldsymbol{J}_a(\boldsymbol{\Phi})\dot{\boldsymbol{\Phi}} \tag{5-128}$$

5.6.2　刚体角速度与欧拉角速率的关系

为讨论分析雅可比矩阵与几何雅可比矩阵之间的关系，先介绍刚体姿态用欧拉角（或固定角）表示时，刚体角速度与相应的欧拉角速率之间的转换计算公式。

若刚体姿态矩阵为

$$\boldsymbol{R}=\begin{pmatrix}r_{11} & r_{12} & r_{13}\\ r_{21} & r_{22} & r_{23}\\ r_{31} & r_{32} & r_{33}\end{pmatrix} \tag{5-129}$$

刚体角速度为

$$\boldsymbol{\omega}=\begin{pmatrix}\omega_x\\ \omega_y\\ \omega_z\end{pmatrix} \tag{5-130}$$

由式（5-17）知 $\dot{\boldsymbol{R}}\boldsymbol{R}^{\mathrm{T}}=\boldsymbol{S}$，即

$$\begin{pmatrix}\dot{r}_{11} & \dot{r}_{12} & \dot{r}_{13}\\ \dot{r}_{21} & \dot{r}_{22} & \dot{r}_{23}\\ \dot{r}_{31} & \dot{r}_{32} & \dot{r}_{33}\end{pmatrix}\begin{pmatrix}r_{11} & r_{21} & r_{31}\\ r_{12} & r_{22} & r_{32}\\ r_{13} & r_{23} & r_{33}\end{pmatrix}=\begin{pmatrix}0 & -\omega_z & \omega_y\\ \omega_z & 0 & -\omega_x\\ -\omega_y & \omega_x & 0\end{pmatrix} \tag{5-131}$$

由式（5-131）等式两边各元素相等，可得到

$$\begin{aligned}\omega_x&=\dot{r}_{31}r_{21}+\dot{r}_{32}r_{22}+\dot{r}_{33}r_{23}\\ \omega_y&=\dot{r}_{11}r_{31}+\dot{r}_{12}r_{32}+\dot{r}_{13}r_{33}\\ \omega_z&=\dot{r}_{21}r_{11}+\dot{r}_{22}r_{12}+\dot{r}_{23}r_{13}\end{aligned} \tag{5-132}$$

以 z-y-z 欧拉角表示刚体在基坐标系中的姿态为例，此时

$$\boldsymbol{R}=\boldsymbol{R}_{z'y'z'}(\alpha,\beta,\gamma)=\boldsymbol{R}_z(\alpha)\boldsymbol{R}_y(\beta)\boldsymbol{R}_z(\gamma)$$
$$=\begin{pmatrix}\mathrm{c}\alpha & -\mathrm{s}\alpha & 0\\ \mathrm{s}\alpha & \mathrm{c}\alpha & 0\\ 0 & 0 & 1\end{pmatrix}\begin{pmatrix}\mathrm{c}\beta & 0 & \mathrm{s}\beta\\ 0 & 1 & 0\\ -\mathrm{s}\beta & 0 & \mathrm{c}\beta\end{pmatrix}\begin{pmatrix}\mathrm{c}\gamma & -\mathrm{s}\gamma & 0\\ \mathrm{s}\gamma & \mathrm{c}\gamma & 0\\ 0 & 0 & 1\end{pmatrix} \tag{5-133}$$

即有

$$\boldsymbol{R}=\begin{pmatrix}r_{11} & r_{12} & r_{13}\\ r_{21} & r_{22} & r_{23}\\ r_{31} & r_{32} & r_{33}\end{pmatrix}=\begin{pmatrix}\mathrm{c}\alpha\mathrm{c}\beta\mathrm{c}\gamma-\mathrm{s}\alpha\mathrm{s}\gamma & -\mathrm{c}\alpha\mathrm{c}\beta\mathrm{s}\gamma-\mathrm{s}\alpha\mathrm{c}\gamma & \mathrm{c}\alpha\mathrm{s}\beta\\ \mathrm{s}\alpha\mathrm{c}\beta\mathrm{c}\gamma+\mathrm{c}\alpha\mathrm{s}\gamma & -\mathrm{s}\alpha\mathrm{c}\beta\mathrm{s}\gamma+\mathrm{c}\alpha\mathrm{c}\gamma & \mathrm{s}\alpha\mathrm{s}\beta\\ -\mathrm{s}\beta\mathrm{c}\gamma & \mathrm{s}\beta\mathrm{s}\gamma & \mathrm{c}\beta\end{pmatrix} \tag{5-134}$$

记 z-y-z 欧拉角表示为 $\boldsymbol{\Psi}=(\alpha \quad \beta \quad \gamma)^{\mathrm{T}}$，欧拉角速率为 $\dot{\boldsymbol{\Psi}}=(\dot{\alpha} \quad \dot{\beta} \quad \dot{\gamma})^{\mathrm{T}}$，则由式（5-132）和式（5-134）可得到

$$\begin{aligned}\omega_x&=\dot{r}_{31}r_{21}+\dot{r}_{32}r_{22}+\dot{r}_{33}r_{23}\\&=\left(\frac{\partial r_{31}}{\partial\alpha}r_{21}+\frac{\partial r_{32}}{\partial\alpha}r_{22}+\frac{\partial r_{33}}{\partial\alpha}r_{23}\right)\dot{\alpha}+\left(\frac{\partial r_{31}}{\partial\beta}r_{21}+\frac{\partial r_{32}}{\partial\beta}r_{22}+\frac{\partial r_{33}}{\partial\beta}r_{23}\right)\dot{\beta}+\left(\frac{\partial r_{31}}{\partial\gamma}r_{21}+\frac{\partial r_{32}}{\partial\gamma}r_{22}+\frac{\partial r_{33}}{\partial\gamma}r_{23}\right)\dot{\gamma}\\&=-s\alpha\dot{\beta}+c\alpha s\beta\dot{\gamma}\\&=(0 \quad -s\alpha \quad c\alpha s\beta)\dot{\boldsymbol{\Psi}}\end{aligned} \tag{5-135}$$

同样有

$$\omega_y=\dot{r}_{11}r_{31}+\dot{r}_{12}r_{32}+\dot{r}_{13}r_{33}=(0 \quad c\alpha \quad s\alpha s\beta)\dot{\boldsymbol{\Psi}} \tag{5-136}$$

$$\omega_z=\dot{r}_{21}r_{11}+\dot{r}_{22}r_{12}+\dot{r}_{23}r_{13}=(1 \quad 0 \quad c\beta)\dot{\boldsymbol{\Psi}} \tag{5-137}$$

因此针对以 z-y-z 欧拉角表示的姿态，可以得到刚体角速度 $\boldsymbol{\omega}$ 与相应的欧拉角速率 $\dot{\boldsymbol{\Psi}}$ 之间的转换计算公式为

$$\boldsymbol{\omega}=\begin{pmatrix}\omega_x\\ \omega_y\\ \omega_z\end{pmatrix}=\begin{pmatrix}0 & -s\alpha & c\alpha s\beta\\ 0 & c\alpha & s\alpha s\beta\\ 1 & 0 & c\beta\end{pmatrix}\dot{\boldsymbol{\Psi}} \tag{5-138}$$

记 $\boldsymbol{B}_a(\boldsymbol{\Psi})=\begin{pmatrix}0 & -s\alpha & c\alpha s\beta\\ 0 & c\alpha & s\alpha s\beta\\ 1 & 0 & c\beta\end{pmatrix}$，则

$$\boldsymbol{\omega}=\boldsymbol{B}_a(\boldsymbol{\Psi})\dot{\boldsymbol{\Psi}} \tag{5-139}$$

5.6.3 分析雅可比矩阵与几何雅可比矩阵的关系

进一步，讨论分析雅可比矩阵与几何雅可比矩阵之间的转换。由几何雅可比矩阵的定义知

$$\begin{pmatrix}\boldsymbol{v}\\ \boldsymbol{\omega}\end{pmatrix}=\begin{pmatrix}\dot{\boldsymbol{P}}\\ \boldsymbol{\omega}\end{pmatrix}=\boldsymbol{J}(\boldsymbol{\Phi})\dot{\boldsymbol{\Phi}} \tag{5-140}$$

由式（5-139）和分析雅可比矩阵的定义得

$$\boldsymbol{J}(\boldsymbol{\Phi})\dot{\boldsymbol{\Phi}}=\begin{pmatrix}\boldsymbol{v}\\ \boldsymbol{\omega}\end{pmatrix}=\begin{pmatrix}\dot{\boldsymbol{P}}\\ \boldsymbol{B}_a(\boldsymbol{\Psi})\dot{\boldsymbol{\Psi}}\end{pmatrix}=\begin{pmatrix}\boldsymbol{I} & 0\\ 0 & \boldsymbol{B}_a(\boldsymbol{\Psi})\end{pmatrix}\begin{pmatrix}\dot{\boldsymbol{P}}\\ \dot{\boldsymbol{\Psi}}\end{pmatrix}=\begin{pmatrix}\boldsymbol{I} & 0\\ 0 & B_a(\boldsymbol{\Psi})\end{pmatrix}\boldsymbol{J}_a(\boldsymbol{\Phi})\dot{\boldsymbol{\Phi}} \tag{5-141}$$

所以，分析雅可比矩阵 $\boldsymbol{J}_a(\boldsymbol{\Phi})$ 与几何雅可比矩阵 $\boldsymbol{J}(\boldsymbol{\Phi})$ 的关系为

$$J_a(\boldsymbol{\Phi})=\begin{pmatrix} \boldsymbol{I} & 0 \\ 0 & \boldsymbol{B}_a^{-1}(\boldsymbol{\Psi}) \end{pmatrix} \boldsymbol{J}(\boldsymbol{\Phi}) \tag{5-142}$$

记 $\boldsymbol{T}_a=\begin{pmatrix} \boldsymbol{I} & 0 \\ 0 & \boldsymbol{B}_a^{-1}(\boldsymbol{\Psi}) \end{pmatrix}$，则

$$\boldsymbol{J}_a(\boldsymbol{\Phi})=\boldsymbol{T}_a\boldsymbol{J}(\boldsymbol{\Phi}) \tag{5-143}$$

式（5-143）成立的要求为 $\boldsymbol{B}_a(\boldsymbol{\Psi})$ 为可逆矩阵。由分析雅可比矩阵 $\boldsymbol{J}_a(\boldsymbol{\Phi})$ 与几何雅可比矩阵 $\boldsymbol{J}(\boldsymbol{\Phi})$ 的关系知，几何雅可比矩阵的所有奇异位形都是分析雅可比矩阵的奇异位形。

针对以 z-y-z 欧拉角表示的姿态，矩阵 $\boldsymbol{B}_a(\boldsymbol{\Psi})$ 的行列式是 $-s\beta$。若 $s\beta=0$，即 β 为 0 或 π 时，$\boldsymbol{B}_a(\boldsymbol{\Psi})$ 不可逆，这是由欧拉角表示造成的分析雅可比矩阵奇异点，与欧拉角表示的奇异点一致，因此，矩阵 $\boldsymbol{B}_a(\boldsymbol{\Psi})$ 的奇异点称为分析雅可比矩阵的表示奇异点。

5.6.4　逆运动学数值解

作为分析雅可比矩阵应用的一个例子，下面介绍一下机器人逆运动学的数值解法。

第 4 章介绍了机器人逆运动学的解析解法，同时也知道，只有一些特殊构型（如满足 PIEPER 条件）的机器人，才有逆运动学解析解，并且没有易于编程的通用解法，因此在很多实际应用中会使用逆运动学数值解求解。利用分析雅可比矩阵可以提供计算机器人逆运动学数值解的方法。

逆运动学求解问题就是给定机器人末端位姿，寻找非线性代数方程式（4-1）的解。将该问题在 N 自由度机器人上考虑，即为给定期望的齐次变换矩阵 $\boldsymbol{T}^d$，求满足式（5-144）的关节变量 $\boldsymbol{\Phi}=(\phi_1 \quad \phi_2 \quad \cdots \quad \phi_N)^{\mathrm{T}}$，有

$${}^0_N\boldsymbol{T}={}^0_1\boldsymbol{T}(\phi_1){}^1_2\boldsymbol{T}(\phi_2)\cdots{}^{N-1}_{N}\boldsymbol{T}(\phi_N)=\boldsymbol{T}^d \tag{5-144}$$

如式（5-128）记机器人末端执行器的位置与姿态 $\boldsymbol{X}(\boldsymbol{\Phi})$，期望位置与姿态为 $\boldsymbol{X}^d$，则式（5-144）可以转化为

$$\boldsymbol{X}(\boldsymbol{\Phi})=\boldsymbol{X}^d \tag{5-145}$$

采用迭代的求解非线性代数方程式（5-145）的方法有很多，实际中常用牛顿-拉夫逊（Newton-Raphson）法，该方法需要利用末端位姿关于关节变量的微分，这正是分析雅可比矩阵。

假设满足式（5-145）的关节变量为 $\boldsymbol{\Phi}^d$，即牛顿-拉夫逊法是从一个猜测的初始关节变量 $\boldsymbol{\Phi}^0$ 开始，迭代计算 $\boldsymbol{\Phi}^k$，最终逼近 $\boldsymbol{\Phi}^d$。记 $\delta\boldsymbol{\Phi}^k=\boldsymbol{\Phi}^d-\boldsymbol{\Phi}^k$，$\delta\boldsymbol{X}(\boldsymbol{\Phi}^k)=\boldsymbol{X}(\boldsymbol{\Phi}^d)-\boldsymbol{X}(\boldsymbol{\Phi}^k)$，则由一阶泰勒展开得

$$\boldsymbol{X}(\boldsymbol{\Phi}^d)=\boldsymbol{X}(\boldsymbol{\Phi}^k)+\frac{\partial \boldsymbol{X}}{\partial \boldsymbol{\Phi}}(\boldsymbol{\Phi}^k)\delta\boldsymbol{\Phi}^k+O\left((\delta\boldsymbol{\Phi}^k)^2\right) \tag{5-146}$$

当 $\delta\boldsymbol{\Phi}^k$ 充分小时，式（5-146）可近似为

$$\delta\boldsymbol{X}(\boldsymbol{\Phi}^k)=\frac{\partial \boldsymbol{X}}{\partial \boldsymbol{\Phi}}(\boldsymbol{\Phi}^k)\delta\boldsymbol{\Phi}^k=\boldsymbol{J}_a(\boldsymbol{\Phi}^k)\delta\boldsymbol{\Phi}^k \tag{5-147}$$

式中，$\boldsymbol{J}_a(\boldsymbol{\Phi}^k)$ 为机器人关节变量为 $\boldsymbol{\Phi}^k$ 的分析雅可比矩阵。若 $\boldsymbol{J}_a(\boldsymbol{\Phi}^k)$ 可逆，则可以得到迭代式

$$\boldsymbol{\Phi}^{k+1}=\boldsymbol{\Phi}^k+\boldsymbol{J}_a^{-1}(\boldsymbol{\Phi}^k)\delta\boldsymbol{X}(\boldsymbol{\Phi}^k) \tag{5-148}$$

因此，采用迭代法数值计算机器人逆运动学解的过程如下：

1）设置收敛误差限 ε，最大迭代次数 $K_{\max}$。令 $k=0$，猜测初始关节变量值 $\boldsymbol{\Phi}^0$。

2）由式（5-147）计算 $\delta\boldsymbol{X}(\boldsymbol{\Phi}^k)$。

3）若 $\delta\boldsymbol{X}(\boldsymbol{\Phi}^k)$ 的范数小于 ε，则停止迭代，$\boldsymbol{\Phi}^k$ 为逆运动学数值解；否则，若 $k=K_{\max}$，停止迭代，求解失败。

4）由式（5-148）计算 $\boldsymbol{\Phi}^{k+1}$。

5）更新 $k=k+1$，返回步骤 2)。

可以看到，该方法要求在计算过程中分析雅可比矩阵 $\boldsymbol{J}_a(\boldsymbol{\Phi})$ 可逆，所以适合无冗余的机器人，且在计算过程中机器人不经过奇异位形附近。针对冗余机器人，计算公式中需要引入雅可比矩阵的伪逆。

5.7 机器人的静力

机器人处于平衡位置时，外部环境对末端执行器的作用力（包括力和力矩）将导致机器人关节 i 产生相应的作用力 τ_i，该作用力对于平动型关节为关节力，对于转动型关节为关节力矩。本节讨论满足静力平衡条件的机器人静力计算问题，给出外部环境对机器人末端的作用力与关节力/力矩向量 $\boldsymbol{\tau}=(\tau_1 \quad \cdots \quad \tau_N)^{\mathrm{T}}$ 之间的定量关系。

5.7.1 力偶与力系平衡

如图 5-12 所示，设 $\{i\}$ 是刚体的联体坐标系，作用在刚体上的力可用力向量 ${}^i\boldsymbol{f}\in\mathbb{R}^3$ 表示大小和方向，用位置向量 ${}^i\boldsymbol{P}\in\mathbb{R}^3$ 表示力作用点，力 ${}^i\boldsymbol{f}$ 对原点 O 的矩在 $\{i\}$ 中可表示为 ${}^i\boldsymbol{P}\times{}^i\boldsymbol{f}\in\mathbb{R}^3$，矩的大小为 $|{}^i\boldsymbol{P}||{}^i\boldsymbol{f}|\sin\theta=h|{}^i\boldsymbol{f}|$，这里 θ 是 ${}^i\boldsymbol{P}$ 与 ${}^i\boldsymbol{f}$ 的夹角，h 是力臂；矩的方向垂直于 ${}^i\boldsymbol{P}$ 与 ${}^i\boldsymbol{f}$ 所在的平面，表明“矩使刚体产生绕 ${}^i\boldsymbol{P}\times{}^i\boldsymbol{f}$ 旋转的趋势”。

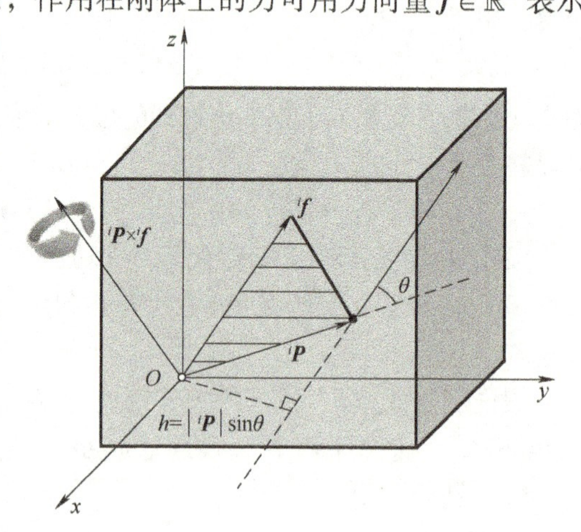

图 5-12 作用在刚体上的力和力矩

力偶是指两个大小相等、方向相反且不共线的平行力组成的力系，如刚体上作用于 A 点的 $\boldsymbol{f}$ 和作用于 B 点的 $-\boldsymbol{f}$ 组成的力系即为力偶 $(\boldsymbol{f},-\boldsymbol{f})$。

力偶的作用只改变刚体的转动状态，其转动效应可用力偶矩来度量。力偶 $(\boldsymbol{f},-\boldsymbol{f})$ 对点 O 的矩为

$$\boldsymbol{r}_{OA}\times\boldsymbol{f}+\boldsymbol{r}_{OB}\times(-\boldsymbol{f})=\boldsymbol{r}_{BA}\times\boldsymbol{f} \tag{5-149}$$

式（5-149）表明力偶对任何 O 点的矩都是 $\boldsymbol{r}_{BA}\times\boldsymbol{f}$，称向量 $\boldsymbol{r}_{BA}\times\boldsymbol{f}$ 为力偶矩。因力偶不影响刚体的平动状态，通常情况下，可以用力偶矩代表力偶。

如图 5-13 所示，$\boldsymbol{f}$ 为作用于刚体上 A 点的力，在刚体上的任意一点 B 上加上一对平衡力 $\boldsymbol{f}$ 和 $-\boldsymbol{f}$，则作用于 A 点的 $\boldsymbol{f}$ 和作用于 B 点的 $-\boldsymbol{f}$ 构成力偶，其力偶矩为 $\boldsymbol{r}_{BA}\times\boldsymbol{f}$，因此，作用于刚体上 A 点的力可以平移到刚体上的任一点 B，同时附加一个力偶，其力偶矩等于原力对新作

用点的矩，这就是“力的平移”原理。

利用“力的平移”原理，空间任意力系向空间内任一点的简化结果，是一个作用在简化中心的合力（主矢）和一个对简化中心的合力矩（主矩）。

刚体静态平衡的条件是：作用在刚体上的全部力的向量和为零且作用在刚体上的全部力矩的向量和为零，即

$$\boldsymbol{f}_{\Sigma}=0,\quad \boldsymbol{n}_{\Sigma}=0 \tag{5-150}$$

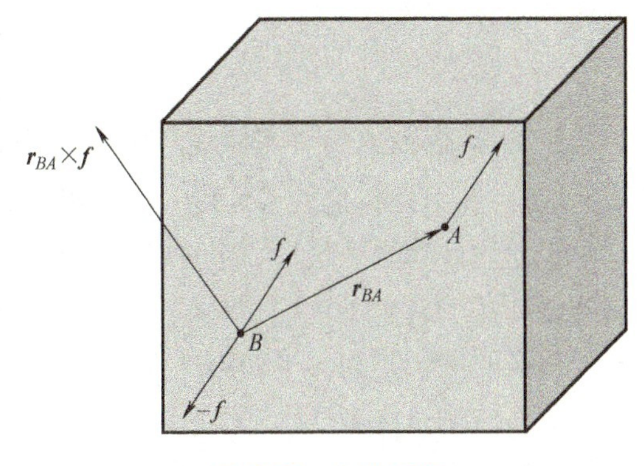

图 5-13　力的平移

5.7.2　机器人连杆间的静力传递

机器人静止或匀速直线运动时处于静态平衡状态，典型的情况是机器人的自由末端在工作空间推某个物体或用机器人支撑住某个负载。

为求出在静态平衡状态下机器人末端执行器支撑住某个负载所需的关节力/力矩，需要计算力和力矩从一个连杆向下一个连杆传递的关系，采用的基本思路是：首先，锁定所有的关节以使机器人的结构固定；然后，写出力和力矩对于各连杆坐标系的平衡关系；最后，在末端连杆受外部力和力矩时，为了保持机器人的静态平衡，计算出需要对各关节轴依次施加多大的静力/静力矩。

本章不考虑作用在连杆上的重力，如图 5-14 所示建立连杆坐标系，以作用于$\{i\}$原点的力向量$\boldsymbol{f}_i$ 表示连杆 $i-1$ 施加在连杆 i 上的力，以力矩向量 $\boldsymbol{n}_i$ 表示连杆 $i-1$ 施加在连杆 i 上的力矩，针对第 i 连杆，由刚体静态平衡的条件，需满足力平衡和力矩平衡。由反作用力，连杆 $i+1$ 作用到连杆 i 上的力为$-{}^i\boldsymbol{f}_{i+1}$，利用“力的平移”原理，可将该力的作用点移到坐标系$\{i\}$原点，此时需附加一个力偶矩$-{}^i\boldsymbol{P}_{i+1}\times{}^i\boldsymbol{f}_{i+1}$。由力平衡，将作用到第 i 连杆的力相加并令其和等于零得

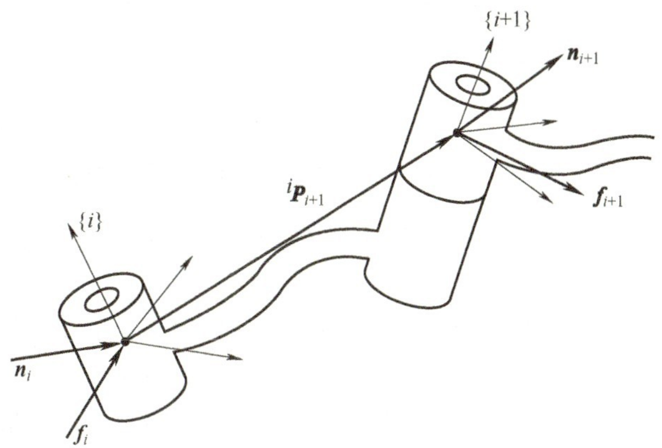

图 5-14　单个连杆的静力-力矩平衡

$${}^i\boldsymbol{f}_i-{}^i\boldsymbol{f}_{i+1}=0 \tag{5-151}$$

由力矩平衡，将绕坐标系$\{i\}$原点的力矩相加并令其和等于零得

$${}^i\boldsymbol{n}_i-{}^i\boldsymbol{n}_{i+1}-{}^i\boldsymbol{P}_{i+1}\times{}^i\boldsymbol{f}_{i+1}=0 \tag{5-152}$$

因此有如下的迭代关系

$${}^i\boldsymbol{f}_i={}^i\boldsymbol{f}_{i+1} \tag{5-153}$$

$${}^i\boldsymbol{n}_i={}^i\boldsymbol{n}_{i+1}+{}^i\boldsymbol{P}_{i+1}\times{}^i\boldsymbol{f}_{i+1} \tag{5-154}$$

对任何参考坐标系而言，表达同一个力的力向量的大小不变，表达同一个力矩的力矩向量的大小也不变。于是，由式（5-153）和式（5-154），可得连杆之间静力传递的表达式为

$$^{i}\boldsymbol{f}_i = {}_{i+1}^{i}\boldsymbol{R}^{i+1}\boldsymbol{f}_{i+1} \tag{5-155}$$

$$^{i}\boldsymbol{n}_i = {}_{i+1}^{i}\boldsymbol{R}^{i+1}\boldsymbol{n}_{i+1} + {}^{i}\boldsymbol{P}_{i+1} \times {}^{i}\boldsymbol{f}_i \tag{5-156}$$

若已知末端施加给外部的力$^{N+1}\boldsymbol{f}_{N+1}$和力矩$^{N+1}\boldsymbol{n}_{N+1}$，从连杆 N 开始，依次应用力传递式（5-155）和力矩传递式（5-156），可以计算出作用在每一个连杆上的力$^{i}\boldsymbol{f}_i$ 和力矩$^{i}\boldsymbol{n}_i$。

由于上述计算是从最后一个连杆依次计算到第一个连杆，这个计算连杆作用力的方法称为“连杆作用力计算的向内迭代法”。

下面需要考虑，为了平衡施加在连杆上的力和力矩，需要在关节提供多大的力矩（转动型关节）或力（平动型关节）？

如图 5-15 所示，作用在连杆的力矩可以沿关节轴进行正交分解；同样，作用在连杆的力也可以进行正交分解。实际上，由于机器人处于静态平衡状态，除沿关节轴的力和绕关节轴的力矩外，力和力矩向量的所有分量可由机器人机构本身来平衡。

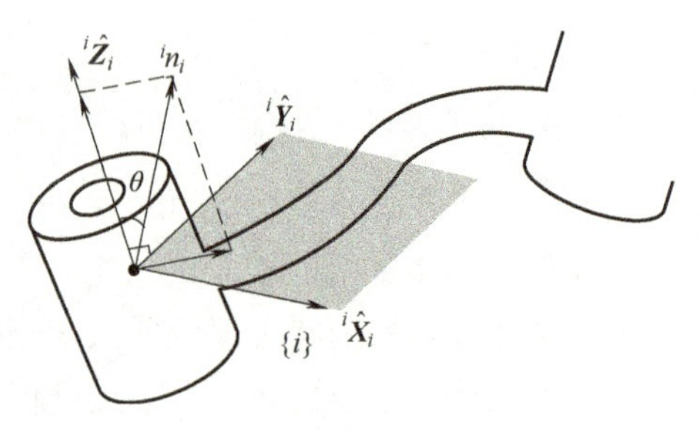

图 5-15　连杆作用力矩沿关节轴的分解

针对转动型关节 i,$^{i}\boldsymbol{f}_i$ 不是主动力而是约束力，它阻止连杆 i 作直线运动;$^{i}\boldsymbol{n}_i$ 阻止连杆 i 作旋转运动，在$\{i\}$中对$^{i}\boldsymbol{n}_i$ 进行正交分解，可得到 1 个沿$^{i}\hat{\boldsymbol{Z}}_i$ 的力矩向量和 1 个垂直于$^{i}\hat{\boldsymbol{Z}}_i$ 的力矩向量，垂直于$^{i}\hat{\boldsymbol{Z}}_i$ 的力矩向量是约束力矩，沿$^{i}\hat{\boldsymbol{Z}}_i$ 的力矩向量是主动力矩，主动力矩需由关节 i 的旋转驱动器提供，主动力矩可表示为 $\tau_i{}^{i}\hat{\boldsymbol{Z}}_i$，其中

$$\tau_i = |{}^{i}\boldsymbol{n}_i|\cos\theta = |{}^{i}\boldsymbol{n}_i||{}^{i}\hat{\boldsymbol{Z}}_i|\cos\theta = {}^{i}\boldsymbol{n}_i^{\mathrm{T}\,i}\hat{\boldsymbol{Z}}_i \tag{5-157}$$

针对平动型关节 i,$^{i}\boldsymbol{n}_i$ 是约束力矩。在$\{i\}$中对$^{i}\boldsymbol{f}_i$ 进行正交分解，得到 1 个主动力和 1 个约束力，需由关节 i 的直线驱动器提供的主动力表示为 $\tau_i{}^{i}\hat{\boldsymbol{Z}}_i$，其中

$$\tau_i = {}^{i}\boldsymbol{f}_i^{\mathrm{T}\,i}\hat{\boldsymbol{Z}}_i \tag{5-158}$$

式（5-155）~式（5-158）给出了一种计算静态平衡状态下机器人末端施加特定的作用力和作用力矩所需的关节力和关节力矩的方法。

例 5-5　如图 5-16 所示的两连杆机器人，在末端执行器施加作用力向量$^{3}\boldsymbol{F}$，求出所需的关节力矩。

解　该机器人各连杆坐标系之间的齐次变换矩阵如式（5-63）~式（5-65）所示，根据条件，末端施加的力和力矩为连杆 2 施加在虚拟连杆 3 上的力和力矩，即

$$^{3}\boldsymbol{f}_3 = {}^{3}\boldsymbol{F} = \begin{pmatrix} f_x \\ f_y \\ 0 \end{pmatrix}, \quad {}^{3}\boldsymbol{n}_3 = \begin{pmatrix} 0 \\ 0 \\ 0 \end{pmatrix} \tag{5-159}$$

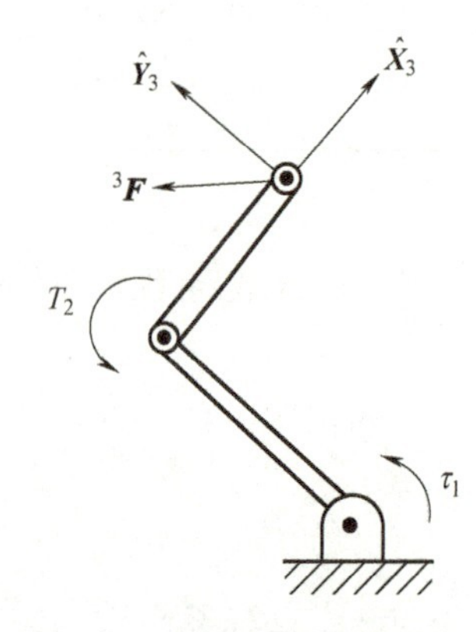

图 5-16　末端施加力的两连杆机器人

应用式（5-155）和式（5-156），从$\{3\}$开始向内迭代，有

$$
{}^2\boldsymbol{f}_2={}_3^2\boldsymbol{R}\,{}^3\boldsymbol{f}_3=\begin{pmatrix}f_x\\f_y\\0\end{pmatrix},\quad {}^2\boldsymbol{n}_2={}_3^2\boldsymbol{R}\,{}^3\boldsymbol{n}_3+{}^2\boldsymbol{P}_3\times{}^2\boldsymbol{f}_2=\begin{pmatrix}l_2\\0\\0\end{pmatrix}\times\begin{pmatrix}f_x\\f_y\\0\end{pmatrix}=\begin{pmatrix}0\\0\\l_2f_y\end{pmatrix} \tag{5-160}
$$

$$
{}^1\boldsymbol{f}_1={}_2^1\boldsymbol{R}\,{}^2\boldsymbol{f}_2=\begin{pmatrix}c_2&-s_2&0\\s_2&c_2&0\\0&0&1\end{pmatrix}\begin{pmatrix}f_x\\f_y\\0\end{pmatrix}=\begin{pmatrix}c_2f_x-s_2f_y\\s_2f_x+c_2f_y\\0\end{pmatrix} \tag{5-161}
$$

$$
{}^1\boldsymbol{n}_1={}_2^1\boldsymbol{R}\,{}^2\boldsymbol{n}_2+{}^1\boldsymbol{P}_2\times{}^1\boldsymbol{f}_1=\begin{pmatrix}0\\0\\l_2f_y\end{pmatrix}+\begin{pmatrix}l_1\\0\\0\end{pmatrix}\times{}^1\boldsymbol{f}_1=\begin{pmatrix}0\\0\\l_1s_2f_x+l_1c_2f_y+l_2f_y\end{pmatrix} \tag{5-162}
$$

进一步，求需由关节驱动器提供的主动力矩为

$$
\tau_1={}^1\boldsymbol{n}_1^{\mathrm{T}}\,{}^1\hat{\boldsymbol{Z}}_1=(0\quad 0\quad l_1s_2f_x+l_1c_2f_y+l_2f_y)\begin{pmatrix}0\\0\\1\end{pmatrix}=l_1s_2f_x+l_1c_2f_y+l_2f_y \tag{5-163}
$$

$$
\tau_2={}^2\boldsymbol{n}_2^{\mathrm{T}}\,{}^2\hat{\boldsymbol{Z}}_2=(0\quad 0\quad l_2f_y)\begin{pmatrix}0\\0\\1\end{pmatrix}=l_2f_y \tag{5-164}
$$

结果表达成向量形式，有

$$
\begin{pmatrix}\tau_1\\\tau_2\end{pmatrix}=\begin{pmatrix}l_1s_2&l_1c_2+l_2\\0&l_2\end{pmatrix}\begin{pmatrix}f_x\\f_y\end{pmatrix} \tag{5-165}
$$

将式（5-165）与式（5-98）比较，可以发现静力关系式中的矩阵是速度雅可比矩阵的转置。下节可以看到，这是一个普适的结论。

5.7.3　力域中的雅可比

在静态情况下，机器人关节力矩与末端力平衡。当机器人末端力作用于外部时，如果末端有位移，则机器人末端就做了相应的功。通过将位移量设为无穷小，就可以用虚功原理来处理静态的情况。功是以能量为单位的，在任何一组广义坐标系中测量的功都是相同的，所以机器人在末端笛卡儿空间所做的功与在关节空间所做的功相等，即

$$
\boldsymbol{F}^{\mathrm{T}}\delta\boldsymbol{x}=\boldsymbol{\tau}^{\mathrm{T}}\delta\boldsymbol{\Phi} \tag{5-166}
$$

式中，$\boldsymbol{F}$ 是末端作用于外部的 6×1 维笛卡儿力-力矩向量；$\delta\boldsymbol{x}$ 是末端的 6×1 维无穷小笛卡儿位移向量；$\boldsymbol{\tau}$ 是 6×1 维关节力矩向量；$\delta\boldsymbol{\Phi}$ 是 6×1 维无穷小关节位移向量。由雅可比矩阵的定义有

$$
\delta\boldsymbol{x}=\boldsymbol{J}\delta\boldsymbol{\Phi} \tag{5-167}
$$

将式（5-167）代入式（5-166），得

$$
\boldsymbol{F}^{\mathrm{T}}\boldsymbol{J}\delta\boldsymbol{\Phi}=\boldsymbol{\tau}^{\mathrm{T}}\delta\boldsymbol{\Phi} \tag{5-168}
$$

由于式（5-168）对所有的 $\delta\boldsymbol{\Phi}$ 均成立，因此有

$$
\boldsymbol{F}^{\mathrm{T}}\boldsymbol{J}=\boldsymbol{\tau}^{\mathrm{T}} \tag{5-169}
$$

对式（5-169）两边均转置，得

$$
\boldsymbol{\tau}=\boldsymbol{J}^{\mathrm{T}}\boldsymbol{F} \tag{5-170}
$$

所以，雅可比的转置将作用于机器人末端的笛卡儿力映射到等效的关节力矩，这个关系使得不需要计算逆运动学就可以将笛卡儿空间中的量转换为关节空间中的量，这对于控制问题非常有效。

由于力域雅可比与速度雅可比的对偶性，力域也有奇异性问题。当 $\boldsymbol{J}$ 不满秩时，机器人处于奇异位形，由式（5-170）可知，此时末端在某些方向上不能施加期望的静态力。

习　题

5-1　若 $\boldsymbol{a}$ 和 $\boldsymbol{b}$ 为 $\mathbb{R}^3$ 中的向量，证明 $\boldsymbol{a}\times\boldsymbol{b}=\boldsymbol{a}^\wedge\boldsymbol{b}$。

5-2　设 $\boldsymbol{a}$，$\boldsymbol{b}\in\mathbb{R}^3$，$\alpha$ 和 β 为标量，证明 $(\alpha\boldsymbol{a}+\beta\boldsymbol{b})^\wedge=\alpha\boldsymbol{a}^\wedge+\beta\boldsymbol{b}^\wedge$。

5-3　若 $\boldsymbol{R}\in SO(3)$，$\boldsymbol{a}\in\mathbb{R}^3$，$\boldsymbol{B}\in\mathbb{R}^{3\times3}$，证明 $\boldsymbol{R}(\boldsymbol{a}^\wedge\boldsymbol{B})=(\boldsymbol{R}\boldsymbol{a})^\wedge(\boldsymbol{R}\boldsymbol{B})$。

5-4　验证式（5-123）。

5-5　若刚体姿态由 z-y-x 欧拉角 $\boldsymbol{\Psi}=(\alpha\quad\beta\quad\gamma)^{\mathrm{T}}$ 表示，此时刚体角速度与 z-y-x 欧拉角速率的关系为 $\boldsymbol{\omega}=\boldsymbol{B}(\boldsymbol{\Psi})\dot{\boldsymbol{\Psi}}$，求出 $\boldsymbol{B}(\boldsymbol{\Psi})$ 的具体表达式。

5-6　针对冗余机器人，给出逆运动学数值解的算法公式和算法过程。

5-7　求出第 4 章习题 4-2 的 3 自由度机器人的雅可比矩阵并给出该机器人的所有奇异位形。分别用以下 4 种方法进行推导：

（1）从基座到末端的速度传递；

（2）从末端到基座的静力传递；

（3）直接对运动学方程微分；

（4）采用向量积构造法。

5-8　求出如图 5-17 所示的 2 自由度 RP 机器人的雅可比矩阵；利用关节速度计算工具末端点的线性速度；给出该 RP 机器人的所有奇异位形。（可以自行假设必要的 D-H 参数符号）。

5-9　求出如图 5-18 所示的 3 自由度 PRR 机器人的雅可比矩阵并给出该机器人的所有奇异位形。分别用以下 4 种方法进行推导：

（1）从基座到末端的速度传递；

（2）从末端到基座的静力传递；

（3）直接对运动学方程微分；

（4）采用向量积构造法。

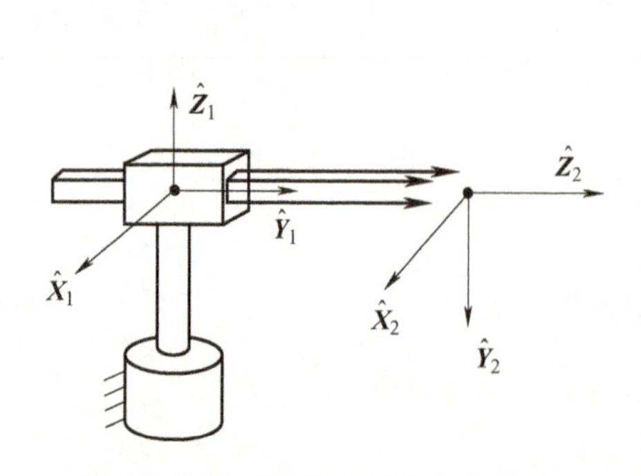

图 5-17　2 自由度 RP 机器人

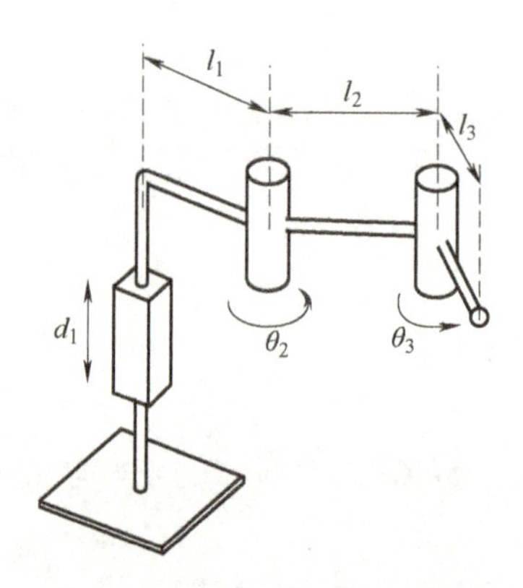

图 5-18　3 自由度 PRR 机器人

5-10　类似机器人末端速度空间的可操作椭球体，可以定义末端力空间的可操作椭球体，即当机器人处于某位形时，限制关节力/力矩向量 $\boldsymbol{\tau}$ 为单位向量，机器人末端力/力矩所构成的空间称作该位形的力可操作椭球体。证明：力可操作椭球体与速度可操作椭球体的轴方向一致，但两者的轴长度成反比。

第 6 章　机器人轨迹规划

导　读

轨迹规划用于生成机器人在多维空间的期望运动。本章首先考察关节空间轨迹规划，然后考察笛卡儿空间轨迹规划。

本章知识点

- 路径与轨迹
- 关节空间轨迹规划
- 笛卡儿空间轨迹规划

6.1　路径与轨迹

考虑如图 6-1 所示的 3 自由度平面机器人例子，机器人将盛满水的杯子由 P 点移到 Q 点。因存在障碍物，机器人末端不能简单地沿直线段 PQ 移动，而是需要绕过障碍物，沿图中的一系列指定点移动。在移动过程中，为了防止杯中的水溢出，机器人末端的姿态需要保持不变，即角度 $\alpha_P=\cdots=\alpha_Q=\alpha$ 保持恒定。显然，机器人末端在这些点上的位姿，形成了笛卡儿空间中以 ${}_4^0\boldsymbol{T}_P=\begin{pmatrix}\cos\alpha & -\sin\alpha & 0 & x_P\\ \sin\alpha & \cos\alpha & 0 & y_P\\ 0 & 0 & 1 & 0\\ 0 & 0 & 0 & 1\end{pmatrix}$ 为首、以 ${}_4^0\boldsymbol{T}_Q=\begin{pmatrix}\cos\alpha & -\sin\alpha & 0 & x_Q\\ \sin\alpha & \cos\alpha & 0 & y_Q\\ 0 & 0 & 1 & 0\\ 0 & 0 & 0 & 1\end{pmatrix}$ 为尾的一个位形序列，即机器人的一个笛卡儿空间路径。由 3.3.4 节知，笛卡儿空间元素的表达除可用齐次变换矩阵外，还可

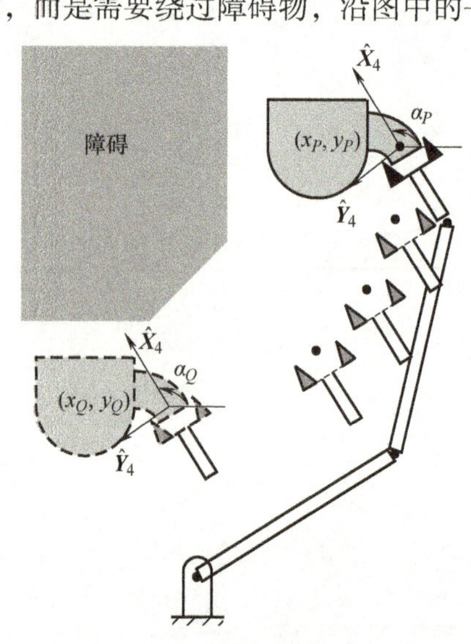

图 6-1　机器人笛卡儿空间路径示意

用其他形式（如六维向量），因此笛卡儿空间路径也有齐次变换矩阵序列、六维向量序列等多种表达形式。称这些序列中的笛卡儿空间元素为路径点，进一步，路径点又分为初始点、中间点和终止点。

笛卡儿空间路径是运动的纯几何描述，与时间无关。笛卡儿空间轨迹则是指定了时间律的笛卡儿空间曲线。若采用齐次变换矩阵形式，图 6-2 机器人的笛卡儿空间轨迹表达为${}^0_4\boldsymbol{T}(t)$，$t\in[t_0,t_f]$。如图 6-2 所示，在初始时刻 t_0，${}^0_4\boldsymbol{T}(t_0)={}^0_4\boldsymbol{T}_P$；在时刻 $t_1,t_2,t_3,\cdots$，${}^0_4\boldsymbol{T}(t)$依次呈指定点序列的位姿；在终止时刻 t_f，${}^0_4\boldsymbol{T}(t_f)={}^0_4\boldsymbol{T}_Q$。作为时间的函数，笛卡儿空间轨迹不仅包含机器人末端的位姿信息，还包含速度和加速度信息。

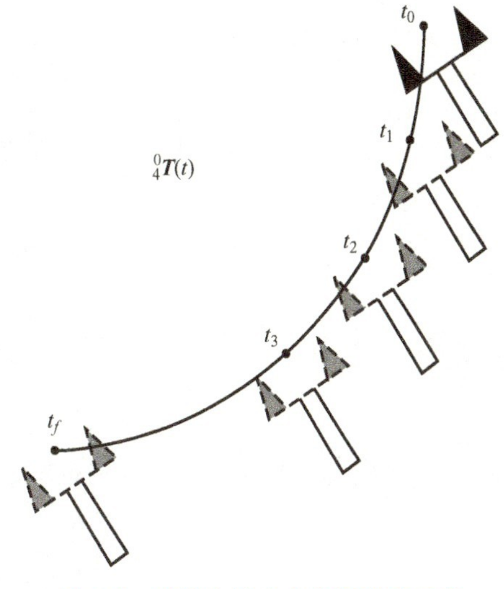

图 6-2　机器人笛卡儿空间轨迹示意

通过逆运动学，可以将笛卡儿空间路径和笛卡儿空间轨迹分别变换为关节空间路径和关节空间轨迹。在 N 维关节空间中，关节空间路径和关节空间轨迹分别表达为关节向量序列和时间的 N 维向量函数。比如，图 6-2 机器人的关节空间路径是以$(\phi_{1P}\quad\phi_{2P}\quad\phi_{3P})^{\mathrm{T}}$为首、以$(\phi_{1Q}\quad\phi_{2Q}\quad\phi_{3Q})^{\mathrm{T}}$为尾的关节向量序列，关节空间轨迹是$(\phi_1(t)\quad\phi_2(t)\quad\phi_3(t))^{\mathrm{T}}$，$t\in[t_0,t_f]$。

轨迹规划的任务是在给定路径点以及各路径点对应时刻 $t_0,t_1,\cdots,t_f$ 的条件下，求取关节空间轨迹 $\boldsymbol{\phi}(t)$，$t\in[t_0,t_f]$，使得笛卡儿空间轨迹在时刻 $t_0,t_1,\cdots,t_f$ 到达对应的路径点。从轨迹规划任务的表述可以看出，轨迹规划问题与数值分析中的函数插值问题有密切的联系，不少插值算法在机器人轨迹规划中得到应用。通常期望机器人的运动是平滑的，为此，要求关节空间轨迹是一个连续的且具有连续一阶导数的光滑函数，有时还希望二阶导数也是连续的。在某些轨迹规划问题中，对路径点的速度或加速度也有给定值。

6.2　关节空间轨迹规划

本节将探讨如何运用关节变量的函数来生成轨迹。通常，机器人运动轨迹上的每个路径点都由工具坐标系相对于工作台坐标系的预期位姿来确定。通过逆运动学方法，可以将每个路径点转换为一组期望的关节变量，从而设计出一系列光滑函数，按照这些函数变化的关节变量确保机器人运动轨迹经过各路径点并最终达到目标点。在处理每个路径点时，要求所有关节同时达到相应的关节变量期望值，以在笛卡儿空间中获得工具坐标系的预期路径点。由于每个关节的规划方法相同，接下来将仅考虑单一关节变量的轨迹规划。将使用不同阶数的多项式函数，并引入抛物线过渡的线性函数。

6.2.1　三次多项式

考虑某一关节，用 ϕ_0 表示该关节在运动初始时刻 $t_0=0$ 的角度[⊖]，用 ϕ_f 表示该关节运动

⊖ 虽然这里讨论的是转动型关节关节角 $\phi=\theta$ 的情形，但该讨论也完全适用于平动型关节连杆偏距 $\phi=d$ 的情况。

到时刻 t_f 的角度。使用多项式并使其初始和末端的边界条件匹配已知条件是一种常见的轨迹规划方法。

考虑三次多项式：

$$\phi(t)=a_0+a_1t+a_2t^2+a_3t^3 \tag{6-1}$$

式（6-1）的一阶导数为

$$\dot{\phi}(t)=a_1+2a_2t+3a_3t^2 \tag{6-2}$$

已知 ϕ_0、ϕ_f，并已知关节角在运动初始和结束时刻的速度分别为 $\dot{\phi}_0$、$\dot{\phi}_f$，得到如下条件：

$$\begin{cases}\phi(t_0)=\phi_0\\ \phi(t_f)=\phi_f\\ \dot{\phi}(t_0)=\dot{\phi}_0\\ \dot{\phi}(t_f)=\dot{\phi}_f\end{cases} \tag{6-3}$$

将上述条件代入式（6-1）、式（6-2），得到

$$\begin{cases}\phi_0=a_0\\ \phi_f=a_0+a_1t_f+a_2t_f^2+a_3t_f^3\\ \dot{\phi}_0=a_1\\ \dot{\phi}_f=a_1+2a_2t_f+3a_3t_f^2\end{cases} \tag{6-4}$$

进一步可求得

$$a_0=\phi_0,a_1=\dot{\phi}_0,a_2=-\frac{3\phi_0-3\phi_f+2\dot{\phi}_0t_f+\dot{\phi}_ft_f}{t_f^2},a_3=\frac{2\phi_0-2\phi_f+\dot{\phi}_0t_f+\dot{\phi}_ft_f}{t_f^3} \tag{6-5}$$

求得 a_0、a_1、a_2、a_3 后，便可求出任意 $t\in[t_0,t_f]$ 时刻的关节角度。

例 6-1 考虑机器人的某一关节，要求在 1s 内关节角从 10°运动到 45°。要求关节从静止状态开始运动，并终止在静止状态。给出满足以上要求的三次多项式。

解 已知 $\phi_0=10°$，$\phi_f=45°$，$\dot{\phi}_0=0$，$\dot{\phi}_f=0$，$t_f=1\text{s}$，可求得

$$a_0=10,a_1=0,a_2=105,a_3=-70 \tag{6-6}$$

从而求得三次多项式

$$\phi(t)=10+105t^2-70t^3 \tag{6-7}$$

6.2.2 五次多项式

三次多项式可以指定 $t_0(=0)$ 和 t_f 时刻关节角度和速度，如果需要同时指定 t_0 和 t_f 时刻关节角的加速度，则可以采用五次多项式来规划轨迹：

$$\begin{cases}\phi(t)=a_0+a_1t+a_2t^2+a_3t^3+a_4t^4+a_5t^5\\ \dot{\phi}(t)=a_1+2a_2t+3a_3t^2+4a_4t^3+5a_5t^4\\ \ddot{\phi}(t)=2a_2+6a_3t+12a_4t^2+20a_5t^3\end{cases} \tag{6-8}$$

约束条件为

$$\begin{cases}\phi_0=a_0\\ \phi_f=a_0+a_1t_f+a_2t_f^2+a_3t_f^3+a_4t_f^4+a_5t_f^5\\ \dot{\phi}_0=a_1\\ \dot{\phi}_f=a_1+2a_2t_f+3a_3t_f^2+4a_4t_f^3+5a_5t_f^4\\ \ddot{\phi}_0=2a_2\\ \ddot{\phi}_f=2a_2+6a_3t_f+12a_4t_f^2+20a_5t_f^3\end{cases} \tag{6-9}$$

可解得

$$\begin{cases}a_0=\phi_0\\ a_1=\dot{\phi}_0\\ a_2=\dfrac{\ddot{\phi}_0}{2}\\ a_3=\dfrac{20\phi_f-20\phi_0-(8\dot{\phi}_f+12\dot{\phi}_0)t_f-(3\ddot{\phi}_0-\ddot{\phi}_f)t_f^2}{2t_f^3}\\ a_4=\dfrac{30\phi_0-30\phi_f+(14\dot{\phi}_f+16\dot{\phi}_0)t_f+(3\ddot{\phi}_0-2\ddot{\phi}_f)t_f^2}{2t_f^4}\\ a_5=\dfrac{12\phi_f-12\phi_0-(6\dot{\phi}_f+6\dot{\phi}_0)t_f-(\ddot{\phi}_0-\ddot{\phi}_f)t_f^2}{2t_f^5}\end{cases} \tag{6-10}$$

例 6-2　考虑机器人的某一关节，要求在 1s 内关节角从 10°运动到 45°。要求关节从静止状态开始运动，并终止在静止状态。同时要求初始加速度和终止加速度均为 $0°/s^2$。给出满足以上要求的五次多项式。

解　已知 $\phi_0=10°$，$\phi_f=45°$，$\dot{\phi}_0=0$，$\dot{\phi}_f=0$，$\ddot{\phi}_0=0$，$\ddot{\phi}_f=0$，$t_f=1s$，可求得

$$a_0=10, a_1=0, a_2=0, a_3=350, a_4=-525, a_5=210 \tag{6-11}$$

从而求得五次多项式

$$\phi(t)=10+350t^3-525t^4+210t^5 \tag{6-12}$$

6.2.3　考虑关节中间点的三次多项式轨迹

通过重复使用三次多项式和五次多项式，可以生成经过关节中间点 $\phi_1, \phi_2, \phi_3, \cdots$的关节角路径。不同的是，使用三次多项式只能指定经过关节中间点的角度和速度，而使用五次多项式，不仅可以指定角度和速度，还能指定加速度值。

如果经过关节中间点的速度已确定，可以重复使用式（6-4）来获得依次经过各关节中间点的轨迹，其中每一段都是三次多项式曲线。如果经过关节中间点的速度未指定，一种方式是将相邻的关节中间点用直线相连，则该直线的斜率就是两个相邻关节中间点的平均速度。如果某一关节中间点前后两段直线的斜率符号相反，则可将该点的速度取为 0，如图 6-3 的 ϕ_1 和 ϕ_3 处。如果某一关节中间点前后两段直线的斜率符号相同，则可将该点的速度取为两者的平均值，如图 6-3 的 ϕ_2 处。

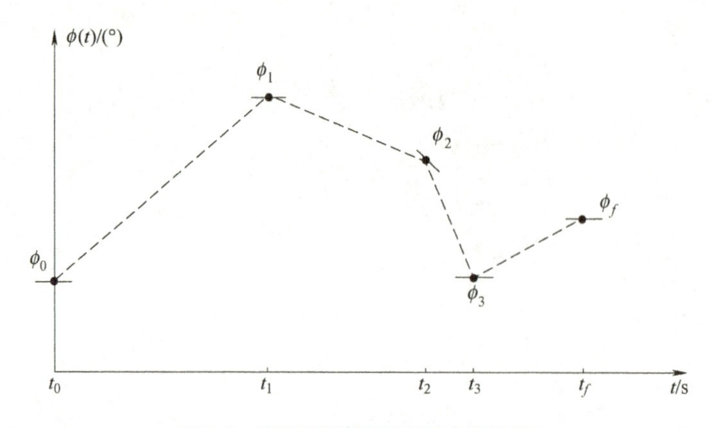

图 6-3　选定经过关节中间点的速度

需要注意的是，以上方法获得的关节角轨迹虽然经过各关节中间点且速度连续，但是加速度并不连续。另外一种方法是不直接指定关节中间点处的速度，而是以保证相邻两段三次多项式加速度连续为原则选取三次多项式系数。不失一般性，考虑三个相邻的关节中间点，依次为 ϕ_i、ϕ_j 和 ϕ_k。

把连接 ϕ_i 和 ϕ_j 的三次多项式表示为

$$\phi_{ij}(t)=a_0+a_1t+a_2t^2+a_3t^3 \tag{6-13}$$

对应的时间 $t\in[0,t_{f1}]$。类似地，把连接 ϕ_j 和 ϕ_k 的三次多项式表示为

$$\phi_{jk}(t)=b_0+b_1t+b_2t^2+b_3t^3 \tag{6-14}$$

对应的时间 $t\in[0,t_{f2}]$。注意，这里将第二段三次多项式的起始时间定为 0，以简化其系数计算。

两个三次多项式需要满足如下的条件：

$$\begin{cases}\phi_{ij}(0)=\phi_i\\ \phi_{ij}(t_{f1})=\phi_j\\ \phi_{jk}(0)=\phi_j\\ \phi_{jk}(t_{f2})=\phi_k\\ \dot{\phi}_{ij}(0)=\dot{\phi}_i\\ \dot{\phi}_{jk}(t_{f2})=\dot{\phi}_k\\ \dot{\phi}_{ij}(t_{f1})=\dot{\phi}_{jk}(0)\\ \ddot{\phi}_{ij}(t_{f1})=\ddot{\phi}_{jk}(0)\end{cases} \tag{6-15}$$

将上述条件代入式（6-13）和式（6-14），得

$$\begin{cases}a_0=\phi_i\\ a_0+a_1t_{f1}+a_2t_{f1}^2+a_3t_{f1}^3=\phi_j\\ b_0=\phi_j\\ b_0+b_1t_{f2}+b_2t_{f2}^2+b_3t_{f2}^3=\phi_k\\ a_1=\dot{\phi}_i\\ b_1+2b_2t_{f2}+3b_3t_{f2}^2=\dot{\phi}_k\\ a_1+2a_2t_{f1}+3a_3t_{f1}^2=b_1\\ 2a_2+6a_3t_{f1}=2b_2\end{cases} \tag{6-16}$$

求解上述线性方程组即可得到 a_0、a_1、a_2、a_3 和 b_0、b_1、b_2、b_3。

6.2.4　带抛物线过渡的直线段

除了多项式，还可以使用直线段。为实现关节角度和速度的连续变化，可在起点和终点处使用抛物线过渡，如图 6-4 所示。

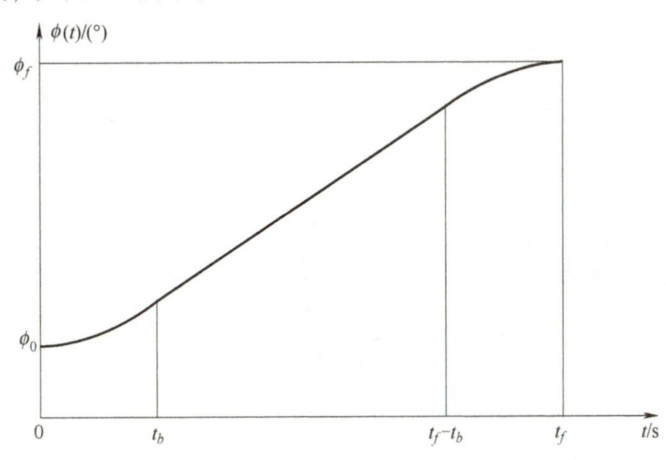

图 6-4　带抛物线过渡的直线段

图 6-4 所示的抛物线过渡的直线段轨迹包含$[0,t_b]$、$[t_b,t_f-t_b]$以及$[t_f-t_b,t_f]$三段，其中$[t_b,t_f-t_b]$为直线段，$[0,t_b]$和$[t_f-t_b,t_f]$为形状相同的抛物线。用 $\ddot{\phi}$ 表示抛物线的加速度幅值，由于 $\phi_f>\phi_0$，因此$[0,t_b]$段抛物线开口朝上，则该方程可表示如下：

$$\begin{cases}\phi_1(t)=a_0+a_1t+\dfrac{1}{2}\ddot{\phi}t^2\\ \dot{\phi}_1(t)=a_1+\ddot{\phi}t\end{cases}\tag{6-17}$$

用 k_b 表示$[t_b,t_f-t_b]$段直线的斜率，则该方程可表示如下：

$$\begin{cases}\phi_2(t)=b_0+k_b(t-t_b)\\ \dot{\phi}_2(t)=k_b\end{cases}\tag{6-18}$$

$[t_f-t_b,t_f]$段的抛物线方程表示如下：

$$\begin{cases}\phi_3(t)=c_0+c_1(t_f-t)-\dfrac{1}{2}\ddot{\phi}\,(t_f-t)^2\\ \dot{\phi}_3(t)=-c_1+\ddot{\phi}(t_f-t)\end{cases}\tag{6-19}$$

$[0,t_b]$段的抛物线需要满足以下边界条件：

$$\begin{cases}\phi_1(0)=a_0=\phi_0\\ \dot{\phi}_1(0)=a_1=0\\ \dot{\phi}_1(t_b)=a_1+\ddot{\phi}t_b=\dot{\phi}_2(t_b)=k_b\end{cases}\tag{6-20}$$

可解得

$$\begin{cases}a_0=\phi_0\\ a_1=0\\ k_b=\ddot{\phi}t_b\end{cases} \tag{6-21}$$

$[t_f-t_b,t_f]$段的抛物线需要满足的边界条件包括：

$$\begin{cases}\phi_3(t_f)=c_0=\phi_f\\ \dot{\phi}_3(t_f)=-c_1=0\\ \dot{\phi}_3(t_f-t_b)=-c_1+\ddot{\phi}t_b=k_b\end{cases} \tag{6-22}$$

可解得

$$\begin{cases}c_0=\phi_f\\ c_1=0\end{cases} \tag{6-23}$$

$[t_b,t_f-t_b]$段的直线方程需要满足以下边界条件：

$$\begin{cases}\phi_2(t_b)=b_0=\phi_1(t_b)=\phi_0+\dfrac{1}{2}\ddot{\phi}t_b^2\\ \phi_2(t_f-t_b)=b_0+k_b(t_f-2t_b)=\phi_3(t_f-t_b)=\phi_f-\dfrac{1}{2}\ddot{\phi}t_b^2\end{cases} \tag{6-24}$$

可解得

$$t_b=\frac{\ddot{\phi}t_f-\sqrt{\ddot{\phi}^2t_f^2-4\ddot{\phi}(\phi_f-\phi_0)}}{2\ddot{\phi}} \tag{6-25}$$

为确保 t_b 有解，过渡段的加速度需满足 $\ddot{\phi}\geqslant\dfrac{4(\phi_f-\phi_0)}{t_f^2}$。

例 6-3 考虑机器人的某一关节，要求在 5s 内关节角从 10°运动到 50°。要求关节从静止状态开始运动，并终止在静止状态。过渡段的加速度幅值为 10°/s²，给出满足以上要求的带抛物线过渡的直线段。

解 已知 $\phi_0=10°$，$\phi_f=50°$，$\ddot{\phi}=10°/s^2$，$\dot{\phi}_0=0$，$\dot{\phi}_f=0$，$t_f=5s$，可求得

$$t_b=\frac{\ddot{\phi}t_f-\sqrt{\ddot{\phi}^2t_f^2-4\ddot{\phi}(\phi_f-\phi_0)}}{2\ddot{\phi}}=\frac{10\times5-\sqrt{10^2\times5^2-4\times10\times(50-10)}}{2\times10}s=1s \tag{6-26}$$

$[0,1]$段的抛物线为

$$\phi(t)=10+5t^2 \tag{6-27}$$

$[1,4]$段的直线方程为

$$\phi(t)=15+10\times(t-1)=5+10t \tag{6-28}$$

$[4,5]$段的抛物线为

$$\phi(t)=50-5\,(5-t)^2=50-5(25-10t+t^2)=-75+50t-5t^2 \tag{6-29}$$

6.2.5 考虑关节中间点的带抛物线过渡的直线段

通过重复使用多项式轨迹，可以获得经过关节中间点的关节角路径，这里考虑如何使用带抛物线过渡的直线段。

考虑如图 6-5 所示情况，其中 ϕ_i、ϕ_j、ϕ_k 为相邻的关节中间点，t_i、t_j、t_k 为经过相应关节中间点的时间。一般情况下，如果并不要求关节轨迹严格通过关节中间点，给定点 j 和 k 之间总的时间间隔 t_{djk}，点 j 处过渡段的加速度值 $|\ddot{\phi}_j|$，则可以计算位于关节路径点 j 处的过渡段时间间隔 t_j，位于点 j 和 k 之间的直线段的时间间隔 t_{jk}，以及直线段速度 $\dot{\phi}_{jk}$。

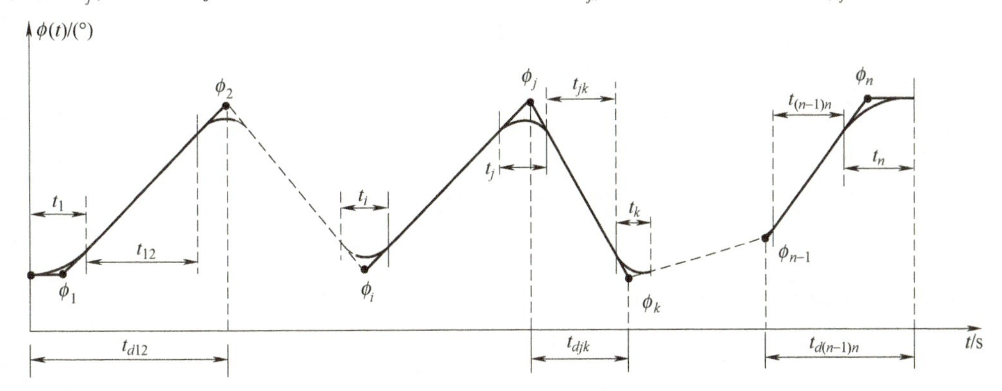

图 6-5　多段带抛物线过渡的直线段

下面以过渡段 j 和直线段 jk 为例：

过渡段 j 加速度：

$$\ddot{\phi}_j = \mathrm{SGN}(\dot{\phi}_{jk} - \dot{\phi}_{ij})\,|\ddot{\phi}_j| \tag{6-30}$$

过渡段 j 时间间隔：

$$t_j = \frac{\dot{\phi}_{jk} - \dot{\phi}_{ij}}{\ddot{\phi}_j} \tag{6-31}$$

直线段 jk 速度：

$$\dot{\phi}_{jk} = \frac{\phi_k - \phi_j}{t_{djk}} \tag{6-32}$$

直线段时间 jk 间隔：

$$t_{jk} = t_{djk} - \frac{1}{2}t_j - \frac{1}{2}t_k \tag{6-33}$$

从图 6-5 可以看出，过渡段 1、直线段 12、过渡段 n、直线段 $(n-1)n$ 与中间过渡段、直线段的计算略有不同。

过渡段 1 加速度：

$$\ddot{\phi}_1 = \mathrm{SGN}(\phi_2 - \phi_1)\,|\ddot{\phi}_1| \tag{6-34}$$

过渡段 1 时间间隔：由 $\dfrac{\phi_2 - \phi_1}{t_{d12} - \frac{1}{2}t_1} = \ddot{\phi}_1 t_1$，可计算得到

$$t_1 = t_{d12} - \sqrt{t_{d12}^2 - \frac{2(\phi_2 - \phi_1)}{\ddot{\phi}_1}} \tag{6-35}$$

直线段 12 速度：

$$\dot{\phi}_{12}=\frac{\phi_2-\phi_1}{t_{d12}-\frac{1}{2}t_1} \tag{6-36}$$

直线段 12 时间间隔：

$$t_{12}=t_{d12}-t_1-\frac{1}{2}t_2 \tag{6-37}$$

过渡段 n 加速度：

$$\ddot{\phi}_n=\mathrm{SGN}(\phi_n-\phi_{n-1})\,|\ddot{\phi}_n| \tag{6-38}$$

过渡段 n 时间间隔：

$$t_n=t_{d(n-1)n}-\sqrt{t_{d(n-1)n}^2-\frac{2(\phi_n-\phi_{n-1})}{\ddot{\phi}_n}} \tag{6-39}$$

直线段$(n-1)n$ 速度：

$$\dot{\phi}_{(n-1)n}=\frac{\phi_n-\phi_{n-1}}{t_{d(n-1)n}-\frac{1}{2}t_n} \tag{6-40}$$

直线段$(n-1)n$ 时间间隔：

$$t_{(n-1)n}=t_{d(n-1)n}-t_n-\frac{1}{2}t_{n-1} \tag{6-41}$$

由图 6-5 可以看出，以上计算得到的关节轨迹并不经过关节中间点。如果需要关节轨迹严格经过某点，可以在该点两侧添加两个关节中间点（伪关节中间点），使得该点位于两个伪关节中间点的连线上，则用上述方法可以获得严格经过某点的关节轨迹。关节轨迹通过该点的速度就是连接两伪关节中间点的直线段斜率，如图 6-6 所示。

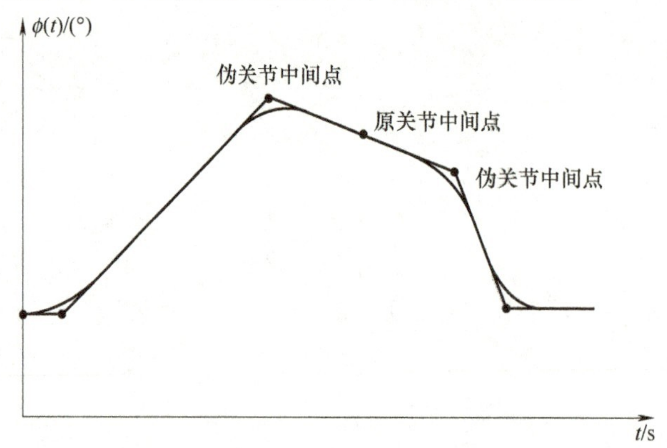

图 6-6　通过伪关节中间点生成严格经过某点的关节轨迹

例 6-4　考虑机器人的某一关节，指定以下关节路径点：30°、45°、55°、30°。各路径段的持续时间分别为 3s、1s、2s。过渡段加速度幅值为 50°/s²。计算各路径段的速度、过渡段时间间隔以及直线段时间间隔。

解　(1) 过渡段 1 和直线段 12

过渡段加速度：$\ddot{\phi}_1=\mathrm{SGN}(45-30)\times 50°/s^2=50°/s^2$

过渡段持续时间：$t_1=3-\sqrt{9-\frac{2\times(45-30)}{50}}\text{s}=0.101\text{s}$

直线段速度：$\dot{\phi}_{12}=\frac{45-30}{3-0.5\times0.101}°/\text{s}=5.09°/\text{s}$

直线段时间间隔：$t_{12}=3-0.101-\frac{1}{2}t_2=\left(3-0.101-\frac{1}{2}\times0.0982\right)\text{s}=2.8499\text{s}$（这里 t_2 来自下面路径段 2 的计算）

（2）过渡段 2、直线段 23、过渡段 3

直线段速度：$\dot{\phi}_{23}=\frac{55-45}{1}°/\text{s}=10°/\text{s}$

过渡段 2 加速度：$\ddot{\phi}_2=\text{SGN}(10-5.09)\times50°/\text{s}^2=50°/\text{s}^2$，过渡段 3 加速度：$\ddot{\phi}_3=-50°/\text{s}^2$

过渡段 2 持续时间：$t_2=\frac{\dot{\phi}_{23}-\dot{\phi}_{12}}{\ddot{\phi}_k}=\frac{10-5.09}{50}\text{s}=0.0982\text{s}$，过渡段 3 持续时间：$t_3=0.468\text{s}$

直线段 23 间隔时间：$t_{23}=(1-0.5\times0.0982-0.5\times0.468)\text{s}=0.7169\text{s}$

（3）直线段 34 和过渡段 4

过渡段 4 加速度：$\ddot{\phi}_4=\text{SGN}(30-55)\left|\ddot{\phi}_4\right|=-50°/\text{s}^2$

过渡段 4 时间间隔：$t_4=2-\sqrt{4-\frac{2\times(30-55)}{-50}}\text{s}=0.268\text{s}$

直线段 34 速度：$\dot{\phi}_{34}=\frac{30-55}{2-0.5\times0.268}°/\text{s}=-13.398°/\text{s}$

直线度 34 时间间隔：$t_{34}=(2-0.268-0.5\times0.468)\text{s}=1.498\text{s}$

6.3　笛卡儿空间轨迹规划

前面考察了关节空间轨迹的规划方法，给定一系列机器人末端工具坐标系的位姿，首先通过逆运动学求解出各位姿对应的关节角，利用关节空间轨迹规划，可以让机器人末端工具在指定时间到达指定的位姿，但是这种方法无法确定末端在笛卡儿空间中的轨迹。

6.3.1　笛卡儿直线运动

以笛卡儿空间中机器人末端沿直线运动为例，给定末端的初始位姿 $\boldsymbol{T}(0)$ 和终止位姿 $\boldsymbol{T}(1)$ 为

$$\begin{pmatrix}\boldsymbol{R}(0) & \boldsymbol{P}(0)\\ \boldsymbol{0} & 1\end{pmatrix}\text{和}\begin{pmatrix}\boldsymbol{R}(1) & \boldsymbol{P}(1)\\ \boldsymbol{0} & 1\end{pmatrix} \tag{6-42}$$

式中，初始位置 $\boldsymbol{P}(0)=(x_0,y_0,z_0)^{\text{T}}$ 以及终止位置 $\boldsymbol{P}(1)=(x_1,y_1,z_1)^{\text{T}}$。期望找出中间位姿

$$\boldsymbol{T}(t)=\begin{pmatrix}\boldsymbol{R}(t) & \boldsymbol{P}(t)\\ \boldsymbol{0} & 1\end{pmatrix} \tag{6-43}$$

式中，$t\in[0,1]$（注意这里的起止时间做了归一化），使得机器人末端在笛卡儿空间中沿直线从 $\boldsymbol{P}(0)$ 运动 $\boldsymbol{P}(1)$，同时姿态从 $\boldsymbol{R}(0)$ 平滑变化到 $\boldsymbol{R}(1)$。

对于末端位置轨迹 $\boldsymbol{P}(t)$，可以运用前面的多项式或带抛物线过渡直线段的插值方法来

获得。但这种方法不能直接用于对 $\boldsymbol{R}(t)$ 进行插值，因为插值得到的矩阵一般不满足旋转矩阵的性质。解决这一问题的一种方法是采用等效轴角表示姿态，这种描述姿态的方法只需要 3 个数

$$\boldsymbol{K}=\begin{pmatrix} k_x \\ k_y \\ k_z \end{pmatrix}=\theta\begin{pmatrix} \hat{k}_x \\ \hat{k}_y \\ \hat{k}_z \end{pmatrix} \tag{6-44}$$

式中，$(\hat{k}_x,\hat{k}_y,\hat{k}_z)^{\mathrm{T}}$ 为等效单位转动轴，θ 为绕该轴的转动量（这里单位为°）。可以对等效轴角表示的 3 个数运用前面的插值方法来获得其轨迹。这里需要注意的是，由于等效轴角表示并不唯一。例如，有

$$\begin{pmatrix} k_x \\ k_y \\ k_z \end{pmatrix}=\begin{pmatrix} 450° \\ 900° \\ 1350° \end{pmatrix}/\sqrt{14} \tag{6-45}$$

可以表示围绕空间$(1,2,3)^{\mathrm{T}}/\sqrt{14}$轴旋转 450°获得的姿态，该最终姿态也等于绕同一轴旋转 $450°+360°n$ 的结果，这里 n 为任意整数。对两个等效轴角表示的姿态

$$\boldsymbol{K}_0=\begin{pmatrix} k_{0x} \\ k_{0y} \\ k_{0z} \end{pmatrix} \text{和} \boldsymbol{K}_1=\begin{pmatrix} k_{1x} \\ k_{1y} \\ k_{1z} \end{pmatrix} \tag{6-46}$$

插值时，通常应该选择使得

$$\left\|\begin{pmatrix} k_{0x} \\ k_{0y} \\ k_{0z} \end{pmatrix}-(\theta_1+360°n)\begin{pmatrix} \hat{k}_{1x} \\ \hat{k}_{1y} \\ \hat{k}_{1z} \end{pmatrix}\right\| \tag{6-47}$$

最小的 n，然后对

$$\begin{pmatrix} k_{0x} \\ k_{0y} \\ k_{0z} \end{pmatrix} \text{和} (\theta_1+360°n)\begin{pmatrix} \hat{k}_{1x} \\ \hat{k}_{1y} \\ \hat{k}_{1z} \end{pmatrix} \tag{6-48}$$

运用前面的多项式或带抛物线过渡直线段等插值方法。

笛卡儿空间中对姿态还可以采用如下的四元数插值。

6.3.2 姿态的四元数插值

由 2.6.4 节可知，S^3 中的单位四元数 $\eta+\mathrm{i}\varepsilon_1+\mathrm{j}\varepsilon_2+\mathrm{k}\varepsilon_3$ 与 $\mathbb{U}$ 中的欧拉参数$(\eta \quad \varepsilon_1 \quad \varepsilon_2 \quad \varepsilon_3)^{\mathrm{T}}$ 一一对应。考虑两个用欧拉参数（等价于用单位四元数）表示的不同姿态：

$$\boldsymbol{r}_0=(\eta \quad \varepsilon_1 \quad \varepsilon_2 \quad \varepsilon_3)^{\mathrm{T}} \tag{6-49}$$

$$\boldsymbol{r}_1=(\xi \quad \delta_1 \quad \delta_2 \quad \delta_3)^{\mathrm{T}} \tag{6-50}$$

式中，$\boldsymbol{r}_0 \neq \boldsymbol{r}_1$ 且 $\boldsymbol{r}_0 \neq -\boldsymbol{r}_1$。四元数插值的目的是找出中间姿态 $\boldsymbol{r}_t$，$t \in [0,1]$（注意这里的起止时间作了归一化），使得 $\boldsymbol{r}_0$ 平滑过渡到 $\boldsymbol{r}_1$。显然，$\boldsymbol{r}_0$ 和 $\boldsymbol{r}_1$ 这两个四维单位向量确定了 $\mathbb{R}^4$ 中的一个平面，该平面上的任何一个元素（四维向量）都可以表示为 $\boldsymbol{r}_0$ 和 $\boldsymbol{r}_1$ 的线性组合。在该平面中，向量 $\boldsymbol{r}_0$、$\boldsymbol{r}_1$ 和 $\boldsymbol{r}_0-\boldsymbol{r}_1$ 构成一个三角形，对于 $\boldsymbol{r}_0$ 和 $\boldsymbol{r}_1$ 的夹角 θ，由余弦定理，有

$$2\|\boldsymbol{r}_0\|\|\boldsymbol{r}_1\|\cos\theta = \|\boldsymbol{r}_0\|^2 + \|\boldsymbol{r}_1\|^2 - \|\boldsymbol{r}_0-\boldsymbol{r}_1\|^2 \tag{6-51}$$

注意到 $\|\boldsymbol{r}_0\| = \|\boldsymbol{r}_1\| = 1$。

$$\begin{aligned}\|\boldsymbol{r}_0-\boldsymbol{r}_1\|^2 &= (\eta-\xi)^2+(\varepsilon_1-\delta_1)^2+(\varepsilon_2-\delta_2)^2+(\varepsilon_3-\delta_3)^2\\ &= (\eta^2+\varepsilon_1^2+\varepsilon_2^2+\varepsilon_3^2)+(\xi^2+\delta_1^2+\delta_2^2+\delta_3^2)-2(\eta\xi+\varepsilon_1\delta_1+\varepsilon_2\delta_2+\varepsilon_3\delta_3)\\ &= \|\boldsymbol{r}_0\|^2+\|\boldsymbol{r}_1\|^2-2\boldsymbol{r}_0\cdot\boldsymbol{r}_1\end{aligned} \tag{6-52}$$

于是，两个欧拉参数的内积等于它们夹角的余弦值

$$\boldsymbol{r}_0\cdot\boldsymbol{r}_1 = \cos\theta \tag{6-53}$$

如图 6-7 所示，将中间姿态 $\boldsymbol{r}_t$ 限制在 $\boldsymbol{r}_0$ 和 $\boldsymbol{r}_1$ 确定的平面中并假设匀速转动，可以使四元数插值问题化为一个简单的平面几何问题：$\boldsymbol{r}_0$、$\boldsymbol{r}_1$ 和 $\boldsymbol{r}_t$ 都在平面单位圆上，$\boldsymbol{r}_t$ 从 $\boldsymbol{r}_0$ 匀速旋转到 $\boldsymbol{r}_1$。

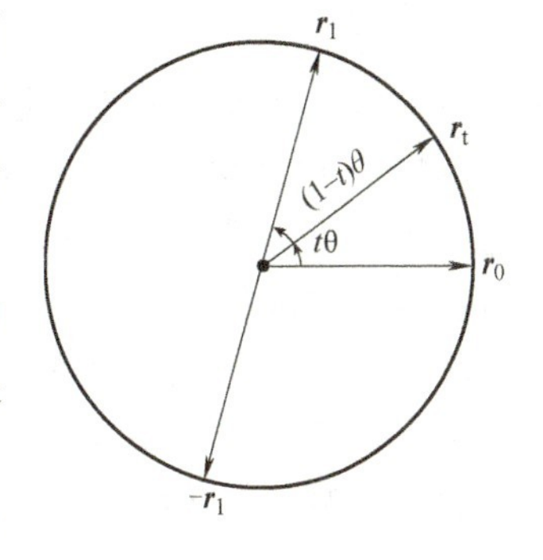

图 6-7　四元数插值

由于匀速旋转，对于 $t \in [0,1]$，$\boldsymbol{r}_0$ 与 $\boldsymbol{r}_t$ 的夹角是 $t\theta$，$\boldsymbol{r}_t$ 与 $\boldsymbol{r}_1$ 的夹角是 $(1-t)\theta$，则由欧拉参数内积与夹角余弦值的关系，有

$$\boldsymbol{r}_0\cdot\boldsymbol{r}_t = \cos(t\theta) \tag{6-54}$$

$$\boldsymbol{r}_t\cdot\boldsymbol{r}_1 = \cos((1-t)\theta) \tag{6-55}$$

同时，$\boldsymbol{r}_t$ 可以表示为 $\boldsymbol{r}_0$ 和 $\boldsymbol{r}_1$ 的线性组合，即

$$\boldsymbol{r}_t = k_0\boldsymbol{r}_0 + k_1\boldsymbol{r}_1 \tag{6-56}$$

将式（6-56）分别带入式（6-54）和式（6-55）得到

$$\cos(t\theta) = \boldsymbol{r}_0\cdot(k_0\boldsymbol{r}_0+k_1\boldsymbol{r}_1) = k_0\|\boldsymbol{r}_0\|^2+k_1\boldsymbol{r}_0\cdot\boldsymbol{r}_1 = k_0+k_1\cos\theta \tag{6-57}$$

$$\cos((1-t)\theta) = (k_0\boldsymbol{r}_0+k_1\boldsymbol{r}_1)\cdot\boldsymbol{r}_1 = k_0\boldsymbol{r}_0\cdot\boldsymbol{r}_1+k_1\|\boldsymbol{r}_1\|^2 = k_0\cos\theta+k_1 \tag{6-58}$$

最后，求解线性方程组

$$\begin{cases}k_0+k_1\cos\theta = \cos(t\theta)\\ k_0\cos\theta+k_1 = \cos((1-t)\theta)\end{cases} \tag{6-59}$$

联立两式，可求得

$$k_0 = \frac{\sin((1-t)\theta)}{\sin\theta},\ k_1 = \frac{\sin(t\theta)}{\sin\theta} \tag{6-60}$$

式中，$\theta = \cos^{-1}(\boldsymbol{r}_0\cdot\boldsymbol{r}_1)$。上述插值称为四元数球面线性插值（Spherical Linear Interpolation，Slerp）。

注意到单位四元数 $\boldsymbol{r}$ 和 $-\boldsymbol{r}$ 表示三维空间中的同一姿态。以图 6-7 为例，从 $\boldsymbol{r}_0$ 插值到 $\boldsymbol{r}_1$ 与从 $\boldsymbol{r}_0$ 插值到 $-\boldsymbol{r}_1$，最终三维空间姿态是一样的。一般应该选取最短路径进行球面线性插值。因此如果两四元数的夹角为钝角，则可通过将其中一个四元数取负，再对得到的两个夹角为锐角的四元数进行球面线性插值。

习　题

6-1　一单转动型关节机器人的关节于 $t_0=0\text{s}$ 开始时静止在关节角 $\theta_0=5°$，希望关节角于 $t_1=3\text{s}$ 时到达关节中间点 $\theta_1=45°$，最终于 $t_2=5\text{s}$ 停止在结束点 $\theta_2=80°$，请用两段三次曲线规划关节角的轨迹，且在中间点的角速度和角加速度连续，画出关节角的位置、速度和加速度曲线。

6-2　一单转动型关节机器人的关节于 $t_0=0\text{s}$ 开始时静止在关节角 $\theta_0=5°$，希望关节角于 $t_1=3\text{s}$ 时到达关节中间点 $\theta_1=45°$，$t_2=5\text{s}$ 时到达关节中间点 $\theta_2=80°$，最终于 $t_3=8\text{s}$ 停止在结束点 $\theta_3=60°$，请用 4-3-4（四次-三次-四次）多项式规划关节角的轨迹，要求在开始和结束运动时刻的关节角加速度均为 $0°/\text{s}^2$，且在中间点的角速度和角加速度连续，画出关节角的位置、速度和加速度曲线。

6-3　要求同习题6-2，请用3-5-3（三次-五次-三次）多项式规划关节角的轨迹，画出关节角的位置、速度和加速度曲线。

6-4　理论上给定 N 个关节中间点，可以用 $N-1$ 次多项式生成通过这 N 个关节中间点的轨迹。但是当多项式阶数过高时，在插值区间的边缘会产生较大的误差（Runge 现象）。试编程验证上述现象。

6-5　生成一段具有两中间点的多项式轨迹，可以使用编程实现。

6-6　将例6-3 中的 ϕ_0 替换为 $50°$，ϕ_f 替换为 $10°$，其他条件保持不变，求解满足要求的带抛物线过渡的直线段。

6-7　设计伪关节中间点，采用带抛物线连接的直线规划机器人的关节角轨迹，希望关节于 $t_0=0\text{s}$ 开始时静止在关节角 $\theta_0=0°$，关节角于 $t_1=3\text{s}$ 时到达中间点 $\theta_1=35°$，最终于 $t_2=5\text{s}$ 停止在结束点 $\theta_2=85°$，要求通过中间点的速度是 $5°/\text{s}$，两个伪中间点的时间间隔为 1s，所有抛物线过渡区段的加速度均为 $80°/\text{s}^2$，画出关节角的位置曲线。

6-8　编程实现对两个等效轴角表示姿态的三次多项式插值，并可视化等效轴角在三维中对应的姿态。给定任意的初始姿态 $\boldsymbol{K}_0$ 和初始姿态 $\boldsymbol{K}_1$，画出从 $\boldsymbol{K}_0$ 插值到 $\boldsymbol{K}_1$ 姿态的变化过程，选择不同的 n 并观察其不同。

6-9　验证两个单位四元数乘积仍然是单位四元数。

6-10　编程实现对两个单位四元数的球面线性插值，并可视化单位四元数在三维空间中对应的姿态，给定任意的初始姿态 $\boldsymbol{r}_0$ 和最终姿态 $\boldsymbol{r}_1$，画出从 $\boldsymbol{r}_0$ 插值到 $\boldsymbol{r}_1$ 与从 $\boldsymbol{r}_0$ 插值到 $-\boldsymbol{r}_1$ 姿态的变化过程并观测其不同。

6-11　若单位四元数插值时，要求在初始姿态 $\boldsymbol{r}_0$ 和最终姿态 $\boldsymbol{r}_1$ 时的角速度均为0，且转动过程中角速度连续。由于单位四元数球面线性插值方法（Slerp）的旋转角速度是定值，此时直接应用 Slerp 公式进行规划是不行的。请结合 Slerp 公式，给出上述要求下相应的姿态轨迹规划方法，并写出相应的公式。

第 7 章　机器人动力学

导　读

前面讨论了机器人的运动学，本章将探讨机器人动力学。通常可以利用两种方式获得机器人的动力学方程：直接应用牛顿-欧拉方程；由机器人动能和势能导出拉格朗日动力学方程。本章先介绍牛顿-欧拉迭代动力学方程，然后介绍拉格朗日动力学方程。

本章知识点

- 速度和加速度的传递
- 刚体的惯性张量与欧拉方程
- 牛顿-欧拉迭代动力学方程
- 机器人动力学方程的拉格朗日方法

7.1　速度和加速度的传递

在牛顿-欧拉迭代动力学方程中，先计算得到各连杆的速度、加速度，然后利用牛顿方程、欧拉方程算出作用在各连杆上的力和力矩，最后算出各关节上所需要的力矩。

需要用到速度、加速度在不同坐标系之间的传递关系。

7.1.1　线速度和角速度的传递

首先考虑线速度和角速度在不同坐标系之间的传递：假设点 Q 以线速度 ${}^{B}\boldsymbol{V}_{Q}$ 相对于坐标系 $\{B\}$ 运动，$\{B\}$ 的原点以线速度 ${}^{A}\boldsymbol{V}_{BORG}$ 相对于坐标系 $\{A\}$ 运动，同时 $\{B\}$ 以角速度 ${}^{A}\boldsymbol{\Omega}_{B}$ 绕坐标系 $\{A\}$ 运动。

在前面的微分运动学中，已经知道线速度的传递关系为

$$ {}^{A}\boldsymbol{V}_{Q}={}^{A}\boldsymbol{V}_{BORG}+{}^{A}_{B}\boldsymbol{R}\,{}^{B}\boldsymbol{V}_{Q}+{}^{A}\boldsymbol{\Omega}_{B}\times{}^{A}_{B}\boldsymbol{R}\,{}^{B}\boldsymbol{Q} \tag{7-1} $$

注意，这里同时需要用到角速度 ${}^{A}\boldsymbol{\Omega}_{B}$。

考虑坐标系 $\{C\}$ 以角速度 ${}^{B}\boldsymbol{\Omega}_{C}$ 绕坐标系 $\{B\}$ 运动，$\{B\}$ 以角速度 ${}^{A}\boldsymbol{\Omega}_{B}$ 绕坐标系 $\{A\}$ 运动，

则坐标系$\{C\}$绕坐标系$\{A\}$运动的角速度为

$$ {}^{A}\boldsymbol{\Omega}_{C} = {}^{A}\boldsymbol{\Omega}_{B} + {}_{B}^{A}\boldsymbol{R}\,{}^{B}\boldsymbol{\Omega}_{C} \tag{7-2} $$

7.1.2 线加速度的传递

线加速度的传递可通过对线速度的传递关系式（7-1）的求导获得。不妨先考虑坐标系$\{A\}$的原点和坐标系$\{B\}$的原点重合的情况，有以下的等式成立：

$$ {}^{A}\boldsymbol{V}_{Q} = {}_{B}^{A}\boldsymbol{R}\,{}^{B}\boldsymbol{V}_{Q} + {}^{A}\boldsymbol{\Omega}_{B} \times {}_{B}^{A}\boldsymbol{R}\,{}^{B}\boldsymbol{Q} \tag{7-3} $$

对式（7-3）求导可得

$$ {}^{A}\dot{\boldsymbol{V}}_{Q} = \frac{\mathrm{d}}{\mathrm{d}t}({}_{B}^{A}\boldsymbol{R}\,{}^{B}\boldsymbol{V}_{Q}) + {}^{A}\dot{\boldsymbol{\Omega}}_{B} \times {}_{B}^{A}\boldsymbol{R}\,{}^{B}\boldsymbol{Q} + {}^{A}\boldsymbol{\Omega}_{B} \times \frac{\mathrm{d}}{\mathrm{d}t}({}_{B}^{A}\boldsymbol{R}\,{}^{B}\boldsymbol{Q}) \tag{7-4} $$

由式（7-3）还可以得

$$ {}^{A}\boldsymbol{V}_{Q} = \frac{\mathrm{d}}{\mathrm{d}t}({}_{B}^{A}\boldsymbol{R}\,{}^{B}\boldsymbol{Q}) = {}_{B}^{A}\boldsymbol{R}\,{}^{B}\boldsymbol{V}_{Q} + {}^{A}\boldsymbol{\Omega}_{B} \times {}_{B}^{A}\boldsymbol{R}\,{}^{B}\boldsymbol{Q} $$

同理

$$ \frac{\mathrm{d}}{\mathrm{d}t}({}_{B}^{A}\boldsymbol{R}\,{}^{B}\boldsymbol{V}_{Q}) = {}_{B}^{A}\boldsymbol{R}\,{}^{B}\dot{\boldsymbol{V}}_{Q} + {}^{A}\boldsymbol{\Omega}_{B} \times {}_{B}^{A}\boldsymbol{R}\,{}^{B}\boldsymbol{V}_{Q} $$

将上述两式代入式（7-4），可得

$$ \begin{aligned} {}^{A}\dot{\boldsymbol{V}}_{Q} &= {}_{B}^{A}\boldsymbol{R}\,{}^{B}\dot{\boldsymbol{V}}_{Q} + {}^{A}\boldsymbol{\Omega}_{B} \times {}_{B}^{A}\boldsymbol{R}\,{}^{B}\boldsymbol{V}_{Q} + {}^{A}\dot{\boldsymbol{\Omega}}_{B} \times {}_{B}^{A}\boldsymbol{R}\,{}^{B}\boldsymbol{Q} + {}^{A}\boldsymbol{\Omega}_{B} \times ({}_{B}^{A}\boldsymbol{R}\,{}^{B}\boldsymbol{V}_{Q} + {}^{A}\boldsymbol{\Omega}_{B} \times {}_{B}^{A}\boldsymbol{R}\,{}^{B}\boldsymbol{Q}) \\ &= {}_{B}^{A}\boldsymbol{R}\,{}^{B}\dot{\boldsymbol{V}}_{Q} + 2\,{}^{A}\boldsymbol{\Omega}_{B} \times {}_{B}^{A}\boldsymbol{R}\,{}^{B}\boldsymbol{V}_{Q} + {}^{A}\dot{\boldsymbol{\Omega}}_{B} \times {}_{B}^{A}\boldsymbol{R}\,{}^{B}\boldsymbol{Q} + {}^{A}\boldsymbol{\Omega}_{B} \times ({}^{A}\boldsymbol{\Omega}_{B} \times {}_{B}^{A}\boldsymbol{R}\,{}^{B}\boldsymbol{Q}) \end{aligned} $$

考虑更一般的情况，如果坐标系$\{A\}$的原点和坐标系$\{B\}$的原点不重合，需要加上$\{B\}$原点的线加速度，得

$$ {}^{A}\dot{\boldsymbol{V}}_{Q} = {}^{A}\dot{\boldsymbol{V}}_{BORG} + {}_{B}^{A}\boldsymbol{R}\,{}^{B}\dot{\boldsymbol{V}}_{Q} + 2\,{}^{A}\boldsymbol{\Omega}_{B} \times {}_{B}^{A}\boldsymbol{R}\,{}^{B}\boldsymbol{V}_{Q} + {}^{A}\dot{\boldsymbol{\Omega}}_{B} \times {}_{B}^{A}\boldsymbol{R}\,{}^{B}\boldsymbol{Q} + {}^{A}\boldsymbol{\Omega}_{B} \times ({}^{A}\boldsymbol{\Omega}_{B} \times {}_{B}^{A}\boldsymbol{R}\,{}^{B}\boldsymbol{Q}) \tag{7-5} $$

如果矢量${}^{B}\boldsymbol{Q}$保持不动，即

$$ {}^{B}\boldsymbol{V}_{Q} = \boldsymbol{0},\ {}^{B}\dot{\boldsymbol{V}}_{Q} = \boldsymbol{0} $$

式（7-5）可简化为

$$ {}^{A}\dot{\boldsymbol{V}}_{Q} = {}^{A}\dot{\boldsymbol{V}}_{BORG} + {}^{A}\dot{\boldsymbol{\Omega}}_{B} \times {}_{B}^{A}\boldsymbol{R}\,{}^{B}\boldsymbol{Q} + {}^{A}\boldsymbol{\Omega}_{B} \times ({}^{A}\boldsymbol{\Omega}_{B} \times {}_{B}^{A}\boldsymbol{R}\,{}^{B}\boldsymbol{Q}) $$

7.1.3 角加速度的传递

类似地，角加速度的传递关系可以通过角速度传递关系式（7-2）求导得到，有

$$ \begin{aligned} {}^{A}\dot{\boldsymbol{\Omega}}_{C} &= {}^{A}\dot{\boldsymbol{\Omega}}_{B} + \frac{\mathrm{d}}{\mathrm{d}t}({}_{B}^{A}\boldsymbol{R}\,{}^{B}\boldsymbol{\Omega}_{C}) \\ &= {}^{A}\dot{\boldsymbol{\Omega}}_{B} + {}_{B}^{A}\boldsymbol{R}\,{}^{B}\dot{\boldsymbol{\Omega}}_{C} + {}^{A}\boldsymbol{\Omega}_{B} \times {}_{B}^{A}\boldsymbol{R}\,{}^{B}\boldsymbol{\Omega}_{C} \end{aligned} \tag{7-6} $$

7.2 刚体的惯性张量与欧拉方程

考虑多个质点连接形成刚体，其中质点 i 的质量为 m_i，则刚体的总质量 $m = \sum_i m_i$。考虑该刚体的联体坐标系$\{B\}$。在惯性坐标系$\{U\}$中，有

$$ {}^{U}\boldsymbol{V}_{i} = {}^{U}\boldsymbol{V}_{BORG} + {}^{U}\boldsymbol{\Omega}_{B} \times {}_{B}^{U}\boldsymbol{R}\,{}^{B}\boldsymbol{P}_{i} $$

这里${}^{U}\boldsymbol{V}_i$ 表示质点 i 在$\{U\}$中的速度。对速度求导获得其加速度

$$ {}^{U}\dot{\boldsymbol{V}}_i={}^{U}\dot{\boldsymbol{V}}_{BORG}+{}^{U}\dot{\boldsymbol{\Omega}}_B\times{}_B^U\boldsymbol{R}^B\boldsymbol{P}_i+{}^{U}\boldsymbol{\Omega}_B\times({}^{U}\boldsymbol{\Omega}_B\times{}_B^U\boldsymbol{R}^B\boldsymbol{P}_i) $$

注意，由于是刚体，所以有${}^{B}\dot{\boldsymbol{P}}_i=\boldsymbol{0}$。作用在质点 i 上的力

$$ {}^{U}(\boldsymbol{f}_i)=m_i{}^{U}\dot{\boldsymbol{V}}_i=m_i\left({}^{U}\dot{\boldsymbol{V}}_{BORG}+{}^{U}\dot{\boldsymbol{\Omega}}_B\times{}_B^U\boldsymbol{R}^B\boldsymbol{P}_i+{}^{U}\boldsymbol{\Omega}_B\times({}^{U}\boldsymbol{\Omega}_B\times{}_B^U\boldsymbol{R}^B\boldsymbol{P}_i)\right) $$

作用在质点 i 上的力矩

$$ {}^{U}({}^{B}\boldsymbol{N}_i)={}_B^U\boldsymbol{R}^B\boldsymbol{P}_i\times{}^{U}(\boldsymbol{f}_i)=m_i{}_B^U\boldsymbol{R}^B\boldsymbol{P}_i\times\left({}^{U}\dot{\boldsymbol{V}}_{BORG}+{}^{U}\dot{\boldsymbol{\Omega}}_B\times{}_B^U\boldsymbol{R}^B\boldsymbol{P}_i+{}^{U}\boldsymbol{\Omega}_B\times({}^{U}\boldsymbol{\Omega}_B\times{}_B^U\boldsymbol{R}^B\boldsymbol{P}_i)\right) $$

作用在整个刚体上的总力矩

$$ \begin{aligned} {}^{U}({}^{B}N)=\sum_i{}^{U}({}^{B}\boldsymbol{N}_i)&=\sum_i m_i{}_B^U\boldsymbol{R}^B\boldsymbol{P}_i\times\left({}^{U}\dot{\boldsymbol{V}}_{BORG}+{}^{U}\dot{\boldsymbol{\Omega}}_B\times{}_B^U\boldsymbol{R}^B\boldsymbol{P}_i+{}^{U}\boldsymbol{\Omega}_B\times({}^{U}\boldsymbol{\Omega}_B\times{}_B^U\boldsymbol{R}^B\boldsymbol{P}_i)\right)\\ &=\sum_i m_i{}_B^U\boldsymbol{R}^B\boldsymbol{P}_i\times{}^{U}\dot{\boldsymbol{V}}_{BORG}+\sum_i m_i{}_B^U\boldsymbol{R}^B\boldsymbol{P}_i\times({}^{U}\dot{\boldsymbol{\Omega}}_B\times{}_B^U\boldsymbol{R}^B\boldsymbol{P}_i)+\\ &\sum_i m_i{}_B^U\boldsymbol{R}^B\boldsymbol{P}_i\times\left({}^{U}\boldsymbol{\Omega}_B\times({}^{U}\boldsymbol{\Omega}_B\times{}_B^U\boldsymbol{R}^B\boldsymbol{P}_i)\right) \end{aligned} $$

注意，叉乘不满足乘法结合律，不能将后面的括号去掉。如果将联体坐标系$\{B\}$的原点选在刚体质心上，则有

$$ \sum_i m_i{}^{B}\boldsymbol{P}_i=\boldsymbol{0} \tag{7-7} $$

注意，这里 $\boldsymbol{0}$ 是一个向量。(这样的质心点是唯一的吗？试证明之。见习题 7-1。)

为强调联体坐标系原点在刚体质心上这一情况，下面用$\{C\}$替代$\{B\}$。据式（7-7），$\sum_i m_i{}_B^U\boldsymbol{R}^B\boldsymbol{P}_i\times{}^{U}\dot{\boldsymbol{V}}_{BORG}=\boldsymbol{0}$，总力矩可简化为

$$ {}^{U}({}^{C}\boldsymbol{N})=\sum_i m_i{}_C^U\boldsymbol{R}^C\boldsymbol{P}_i\times({}^{U}\dot{\boldsymbol{\Omega}}_C\times{}_C^U\boldsymbol{R}^C\boldsymbol{P}_i)+\sum_i m_i{}_C^U\boldsymbol{R}^C\boldsymbol{P}_i\times\left({}^{U}\boldsymbol{\Omega}_C\times({}^{U}\boldsymbol{\Omega}_C\times{}_C^U\boldsymbol{R}^C\boldsymbol{P}_i)\right) $$

下面计算${}^{U}({}^{C}N)$在坐标系$\{C\}$中的表示

$$ \begin{aligned} {}^{C}({}^{C}\boldsymbol{N})&={}^{C}\boldsymbol{N}={}_U^C\boldsymbol{R}^U({}^{C}\boldsymbol{N})\\ &={}_U^C\boldsymbol{R}\left(\sum_i m_i{}_C^U\boldsymbol{R}^C\boldsymbol{P}_i\times({}^{U}\dot{\boldsymbol{\Omega}}_C\times{}_C^U\boldsymbol{R}^C\boldsymbol{P}_i)+\sum_i m_i{}_C^U\boldsymbol{R}^C\boldsymbol{P}_i\times\left({}^{U}\boldsymbol{\Omega}_C\times({}^{U}\boldsymbol{\Omega}_C\times{}_C^U\boldsymbol{R}^C\boldsymbol{P}_i)\right)\right) \end{aligned} $$

式中，第一项

$$ \begin{aligned} &{}_U^C\boldsymbol{R}\left(\sum_i m_i{}_C^U\boldsymbol{R}^C\boldsymbol{P}_i\times({}^{U}\dot{\boldsymbol{\Omega}}_C\times{}_C^U\boldsymbol{R}^C\boldsymbol{P}_i)\right)\\ &=\sum_i m_i{}_U^C\boldsymbol{R}_C^U\boldsymbol{R}^C\boldsymbol{P}_i\times\left({}_U^C\boldsymbol{R}({}^{U}\dot{\boldsymbol{\Omega}}_C\times{}_C^U\boldsymbol{R}^C\boldsymbol{P}_i)\right)\\ &=\sum_i m_i{}^{C}\boldsymbol{P}_i\times\left({}_U^C\boldsymbol{R}({}^{U}\dot{\boldsymbol{\Omega}}_C\times{}_C^U\boldsymbol{R}^C\boldsymbol{P}_i)\right)\\ &=\sum_i m_i{}^{C}\boldsymbol{P}_i\times({}_U^C\boldsymbol{R}^U\dot{\boldsymbol{\Omega}}_C\times{}_U^C\boldsymbol{R}_C^U\boldsymbol{R}^C\boldsymbol{P}_i)\\ &=\sum_i m_i{}^{C}\boldsymbol{P}_i\times\left({}^{C}({}^{U}\dot{\boldsymbol{\Omega}}_C)\times{}^{C}\boldsymbol{P}_i\right)\\ &=\sum_i -m_i{}^{C}\boldsymbol{P}_i\times\left({}^{C}\boldsymbol{P}_i\times{}^{C}({}^{U}\dot{\boldsymbol{\Omega}}_C)\right)\\ &=\sum_i -m_i{}^{C}\boldsymbol{P}_{\hat{i}}^{C}\boldsymbol{P}_{\hat{i}}^{C}({}^{U}\dot{\boldsymbol{\Omega}}_C)\\ &=\sum_i -m_i\ ({}^{C}\boldsymbol{P}_{\hat{i}}^{C})^{2\,C}\dot{\boldsymbol{\omega}}_C \end{aligned} $$

遵循之前符号规则，这里用 $\dot{\boldsymbol{\omega}}_C={}^U\dot{\boldsymbol{\Omega}}_C$ 表示该（联体）质心坐标系在惯性坐标系 $\{U\}$ 中的角加速度。

第二项

$$
\begin{aligned}
&{}_U^C\boldsymbol{R}\left(\sum_i m_i{}_C^U\boldsymbol{R}^C\boldsymbol{P}_i\times\left({}^U\boldsymbol{\Omega}_C\times({}^U\boldsymbol{\Omega}_C\times{}_C^U\boldsymbol{R}^C\boldsymbol{P}_i)\right)\right)\\
&=\sum_i m_i{}_U^C\boldsymbol{R}_C^U\boldsymbol{R}^C\boldsymbol{P}_i\times\left({}_U^C\boldsymbol{R}({}^U\boldsymbol{\Omega}_C\times({}^U\boldsymbol{\Omega}_C\times{}_C^U\boldsymbol{R}^C\boldsymbol{P}_i))\right)\\
&=\sum_i m_i{}^C\boldsymbol{P}_i\times\left({}_U^C\boldsymbol{R}^U\boldsymbol{\Omega}_C\times{}_U^C\boldsymbol{R}({}^U\boldsymbol{\Omega}_C\times{}_C^U\boldsymbol{R}^C\boldsymbol{P}_i)\right)\\
&=\sum_i m_i{}^C\boldsymbol{P}_i\times\left({}^C({}^U\boldsymbol{\Omega}_C)\times({}_U^C\boldsymbol{R}^U\boldsymbol{\Omega}_C\times{}_U^C\boldsymbol{R}_C^U\boldsymbol{R}^C\boldsymbol{P}_i)\right)\\
&=\sum_i m_i{}^C\boldsymbol{P}_i\times\left({}^C({}^U\boldsymbol{\Omega}_C)\times({}^C({}^U\boldsymbol{\Omega}_C)\times{}^C\boldsymbol{P}_i)\right)\\
&=\sum_i -m_i{}^C({}^U\boldsymbol{\Omega}_C)\times\left({}^C\boldsymbol{P}_i\times({}^C\boldsymbol{P}_i\times{}^C({}^U\boldsymbol{\Omega}_C))\right)\\
&=\sum_i -m_i{}^C\boldsymbol{\omega}_{\hat{C}}({}^C\boldsymbol{P}_{\hat{i}})^{2\,C}\boldsymbol{\omega}_C
\end{aligned}
\tag{7-8}
$$

类似地，遵循之前符号规则，这里用 $\boldsymbol{\omega}_C={}^U\boldsymbol{\Omega}_C$ 表示该（联体）质心坐标系在惯性坐标系 $\{U\}$ 中的角速度。（为什么式（7-8）等于其之前的式子？试证明之。见习题 7-2。）

记

$$
{}^C\boldsymbol{I}=\sum_i -m_i({}^C\boldsymbol{P}_{\hat{i}})^2
$$

得

$$
{}^C\boldsymbol{N}={}^C\boldsymbol{I}\,{}^C\dot{\boldsymbol{\omega}}_C+{}^C\boldsymbol{\omega}_C\times{}^C\boldsymbol{I}^C\boldsymbol{\omega}_C
$$

该式为旋转刚体的**欧拉方程**。欧拉方程描述了作用在刚体上的力矩 ${}^C\boldsymbol{N}$ 与刚体旋转角速度 ${}^C\boldsymbol{\omega}_C$ 和角加速度 ${}^C\dot{\boldsymbol{\omega}}_C$ 之间的关系。${}^C\boldsymbol{I}$ 称为刚体的**惯性张量（inertia tensor）**，或**旋转惯性矩阵（rotational inertia matrix）**。可以看出，${}^C\boldsymbol{I}$ 是一个 3×3 矩阵，如将 ${}^C\boldsymbol{P}_i$ 完整记为 $(x_iy_iz_i)^{\mathrm{T}}$，${}^C\boldsymbol{I}$ 矩阵各元素为

$$
\begin{aligned}
{}^C\boldsymbol{I}&=\begin{pmatrix}\sum m_i(y_i^2+z_i^2) & -\sum m_ix_iy_i & -\sum m_ix_iz_i\\ -\sum m_ix_iy_i & \sum m_i(x_i^2+z_i^2) & -\sum m_iy_iz_i\\ -\sum m_ix_iz_i & -\sum m_iy_iz_i & \sum m_i(x_i^2+y_i^2)\end{pmatrix}\\
&=:\begin{pmatrix}I_{xx} & -I_{xy} & -I_{xz}\\ -I_{xy} & I_{yy} & -I_{yz}\\ -I_{xz} & -I_{yz} & I_{zz}\end{pmatrix}
\end{aligned}
$$

考虑质量连续分布的刚体，用密度函数 $\rho(x,y,z)$ 和微分单元体 $\mathrm{d}V$ 的乘积替代点质量，用积分运算替代求和运算，可得

$$
I_{xx}=\int_{\mathcal{B}}(y^2+z^2)\rho(x,y,z)\,\mathrm{d}V
$$

$$
I_{yy}=\int_{\mathcal{B}}(x^2+z^2)\rho(x,y,z)\,\mathrm{d}V
$$

$$
I_{zz}=\int_{\mathcal{B}}(x^2+y^2)\rho(x,y,z)\,\mathrm{d}V
$$

$$I_{xy}=\int_{\mathcal{B}} xy\rho(x,y,z)\,\mathrm{d}V$$

$$I_{xz}=\int_{\mathcal{B}} xz\rho(x,y,z)\,\mathrm{d}V$$

$$I_{yz}=\int_{\mathcal{B}} yz\rho(x,y,z)\,\mathrm{d}V$$

作为一个对称矩阵，惯性张量中的对角元素 I_{xx}、I_{yy} 和 I_{zz} 称为**惯性矩（mass moments of inertia）**。非对角元素 I_{xy}、I_{xz} 和 I_{yz} 称为**惯性积（mass product of inertia）**。

下面计算一个规则空间几何体的惯性张量。

例 7-1　考虑如图 7-1 所示的质量为 m，长度为 l，宽度为 w，高度为 h 的长方体连杆。连杆的质量是均匀分布的。建立如图所示的（原点）位于长方体连杆质心的联体坐标系 $\{C\}$。计算该连杆在 $\{C\}$ 下的惯性张量。

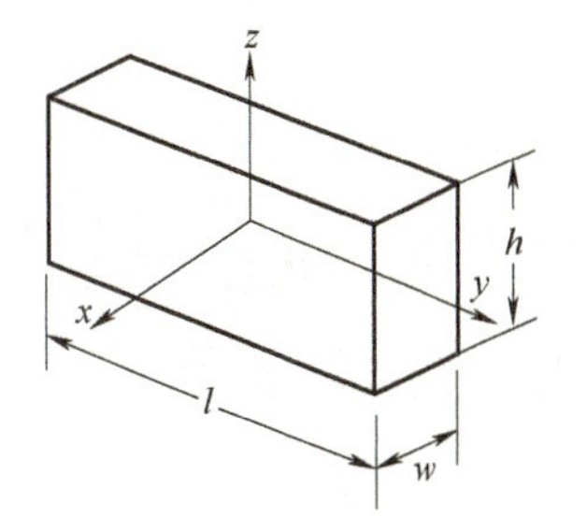

图 7-1　计算该长方体连杆的惯性张量
（联体坐标系原点位于连杆质心）

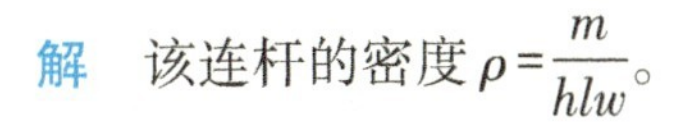

解　该连杆的密度 $\rho=\dfrac{m}{hlw}$。

（1）惯性矩

$$\begin{aligned}I_{xx}&=\int_{-\frac{h}{2}}^{\frac{h}{2}}\int_{-\frac{l}{2}}^{\frac{l}{2}}\left(\int_{-\frac{w}{2}}^{\frac{w}{2}}(y^2+z^2)\rho\,\mathrm{d}x\right)\mathrm{d}y\mathrm{d}z\\&=\int_{-\frac{h}{2}}^{\frac{h}{2}}\int_{-\frac{l}{2}}^{\frac{l}{2}}w(y^2+z^2)\rho\,\mathrm{d}y\mathrm{d}z=w\rho\int_{-\frac{h}{2}}^{\frac{h}{2}}\int_{-\frac{l}{2}}^{\frac{l}{2}}\mathrm{d}\left(\frac{y^3}{3}+z^2y\right)\mathrm{d}z\\&=w\rho\int_{-\frac{h}{2}}^{\frac{h}{2}}\left(\frac{l^3}{12}+z^2l\right)\mathrm{d}z=w\rho\int_{-\frac{h}{2}}^{\frac{h}{2}}\mathrm{d}\left(\frac{l^3z}{12}+\frac{z^3l}{3}\right)=w\rho\left(\frac{l^3h}{12}+\frac{h^3l}{12}\right)=\frac{m}{12}(l^2+h^2)\end{aligned}$$

类似地，可计算得

$$I_{yy}=\frac{m}{12}(h^2+w^2),I_{zz}=\frac{m}{12}(w^2+l^2)$$

（2）惯性积

$$I_{xy}=\int_{-\frac{h}{2}}^{\frac{h}{2}}\int_{-\frac{l}{2}}^{\frac{l}{2}}\left(\int_{-\frac{w}{2}}^{\frac{w}{2}}xy\rho\,\mathrm{d}x\right)\mathrm{d}y\mathrm{d}z=\rho\int_{-\frac{h}{2}}^{\frac{h}{2}}\int_{-\frac{l}{2}}^{\frac{l}{2}}\left(\int_{-\frac{w}{2}}^{\frac{w}{2}}\mathrm{d}\,\frac{x^2y}{2}\right)\mathrm{d}y\mathrm{d}z=0$$

类似地，可计算得

$$I_{yz}=0,I_{xz}=0$$

（3）该连杆在 $\{C\}$ 下的惯性张量

$$^{C}\boldsymbol{I}=\begin{pmatrix}\frac{m}{12}(l^2+h^2)&0&0\\0&\frac{m}{12}(h^2+w^2)&0\\0&0&\frac{m}{12}(w^2+l^2)\end{pmatrix}$$

需要进一步指出的是，惯性张量也可以定义在非质心坐标系中。

例 7-2　考虑如图 7-2 所示的质量为 m，长度为 l，宽度为 w，高度为 h 的长方体连杆。

连杆的质量是均匀分布的。建立如图所示的（原点）位于长方体连杆一顶点的联体坐标系$\{B\}$。计算该连杆在$\{B\}$下的惯性张量。

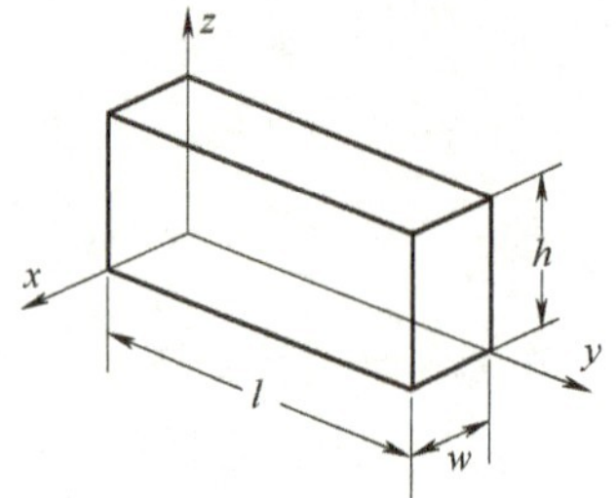

图 7-2 计算该长方体连杆的惯性张量（联体坐标系原点位于连杆一顶点）

解 该连杆的密度$\rho=\dfrac{m}{hlw}$。

（1）惯性矩

$$
\begin{aligned}
I_{xx} &= \int_0^h\int_0^l\left(\int_0^w (y^2+z^2)\rho\,\mathrm{d}x\right)\mathrm{d}y\mathrm{d}z \\
&= \int_0^h\int_0^l w(y^2+z^2)\rho\,\mathrm{d}y\mathrm{d}z = w\rho\int_0^h\int_0^l \mathrm{d}\left(\frac{y^3}{3}+z^2y\right)\mathrm{d}z \\
&= w\rho\int_0^h\left(\frac{l^3}{3}+z^2l\right)\mathrm{d}z = w\rho\int_0^h \mathrm{d}\left(\frac{l^3z}{3}+\frac{z^3l}{3}\right) \\
&= w\rho\left(\frac{l^3h}{3}+\frac{h^3l}{3}\right) = \frac{m}{3}(l^2+h^2)
\end{aligned}
$$

类似地，可计算得

$$
I_{yy}=\frac{m}{3}(h^2+w^2),\quad I_{zz}=\frac{m}{3}(w^2+l^2)
$$

（2）惯性积

$$
\begin{aligned}
I_{xy} &= \int_0^h\int_0^l\left(\int_0^w xy\rho\,\mathrm{d}x\right)\mathrm{d}y\mathrm{d}z = \rho\int_0^h\int_0^l\left(\int_0^w \mathrm{d}\,\frac{x^2y}{2}\right)\mathrm{d}y\mathrm{d}z \\
&= \rho\int_0^h\int_0^l \frac{w^2y}{2}\mathrm{d}y\mathrm{d}z = \rho\int_0^h\int_0^l \mathrm{d}\,\frac{w^2y^2}{4}\mathrm{d}z = \rho\int_0^h \frac{w^2l^2}{4}\mathrm{d}z = \rho\,\frac{w^2l^2h}{4} = \frac{m}{4}wl
\end{aligned}
$$

类似地，可计算得

$$
I_{yz}=\frac{m}{4}lh,\quad I_{xz}=\frac{m}{4}hw
$$

（3）该连杆在$\{B\}$下的惯性张量

$$
{}^B\boldsymbol{I}=\begin{pmatrix}
\dfrac{m}{3}(l^2+h^2) & -\dfrac{m}{4}wl & -\dfrac{m}{4}hw \\
-\dfrac{m}{4}wl & \dfrac{m}{3}(h^2+w^2) & -\dfrac{m}{4}lh \\
-\dfrac{m}{4}hw & -\dfrac{m}{4}lh & \dfrac{m}{3}(w^2+l^2)
\end{pmatrix}
$$

7.3 牛顿-欧拉迭代动力学方程

有了前面的准备，下面正式讨论牛顿-欧拉迭代动力学方程。利用牛顿-欧拉法求解动力学方程分两个阶段：

1）向外迭代[㊀]：从（虚拟）连杆 0 开始，依次计算连杆 1 到 N 联体坐标系的速度（线速度和角速度）以及加速度（线加速度和角加速度），同时利用连杆 i 联体坐标系的速度和

㊀ 有的书中称为“外推法”。

加速度计算连杆 i 质心的加速度，并利用牛顿方程和欧拉方程求取作用在连杆上的力和力矩。

2）向内迭代[二]：从连杆 N 开始，根据力平衡方程和力矩平衡方程，依次计算连杆 $N-1$ 到连杆 1 上的力，同时计算出产生这些力和力矩所需的（转动型关节）关节力矩或（平动型关节）关节力。在下面牛顿-欧拉迭代动力学方程的讨论中，忽略摩擦的影响，即假设各关节均无摩擦。

7.3.1　向外迭代：速度和加速度的计算

（1）连杆的速度传递

如图 7-3 所示，考虑一般的连杆坐标系 $\{i\}$ 及其相邻连杆坐标系 $\{i+1\}$，有

$$ {}^{i}\boldsymbol{\omega}_{i+1} = {}^{i}\boldsymbol{\omega}_{i} + {}_{i+1}^{i}\boldsymbol{R}\dot{\theta}_{i+1}\,{}^{i+1}\hat{\boldsymbol{Z}}_{i+1} $$

$$ {}^{i}\boldsymbol{v}_{i+1} = {}^{i}\boldsymbol{v}_{i} + {}^{i}\boldsymbol{\omega}_{i} \times {}^{i}\boldsymbol{O}_{i+1} $$

上两式左右同乘${}_{i}^{i+1}\boldsymbol{R}$，可得到下面的递归式：

$$ {}^{i+1}\boldsymbol{\omega}_{i+1} = {}_{i}^{i+1}\boldsymbol{R}\,{}^{i}\boldsymbol{\omega}_{i} + \dot{\theta}_{i+1}\,{}^{i+1}\hat{\boldsymbol{Z}}_{i+1} $$

$$ {}^{i+1}\boldsymbol{v}_{i+1} = {}_{i}^{i+1}\boldsymbol{R}({}^{i}\boldsymbol{v}_{i} + {}^{i}\boldsymbol{\omega}_{i} \times {}^{i}\boldsymbol{O}_{i+1}) $$

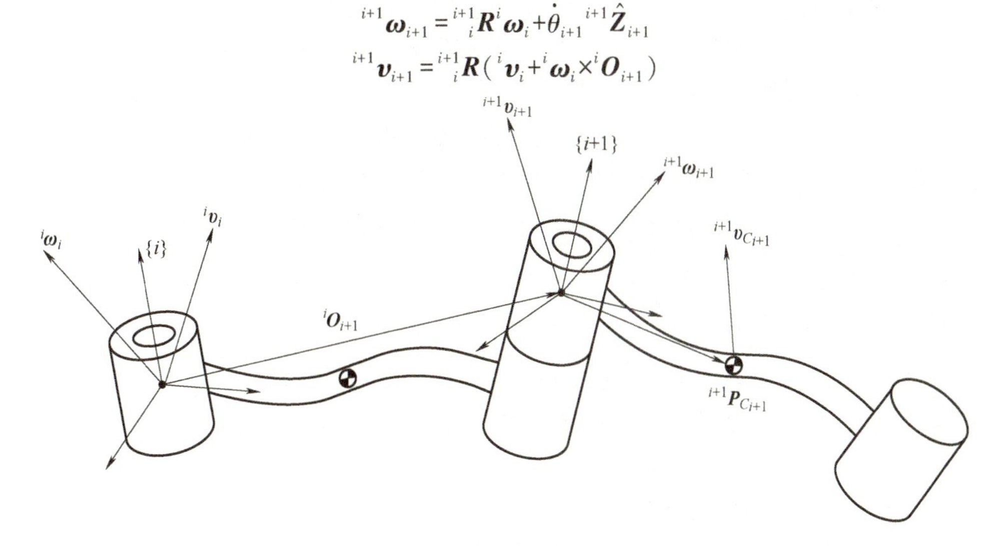

图 7-3　两个相邻连杆的速度矢量

（2）连杆的角加速度传递

由角加速度的传递式（7-6）：

$$ {}^{A}\dot{\boldsymbol{\Omega}}_{C} = {}^{A}\dot{\boldsymbol{\Omega}}_{B} + {}_{B}^{A}\boldsymbol{R}\,{}^{B}\dot{\boldsymbol{\Omega}}_{C} + {}^{A}\boldsymbol{\Omega}_{B} \times {}_{B}^{A}\boldsymbol{R}\,{}^{B}\boldsymbol{\Omega}_{C} $$

令 $\{A\}=\{0\}$，$\{B\}=\{i\}$，$\{C\}=\{i+1\}$，有

$$ \dot{\boldsymbol{\omega}}_{i+1} = \dot{\boldsymbol{\omega}}_{i} + {}_{i}^{0}\boldsymbol{R}\,{}^{i}\dot{\boldsymbol{\Omega}}_{i+1} + \boldsymbol{\omega}_{i} \times {}_{i}^{0}\boldsymbol{R}\,{}^{i}\boldsymbol{\Omega}_{i+1} \tag{7-9} $$

式中，${}^{i}\boldsymbol{\Omega}_{i+1}$[三] $=\dot{\theta}_{i+1}\,{}_{i+1}^{i}\boldsymbol{R}\,{}^{i+1}\hat{\boldsymbol{Z}}_{i+1}$。

求导得${}^{i}\dot{\boldsymbol{\Omega}}_{i+1} = \ddot{\theta}_{i+1}\,{}_{i+1}^{i}\boldsymbol{R}\,{}^{i+1}\hat{\boldsymbol{Z}}_{i+1}$。

[二] 有的书中称为“内推法”。

[三] 注意，${}^{i}\boldsymbol{\Omega}_{i+1}$和${}^{i}\boldsymbol{\omega}_{i+1}$具有不同的物理意义。

代入式（7-9），则

$$\begin{aligned}\dot{\boldsymbol{\omega}}_{i+1} &= \dot{\boldsymbol{\omega}}_i + {}_i^0\boldsymbol{R}\ddot{\theta}_{i+1}{}_{i+1}^{i}\boldsymbol{R}^{i+1}\hat{\boldsymbol{Z}}_{i+1} + \boldsymbol{\omega}_i \times {}_i^0\boldsymbol{R}\dot{\theta}_{i+1}{}_{i+1}^{i}\boldsymbol{R}^{i+1}\hat{\boldsymbol{Z}}_{i+1} \\ &= \dot{\boldsymbol{\omega}}_i + \ddot{\theta}_{i+1}{}_{i+1}^{0}\boldsymbol{R}^{i+1}\hat{\boldsymbol{Z}}_{i+1} + \boldsymbol{\omega}_i \times \dot{\theta}_{i+1}{}_{i+1}^{0}\boldsymbol{R}^{i+1}\hat{\boldsymbol{Z}}_{i+1}\end{aligned} \tag{7-10}$$

式（7-10）左右同乘${}_0^i\boldsymbol{R}$，有

$${}^i\dot{\boldsymbol{\omega}}_{i+1} = {}^i\dot{\boldsymbol{\omega}}_i + \ddot{\theta}_{i+1}{}_{i+1}^{i}\boldsymbol{R}^{i+1}\hat{\boldsymbol{Z}}_{i+1} + {}^i\boldsymbol{\omega}_i \times \dot{\theta}_{i+1}{}_{i+1}^{i}\boldsymbol{R}^{i+1}\hat{\boldsymbol{Z}}_{i+1} \tag{7-11}$$

为得到$\{i\}$到$\{i+1\}$的递归式，式（7-11）左右同乘${}_i^{i+1}\boldsymbol{R}$，有

$${}^{i+1}\dot{\boldsymbol{\omega}}_{i+1} = {}_i^{i+1}\boldsymbol{R}^i\dot{\boldsymbol{\omega}}_i + \ddot{\theta}_{i+1}{}^{i+1}\hat{\boldsymbol{Z}}_{i+1} + {}_i^{i+1}\boldsymbol{R}^i\boldsymbol{\omega}_i \times \dot{\theta}_{i+1}{}^{i+1}\hat{\boldsymbol{Z}}_{i+1} \tag{7-12}$$

对于平动型关节，因为$\dot{\theta}_{i+1}=0$，$\ddot{\theta}_{i+1}=0$，式（7-12）可简化为

$${}^{i+1}\dot{\boldsymbol{\omega}}_{i+1} = {}_i^{i+1}\boldsymbol{R}^i\dot{\boldsymbol{\omega}}_i \tag{7-13}$$

（3）连杆的线加速度传递

由线加速度的传递式（7-5）：

$${}^A\dot{\boldsymbol{V}}_Q = {}^A\dot{\boldsymbol{V}}_{BORG} + {}_B^A\boldsymbol{R}^B\dot{\boldsymbol{V}}_Q + 2^A\boldsymbol{\Omega}_B \times {}_B^A\boldsymbol{R}^B\boldsymbol{V}_Q + {}^A\dot{\boldsymbol{\Omega}}_B \times {}_B^A\boldsymbol{R}^B\boldsymbol{Q} + {}^A\boldsymbol{\Omega}_B \times ({}^A\boldsymbol{\Omega}_B \times {}_B^A\boldsymbol{R}^B\boldsymbol{Q})$$

令$\{A\}=\{0\}$，$\{B\}=\{i\}$，Q为$\{i+1\}$原点，有

$$\dot{\boldsymbol{v}}_{i+1} = \dot{\boldsymbol{v}}_i + {}_i^0\boldsymbol{R}^i\dot{\boldsymbol{V}}_{i+1} + 2\boldsymbol{\omega}_i \times {}_i^0\boldsymbol{R}^i\boldsymbol{V}_{i+1} + \dot{\boldsymbol{\omega}}_i \times {}_i^0\boldsymbol{R}^i\boldsymbol{O}_{i+1} + \boldsymbol{\omega}_i \times (\boldsymbol{\omega}_i \times {}_i^0\boldsymbol{R}^i\boldsymbol{O}_{i+1}) \tag{7-14}$$

式（7-14）左右同乘${}_0^i\boldsymbol{R}$，则

$${}^i\dot{\boldsymbol{v}}_{i+1} = {}^i\dot{\boldsymbol{v}}_i + {}^i\dot{\boldsymbol{V}}_{i+1} + 2^i\boldsymbol{\omega}_i \times {}^i\boldsymbol{V}_{i+1} + {}^i\dot{\boldsymbol{\omega}}_i \times {}^i\boldsymbol{O}_{i+1} + {}^i\boldsymbol{\omega}_i \times ({}^i\boldsymbol{\omega}_i \times {}^i\boldsymbol{O}_{i+1}) \tag{7-15}$$

式（7-15）左右再同乘${}_i^{i+1}\boldsymbol{R}$，可得到$\{i\}$到$\{i+1\}$的递归式，即

$${}^{i+1}\dot{\boldsymbol{v}}_{i+1} = {}_i^{i+1}\boldsymbol{R}[{}^i\dot{\boldsymbol{v}}_i + {}^i\dot{\boldsymbol{\omega}}_i \times {}^i\boldsymbol{O}_{i+1} + {}^i\boldsymbol{\omega}_i \times ({}^i\boldsymbol{\omega}_i \times {}^i\boldsymbol{O}_{i+1})] + {}_i^{i+1}\boldsymbol{R}[{}^i\dot{\boldsymbol{V}}_{i+1} + 2^i\boldsymbol{\omega}_i \times {}^i\boldsymbol{V}_{i+1}] \tag{7-16}$$

1）对于平动型关节，${}_i^{i+1}\boldsymbol{R}^i\boldsymbol{V}_{i+1} = {}^{i+1}\boldsymbol{V}_{i+1} = \dot{d}_{i+1}{}^{i+1}\hat{\boldsymbol{Z}}_{i+1}$，${}_i^{i+1}\boldsymbol{R}^i\dot{\boldsymbol{V}}_{i+1} = {}^{i+1}\dot{\boldsymbol{V}}_{i+1} = \ddot{d}_{i+1}{}^{i+1}\hat{\boldsymbol{Z}}_{i+1}$，${}^{i+1}\boldsymbol{\omega}_{i+1} = {}_i^{i+1}\boldsymbol{R}^i\boldsymbol{\omega}_i$，式（7-16）可表示为

$${}^{i+1}\dot{\boldsymbol{v}}_{i+1} = {}_i^{i+1}\boldsymbol{R}[{}^i\dot{\boldsymbol{v}}_i + {}^i\dot{\boldsymbol{\omega}}_i \times {}^i\boldsymbol{O}_{i+1} + {}^i\boldsymbol{\omega}_i \times ({}^i\boldsymbol{\omega}_i \times {}^i\boldsymbol{O}_{i+1})] + \ddot{d}_{i+1}{}^{i+1}\hat{\boldsymbol{Z}}_{i+1} + 2^{i+1}\boldsymbol{\omega}_{i+1} \times \dot{d}_{i+1}{}^{i+1}\hat{\boldsymbol{Z}}_{i+1}$$

2）对于转动型关节，因为${}^i\boldsymbol{V}_{i+1}=\boldsymbol{0}$，${}^i\dot{\boldsymbol{V}}_{i+1}=\boldsymbol{0}$，式（7-16）可简化为

$${}^{i+1}\dot{\boldsymbol{v}}_{i+1} = {}_i^{i+1}\boldsymbol{R}[{}^i\dot{\boldsymbol{v}}_i + {}^i\dot{\boldsymbol{\omega}}_i \times {}^i\boldsymbol{O}_{i+1} + {}^i\boldsymbol{\omega}_i \times ({}^i\boldsymbol{\omega}_i \times {}^i\boldsymbol{O}_{i+1})]$$

（4）连杆质心的线加速度传递

为了计算作用在连杆质心上的力，还需要计算连杆质心的加速度，再一次使用线加速度的传递式（7-5）：

$${}^A\dot{\boldsymbol{V}}_Q = {}^A\dot{\boldsymbol{V}}_{BORG} + {}_B^A\boldsymbol{R}^B\dot{\boldsymbol{V}}_Q + 2^A\boldsymbol{\Omega}_B \times {}_B^A\boldsymbol{R}^B\boldsymbol{V}_Q + {}^A\dot{\boldsymbol{\Omega}}_B \times {}_B^A\boldsymbol{R}^B\boldsymbol{Q} + {}^A\boldsymbol{\Omega}_B \times ({}^A\boldsymbol{\Omega}_B \times {}_B^A\boldsymbol{R}^B\boldsymbol{Q})$$

这次选取$\{A\}=\{0\}$，$\{B\}=\{i\}$，Q为连杆i质心，表示为C_i。因为${}^B\boldsymbol{V}_Q = {}^i\boldsymbol{V}_{C_i} = \boldsymbol{0}$，${}^B\boldsymbol{V}_Q = {}^i\dot{\boldsymbol{V}}_{C_i} = \boldsymbol{0}$，有

$$\dot{\boldsymbol{v}}_{C_i} = \dot{\boldsymbol{v}}_i + \dot{\boldsymbol{\omega}}_i \times {}_i^0\boldsymbol{R}^i\boldsymbol{P}_{C_i} + \boldsymbol{\omega}_i \times (\boldsymbol{\omega}_i \times {}_i^0\boldsymbol{R}^i\boldsymbol{P}_{C_i}) \tag{7-17}$$

式（7-17）左右同乘${}_0^i\boldsymbol{R}$，则

$${}^i\dot{\boldsymbol{v}}_{C_i} = {}^i\dot{\boldsymbol{v}}_i + {}^i\dot{\boldsymbol{\omega}}_i \times {}^i\boldsymbol{P}_{C_i} + {}^i\boldsymbol{\omega}_i \times ({}^i\boldsymbol{\omega}_i \times {}^i\boldsymbol{P}_{C_i}) \tag{7-18}$$

由前面的计算，可以从连杆0开始，向外迭代计算连杆$1\sim N$的质心坐标系的线加速度、角速度和角加速度。接着利用牛顿-欧拉公式，可计算作用在连杆质心上的惯性力和力矩，即

$$\boldsymbol{F}_i = m\dot{\boldsymbol{v}}_{C_i} \tag{7-19}$$

$$^{C_i}\boldsymbol{N}_i={}^{C_i}\boldsymbol{I}^{C_i}\dot{\boldsymbol{\omega}}_i+{}^{C_i}\boldsymbol{\omega}_i\times{}^{C_i}\boldsymbol{I}^{C_i}\boldsymbol{\omega}_i \tag{7-20}$$

式中，坐标系$\{C_i\}$的原点位于连杆质心，可以选取坐标系$\{C_i\}$的各坐标轴方向与原连杆坐标系$\{i\}$方向相同，则式（7-20）中$^{C_i}\dot{\boldsymbol{\omega}}_i={}^i\dot{\boldsymbol{\omega}}_i$，$^{C_i}\boldsymbol{\omega}_i={}^i\boldsymbol{\omega}_i$。

7.3.2　向内迭代：力和力矩的计算

由前面的计算得到每个连杆质心上的惯性力和力矩，下面计算产生这些施加在连杆质心上的力和力矩所对应的关节力矩。

图 7-4 为典型连杆在无重力状态下的受力情况，考虑连杆 i，先考虑其力平衡方程。

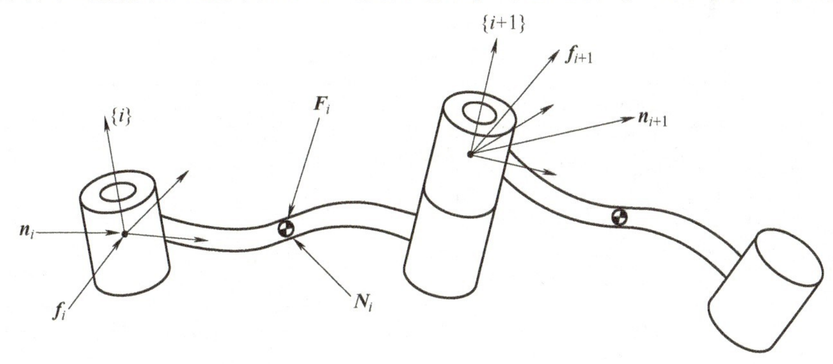

图 7-4　相邻连杆的力和力矩矢量

以作用于$\{i\}$原点的力向量$\boldsymbol{f}_i$表示连杆 $i-1$ 施加在连杆 i 上的力，以力矩向量$\boldsymbol{n}_i$表示连杆 $i-1$ 施加在连杆 i 上的力矩。除了惯性力$^i\boldsymbol{F}_i$，连杆 i 还受到连杆 $i-1$ 施加在连杆 i 上的$^i\boldsymbol{f}_i$，这里左上标表示这两个力表示在坐标系$\{i\}$下。同时，由于连杆 i 对连杆 $i+1$ 有一作用力$\boldsymbol{f}_{i+1}$，所以连杆 $i+1$ 对连杆 i 有一反作用力$-\boldsymbol{f}_{i+1}$，同样，用$^{i+1}\boldsymbol{f}_{i+1}$在坐标系$\{i+1\}$下表示$\boldsymbol{f}_{i+1}$。将所有作用于连杆 i 上的力向量相加，得到力平衡方程：

$$^i\boldsymbol{F}_i={}^i\boldsymbol{f}_i-{}_{i+1}^{\ \ i}\boldsymbol{R}^{i+1}\boldsymbol{f}_{i+1}$$

下面考虑作用在连杆 i 质心处的力矩平衡方程，考虑在坐标系$\{i\}$中表示，除了力矩$^i\boldsymbol{N}_i$，连杆 i 还受到连杆 $i-1$ 施加在连杆 i 上的力矩$^i\boldsymbol{n}_i$。同时，由于连杆 i 对连杆 $i+1$ 有一作用力矩$^i\boldsymbol{n}_{i+1}$，所以连杆 $i+1$ 对连杆 i 有一反作用力矩$-{}^{i+1}\boldsymbol{n}_{i+1}$，这里$^i\boldsymbol{n}_{i+1}={}_{i+1}^{\ \ i}\boldsymbol{R}^{i+1}\boldsymbol{n}_{i+1}$。此外，还有$^i\boldsymbol{f}_i$和$-{}^i\boldsymbol{f}_{i+1}$在连杆 i 质心处产生的力矩。将所有力矩向量相加，得到力矩平衡方程：

$$^i\boldsymbol{N}_i={}^i\boldsymbol{n}_i+(-{}^i\boldsymbol{P}_{C_i})\times{}^i\boldsymbol{f}_i+({}^i\boldsymbol{O}_{i+1}-{}^i\boldsymbol{P}_{C_i})\times(-{}^i\boldsymbol{f}_{i+1})-{}^i\boldsymbol{n}_{i+1}$$

下面将其整理为连杆 $i+1$ 到连杆 i 的的迭代形式：先考虑力平衡方程，有

$$^i\boldsymbol{f}_i={}_{i+1}^{\ \ i}\boldsymbol{R}^{i+1}\boldsymbol{f}_{i+1}+{}^i\boldsymbol{F}_i$$

再考虑力矩平衡方程，有

$$^i\boldsymbol{n}_i={}^i\boldsymbol{N}_i+{}_{i+1}^{\ \ i}\boldsymbol{R}^{i+1}\boldsymbol{n}_{i+1}+{}^i\boldsymbol{P}_{C_i}\times{}^i\boldsymbol{f}_i+({}^i\boldsymbol{O}_{i+1}-{}^i\boldsymbol{P}_{C_i})\times{}^i\boldsymbol{f}_{i+1}$$

由于$^i\boldsymbol{f}_i={}^i\boldsymbol{f}_{i+1}+{}^i\boldsymbol{F}_i$，则

$$\begin{aligned}^i\boldsymbol{n}_i&={}^i\boldsymbol{N}_i+{}_{i+1}^{\ \ i}\boldsymbol{R}^{i+1}\boldsymbol{n}_{i+1}+{}^i\boldsymbol{P}_{C_i}\times({}^i\boldsymbol{f}_{i+1}+{}^i\boldsymbol{F}_i)+({}^i\boldsymbol{O}_{i+1}-{}^i\boldsymbol{P}_{C_i})\times{}^i\boldsymbol{f}_{i+1}\\&={}^i\boldsymbol{N}_i+{}_{i+1}^{\ \ i}\boldsymbol{R}^{i+1}\boldsymbol{n}_{i+1}+{}^i\boldsymbol{P}_{C_i}\times{}^i\boldsymbol{F}_i+{}^i\boldsymbol{O}_{i+1}\times{}^i\boldsymbol{f}_{i+1}\\&={}^i\boldsymbol{N}_i+{}_{i+1}^{\ \ i}\boldsymbol{R}^{i+1}\boldsymbol{n}_{i+1}+{}^i\boldsymbol{P}_{C_i}\times{}^i\boldsymbol{F}_i+{}^i\boldsymbol{O}_{i+1}\times{}_{i+1}^{\ \ i}\boldsymbol{R}^{i+1}\boldsymbol{f}_{i+1}\end{aligned}$$

用上述方程对连杆依次求解，从连杆 N 开始向内递推直至机器人基座。

对于转动型关节 i，为产生力矩 $\boldsymbol{n}_i$，所需的关节力矩为

$$\tau_i={}^{i}\boldsymbol{n}_i^{\mathrm{T}\,i}\hat{\boldsymbol{Z}}_i$$

对于平动型关节 i，为产生力 $\boldsymbol{f}_i$，所需的关节力为

$$\tau_i={}^{i}\boldsymbol{f}_i^{\mathrm{T}\,i}\hat{\boldsymbol{Z}}_i$$

上面的讨论中并没有谈及重力，这是因为可以考虑惯性系中连杆坐标系 $\{0\}$ 以加速度 $\boldsymbol{G}$ 运动，即 ${}^{0}\dot{\boldsymbol{v}}_0=\boldsymbol{G}$，这里 $\boldsymbol{G}$ 与重力矢量大小相等、方向相反，其产生的效果就与重力作用的效果是一样的。

上述结果归纳在表 7-1 中。

表 7-1　牛顿-欧拉迭代动力学方程

向外迭代		转动型关节	平动型关节	备注
角速度	${}^{i+1}\boldsymbol{\omega}_{i+1}$	${}^{i+1}_{i}\boldsymbol{R}\,{}^{i}\boldsymbol{\omega}_i+\dot{\theta}_{i+1}\,{}^{i+1}\hat{\boldsymbol{Z}}_{i+1}$	${}^{i+1}_{i}\boldsymbol{R}\,{}^{i}\boldsymbol{\omega}_i$	一般情况下 ${}^{0}\boldsymbol{\omega}_0=(0,0,0)^{\mathrm{T}}$
角加速度	${}^{i+1}\dot{\boldsymbol{\omega}}_{i+1}$	${}^{i+1}_{i}\boldsymbol{R}\,{}^{i}\dot{\boldsymbol{\omega}}_i+{}^{i+1}_{i}\boldsymbol{R}\,{}^{i}\boldsymbol{\omega}_i\times\dot{\theta}_{i+1}\,{}^{i+1}\hat{\boldsymbol{Z}}_{i+1}+\ddot{\theta}_{i+1}\,{}^{i+1}\hat{\boldsymbol{Z}}_{i+1}$	${}^{i+1}_{i}\boldsymbol{R}\,{}^{i}\dot{\boldsymbol{\omega}}_i$	一般情况下 ${}^{0}\dot{\boldsymbol{\omega}}_0=(0,0,0)^{\mathrm{T}}$
加速度	${}^{i+1}\dot{\boldsymbol{v}}_{i+1}$	${}^{i+1}_{i}\boldsymbol{R}({}^{i}\dot{\boldsymbol{\omega}}_i\times{}^{i}\boldsymbol{O}_{i+1}+{}^{i}\boldsymbol{\omega}_i\times({}^{i}\boldsymbol{\omega}_i\times{}^{i}\boldsymbol{O}_{i+1})+{}^{i}\dot{\boldsymbol{v}}_i)$	${}^{i+1}_{i}\boldsymbol{R}({}^{i}\dot{\boldsymbol{\omega}}_i\times{}^{i}\boldsymbol{O}_{i+1}+{}^{i}\boldsymbol{\omega}_i\times({}^{i}\boldsymbol{\omega}_i\times{}^{i}\boldsymbol{O}_{i+1})+{}^{i}\dot{\boldsymbol{v}}_i)+2\,{}^{i+1}\boldsymbol{\omega}_{i+1}\times\dot{d}_{i+1}\,{}^{i+1}\hat{\boldsymbol{Z}}_{i+1}+\ddot{d}_{i+1}\,{}^{i+1}\hat{\boldsymbol{Z}}_{i+1}$	考虑重力时 ${}^{0}\dot{\boldsymbol{v}}_0=(0,g,0)^{\mathrm{T}}$
质心加速度	${}^{i+1}\dot{\boldsymbol{v}}_{C_{i+1}}$	${}^{i+1}\dot{\boldsymbol{\omega}}_{i+1}\times{}^{i+1}\boldsymbol{P}_{C_{i+1}}+{}^{i+1}\boldsymbol{\omega}_{i+1}\times({}^{i+1}\boldsymbol{\omega}_{i+1}\times{}^{i+1}\boldsymbol{P}_{C_{i+1}})+{}^{i+1}\dot{\boldsymbol{v}}_{i+1}$		
（质心）力	${}^{i+1}\boldsymbol{F}_{i+1}$	$m_{i+1}\,{}^{i+1}\dot{\boldsymbol{v}}_{C_{i+1}}$		
（质心）力矩	${}^{i+1}\boldsymbol{N}_{i+1}$	${}^{C_{i+1}}\boldsymbol{I}_{i+1}\,{}^{i+1}\dot{\boldsymbol{\omega}}_{i+1}+{}^{i+1}\boldsymbol{\omega}_{i+1}\times{}^{C_{i+1}}\boldsymbol{I}_{i+1}\,{}^{i+1}\boldsymbol{\omega}_{i+1}$		
向内迭代		转动型关节	平动型关节	备注
（连杆）力	${}^{i}\boldsymbol{f}_i$	${}_{i+1}^{i}\boldsymbol{R}\,{}^{i+1}\boldsymbol{f}_{i+1}+{}^{i}\boldsymbol{F}_i$		
（连杆）力矩	${}^{i}\boldsymbol{n}_i$	${}^{i}\boldsymbol{N}_i+{}_{i+1}^{i}\boldsymbol{R}\,{}^{i+1}\boldsymbol{n}_{i+1}+{}^{i}\boldsymbol{P}_{C_i}\times{}^{i}\boldsymbol{F}_i+{}^{i}\boldsymbol{O}_{i+1}\times{}_{i+1}^{i}\boldsymbol{R}\,{}^{i+1}\boldsymbol{f}_{i+1}$		
（关节）力/力矩	τ_i	${}^{i}\boldsymbol{n}_i^{\mathrm{T}\,i}\hat{\boldsymbol{Z}}_i$	${}^{i}\boldsymbol{f}_i^{\mathrm{T}\,i}\hat{\boldsymbol{Z}}_i$	

例 7-3　计算如图 7-5 所示平面机器人的动力学方程，假设每个连杆的质量都集中在连杆末端。

解　连杆质心的位置矢量：

$$^{1}\boldsymbol{P}_{C_1}=l_1\hat{\boldsymbol{X}}_1=\begin{pmatrix}l_1\\0\\0\end{pmatrix}$$

$$^{2}\boldsymbol{P}_{C_2}=l_2\hat{\boldsymbol{X}}_2=\begin{pmatrix}l_2\\0\\0\end{pmatrix}$$

连杆质心的惯性张量：

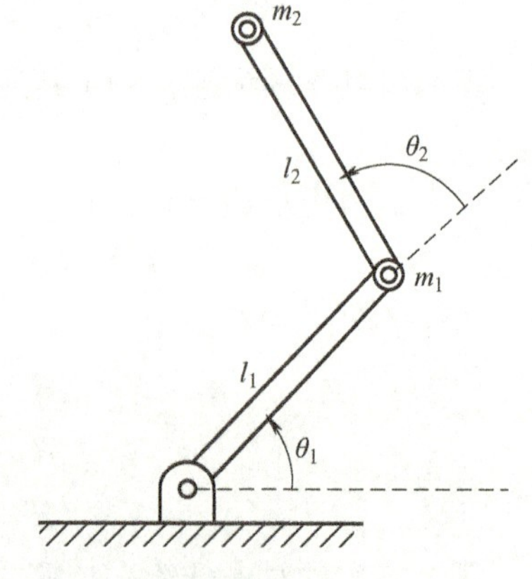

图 7-5　两连杆（平面）机器人

$$ {}^{C_1}\boldsymbol{I}_1=\begin{pmatrix}0&0&0\\0&0&0\\0&0&0\end{pmatrix},\ {}^{C_2}\boldsymbol{I}_2=\begin{pmatrix}0&0&0\\0&0&0\\0&0&0\end{pmatrix} $$

无力作用于末端执行器上：

$$ {}^3\boldsymbol{f}_3=\begin{pmatrix}0\\0\\0\end{pmatrix},\ {}^3\boldsymbol{n}_3=\begin{pmatrix}0\\0\\0\end{pmatrix} $$

机器人基座保持不动：

$$ {}^0\boldsymbol{\omega}_0=\begin{pmatrix}0\\0\\0\end{pmatrix},\ {}^0\dot{\boldsymbol{\omega}}_0=\begin{pmatrix}0\\0\\0\end{pmatrix} $$

考虑重力：

$$ {}^0\dot{\boldsymbol{v}}_0=g\hat{\boldsymbol{Y}}_0=\begin{pmatrix}0\\g\\0\end{pmatrix} $$

连杆间的相对转动：

$$ {}_{i+1}^{\ i}\boldsymbol{R}=\begin{pmatrix}c_{i+1}&-s_{i+1}&0\\s_{i+1}&c_{i+1}&0\\0&0&1\end{pmatrix},\ {}_{\ i}^{i+1}\boldsymbol{R}=\begin{pmatrix}c_{i+1}&s_{i+1}&0\\-s_{i+1}&c_{i+1}&0\\0&0&1\end{pmatrix} $$

向外迭代：连杆 0 到连杆 1（$i=0$）

角速度：

$$ {}^1\boldsymbol{\omega}_1={}_0^1\boldsymbol{R}\,{}^0\boldsymbol{\omega}_0+\dot{\theta}_1\,{}^1\hat{\boldsymbol{Z}}_1={}_0^1\boldsymbol{R}\begin{pmatrix}0\\0\\0\end{pmatrix}+\dot{\theta}_1\begin{pmatrix}0\\0\\1\end{pmatrix}=\begin{pmatrix}0\\0\\\dot{\theta}_1\end{pmatrix} $$

角加速度：

$$ \begin{aligned}{}^1\dot{\boldsymbol{\omega}}_1&={}_0^1\boldsymbol{R}\,{}^0\dot{\boldsymbol{\omega}}_0+{}_0^1\boldsymbol{R}\,{}^0\boldsymbol{\omega}_0\times\dot{\theta}_1\,{}^1\hat{\boldsymbol{Z}}_1+\ddot{\theta}_1\,{}^1\hat{\boldsymbol{Z}}_1\\&={}_0^1\boldsymbol{R}\begin{pmatrix}0\\0\\0\end{pmatrix}+{}_0^1\boldsymbol{R}\begin{pmatrix}0\\0\\0\end{pmatrix}\times\dot{\theta}_1\,{}^1\hat{\boldsymbol{Z}}_1+\ddot{\theta}_1\begin{pmatrix}0\\0\\1\end{pmatrix}=\begin{pmatrix}0\\0\\\ddot{\theta}_1\end{pmatrix}\end{aligned} $$

原点线加速度：

$$ \begin{aligned}{}^1\dot{\boldsymbol{v}}_1&={}_0^1\boldsymbol{R}\left({}^0\dot{\boldsymbol{\omega}}_0\times{}^0\boldsymbol{O}_1+{}^0\boldsymbol{\omega}_0\times({}^0\boldsymbol{\omega}_0\times{}^0\boldsymbol{O}_1)+{}^0\dot{\boldsymbol{v}}_0\right)\\&=\begin{pmatrix}c_1&s_1&0\\-s_1&c_1&0\\0&0&1\end{pmatrix}\left\{\begin{pmatrix}0\\0\\0\end{pmatrix}\times{}^0\boldsymbol{O}_1+\begin{pmatrix}0\\0\\0\end{pmatrix}\times\left(\begin{pmatrix}0\\0\\0\end{pmatrix}\times{}^0\boldsymbol{O}_1\right)+\begin{pmatrix}0\\g\\0\end{pmatrix}\right\}\\&=\begin{pmatrix}c_1&s_1&0\\-s_1&c_1&0\\0&0&1\end{pmatrix}\begin{pmatrix}0\\g\\0\end{pmatrix}=\begin{pmatrix}gs_1\\gc_1\\0\end{pmatrix}\end{aligned} $$

质心线加速度：

$$
\begin{aligned}
{}^1\dot{\boldsymbol{v}}_{C_1} &= {}^1\dot{\boldsymbol{\omega}}_1 \times {}^1\boldsymbol{P}_{C_1} + {}^1\boldsymbol{\omega}_1 \times ({}^1\boldsymbol{\omega}_1 \times {}^1\boldsymbol{P}_{C_1}) + {}^1\dot{\boldsymbol{v}}_1 \\
&= \begin{pmatrix} 0 \\ 0 \\ \ddot{\theta}_1 \end{pmatrix} \times \begin{pmatrix} l_1 \\ 0 \\ 0 \end{pmatrix} + \begin{pmatrix} 0 \\ 0 \\ \dot{\theta}_1 \end{pmatrix} \times \left(\begin{pmatrix} 0 \\ 0 \\ \dot{\theta}_1 \end{pmatrix} \times \begin{pmatrix} l_1 \\ 0 \\ 0 \end{pmatrix} \right) + \begin{pmatrix} gs_1 \\ gc_1 \\ 0 \end{pmatrix} \\
&= \begin{pmatrix} 0 \\ l_1\ddot{\theta}_1 \\ 0 \end{pmatrix} + \begin{pmatrix} -l_1\dot{\theta}_1^2 \\ 0 \\ 0 \end{pmatrix} + \begin{pmatrix} gs_1 \\ gc_1 \\ 0 \end{pmatrix} = \begin{pmatrix} -l_1\dot{\theta}_1^2 + gs_1 \\ l_1\ddot{\theta}_1 + gc_1 \\ 0 \end{pmatrix}
\end{aligned}
$$

（质心）力：

$$
{}^1\boldsymbol{F}_1 = m_1 {}^1\dot{\boldsymbol{v}}_{C_1} = \begin{pmatrix} -m_1 l_1\dot{\theta}_1^2 + m_1 g s_1 \\ m_1 l_1 \ddot{\theta}_1 + m_1 g c_1 \\ 0 \end{pmatrix}
$$

（质心）力矩：

$$
{}^1\boldsymbol{N}_1 = {}^{C_1}\boldsymbol{I}_1 {}^1\dot{\boldsymbol{\omega}}_1 + {}^1\boldsymbol{\omega}_1 \times {}^{C_1}\boldsymbol{I}_1 1 {}^1\boldsymbol{\omega}_1 = \begin{pmatrix} 0 \\ 0 \\ 0 \end{pmatrix}
$$

式中，${}^{C_1}\boldsymbol{I}_1 = \begin{pmatrix} 0 & 0 & 0 \\ 0 & 0 & 0 \\ 0 & 0 & 0 \end{pmatrix}$。

向外迭代：连杆 1 到连杆 2（$i=1$）

角速度：

$$
{}^2\boldsymbol{\omega}_2 = {}^2_1\boldsymbol{R} {}^1\boldsymbol{\omega}_1 + \dot{\theta}_2 {}^2\hat{\boldsymbol{Z}}_2 = \begin{pmatrix} c_2 & s_2 & 0 \\ -s_2 & c_2 & 0 \\ 0 & 0 & 1 \end{pmatrix} \begin{pmatrix} 0 \\ 0 \\ \dot{\theta}_1 \end{pmatrix} + \begin{pmatrix} 0 \\ 0 \\ \dot{\theta}_2 \end{pmatrix} = \begin{pmatrix} 0 \\ 0 \\ \dot{\theta}_1 + \dot{\theta}_2 \end{pmatrix} = \begin{pmatrix} 0 \\ 0 \\ \dot{\theta}_{12} \end{pmatrix}
$$

为简化表达式，这里用 $\dot{\theta}_{12} = \dot{\theta}_1 + \dot{\theta}_2$。

角加速度：

$$
\begin{aligned}
{}^2\dot{\boldsymbol{\omega}}_2 &= {}^2_1\boldsymbol{R} {}^1\dot{\boldsymbol{\omega}}_1 + {}^2_1\boldsymbol{R} {}^1\boldsymbol{\omega}_1 \times \dot{\theta}_2 {}^2\hat{\boldsymbol{Z}}_2 + \ddot{\theta}_2 {}^2\hat{\boldsymbol{Z}}_2 \\
&= \begin{pmatrix} c_2 & s_2 & 0 \\ -s_2 & c_2 & 0 \\ 0 & 0 & 1 \end{pmatrix} \begin{pmatrix} 0 \\ 0 \\ \ddot{\theta}_1 \end{pmatrix} + \begin{pmatrix} c_2 & s_2 & 0 \\ -s_2 & c_2 & 0 \\ 0 & 0 & 1 \end{pmatrix} \begin{pmatrix} 0 \\ 0 \\ \dot{\theta}_1 \end{pmatrix} \times \dot{\theta}_2 \begin{pmatrix} 0 \\ 0 \\ 1 \end{pmatrix} + \ddot{\theta}_2 \begin{pmatrix} 0 \\ 0 \\ 1 \end{pmatrix} \\
&= \begin{pmatrix} 0 \\ 0 \\ \ddot{\theta}_1 \end{pmatrix} + \begin{pmatrix} 0 \\ 0 \\ \dot{\theta}_1 \end{pmatrix} \times \begin{pmatrix} 0 \\ 0 \\ \dot{\theta}_2 \end{pmatrix} + \begin{pmatrix} 0 \\ 0 \\ \ddot{\theta}_2 \end{pmatrix} = \begin{pmatrix} 0 \\ 0 \\ \ddot{\theta}_1 + \ddot{\theta}_2 \end{pmatrix} = \begin{pmatrix} 0 \\ 0 \\ \ddot{\theta}_{12} \end{pmatrix}
\end{aligned}
$$

为简化表达式，这里用 $\ddot{\theta}_{12} = \ddot{\theta}_1 + \ddot{\theta}_2$。

原点线加速度：

$$
\begin{aligned}
{}^2\dot{\boldsymbol{v}}_2 &= {}_1^2\boldsymbol{R}({}^1\dot{\boldsymbol{\omega}}_1\times{}^1\boldsymbol{O}_2+{}^1\boldsymbol{\omega}_1\times({}^1\boldsymbol{\omega}_1\times{}^1\boldsymbol{O}_2)+{}^1\dot{\boldsymbol{v}}_1) \\
&= \begin{pmatrix} c_2 & s_2 & 0 \\ -s_2 & c_2 & 0 \\ 0 & 0 & 1 \end{pmatrix}\left(\begin{pmatrix} 0 \\ 0 \\ \ddot{\theta}_1 \end{pmatrix}\times\begin{pmatrix} l_1 \\ 0 \\ 0 \end{pmatrix}+\begin{pmatrix} 0 \\ 0 \\ \dot{\theta}_1 \end{pmatrix}\times\left(\begin{pmatrix} 0 \\ 0 \\ \dot{\theta}_1 \end{pmatrix}\times\begin{pmatrix} l_1 \\ 0 \\ 0 \end{pmatrix}\right)+\begin{pmatrix} gs_1 \\ gc_1 \\ 0 \end{pmatrix}\right) \\
&= \begin{pmatrix} c_2 & s_2 & 0 \\ -s_2 & c_2 & 0 \\ 0 & 0 & 1 \end{pmatrix}\left(\begin{pmatrix} 0 \\ l_1\ddot{\theta}_1 \\ 0 \end{pmatrix}+\begin{pmatrix} -l_1\dot{\theta}_1^2 \\ 0 \\ 0 \end{pmatrix}+\begin{pmatrix} gs_1 \\ gc_1 \\ 0 \end{pmatrix}\right) \\
&= \begin{pmatrix} c_2 & s_2 & 0 \\ -s_2 & c_2 & 0 \\ 0 & 0 & 1 \end{pmatrix}\begin{pmatrix} -l_1\dot{\theta}_1^2+gs_1 \\ l_1\ddot{\theta}_1+gc_1 \\ 0 \end{pmatrix}=\begin{pmatrix} l_1\ddot{\theta}_1s_2-l_1\dot{\theta}_1^2c_2+gs_{12} \\ l_1\ddot{\theta}_1c_2+l_1\dot{\theta}_1^2s_2+gc_{12} \\ 0 \end{pmatrix}
\end{aligned}
$$

质心线加速度：

$$
\begin{aligned}
{}^2\dot{\boldsymbol{v}}_{C_2} &= {}^2\dot{\boldsymbol{\omega}}_2\times{}^2\boldsymbol{P}_{C_2}+{}^2\boldsymbol{\omega}_2\times({}^2\boldsymbol{\omega}_2\times{}^2\boldsymbol{P}_{C_2})+{}^2\dot{\boldsymbol{v}}_2 \\
&= \begin{pmatrix} 0 \\ 0 \\ \ddot{\theta}_{12} \end{pmatrix}\times\begin{pmatrix} l_2 \\ 0 \\ 0 \end{pmatrix}+\begin{pmatrix} 0 \\ 0 \\ \dot{\theta}_{12} \end{pmatrix}\times\left(\begin{pmatrix} 0 \\ 0 \\ \dot{\theta}_{12} \end{pmatrix}\times\begin{pmatrix} l_2 \\ 0 \\ 0 \end{pmatrix}\right)+\begin{pmatrix} l_1\ddot{\theta}_1s_2-l_1\dot{\theta}_1^2c_2+gs_{12} \\ l_1\ddot{\theta}_1c_2+l_1\dot{\theta}_1^2s_2+gc_{12} \\ 0 \end{pmatrix} \\
&= \begin{pmatrix} 0 \\ l_2\ddot{\theta}_{12} \\ 0 \end{pmatrix}+\begin{pmatrix} -l_2\dot{\theta}_{12}^2 \\ 0 \\ 0 \end{pmatrix}+\begin{pmatrix} l_1\ddot{\theta}_1s_2-l_1\dot{\theta}_1^2c_2+gs_{12} \\ l_1\ddot{\theta}_1c_2+l_1\dot{\theta}_1^2s_2+gc_{12} \\ 0 \end{pmatrix} \\
&= \begin{pmatrix} -l_2\dot{\theta}_{12}^2 \\ l_2\ddot{\theta}_{12} \\ 0 \end{pmatrix}+\begin{pmatrix} l_1\ddot{\theta}_1s_2-l_1\dot{\theta}_1^2c_2+gs_{12} \\ l_1\ddot{\theta}_1c_2+l_1\dot{\theta}_1^2s_2+gc_{12} \\ 0 \end{pmatrix}
\end{aligned}
$$

（质心）力：

$$
{}^2\boldsymbol{F}_2=m_2{}^2\dot{\boldsymbol{v}}_{C_2}=\begin{pmatrix} m_2l_1\ddot{\theta}_1s_2-m_2l_1\dot{\theta}_1^2c_2-m_2l_2\dot{\theta}_{12}^2+m_2gs_{12} \\ m_2l_1\ddot{\theta}_1c_2+m_2l_1\dot{\theta}_1^2s_2+m_2l_2\ddot{\theta}_{12}+m_2gc_{12} \\ 0 \end{pmatrix}
$$

（质心）力矩：

$$
{}^2\boldsymbol{N}_2={}^{C_2}\boldsymbol{I}_2{}^2\dot{\boldsymbol{\omega}}_2+{}^2\boldsymbol{\omega}_2\times{}^{C_2}\boldsymbol{I}_2{}^2\boldsymbol{\omega}_2=\begin{pmatrix} 0 \\ 0 \\ 0 \end{pmatrix}
$$

式中，${}^{C_2}\boldsymbol{I}_2=\begin{pmatrix} 0 & 0 & 0 \\ 0 & 0 & 0 \\ 0 & 0 & 0 \end{pmatrix}$。

向内迭代：连杆 3 到连杆 2（$i=2$）

（连杆）力：

$$
\begin{aligned}
{}^2\boldsymbol{f}_2&={}^2_3\boldsymbol{R}\,{}^3\boldsymbol{f}_3+{}^2\boldsymbol{F}_2\\
&={}^2_3\boldsymbol{R}\begin{pmatrix}0\\0\\0\end{pmatrix}+\begin{pmatrix}m_2l_1\ddot{\theta}_1s_2-m_2l_1\dot{\theta}_1^2c_2-m_2l_2\dot{\theta}_{12}^2+m_2gs_{12}\\ m_2l_1\ddot{\theta}_1c_2+m_2l_1\dot{\theta}_1^2s_2+m_2l_2\ddot{\theta}_{12}+m_2gc_{12}\\0\end{pmatrix}\\
&=\begin{pmatrix}m_2l_1\ddot{\theta}_1s_2-m_2l_1\dot{\theta}_1^2c_2-m_2l_2\dot{\theta}_{12}^2+m_2gs_{12}\\ m_2l_1\ddot{\theta}_1c_2+m_2l_1\dot{\theta}_1^2s_2+m_2l_2\ddot{\theta}_{12}+m_2gc_{12}\\0\end{pmatrix}
\end{aligned}
$$

（连杆）力矩：

$$
\begin{aligned}
{}^2\boldsymbol{n}_2&={}^2\boldsymbol{N}_2+{}^2_3\boldsymbol{R}\,{}^3\boldsymbol{n}_3+{}^2\boldsymbol{P}_{C_2}\times{}^2\boldsymbol{F}_2+{}^2\boldsymbol{O}_3\times{}^2_3\boldsymbol{R}\,{}^3\boldsymbol{f}_3\\
&=\begin{pmatrix}0\\0\\0\end{pmatrix}+{}^2_3\boldsymbol{R}\begin{pmatrix}0\\0\\0\end{pmatrix}+\begin{pmatrix}l_2\\0\\0\end{pmatrix}\times\begin{pmatrix}m_2l_1\ddot{\theta}_1s_2-m_2l_1\dot{\theta}_1^2c_2-m_2l_2\dot{\theta}_{12}^2+m_2gs_{12}\\ m_2l_1\ddot{\theta}_1c_2+m_2l_1\dot{\theta}_1^2s_2+m_2l_2\ddot{\theta}_{12}+m_2gc_{12}\\0\end{pmatrix}+{}^2\boldsymbol{O}_3\times{}^2_3\boldsymbol{R}\begin{pmatrix}0\\0\\0\end{pmatrix}\\
&=\begin{pmatrix}0\\0\\m_2l_1l_2\ddot{\theta}_1c_2+m_2l_1l_2\dot{\theta}_1^2s_2+m_2l_2^2\ddot{\theta}_{12}+m_2l_2gc_{12}\end{pmatrix}
\end{aligned}
$$

（关节）力矩：

$$
\begin{aligned}
\tau_2&={}^2\boldsymbol{n}_2^{\mathrm{T}}\,{}^2\hat{\boldsymbol{Z}}_2\\
&=\begin{pmatrix}0\\0\\m_2l_1l_2\ddot{\theta}_1c_2+m_2l_1l_2\dot{\theta}_1^2s_2+m_2l_2^2\ddot{\theta}_{12}+m_2l_2gc_{12}\end{pmatrix}^{\mathrm{T}}\begin{pmatrix}0\\0\\1\end{pmatrix}\\
&=m_2l_1l_2\ddot{\theta}_1c_2+m_2l_1l_2\dot{\theta}_1^2s_2+m_2l_2^2\ddot{\theta}_{12}+m_2l_2gc_{12}
\end{aligned}
$$

向内迭代：连杆 2 到连杆 1（$i=1$）

（连杆）力：

$$
\begin{aligned}
{}^1\boldsymbol{f}_1&={}^1_2\boldsymbol{R}\,{}^2\boldsymbol{f}_2+{}^1\boldsymbol{F}_1\\
&=\begin{pmatrix}c_2&-s_2&0\\s_2&c_2&0\\0&0&1\end{pmatrix}\begin{pmatrix}m_2l_1\ddot{\theta}_1s_2-m_2l_1\dot{\theta}_1^2c_2-m_2l_2\dot{\theta}_{12}^2+m_2gs_{12}\\ m_2l_1\ddot{\theta}_1c_2+m_2l_1\dot{\theta}_1^2s_2+m_2l_2\ddot{\theta}_{12}+m_2gc_{12}\\0\end{pmatrix}+\begin{pmatrix}-m_1l_1\dot{\theta}_1^2+m_1gs_1\\ m_1l_1\ddot{\theta}_1+m_1gc_1\\0\end{pmatrix}\\
&=\begin{pmatrix}-m_2l_1\dot{\theta}_1^2-m_2l_2c_2\dot{\theta}_{12}^2-m_2l_2s_2\ddot{\theta}_{12}+m_2gc_2s_{12}-m_2gs_2c_{12}\\ m_2l_1\ddot{\theta}_1-m_2l_2s_2\dot{\theta}_{12}^2+m_2l_2c_2\ddot{\theta}_{12}+m_2gs_2s_{12}+m_2gc_2c_{12}\\0\end{pmatrix}+\begin{pmatrix}-m_1l_1\dot{\theta}_1^2+m_1gs_1\\ m_1l_1\ddot{\theta}_1+m_1gc_1\\0\end{pmatrix}\\
&=\begin{pmatrix}-m_2l_1\dot{\theta}_1^2-m_2l_2c_2\dot{\theta}_{12}^2-m_2l_2s_2\ddot{\theta}_{12}+m_2gs_1\\ m_2l_1\ddot{\theta}_1-m_2l_2s_2\dot{\theta}_{12}^2+m_2l_2c_2\ddot{\theta}_{12}+m_2gc_1\\0\end{pmatrix}+\begin{pmatrix}-m_1l_1\dot{\theta}_1^2+m_1gs_1\\ m_1l_1\ddot{\theta}_1+m_1gc_1\\0\end{pmatrix}
\end{aligned}
$$

$$=\begin{pmatrix}-m_{12}l_1\dot{\theta}_1^2-m_2l_2c_2\dot{\theta}_{12}^2-m_2l_2s_2\ddot{\theta}_{12}+m_{12}gs_1\\ m_{12}l_1\ddot{\theta}_1-m_2l_2s_2\dot{\theta}_{12}^2+m_2l_2c_2\ddot{\theta}_{12}+m_{12}gc_1\\ 0\end{pmatrix}$$

为简化表达式，这里用 $m_{12}=m_1+m_2$。

（连杆）力矩：

$${}^1\boldsymbol{n}_1={}^1\boldsymbol{N}_1+{}^1_2\boldsymbol{R}^2\boldsymbol{n}_2+{}^1\boldsymbol{P}_{C_1}\times{}^1\boldsymbol{F}_1+{}^1\boldsymbol{O}_2\times{}^1_2\boldsymbol{R}^2\boldsymbol{f}_2$$

$$=\begin{pmatrix}0\\0\\0\end{pmatrix}+\begin{pmatrix}c_2&-s_2&0\\s_2&c_2&0\\0&0&1\end{pmatrix}\begin{pmatrix}0\\0\\m_2l_1l_2\ddot{\theta}_1c_2+m_2l_1l_2\dot{\theta}_1^2s_2+m_2l_2^2\ddot{\theta}_{12}+m_2l_2gc_{12}\end{pmatrix}+$$

$$\begin{pmatrix}l_1\\0\\0\end{pmatrix}\times\begin{pmatrix}-m_1l_1\dot{\theta}_1^2+m_1gs_1\\ m_1l_1\ddot{\theta}_1+m_1gc_1\\ 0\end{pmatrix}+\begin{pmatrix}l_1\\0\\0\end{pmatrix}\times\begin{pmatrix}c_2&-s_2&0\\s_2&c_2&0\\0&0&1\end{pmatrix}\begin{pmatrix}m_2l_1\ddot{\theta}_1s_2-m_2l_1\dot{\theta}_1^2c_2-m_2l_2\dot{\theta}_{12}^2+m_2gs_{12}\\ m_2l_1\ddot{\theta}_1c_2+m_2l_1\dot{\theta}_1^2s_2+m_2l_2\ddot{\theta}_{12}+m_2gc_{12}\\ 0\end{pmatrix}$$

$$=\begin{pmatrix}0\\0\\m_2l_1l_2\ddot{\theta}_1c_2+m_2l_1l_2\dot{\theta}_1^2s_2+m_2l_2^2\ddot{\theta}_{12}+m_2l_2gc_{12}\end{pmatrix}+\begin{pmatrix}0\\0\\m_1l_1^2\ddot{\theta}_1+m_1l_1gc_1\end{pmatrix}+\begin{pmatrix}l_1\\0\\0\end{pmatrix}\times$$

$$\begin{pmatrix}(m_2l_1\ddot{\theta}_1s_2c_2-m_2l_1\dot{\theta}_1^2c_2^2-m_2l_2\dot{\theta}_{12}^2c_2+m_2gs_{12}c_2)-(m_2l_1\ddot{\theta}_1c_2s_2+m_2l_1\dot{\theta}_1^2s_2^2+m_2l_2\ddot{\theta}_{12}s_2+m_2gc_{12}s_2)\\ (m_2l_1\ddot{\theta}_1s_2^2-m_2l_1\dot{\theta}_1^2c_2s_2-m_2l_2\dot{\theta}_{12}^2s_2+m_2gs_{12}s_2)+(m_2l_1\ddot{\theta}_1c_2^2+m_2l_1\dot{\theta}_1^2s_2c_2+m_2l_2\ddot{\theta}_{12}c_2+m_2gc_{12}c_2)\\ 0\end{pmatrix}$$

$$=\begin{pmatrix}0\\0\\m_2l_1l_2\ddot{\theta}_1c_2+m_2l_1l_2\dot{\theta}_1^2s_2+m_2l_2^2\ddot{\theta}_{12}+m_2l_2gc_{12}\end{pmatrix}+\begin{pmatrix}0\\0\\m_1l_1^2\ddot{\theta}_1+m_1l_1gc_1\end{pmatrix}+$$

$$\begin{pmatrix}l_1\\0\\0\end{pmatrix}\times\begin{pmatrix}-m_2l_1\dot{\theta}_1^2-m_2l_2\dot{\theta}_{12}^2c_2-m_2l_2\ddot{\theta}_{12}s_2+m_2gs_1\\ m_2l_1\ddot{\theta}_1-m_2l_2\dot{\theta}_{12}^2s_2+m_2l_2\ddot{\theta}_{12}c_2+m_2gc_1\\ 0\end{pmatrix}$$

$$=\begin{pmatrix}0\\0\\m_2l_1l_2\ddot{\theta}_1c_2+m_2l_1l_2\dot{\theta}_1^2s_2+m_2l_2^2\ddot{\theta}_{12}+m_2l_2gc_{12}\end{pmatrix}+\begin{pmatrix}0\\0\\m_1l_1^2\ddot{\theta}_1+m_1l_1gc_1\end{pmatrix}+$$

$$\begin{pmatrix}0\\0\\m_2l_1^2\ddot{\theta}_1-m_2l_1l_2\dot{\theta}_{12}^2s_2+m_2l_1l_2\ddot{\theta}_{12}c_2+m_2l_1gc_1\end{pmatrix}$$

$$=\begin{pmatrix}0\\0\\m_2l_1l_2(\ddot{\theta}_1+\ddot{\theta}_{12})c_2+m_2l_1l_2(\dot{\theta}_1^2-\dot{\theta}_{12}^2)s_2+m_2l_2^2\ddot{\theta}_{12}+m_2l_2gc_{12}+m_{12}l_1^2\ddot{\theta}_1+m_{12}l_1gc_1\end{pmatrix}$$

（关节）力矩：

$$\tau_1={}^1\boldsymbol{n}_1^{\mathrm{T}}\,{}^1\hat{\boldsymbol{Z}}_1$$
$$=m_2l_1l_2(\ddot{\theta}_1+\ddot{\theta}_{12})c_2+m_2l_1l_2(\dot{\theta}_1^2-\dot{\theta}_{12}^2)s_2+m_2l_2^2\ddot{\theta}_{12}+m_2l_2gc_{12}+m_{12}l_1^2\ddot{\theta}_1+m_{12}l_1gc_1$$

7.4　机器人动力学方程的拉格朗日方法

牛顿-欧拉方法是基于基本动力学式（7-19）和式（7-20）以及作用在连杆之间约束力和力矩分析之上的。牛顿-欧拉公式是一种解决动力学问题的力平衡方法，下面介绍基于能量的动力学方法——拉格朗日公式。对于一个机器人来说，这两种方法得到的运动方程是相同的。

将机器人视为一个机械结构系统，其中：

1）关节向量 $\boldsymbol{\Phi}$ 为确定机械结构系统各连杆位姿的广义坐标。

2）$k(\boldsymbol{\Phi},\dot{\boldsymbol{\Phi}})$ 表示系统动能。动能与系统的广义坐标及广义坐标变化率相关。

3）$u(\boldsymbol{\Phi})$ 表示系统势能。势能与系统的广义坐标有关，但与广义坐标变化率无关。

一个机械结构系统的动能和势能的差值称为**拉格朗日函数**，机器人的拉格朗日函数可表示为

$$\mathcal{L}(\boldsymbol{\Phi},\dot{\boldsymbol{\Phi}})=k(\boldsymbol{\Phi},\dot{\boldsymbol{\Phi}})-u(\boldsymbol{\Phi}) \tag{7-21}$$

则机器人的动力学方程（拉格朗日动力学方程的推导详见参考文献[7]）可表示为

$$\frac{\mathrm{d}}{\mathrm{d}t}\frac{\partial\mathcal{L}}{\partial\dot{\boldsymbol{\Phi}}}-\frac{\partial\mathcal{L}}{\partial\boldsymbol{\Phi}}=\boldsymbol{\xi} \tag{7-22}$$

式中，$\boldsymbol{\xi}$ 是非保守力/力矩向量，它包括关节力/力矩向量 $\boldsymbol{\tau}=(\tau_1\ \ \cdots\ \ \tau_N)^{\mathrm{T}}$、摩擦力/力矩向量 $\boldsymbol{B}\dot{\boldsymbol{\Phi}}$、末端执行器与环境接触而引起的关节负荷力/力矩向量 $\boldsymbol{J}^{\mathrm{T}}(\boldsymbol{\Phi})\boldsymbol{F}$。本章假设机器人末端执行器与环境不接触，因此末端执行器与环境的接触力/力矩向量 $\boldsymbol{F}=\boldsymbol{0}$。把式（7-21）代入式（7-22）中，机器人的动力学方程可进一步表示为

$$\frac{\mathrm{d}}{\mathrm{d}t}\frac{\partial k}{\partial\dot{\boldsymbol{\Phi}}}-\frac{\partial k}{\partial\boldsymbol{\Phi}}+\frac{\partial u}{\partial\boldsymbol{\Phi}}=\boldsymbol{\tau}-\boldsymbol{B}\dot{\boldsymbol{\Phi}} \tag{7-23}$$

式中，$\boldsymbol{B}=\mathrm{diag}(b_1\ \cdots\ b_N)$，$b_i$ 为折算到关节 i 的粘性摩擦参数（Viscous Friction Coefficient）。

7.4.1　动能的计算

考虑 N 连杆机器人，其中 k_i 表示连杆 i 的动能。下面先推导连杆动能表达式。

连杆 i 的动能：

$$k_i=\frac{1}{2}m_i\boldsymbol{v}_{C_i}^{\mathrm{T}}\boldsymbol{v}_{C_i}+\frac{1}{2}{}^i\boldsymbol{\omega}_i^{\mathrm{T}}\,{}^{C_i}\boldsymbol{I}_i\,{}^i\boldsymbol{\omega}_i$$
$$=\frac{1}{2}m_i\boldsymbol{v}_{C_i}^{\mathrm{T}}\boldsymbol{v}_{C_i}+\frac{1}{2}\boldsymbol{\omega}_i^{\mathrm{T}}\,{}_i^0\boldsymbol{R}\,{}^{C_i}\boldsymbol{I}_i\,{}_i^0\boldsymbol{R}^{\mathrm{T}}\boldsymbol{\omega}_i \tag{7-24}$$

式中，${}^i\boldsymbol{\omega}_i={}_0^i\boldsymbol{R}\boldsymbol{\omega}_i={}_i^0\boldsymbol{R}^{\mathrm{T}}\boldsymbol{\omega}_i$。

运用前面微分运动学部分引入的雅可比矩阵，可由关节变量计算 $\boldsymbol{v}_{C_i}$ 以及 $\boldsymbol{\omega}_i$，即

$$\boldsymbol{v}_{C_i}=\boldsymbol{J}_P^{(i)}\dot{\boldsymbol{\Phi}},\boldsymbol{\omega}_i=\boldsymbol{J}_O^{(i)}\dot{\boldsymbol{\Phi}}$$

将各连杆的动能相加，并注意 $\boldsymbol{J}_P^{(i)}$、$\boldsymbol{J}_O^{(i)}$ 和 ${}_i^0\boldsymbol{R}$ 都依赖于 $\boldsymbol{\Phi}$，就得到

机器人的总动能：

$$k(\boldsymbol{\Phi},\dot{\boldsymbol{\Phi}})=\sum_{i=1}^{N}k_i(\boldsymbol{\Phi},\dot{\boldsymbol{\Phi}})=\frac{1}{2}\dot{\boldsymbol{\Phi}}^{\mathrm{T}}\boldsymbol{M}(\boldsymbol{\Phi})\dot{\boldsymbol{\Phi}} \tag{7-25}$$

式中，对称矩阵

$$\boldsymbol{M}(\boldsymbol{\Phi})=\sum_{i=1}^{N}\left(m_i\,(\boldsymbol{J}_P^{(i)})^{\mathrm{T}}\boldsymbol{J}_P^{(i)}+(\boldsymbol{J}_O^{(i)})^{\mathrm{T}}\,{}_i^0\boldsymbol{R}^{C_i}\boldsymbol{I}_{i\,i}{}^0\boldsymbol{R}^{\mathrm{T}}\boldsymbol{J}_O^{(i)}\right)$$

称为惯性矩阵。因为机器人的总动能非负，且仅在 $\dot{\boldsymbol{\Phi}}=\mathbf{0}$ 时总动能为零，所以惯性矩阵还是一个正定矩阵。

7.4.2　势能的计算

下面推导机器人势能，其中：

1）${}^0\boldsymbol{g}$ 表示世界坐标系中的重力加速度向量。例如，如果以 y 轴为竖直向上方向，则 ${}^0\boldsymbol{g}=(0\quad -g\quad 0)^{\mathrm{T}}$。

2）$\boldsymbol{P}_{C_i}$ 是连杆 i 质心的位置矢量。

连杆 i 的势能：

$$u_i=-m_i{}^0\boldsymbol{g}^{\mathrm{T}0}\boldsymbol{P}_{C_i}$$

将各连杆势能相加，并注意 ${}^0\boldsymbol{P}_{C_i}$ 依赖于 $\boldsymbol{\Phi}$，就得到

机器人的总势能：

$$u(\boldsymbol{\Phi})=\sum_{i=1}^{N}u_i(\boldsymbol{\Phi})=-\sum_{i=1}^{N}m_i{}^0\boldsymbol{g}^{\mathrm{T}0}\boldsymbol{P}_{C_i} \tag{7-26}$$

7.4.3　（完整的）拉格朗日动力学方程

下面将式（7-25）和式（7-26）代入式（7-23）以得到完整的机器人动力学方程。前面通过引入惯性矩阵将机器人的总动能表示为一简洁模式，因为下面希望针对广义坐标系 $\boldsymbol{\Phi}$ 的各分量 ϕ_i 进行推导，为方便看清求导过程，将式（7-25）做如下展开：

$$k=\frac{1}{2}\dot{\boldsymbol{\Phi}}^{\mathrm{T}}\boldsymbol{M}(\boldsymbol{\Phi})\dot{\boldsymbol{\Phi}}=\frac{1}{2}\begin{pmatrix}\dot{\phi}_1\\\dot{\phi}_2\\\vdots\\\dot{\phi}_i\\\vdots\\\dot{\phi}_N\end{pmatrix}^{\mathrm{T}}\begin{pmatrix}m_{11}&m_{12}&\cdots&m_{1j}&\cdots&m_{1N}\\m_{21}&m_{22}&\cdots&m_{2j}&\cdots&m_{2N}\\\vdots&\vdots&&\vdots&&\vdots\\m_{i1}&m_{i2}&\cdots&m_{ij}&\cdots&m_{iN}\\\vdots&\vdots&&\vdots&&\vdots\\m_{N1}&m_{N2}&\cdots&m_{Nj}&\cdots&m_{NN}\end{pmatrix}\begin{pmatrix}\dot{\phi}_1\\\dot{\phi}_2\\\vdots\\\dot{\phi}_j\\\vdots\\\dot{\phi}_N\end{pmatrix}$$

这里各 $m_{ij}=m_{ij}(\boldsymbol{\Phi})$ 是矩阵 $\boldsymbol{M}(\boldsymbol{\Phi})$ 第 i 行第 j 列元素。为表达简洁起见，在不引起混淆的情况下略去（$\boldsymbol{\Phi}$）。利用展开后的总动能表达式，可计算得

$$\frac{\mathrm{d}}{\mathrm{d}t}\frac{\partial k}{\partial\dot{\phi}_i}=\frac{\mathrm{d}}{\mathrm{d}t}\left\{\frac{1}{2}\begin{pmatrix}0\\0\\\vdots\\1\\\vdots\\0\end{pmatrix}^{\mathrm{T}}\begin{pmatrix}m_{11}&m_{12}&\cdots&m_{1j}&\cdots&m_{1N}\\m_{21}&m_{22}&\cdots&m_{2j}&\cdots&m_{2N}\\\vdots&\vdots&&\vdots&&\vdots\\m_{i1}&m_{i2}&\cdots&m_{ij}&\cdots&m_{iN}\\\vdots&\vdots&&\vdots&&\vdots\\m_{N1}&m_{N2}&\cdots&m_{Nj}&\cdots&m_{NN}\end{pmatrix}\begin{pmatrix}\dot{\phi}_1\\\dot{\phi}_2\\\vdots\\\dot{\phi}_j\\\vdots\\\dot{\phi}_N\end{pmatrix}+\right.$$

$$\left.\frac{1}{2}\begin{pmatrix}\dot{\phi}_1\\\dot{\phi}_2\\\vdots\\\dot{\phi}_j\\\vdots\\\dot{\phi}_N\end{pmatrix}^{\mathrm{T}}\begin{pmatrix}m_{11}&m_{12}&\cdots&m_{1i}&\cdots&m_{1N}\\m_{21}&m_{22}&\cdots&m_{2i}&\cdots&m_{2N}\\\vdots&\vdots&&\vdots&&\vdots\\m_{j1}&m_{j2}&\cdots&m_{ji}&\cdots&m_{jN}\\\vdots&\vdots&&\vdots&&\vdots\\m_{N1}&m_{N2}&\cdots&m_{Ni}&\cdots&m_{NN}\end{pmatrix}\begin{pmatrix}0\\0\\\vdots\\1\\\vdots\\0\end{pmatrix}\right\}$$

因为$\boldsymbol{M}(\boldsymbol{\Phi})$是对称矩阵，有

$$\frac{\mathrm{d}}{\mathrm{d}t}\frac{\partial k}{\partial\dot{\phi}_i}=\frac{\mathrm{d}}{\mathrm{d}t}\left\{\begin{pmatrix}0\\0\\\vdots\\1\\\vdots\\0\end{pmatrix}^{\mathrm{T}}\begin{pmatrix}m_{11}&m_{12}&\cdots&m_{1j}&\cdots&m_{1N}\\m_{21}&m_{22}&\cdots&m_{2j}&\cdots&m_{2N}\\\vdots&\vdots&&\vdots&&\vdots\\m_{i1}&m_{i2}&\cdots&m_{ij}&\cdots&m_{iN}\\\vdots&\vdots&&\vdots&&\vdots\\m_{N1}&m_{N2}&\cdots&m_{Nj}&\cdots&m_{NN}\end{pmatrix}\begin{pmatrix}\dot{\phi}_1\\\dot{\phi}_2\\\vdots\\\dot{\phi}_j\\\vdots\\\dot{\phi}_N\end{pmatrix}\right\}$$

$$=\frac{\mathrm{d}}{\mathrm{d}t}\left\{\begin{pmatrix}m_{i1}\\m_{i2}\\\vdots\\m_{ij}\\\vdots\\m_{iN}\end{pmatrix}^{\mathrm{T}}\begin{pmatrix}\dot{\phi}_1\\\dot{\phi}_2\\\vdots\\\dot{\phi}_j\\\vdots\\\dot{\phi}_N\end{pmatrix}\right\}=\begin{pmatrix}\frac{\mathrm{d}}{\mathrm{d}t}m_{i1}\\\frac{\mathrm{d}}{\mathrm{d}t}m_{i2}\\\vdots\\\frac{\mathrm{d}}{\mathrm{d}t}m_{ij}\\\vdots\\\frac{\mathrm{d}}{\mathrm{d}t}m_{iN}\end{pmatrix}^{\mathrm{T}}\begin{pmatrix}\dot{\phi}_1\\\dot{\phi}_2\\\vdots\\\dot{\phi}_j\\\vdots\\\dot{\phi}_N\end{pmatrix}+\begin{pmatrix}m_{i1}\\m_{i2}\\\vdots\\m_{ij}\\\vdots\\m_{iN}\end{pmatrix}^{\mathrm{T}}\begin{pmatrix}\ddot{\phi}_1\\\ddot{\phi}_2\\\vdots\\\ddot{\phi}_j\\\vdots\\\ddot{\phi}_N\end{pmatrix}$$

$$=\sum_{j=1}^{N}\sum_{k=1}^{N}\frac{\partial m_{ij}}{\partial\phi_k}\dot{\phi}_k\dot{\phi}_j+\sum_{j=1}^{N}m_{ij}\ddot{\phi}_j$$

式中，

$$\begin{pmatrix}\frac{\mathrm{d}}{\mathrm{d}t}m_{i1}\\\frac{\mathrm{d}}{\mathrm{d}t}m_{i2}\\\vdots\\\frac{\mathrm{d}}{\mathrm{d}t}m_{ij}\\\vdots\\\frac{\mathrm{d}}{\mathrm{d}t}m_{iN}\end{pmatrix}^{\mathrm{T}}\begin{pmatrix}\dot{\phi}_1\\\dot{\phi}_2\\\vdots\\\dot{\phi}_j\\\vdots\\\dot{\phi}_N\end{pmatrix}=\begin{pmatrix}\frac{\partial m_{i1}}{\partial\phi_1}\dot{\phi}_1+\frac{\partial m_{i1}}{\partial\phi_2}\dot{\phi}_2+\cdots+\frac{\partial m_{i1}}{\partial\phi_i}\dot{\phi}_i+\cdots+\frac{\partial m_{i1}}{\partial\phi_N}\dot{\phi}_N\\\frac{\partial m_{i2}}{\partial\phi_1}\dot{\phi}_1+\frac{\partial m_{i2}}{\partial\phi_2}\dot{\phi}_2+\cdots+\frac{\partial m_{i2}}{\partial\phi_i}\dot{\phi}_i+\cdots+\frac{\partial m_{i2}}{\partial\phi_N}\dot{\phi}_N\\\vdots\\\frac{\partial m_{ij}}{\partial\phi_1}\dot{\phi}_1+\frac{\partial m_{ij}}{\partial\phi_2}\dot{\phi}_2+\cdots+\frac{\partial m_{ij}}{\partial\phi_i}\dot{\phi}_i+\cdots+\frac{\partial m_{ij}}{\partial\phi_N}\dot{\phi}_N\\\vdots\\\frac{\partial m_{iN}}{\partial\phi_1}\dot{\phi}_1+\frac{\partial m_{iN}}{\partial\phi_2}\dot{\phi}_2+\cdots+\frac{\partial m_{iN}}{\partial\phi_i}\dot{\phi}_i+\cdots+\frac{\partial m_{iN}}{\partial\phi_N}\dot{\phi}_N\end{pmatrix}^{\mathrm{T}}\begin{pmatrix}\dot{\phi}_1\\\dot{\phi}_2\\\vdots\\\dot{\phi}_j\\\vdots\\\dot{\phi}_N\end{pmatrix}$$

$$=\begin{pmatrix}\sum_{k=1}^{N}\frac{\partial m_{i1}}{\partial\phi_k}\dot{\phi}_k\\\sum_{k=1}^{N}\frac{\partial m_{i2}}{\partial\phi_k}\dot{\phi}_k\\\vdots\\\sum_{k=1}^{N}\frac{\partial m_{ij}}{\partial\phi_k}\dot{\phi}_k\\\vdots\\\sum_{k=1}^{N}\frac{\partial m_{iN}}{\partial\phi_k}\dot{\phi}_k\end{pmatrix}^{\mathrm{T}}\begin{pmatrix}\dot{\phi}_1\\\dot{\phi}_2\\\vdots\\\dot{\phi}_j\\\vdots\\\dot{\phi}_N\end{pmatrix}=\sum_{j=1}^{N}\sum_{k=1}^{N}\frac{\partial m_{ij}}{\partial\phi_k}\dot{\phi}_k\dot{\phi}_j$$

$$\frac{\partial k}{\partial\phi_i}=\frac{1}{2}\begin{pmatrix}\dot{\phi}_1\\\dot{\phi}_2\\\vdots\\\dot{\phi}_j\\\vdots\\\dot{\phi}_N\end{pmatrix}^{\mathrm{T}}\begin{pmatrix}\frac{\partial m_{11}}{\partial\phi_i}&\frac{\partial m_{12}}{\partial\phi_i}&\cdots&\frac{\partial m_{1k}}{\partial\phi_i}&\cdots&\frac{\partial m_{1N}}{\partial\phi_i}\\\frac{\partial m_{21}}{\partial\phi_i}&\frac{\partial m_{22}}{\partial\phi_i}&\cdots&\frac{\partial m_{2k}}{\partial\phi_i}&\cdots&\frac{\partial m_{2N}}{\partial\phi_i}\\\vdots&\vdots&&\vdots&&\vdots\\\frac{\partial m_{j1}}{\partial\phi_i}&\frac{\partial m_{j2}}{\partial\phi_i}&\cdots&\frac{\partial m_{jk}}{\partial\phi_i}&\cdots&\frac{\partial m_{jN}}{\partial\phi_i}\\\vdots&\vdots&&\vdots&&\vdots\\\frac{\partial m_{N1}}{\partial\phi_i}&\frac{\partial m_{N2}}{\partial\phi_i}&\cdots&\frac{\partial m_{Nk}}{\partial\phi_i}&\cdots&\frac{\partial m_{NN}}{\partial\phi_i}\end{pmatrix}\begin{pmatrix}\dot{\phi}_1\\\dot{\phi}_2\\\vdots\\\dot{\phi}_k\\\vdots\\\dot{\phi}_N\end{pmatrix}=\frac{1}{2}\begin{pmatrix}\dot{\phi}_1\\\dot{\phi}_2\\\vdots\\\dot{\phi}_j\\\vdots\\\dot{\phi}_N\end{pmatrix}^{\mathrm{T}}\begin{pmatrix}\sum_{k=1}^{N}\frac{\partial m_{1k}}{\partial\phi_i}\dot{\phi}_k\\\sum_{k=1}^{N}\frac{\partial m_{2k}}{\partial\phi_i}\dot{\phi}_k\\\vdots\\\sum_{k=1}^{N}\frac{\partial m_{jk}}{\partial\phi_i}\dot{\phi}_k\\\vdots\\\sum_{k=1}^{N}\frac{\partial m_{Nk}}{\partial\phi_i}\dot{\phi}_k\end{pmatrix}$$

$$=\frac{1}{2}\sum_{j=1}^{N}\sum_{k=1}^{N}\frac{\partial m_{jk}}{\partial\phi_i}\dot{\phi}_k\dot{\phi}_j$$

总势能表达式对 ϕ_i 求偏导，可得

$$\frac{\partial u}{\partial\phi_i}=-\sum_{j=1}^{N}m_j\,{}^0\boldsymbol{g}^{\mathrm{T}}\frac{\partial\,{}^0\boldsymbol{P}_{C_j}}{\partial\phi_i}=g_i(\boldsymbol{\Phi})$$

将上述计算得到的$\frac{\mathrm{d}}{\mathrm{d}t}\frac{\partial k}{\partial\dot{\phi}_i}$，$\frac{\partial k}{\partial\phi_i}$和$\frac{\partial u}{\partial\phi_i}$代入式（7-23），得到机器人的动力学方程

$$\sum_{j=1}^{N} m_{ij}\ddot{\phi}_j+\sum_{j=1}^{N}\sum_{k=1}^{N}\left(\frac{\partial m_{ij}}{\partial \phi_k}-\frac{1}{2}\frac{\partial m_{jk}}{\partial \phi_i}\right)\dot{\phi}_k\dot{\phi}_j+g_i(\boldsymbol{\Phi})=\tau_i-b_i\dot{\phi}_i, i=1,2,\cdots,N \tag{7-27}$$

可以证明式（7-27）等号左边第二项的第一部分满足如下等式：

$$\sum_{j=1}^{N}\sum_{k=1}^{N}\frac{\partial m_{ij}}{\partial \phi_k}\dot{\phi}_k\dot{\phi}_j=\frac{1}{2}\sum_{j=1}^{N}\sum_{k=1}^{N}\left(\frac{\partial m_{ij}}{\partial \phi_k}+\frac{\partial m_{ik}}{\partial \phi_j}\right)\dot{\phi}_k\dot{\phi}_j \tag{7-28}$$

如此，式（7-27）等号左边第二项可改写为

$$\sum_{j=1}^{N}\sum_{k=1}^{N}\left(\frac{\partial m_{ij}}{\partial \phi_k}-\frac{1}{2}\frac{\partial m_{jk}}{\partial \phi_i}\right)\dot{\phi}_k\dot{\phi}_j=\sum_{j=1}^{N}\sum_{k=1}^{N}\frac{1}{2}\left(\frac{\partial m_{ij}}{\partial \phi_k}+\frac{\partial m_{ik}}{\partial \phi_j}-\frac{\partial m_{jk}}{\partial \phi_i}\right)\dot{\phi}_k\dot{\phi}_j=\sum_{j=1}^{N}\sum_{k=1}^{N}c_{kji}\dot{\phi}_k\dot{\phi}_j$$

式中，

$$c_{kji}=\frac{1}{2}\left(\frac{\partial m_{ij}}{\partial \phi_k}+\frac{\partial m_{ik}}{\partial \phi_j}-\frac{\partial m_{jk}}{\partial \phi_i}\right)$$

称为（第一类）Christoffel 符号。如果交换上式中 k、j 的位置，有

$$c_{jki}=\frac{1}{2}\left(\frac{\partial m_{ik}}{\partial \phi_j}+\frac{\partial m_{ij}}{\partial \phi_k}-\frac{\partial m_{kj}}{\partial \phi_i}\right)=c_{kji}$$

可以发现 $c_{jki}=c_{kji}$。

利用（第一类）Christoffel 符号，式（7-27）可写成更简洁的形式，即

$$\sum_{j=1}^{N} m_{ij}\ddot{\phi}_j+\sum_{j=1}^{N}\sum_{k=1}^{N}c_{kji}\dot{\phi}_k\dot{\phi}_j+g_i(\boldsymbol{\Phi})=\tau_i-b_i\dot{\phi}_i, i=1,2,\cdots,N$$

可将 $i=1,2,\cdots,N$ 所有等式写成如下的矩阵形式：

$$\begin{pmatrix} m_{11} & m_{12} & \cdots & m_{1j} & \cdots & m_{1N} \\ m_{21} & m_{22} & \cdots & m_{2j} & \cdots & m_{2N} \\ \vdots & \vdots & & \vdots & & \vdots \\ m_{i1} & m_{i2} & \cdots & m_{ij} & \cdots & m_{iN} \\ \vdots & \vdots & & \vdots & & \vdots \\ m_{N1} & m_{N2} & \cdots & m_{Nj} & \cdots & m_{NN} \end{pmatrix}\begin{pmatrix} \ddot{\phi}_1 \\ \ddot{\phi}_2 \\ \vdots \\ \ddot{\phi}_j \\ \vdots \\ \ddot{\phi}_N \end{pmatrix}+\begin{pmatrix} b_1 & 0 & \cdots & 0 & \cdots & 0 \\ 0 & b_2 & \cdots & 0 & \cdots & 0 \\ \vdots & \vdots & & \vdots & & \vdots \\ 0 & 0 & \cdots & b_i & \cdots & 0 \\ \vdots & \vdots & & \vdots & & \vdots \\ 0 & 0 & \cdots & 0 & \cdots & b_N \end{pmatrix}\begin{pmatrix} \dot{\phi}_1 \\ \dot{\phi}_2 \\ \vdots \\ \dot{\phi}_i \\ \vdots \\ \dot{\phi}_N \end{pmatrix}+$$

$$\begin{pmatrix} \sum_k c_{k11}\dot{\phi}_k & \sum_k c_{k21}\dot{\phi}_k & \cdots & \sum_k c_{kj1}\dot{\phi}_k & \cdots & \sum_k c_{kN1}\dot{\phi}_k \\ \sum_k c_{k12}\dot{\phi}_k & \sum_k c_{k22}\dot{\phi}_k & \cdots & \sum_k c_{kj2}\dot{\phi}_k & \cdots & \sum_k c_{kN2}\dot{\phi}_k \\ \vdots & \vdots & & \vdots & & \vdots \\ \sum_k c_{k1i}\dot{\phi}_k & \sum_k c_{k2i}\dot{\phi}_k & \cdots & \sum_k c_{kji}\dot{\phi}_k & \cdots & \sum_k c_{kNi}\dot{\phi}_k \\ \vdots & \vdots & & \vdots & & \vdots \\ \sum_k c_{k1N}\dot{\phi}_k & \sum_k c_{k2N}\dot{\phi}_k & \cdots & \sum_k c_{kjN}\dot{\phi}_k & \cdots & \sum_k c_{kNN}\dot{\phi}_k \end{pmatrix}\begin{pmatrix} \dot{\phi}_1 \\ \dot{\phi}_2 \\ \vdots \\ \dot{\phi}_j \\ \vdots \\ \dot{\phi}_N \end{pmatrix}+\begin{pmatrix} g_1 \\ g_2 \\ \vdots \\ g_i \\ \vdots \\ g_N \end{pmatrix}=\begin{pmatrix} \tau_1 \\ \tau_2 \\ \vdots \\ \tau_i \\ \vdots \\ \tau_N \end{pmatrix}$$

或使用矩阵符号，写成更简洁的表达式，即

$$\boldsymbol{M}(\boldsymbol{\Phi})\ddot{\boldsymbol{\Phi}}+\boldsymbol{C}(\boldsymbol{\Phi},\dot{\boldsymbol{\Phi}})\dot{\boldsymbol{\Phi}}+\boldsymbol{B}\dot{\boldsymbol{\Phi}}+\boldsymbol{G}(\boldsymbol{\Phi})=\boldsymbol{\tau} \tag{7-29}$$

式中，矩阵 $\boldsymbol{C}$ 的第(i,j)项元素被定义为

$$c_{ij}=\sum_{k=1}^{N}c_{kji}\dot{\phi}_k$$

7.4.4　动力学方程的性质

下面从动力学方程表达式（7-29）出发，推导其存在的一个特殊性质。

将 $\boldsymbol{M}(\boldsymbol{\Phi})$ 的第 (i,j) 项元素对时间求导，有

$$\dot{m}_{ij}=\sum_{k=1}^{N}\frac{\partial m_{ij}}{\partial \phi_k}\dot{\phi}_k$$

则矩阵 $\dot{\boldsymbol{M}}(\boldsymbol{\Phi})-2\boldsymbol{C}(\boldsymbol{\Phi},\dot{\boldsymbol{\Phi}})$ 的第 (i,j) 项元素是

$$\dot{m}_{ij}-2c_{ij}=\sum_{k=1}^{N}\left(\frac{\partial m_{ij}}{\partial \phi_k}-2c_{kji}\right)\dot{\phi}_k=\sum_{k=1}^{N}\left(\frac{\partial m_{ij}}{\partial \phi_k}-\left(\frac{\partial m_{ij}}{\partial \phi_k}+\frac{\partial m_{ik}}{\partial \phi_j}-\frac{\partial m_{jk}}{\partial \phi_i}\right)\right)\dot{\phi}_k=\sum_{k=1}^{N}\left(\frac{\partial m_{jk}}{\partial \phi_i}-\frac{\partial m_{ik}}{\partial \phi_j}\right)\dot{\phi}_k$$

类似地，矩阵 $\dot{\boldsymbol{M}}(\boldsymbol{\Phi})-2\boldsymbol{C}(\boldsymbol{\Phi},\dot{\boldsymbol{\Phi}})$ 的第 (j,i) 项元素是

$$\dot{m}_{ji}-2c_{ji}=\sum_{k=1}^{N}\left(\frac{\partial m_{ik}}{\partial \phi_j}-\frac{\partial m_{jk}}{\partial \phi_i}\right)\dot{\phi}_k$$

可以看出 $\dot{m}_{ij}-2c_{ij}=-(\dot{m}_{ji}-2c_{ji})$。因此矩阵 $\dot{\boldsymbol{M}}(\boldsymbol{\Phi})-2\boldsymbol{C}(\boldsymbol{\Phi},\dot{\boldsymbol{\Phi}})$ 是反对称的。在后面机器人控制部分会用到这一性质。

例 7-4　计算如图 7-6 所示的平面机器人（忽略摩擦）的动力学方程。其中

- a_1 和 a_2 分别表示连杆 1 和连杆 2 的长度；
- l_1 和 l_2 分别表示连杆 1 和连杆 2 质心到各自关节轴的距离；
- m_1 和 m_2 分别表示连杆 1 和连杆 2 的质量；
- I_1 和 I_2 分别表示连杆 1 和连杆 2 对穿过各自质心并指向纸外的轴线的转动惯量；
- τ_1 和 τ_2 分别表示作用在关节 1 和关节 2 上的关节力矩。

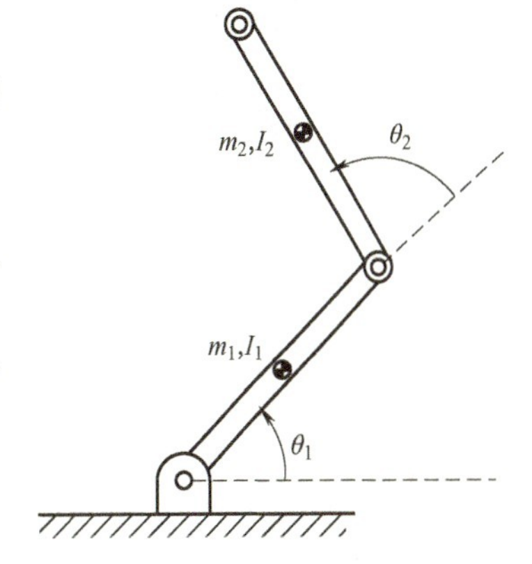

图 7-6　两连杆（平面）机器人

解　下面使用拉格朗日方法推导其动力学方程。

惯性矩阵 $\boldsymbol{M}(\boldsymbol{\Phi})$ 的计算：

连杆 1 雅可比矩阵、旋转矩阵和惯性张量：

$$\boldsymbol{J}_P^{(1)}=\begin{pmatrix}-l_1s_1 & 0\\ l_1c_1 & 0\\ 0 & 0\end{pmatrix},\ \boldsymbol{J}_O^{(1)}=\begin{pmatrix}0 & 0\\ 0 & 0\\ 1 & 0\end{pmatrix},{}_1^0\boldsymbol{R}=\begin{pmatrix}c_1 & -s_1 & 0\\ s_1 & c_1 & 0\\ 0 & 0 & 1\end{pmatrix},{}^{C_1}\boldsymbol{I}_1=\begin{pmatrix}* & 0 & 0\\ 0 & * & 0\\ 0 & 0 & I_1\end{pmatrix}$$

连杆 2 雅可比矩阵、旋转矩阵和惯性张量：

$$\boldsymbol{J}_P^{(2)}=\begin{pmatrix}-a_1s_1-l_2s_{12} & -l_2s_{12}\\ a_1c_1+l_2c_{12} & l_2c_{12}\\ 0 & 0\end{pmatrix},\boldsymbol{J}_O^{(2)}=\begin{pmatrix}0 & 0\\ 0 & 0\\ 1 & 1\end{pmatrix},{}_2^0\boldsymbol{R}=\begin{pmatrix}c_{12} & -s_{12} & 0\\ s_{12} & c_{12} & 0\\ 0 & 0 & 1\end{pmatrix},{}^{C_2}\boldsymbol{I}_2=\begin{pmatrix}* & 0 & 0\\ 0 & * & 0\\ 0 & 0 & I_2\end{pmatrix}$$

计算惯性矩阵

$$\boldsymbol{M}(\boldsymbol{\Phi})=\sum_{i=1}^{2}\left(m_i(\boldsymbol{J}_P^{(i)})^{\mathrm{T}}\boldsymbol{J}_P^{(i)}+(\boldsymbol{J}_O^{(i)})^{\mathrm{T}}{}_i^0\boldsymbol{R}\,{}^{C_i}\boldsymbol{I}_i{}_i^0\boldsymbol{R}^{\mathrm{T}}\boldsymbol{J}_O^{(i)}\right)$$

式中，

$$m_1\,(\boldsymbol{J}_P^{(1)})^{\mathrm{T}}\boldsymbol{J}_P^{(1)}=m_1\begin{pmatrix}l_1^2 & 0\\ 0 & 0\end{pmatrix},\ (\boldsymbol{J}_O^{(1)})^{\mathrm{T}}\,{}_1^0\boldsymbol{R}^{C_1}\boldsymbol{I}_1\,{}_1^0\boldsymbol{R}^{\mathrm{T}}\boldsymbol{J}_O^{(1)}=\begin{pmatrix}I_1 & 0\\ 0 & 0\end{pmatrix}$$

$$m_2(\boldsymbol{J}_P^{(2)})^{\mathrm{T}}\boldsymbol{J}_P^{(2)}=m_2\begin{pmatrix}a_1^2+l_2^2+2a_1l_2c_2 & l_2^2+a_1l_2c_2\\ l_2^2+a_1l_2c_2 & l_2^2\end{pmatrix}$$

$$(\boldsymbol{J}_O^{(2)})^{\mathrm{T}}\,{}_2^0\boldsymbol{R}^{C_2}\boldsymbol{I}_2\,{}_2^0\boldsymbol{R}^{\mathrm{T}}\boldsymbol{J}_O^{(2)}=\begin{pmatrix}I_2 & I_2\\ I_2 & I_2\end{pmatrix}$$

得

$$\boldsymbol{M}(\boldsymbol{\Phi})=\begin{pmatrix}m_{11}(\theta_2) & m_{12}(\theta_2)\\ m_{21}(\theta_2) & m_{22}\end{pmatrix}$$

式中，

$$m_{11}=I_1+m_1l_1^2+I_2+m_2(a_1^2+l_2^2+2a_1l_2c_2)$$

$$m_{12}=m_{21}=I_2+m_2(l_2^2+a_1l_2c_2)$$

$$m_{22}=I_2+m_2l_2^2$$

矩阵 $\boldsymbol{C}(\boldsymbol{\Phi},\dot{\boldsymbol{\Phi}})$ 的计算：

计算 Christoffel 符号

$$c_{kji}=\frac{1}{2}\left(\frac{\partial m_{ij}}{\partial\phi_k}+\frac{\partial m_{ik}}{\partial\phi_j}-\frac{\partial m_{jk}}{\partial\phi_i}\right)$$

得到

$$c_{111}=\frac{1}{2}\frac{\partial m_{11}}{\partial\theta_1}=0$$

$$c_{121}=c_{211}=\frac{1}{2}\frac{\partial m_{11}}{\partial\theta_2}=-m_2a_1l_2s_2=h$$

$$c_{221}=\frac{\partial m_{12}}{\partial\theta_2}-\frac{1}{2}\frac{\partial m_{22}}{\partial\theta_1}=h$$

$$c_{112}=\frac{\partial m_{21}}{\partial\theta_1}-\frac{1}{2}\frac{\partial m_{11}}{\partial\theta_2}=-h$$

$$c_{122}=c_{212}=\frac{1}{2}\frac{\partial m_{22}}{\partial\theta_1}=0$$

$$c_{222}=\frac{1}{2}\frac{\partial m_{22}}{\partial\theta_2}=0$$

使得矩阵

$$\boldsymbol{C}(\boldsymbol{\Phi},\dot{\boldsymbol{\Phi}})=\begin{pmatrix}h\dot{\theta}_2 & h(\dot{\theta}_1+\dot{\theta}_2)\\ -h\dot{\theta}_1 & 0\end{pmatrix}$$

重力矢量 $\boldsymbol{G}(\boldsymbol{\Phi})$ 的计算：

计算

$$g_i(\boldsymbol{\Phi})=\frac{\partial u}{\partial \theta_i}=-\sum_{j=1}^{2} m_j {}^0\boldsymbol{g}^{\mathrm{T}} \frac{\partial {}^0\boldsymbol{P}_{C_j}}{\partial \theta_i}$$

式中，

$${}^0\boldsymbol{g}=(0\quad -g\quad 0)^{\mathrm{T}},\frac{\partial {}^0\boldsymbol{P}_{C_1}}{\partial \theta_1}=\begin{pmatrix}-l_1s_1\\ l_1c_1\\ 0\end{pmatrix},\frac{\partial {}^0\boldsymbol{P}_{C_2}}{\partial \theta_1}=\begin{pmatrix}-a_1s_1-l_2s_{12}\\ a_1c_1+l_2c_{12}\\ 0\end{pmatrix},\frac{\partial {}^0\boldsymbol{P}_{C_1}}{\partial \theta_2}=\begin{pmatrix}0\\ 0\\ 0\end{pmatrix},\frac{\partial {}^0\boldsymbol{P}_{C_2}}{\partial \theta_2}=\begin{pmatrix}-l_2s_{12}\\ l_2c_{12}\\ 0\end{pmatrix}$$

计算得

$$\boldsymbol{G}(\boldsymbol{\Phi})=\begin{pmatrix}g_1(\boldsymbol{\Phi})\\ g_2(\boldsymbol{\Phi})\end{pmatrix}=\begin{pmatrix}m_1gl_1c_1+m_2g(a_1c_1+l_2c_{12})\\ m_2gl_2c_{12}\end{pmatrix}$$

将上面计算得到的 $\boldsymbol{M}(\boldsymbol{\Phi})$、$\boldsymbol{C}(\boldsymbol{\Phi},\dot{\boldsymbol{\Phi}})$ 和 $\boldsymbol{G}(\boldsymbol{\Phi})$ 代入式（7-29），即可得到该机器人的动力学方程。其展开的完整形式为

$$(I_1+m_1l_1^2+I_2+m_2(a_1^2+l_2^2+2a_1l_2c_2))\ddot{\theta}_1+(I_2+m_2(l_2^2+a_1l_2c_2))\ddot{\theta}_2-2m_2a_1l_2s_2\dot{\theta}_1\dot{\theta}_2-m_2a_1l_2s_2\dot{\theta}_2^2+(m_1gl_1c_1+m_2g(a_1c_1+l_2c_{12}))=\tau_1$$

$$(I_2+m_2(l_2^2+a_1l_2c_2))\ddot{\theta}_1+(I_2+m_2l_2^2)\ddot{\theta}_2+m_2a_1l_2s_2\dot{\theta}_1^2+m_2gl_2c_{12}=\tau_2$$

习　题

7-1　试证明式（7-7）中所讨论的刚体，存在着唯一的质心。

7-2　试证明式（7-8）中 ${}^C\boldsymbol{P}_i\times({}^C({}^U\boldsymbol{\Omega}_C)\times({}^C({}^U\boldsymbol{\Omega}_C)\times{}^C\boldsymbol{P}_i))=-{}^C({}^U\boldsymbol{\Omega}_C)\times({}^C\boldsymbol{P}_i\times({}^C\boldsymbol{P}_i\times{}^C({}^U\boldsymbol{\Omega}_C)))$。

7-3　假设$\{C\}$是以刚体质心为原点的坐标系，$\{A\}$为任意平移后的坐标系，用矢量 $\boldsymbol{P}_c=(x_c\quad y_c\quad z_c)^{\mathrm{T}}$ 表示刚体质心在坐标系$\{A\}$中的位置，证明平行移轴定理：

$${}^A\boldsymbol{I}={}^C\boldsymbol{I}+m(\boldsymbol{P}_c^{\mathrm{T}}\boldsymbol{P}_c\boldsymbol{I}_3-\boldsymbol{P}_c\boldsymbol{P}_c^{\mathrm{T}})$$

式中，m 是刚体的质量；$\boldsymbol{I}_3$ 为三阶单位矩阵。

7-4　考虑图 7-7 中所示的位于竖直平面中的 RP 机器人，假设每个连杆的质量都集中在连杆的末端，其质量分别为 m_1 和 m_2。用牛顿-欧拉法推导该机器人的动力学方程。

7-5　试证明式（7-24）中刚体旋转的动能等于 $\frac{1}{2}{}^C\boldsymbol{\omega}^{\mathrm{T}C}\boldsymbol{I}^C\boldsymbol{\omega}$。

7-6　试证明式（7-28）。

7-7　试以拉格朗日法求解习题 7-4。

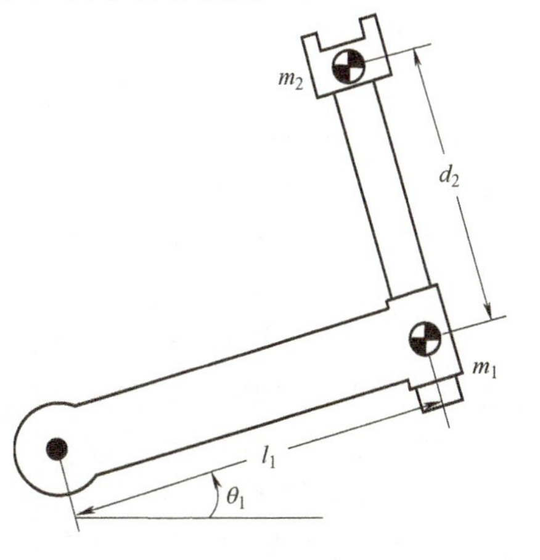

图 7-7　RP 机器人

第 8 章　机器人运动控制

导　读

本章首先在讨论关节电机和减速器的基础上，介绍机器人关节传递函数模型及面向该模型的 PD 控制和 PID 控制，然后以一个两连杆平面机器人为例介绍计算转矩前馈控制，最后重点讲述机器人集中控制，包括重力补偿 PD 控制、逆动力学控制、鲁棒控制和自适应控制。

本章知识点

- 独立关节控制
- 计算转矩前馈控制
- 重力补偿 PD 控制
- 逆动力学控制
- 鲁棒控制
- 自适应控制

通过轨迹规划获得的机器人各关节轨迹，是机器人进行作业的关节运动期望轨迹。在机器人、关节执行器（如电机和减速器等）和环境都不存在不确定性的理想情况下，可以利用机器人动力学方程和执行器模型求出使各关节沿期望轨迹运动的关节执行器输入曲线（如关节电机电压曲线），即开环控制。但是，机器人、执行器及环境中难免存在各种不确定性，开环控制实际上不能使关节较好地沿期望轨迹运动，严重时甚至不能保证关节稳定地跟踪期望轨迹。因此，实际机器人需要采用闭环控制抑制不确定性对机器人运动的影响。机器人运动控制问题即是指，在机器人末端与环境无接触的情况下，如何设计用于实时计算关节执行器输入的闭环控制律（也称闭环控制器），使得各关节较好地跟踪期望轨迹。显然，机器人运动控制并不追求严格沿期望轨迹运动的理想目标。关于机器人运动的闭环控制律，有两种设计思路：一种是将带执行器的机器人作为多输入多输出的受控对象，设计出利用全部关节期望轨迹及反馈信息计算全部关节执行器输入的控制器，即集中控制；另一种是分别将每个关节作为单输入单输出的受控对象，设计出利用本关节期望轨迹及反馈信息计算本关节执行器输入的单变量控制器，即独立关节控制。

8.1　独立关节控制

8.1.1　电机及电机驱动器

机器人关节常用电机提供动力，这些电机包括直流有刷电机、直流无刷电机、交流永磁同步电机、交流感应（异步）电机和步进电机等。交流感应电机调速性能较差，步进电机低速易振且无过载能力，不适用于高性能机器人系统，因此这两类电机不在本书考虑之列。这里以工作原理简单的直流有刷电机为例，介绍面向机器人控制的电机模型，该模型对直流无刷电机和交流永磁同步电机也有借鉴作用。

如图 8-1 所示，直流有刷电机主要包括定子（含 N 极和 S 极）、转子和电刷，定子的 N 极和 S 极产生磁场，转子相当于可导电的线圈绕组。当直流电压经电刷给转子供电时，转子上会出现电流，由于磁场对通电导体有安培力，转子会受到转矩作用，以使转子旋转。设电机 i（第 i 个关节的电机）是直流有刷电机，其电机转矩 T_{ei} 与电机电流 I_{mi} 成正比，即

$$T_{ei}=C_{ti}I_{mi} \tag{8-1}$$

式中，C_{ti} 是电机 i 的转矩系数（N · m/A）。另一方面，当转子在定子磁场中旋转时，转子绕组内的磁通量会发生变化，根据法拉第电磁感应定律，转子绕组中会出现反电动势。

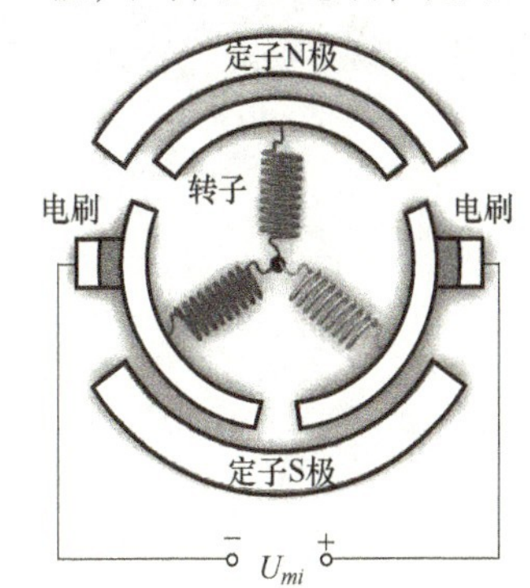

图 8-1　直流有刷电机原理示意图

反电动势 E_{mi} 与电机 i 的转速 ω_{mi}(rad/s) 成正比，即

$$E_{mi}=k_{ei}\omega_{mi} \tag{8-2}$$

式中，k_{ei} 是电机 i 的电动势系数（V · s/rad）。在转子绕组电路中，忽略取值相对较小的绕组电感，则电机 i 的电路电压方程为

$$U_{mi}=R_{mi}I_{mi}+E_{mi} \tag{8-3}$$

式中，U_{mi} 是电机 i 的电压；R_{mi} 为电机 i 的转子绕组电阻。

为节省能量，控制器采用小功率的硬件实现。电机则是大功率的部件。小电压、小电流的控制信号需要经电机驱动器放大，才能成为电机的输入。电机驱动器可以视为一个电压放大模块，即

$$U_{mi}=k_{ui}U_{ci} \tag{8-4}$$

式中，U_{ci} 是关节 i 的控制电压；k_{ui} 是关节 i 驱动器的放大倍数。例如，k_{ui} 等于 44 的电机驱动器将−5~5V 变化的控制电压放大为−220~220V 变化的电机电压。合并式（8-2）~式（8-4），可得

$$\omega_{mi}=\left(\frac{k_{ui}}{k_{ei}}\right)U_{ci}-\left(\frac{R_{mi}}{k_{ei}}\right)I_{mi} \tag{8-5}$$

转矩公式（8-1）和转速公式（8-5）构成了带驱动器的直流有刷电机模型。

直流无刷电机没有电刷的火花和磨损问题，可高速工作，工作寿命长，无须经常维护，在机器人中得到广泛应用。直流无刷电机的转速特性和转矩特性相似于直流有刷电机，转矩

公式（8-1）和转速公式（8-5）可以作为直流无刷电机的近似模型。交流永磁同步电机的基本结构与直流无刷电机相同。两者的关键区别是电流驱动方式：直流无刷电机是方波（或梯形波）电流驱动，而交流永磁同步电机是正弦波电流驱动，使得它几乎没有转矩脉动，在电气和机械两方面都更加安静。随着电机制造工艺的改进、处理芯片和传感器价格的降低，有越来越多的机器人选用转矩平稳、噪声低的交流永磁同步电机。对于交流永磁同步电机，可以在矢量控制的基础上简化其模型，简化后的模型相当于直流电机。

8.1.2 减速器及关节模型

一般来说，机器人关节电机的额定转速远高于其关节的设计转速，而机器人关节电机的额定力矩远低于其关节的设计力矩。这就需要减速器在电机与关节之间进行匹配。图 8-2 为电机 i 的转子经齿轮减速器与关节 i 相连的示意图。减速器的传动比 η_i 是大于 1 的常数，它可定量表示减速器降低转角、增大力矩的能力，即

$$\theta_i = \frac{\theta_{mi}}{\eta_i} \tag{8-6}$$

$$T_{ai} = \eta_i T_{li} \tag{8-7}$$

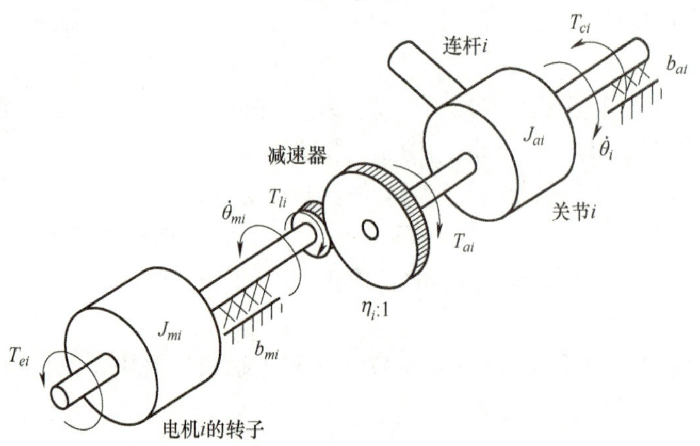

图 8-2 电机转子-减速器-关节连接示意图

式中，θ_{mi}和 θ_i 分别是电机 i 和关节 i 的转角；T_{ai}是输入齿轮对关节作用力形成的力矩；T_{li}是输出齿轮对转子反作用力形成的力矩。记 ω_i 为关节 i 的转速，由 $\dot{\theta}_i = \omega_i$ 及 $\dot{\theta}_{mi} = \omega_{mi}$，知减速器的减速公式为

$$\omega_i = \frac{\omega_{mi}}{\eta_i} \tag{8-8}$$

电机转子侧的动力学方程为

$$J_{mi}\dot{\omega}_{mi} = T_{ei} - T_{li} - b_{mi}\omega_{mi} \tag{8-9}$$

式中，J_{mi}是转子侧刚体绕电机轴的转动惯量；b_{mi}是转子轴承的粘性摩擦系数。关节侧的动力学方程为

$$J_{ai}\dot{\omega}_i = T_{ai} - T_{ci} - b_{ai}\omega_i \tag{8-10}$$

式中，J_{ai}是关节侧关于关节轴的等效转动惯量；b_{ai}是关节轴承的粘性摩擦系数；T_{ci}是干扰力矩。

由式（8-1）、式（8-5）和式（8-8），有

$$T_{ei}=\frac{C_{Ti}k_{ui}}{R_{mi}}U_{ci}-\frac{\eta_i C_{Ti}k_{ei}}{R_{mi}}\omega_i \tag{8-11}$$

再由式（8-6）~式（8-11），得到关节模型为

$$J_{ci}\ddot{\theta}_i+B_{ci}\dot{\theta}_i=J_{ci}\dot{\omega}_i+B_{ci}\omega_i=K_{ci}U_{ci}-T_{ci} \tag{8-12}$$

式中，关节 i 的总等效惯量 J_{ci}、等效阻尼 B_{ci} 和控制系数 K_{ci} 的表达式为

$$J_{ci}=J_{ai}+\eta_i^2 J_{mi} \tag{8-13}$$

$$B_{ci}=b_{ai}+\eta_i^2 b_{mi}+\frac{\eta_i^2 C_{Ti}k_{ei}}{R_{mi}} \tag{8-14}$$

$$K_{ci}=\frac{\eta_i C_{Ti}k_{ui}}{R_{mi}} \tag{8-15}$$

从形式上看，单关节模型式（8-12）是一个控制输入为 U_{ci}、干扰输入为 T_{ci}、输出为 θ_i 的线性系统。

8.1.3　旋转编码器及关节传递函数模型

对关节的微分方程模型式（8-12）进行拉普拉斯变换，有

$$J_{ci}s^2\theta_i(s)+B_{ci}s\theta_i(s)=K_{ci}U_{ci}(s)-T_{ci}(s) \tag{8-16}$$

进而得到关节的传递函数模型为

$$\theta_i(s)=\frac{K_{ci}}{s(J_{ci}s+B_{ci})}U_{ci}(s)-\frac{1}{s(J_{ci}s+B_{ci})}T_{ci}(s) \tag{8-17}$$

对被控对象式（8-17）的闭环控制离不开对关节旋转运动的测量。最常用的测量元件是旋转编码器，它通过跟踪旋转轴的转角和转速来提供闭环反馈信号。旋转编码器种类较多，如增量式或绝对式，光学或磁性，带轴或轮毂等。以光学编码器为例，其测量原理的关键是光栅圆盘。在不透光的圆盘上刻蚀出大量等宽等间隔的透光狭缝即制得光栅圆盘。在圆盘的正面一侧放置光源，反面一侧放置光传感器。当光栅圆盘随电机转子或连杆旋转时，光源发出的光经光栅圆盘切割为断续光线后被光传感器接收，光传感器即产生相应的脉冲信号。在计算脉冲数量的基础上，可得到旋转轴的转角。

电机编码器还可以测量电机的转速。当转速较高时，适合用频率法或 M 法测速，即通过计算单位时间内的脉冲数得到转速值。当转速较低时，适合用周期法或 T 法测速，即通过计算相邻脉冲之间的时间间隔得到转速值。将前两种方法相结合形成的 M/T 法，在低速和高速段都有满意的分辨率，广泛应用于实际测速。

图 8-3 用框图表示了机器人关节模型，因转角和转速都可以实时测得，图中特地显示了 ω_i 信号。独立关节控制就是对机器人的每个关节，基于图 8-3 的二阶线性模型进行控制器设计。通俗地说，这相当于将机器人系统分解为多个简单的子系统分头进行控制，让各子系统取得满意的控制性能，从而使机器人系统取得满意的控制性能。在图 8-3 所示的单关节模型中，其他关节对本关节的影响被包含在干扰输入中。在设计各关节控制器时，需要考虑对干扰输入的抑制，以增强各关节的独立性。

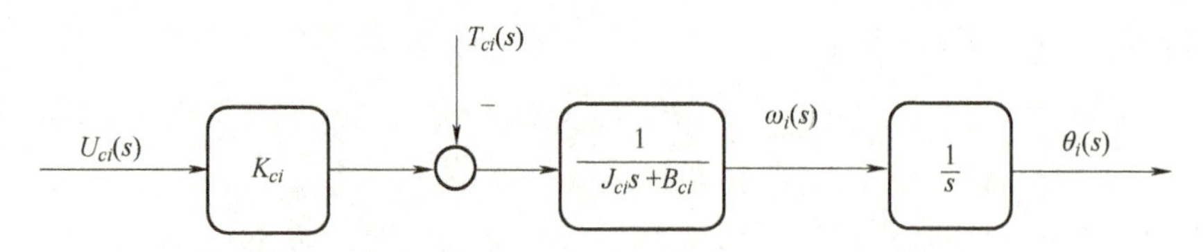

图 8-3 机器人关节模型的框图表示

8.1.4 考虑阶跃输入的 PD 控制器设计

阶跃输入通常出现在机器人的点对点运动中，这种运动对起点与终点间的具体轨迹无过多要求，各关节的期望轨迹可以视为一个阶跃信号。PD（比例-微分）控制是这类运动控制的常见方法之一。

图 8-4 展示了独立关节 PD 控制方案，从图中可知 PD 控制算法为

$$U_{ci}(s)=k_{Pi}\tilde{\theta}_i(s)-k_{Di}\omega_i(s) \tag{8-18}$$

$$\tilde{\theta}_i(s)=\theta_{di}(s)-\theta_i(s) \tag{8-19}$$

式中，θ_{di}是参考输入（期望的关节角曲线）；$\tilde{\theta}_i$ 是偏差；k_{Pi}和 k_{Di}分别为比例系数和微分系数。该算法将 θ_i 和 ω_i 的信息用于反馈。通过框图等价变换，图 8-4 可简化为图 8-5，图 8-5 表明了 PD 控制的实质：反馈信息是被控对象输出 θ_i 及其微分。注意到阶跃输入的 $s\theta_{di}(s)=0$，因此图 8-5 中的微分控制为

$$k_{Di}K_{ci}s\theta_i(s)=k_{Di}K_{ci}s(\theta_{di}(s)-\theta_i(s))=k_{Di}K_{ci}s\tilde{\theta}_i(s) \tag{8-20}$$

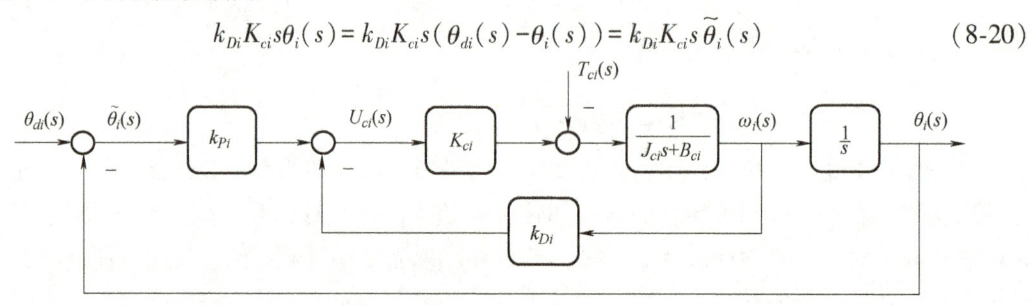

图 8-4 考虑阶跃输入的独立关节 PD 控制方案图

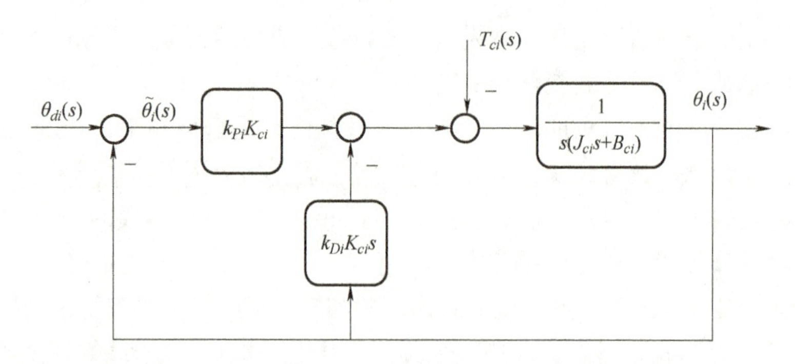

图 8-5 考虑阶跃输入的独立关节 PD 控制原理图

由图 8-5 可得到闭环系统模型为

$$\theta_i(s)=\frac{k_{Pi}K_{ci}}{J_{ci}s^2+(B_{ci}+k_{Di}K_{ci})s+k_{Pi}K_{ci}}\theta_{di}(s)-\frac{1}{J_{ci}s^2+(B_{ci}+k_{Di}K_{ci})s+k_{Pi}K_{ci}}T_{ci}(s) \tag{8-21}$$

显然，该闭环系统的特征多项式为

$$\overline{\Delta}(s)=s^2+\frac{B_{ci}+k_{Di}K_{ci}}{J_{ci}}s+\frac{k_{Pi}K_{ci}}{J_{ci}} \tag{8-22}$$

注意到 J_{ci}、B_{ci} 和 K_{ci} 都是大于零的参数，由劳斯判据可知：设计 k_{Pi} 和 k_{Di} 为正系数可确保闭环系统式（8-21）的稳定性。

二阶闭环系统式（8-21）的动态性能可由 $\overline{\Delta}(s)$ 的系数来表征，将 $\overline{\Delta}(s)$ 等价表达为

$$\overline{\Delta}(s)=s^2+2\zeta\omega_0 s+\omega_0^2 \tag{8-23}$$

式中，

$$\omega_0=\sqrt{\frac{k_{Pi}K_{ci}}{J_{ci}}} \tag{8-24}$$

$$\zeta=\frac{B_{ci}+k_{Di}K_{ci}}{2\sqrt{J_{ci}k_{Pi}K_{ci}}} \tag{8-25}$$

分别称为自然频率和阻尼比。当 $0<\zeta<1$ 时，式（8-21）成为欠阻尼系统，其闭环特征方程为

$$s^2+2\zeta\omega_0 s+\omega_0^2=0 \tag{8-26}$$

有一对共轭复数根为

$$s_{1,2}=-\zeta\omega_0\pm \mathrm{j}\omega_0\sqrt{1-\zeta^2} \tag{8-27}$$

欠阻尼系统的阶跃响应会出现超调和振荡，ζ 越小则超调量越大，$\zeta\omega_0$ 越小则调节时间越长。当 $\zeta=1$ 时，式（8-21）成为临界阻尼系统，其闭环特征方程有一对等值实数根为

$$s_{1,2}=-\omega_0 \tag{8-28}$$

临界阻尼系统的阶跃响应不会出现超调和振荡，ω_0 越小则调节时间越长。当 $\zeta>1$ 时，式（8-21）成为过阻尼系统，其闭环特征方程有两个相异实数根为

$$s_{1,2}=-\zeta\omega_0\pm\omega_0\sqrt{\zeta^2-1} \tag{8-29}$$

过阻尼系统的阶跃响应也不会出现超调和振荡，但过阻尼系统的调节时间长于 ω_0 相等的临界阻尼系统，也就是说，过阻尼系统的快速性差于临界阻尼系统。一般地，机器人系统不希望出现响应振荡，临界阻尼系统具有快速性最好的非振荡响应，因此设计中通常取 $\zeta=1$。就快速性而言，ω_0 取的越高越好，但考虑到控制电压 U_{ci}（对应电机电压）存在上限值约束，过高的 ω_0 会使得 U_{ci} 饱和而呈现非线性，所以需要在快速性与电压上限之间折中选择 ω_0 的值。确定了 ζ 和 ω_0，即可利用式（8-24）和式（8-25）计算出 k_{Pi} 和 k_{Di}，完成 PD 控制器设计。式（8-24）表明，k_{Pi} 越大闭环系统的快速性越好。

为讨论闭环系统式（8-21）的静态误差性能，将式（8-21）代入式（8-19）得到误差模型为

$$\tilde{\theta}_i(s)=\frac{J_{ci}s^2+(B_{ci}+k_{Di}K_{ci})s}{J_{ci}s^2+(B_{ci}+k_{Di}K_{ci})s+k_{Pi}K_{ci}}\theta_{di}(s)+\frac{1}{J_{ci}s^2+(B_{ci}+k_{Di}K_{ci})s+k_{Pi}K_{ci}}T_{ci}(s) \tag{8-30}$$

若干扰输入为零，系统对单位阶跃参考输入的静态误差可由终值定理计算得

$$\lim_{t\to+\infty}\tilde{\theta}_i(t)=\lim_{s\to0}s\frac{J_{ci}s^2+(B_{ci}+k_{Di}K_{ci})s}{J_{ci}s^2+(B_{ci}+k_{Di}K_{ci})s+k_{Pi}K_{ci}}\frac{1}{s}=0 \tag{8-31}$$

这表明在无干扰情况下，独立关节 PD 控制可以做到阶跃响应无静差。若干扰输入为单位阶跃信号，类似可得系统对阶跃参考输入的静态误差为

$$\lim_{t\to+\infty}\widetilde{\theta}_i(t)=\lim_{s\to0}s\frac{1}{J_{ci}s^2+(B_{ci}+k_{Di}K_{ci})s+k_{Pi}K_{ci}}\frac{1}{s}=\frac{1}{k_{Pi}K_{ci}} \tag{8-32}$$

可见独立关节 PD 控制无法最终消除阶跃干扰的影响，k_{Pi}越大对阶跃干扰的抑制越好。

例 8-1 设图 8-5 系统中的 $J_{ci}=B_{ci}=K_{ci}=1$，设计时取 $\zeta=1$，表 8-1 列出了 ω_0 不同取值下的 k_{Pi}和 k_{Di}。对于表中的各设计值，图 8-6 展示了系统在无干扰下的阶跃响应。从图中可见：无干扰情况下，各设计值均能无静差跟踪阶跃输入，ω_0 越大则响应越快。对于表中的各设计值，图 8-7 展示了系统在干扰 $T_{ci}(t)=40$ 下的阶跃响应。从图中可见：有干扰情况下，各设计值均不能无静差跟踪阶跃输入，ω_0 越大则静差越小。

表 8-1 例 8-1 的比例系数和微分系数设计值

自然频率 ω_0	比例系数 k_{Pi}	微分系数 k_{Di}
4	16	7
8	64	15
12	144	23

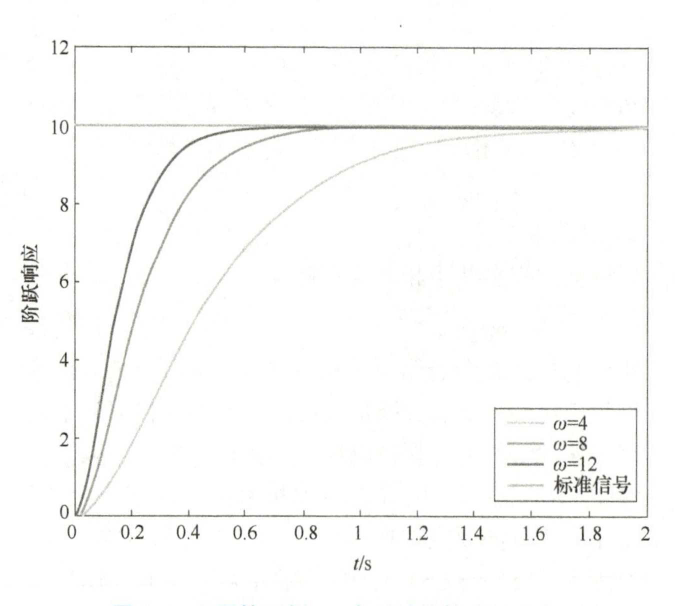

图 8-6 无干扰下例 8-1 各设计值的阶跃响应

图 8-6 彩图

8.1.5 考虑阶跃输入的 PID 控制器设计

积分控制有消除阶跃干扰静态误差的作用，在独立关节 PD 控制中引入积分环节可以改善抗扰性能，这样便形成了如图 8-8 所示的独立关节 PID（比例-积分-微分）控制方案，从图中可知 PID 控制算法为

$$U_{ci}(s)=\left(k_{Pi}+\frac{k_{Ii}}{s}\right)\widetilde{\theta}_i(s)-k_{Di}\omega_i(s) \tag{8-33}$$

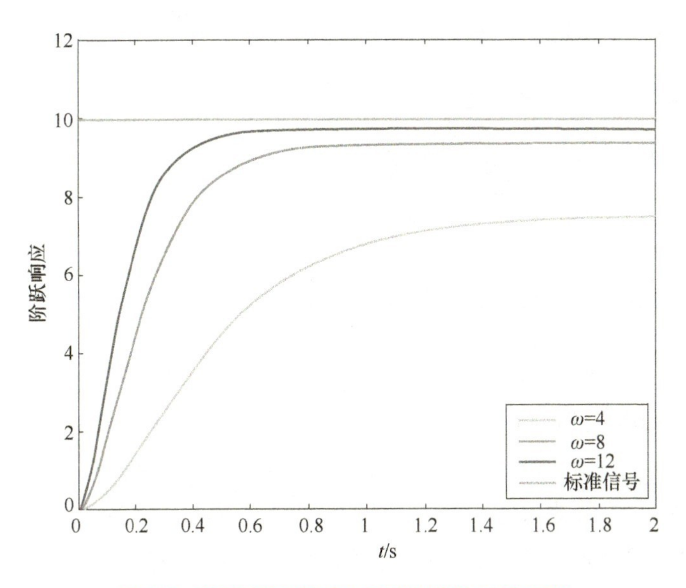

图 8-7　有干扰下例 8-1 各设计值的阶跃响应

图 8-7　彩图

式中，k_{Ii}为积分系数。

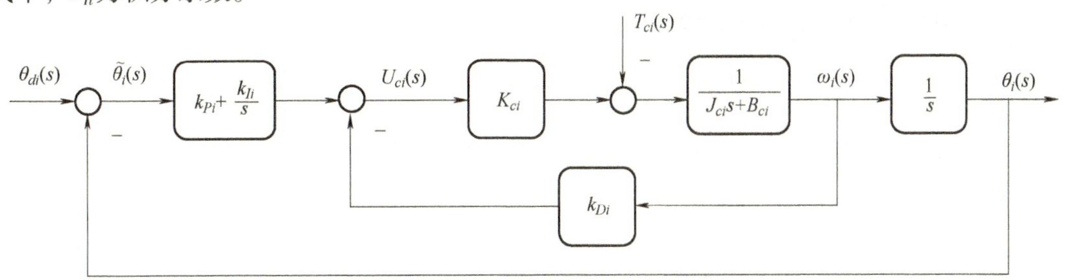

图 8-8　考虑阶跃输入的独立关节 PID 控制方案图

图 8-8 的闭环系统模型为

$$\theta_i(s)=\frac{\frac{k_{Pi}K_{ci}}{J_{ci}}s+\frac{k_{Ii}K_{ci}}{J_{ci}}}{s^3+\frac{B_{ci}+k_{Di}K_{ci}}{J_{ci}}s^2+\frac{k_{Pi}K_{ci}}{J_{ci}}s+\frac{k_{Ii}K_{ci}}{J_{ci}}}\theta_{di}(s)-\frac{s}{s^3+\frac{B_{ci}+k_{Di}K_{ci}}{J_{ci}}s^2+\frac{k_{Pi}K_{ci}}{J_{ci}}s+\frac{k_{Ii}K_{ci}}{J_{ci}}}T_{ci}(s) \tag{8-34}$$

此三阶系统的特征多项式为

$$\overline{\Delta}(s)=s^3+\frac{B_{ci}+k_{Di}K_{ci}}{J_{ci}}s^2+\frac{k_{Pi}K_{ci}}{J_{ci}}s+\frac{k_{Ii}K_{ci}}{J_{ci}} \tag{8-35}$$

注意到 J_{ci}、B_{ci}和 K_{ci}都是大于零的参数，由劳斯判据可知：设计 k_{Pi}、k_{Ii}和 k_{Di}为正系数且

$$(B_{ci}+k_{Di}K_{ci})k_{Pi}>J_{ci}k_{Ii} \tag{8-36}$$

可确保闭环系统式（8-34）的稳定性。图 8-8 系统的误差模型为

$$\tilde{\theta}_i(s)=\frac{s^3+\frac{B_{ci}+k_{Di}K_{ci}}{J_{ci}}s^2}{s^3+\frac{B_{ci}+k_{Di}K_{ci}}{J_{ci}}s^2+\frac{k_{Pi}K_{ci}}{J_{ci}}s+\frac{k_{Ii}K_{ci}}{J_{ci}}}\theta_{di}(s)+\frac{s}{s^3+\frac{B_{ci}+k_{Di}K_{ci}}{J_{ci}}s^2+\frac{k_{Pi}K_{ci}}{J_{ci}}s+\frac{k_{Ii}K_{ci}}{J_{ci}}}T_{ci}(s) \tag{8-37}$$

若干扰输入为阶跃信号，系统对阶跃参考输入的静态误差为

$$\lim_{t\to+\infty}\widetilde{\theta}_i(t)=\lim_{s\to 0}s\frac{s^3+\dfrac{B_{ci}+k_{Di}K_{ci}}{J_{ci}}s^2}{s^3+\dfrac{B_{ci}+k_{Di}K_{ci}}{J_{ci}}s^2+\dfrac{k_{Pi}K_{ci}}{J_{ci}}s+\dfrac{k_{Ii}K_{ci}}{J_{ci}}}\frac{1}{s}+$$

$$\lim_{s\to 0}s\frac{s}{s^3+\dfrac{B_{ci}+k_{Di}K_{ci}}{J_{ci}}s^2+\dfrac{k_{Pi}K_{ci}}{J_{ci}}s+\dfrac{k_{Ii}K_{ci}}{J_{ci}}}\frac{1}{s}=0 \tag{8-38}$$

这表明在阶跃干扰下，独立关节 PID 控制仍可做到阶跃响应无静差。

工业界有多种简单易用的 PID 参数设计调试策略，在独立关节 PID 控制中常用的一个策略是先做 PD 控制设计，即先取 $k_{Ii}=0$，设计 k_{Pi} 和 k_{Di} 以达到满意的动态性能，然后在式（8-36）约束范围内选择合适的 k_{Ii}，以在动态性能基本不变的情况下消除静态误差。

例 8-2 设图 8-5 系统中的 $J_{ci}=B_{ci}=K_{ci}=1$，在 PD 控制($\zeta=1,\omega_0=8$)的基础上，设计增加 $k_{Ii}=15$ 的积分控制，容易验证设计满足稳定性条件式（8-36）。图 8-9 对比了系统在干扰 $T_{ci}(t)=40$ 下 PD 控制与 PID 控制的阶跃响应。从图中可见，PID 控制的快速性与 PD 控制相当，但 PID 控制实现了无静差跟踪。

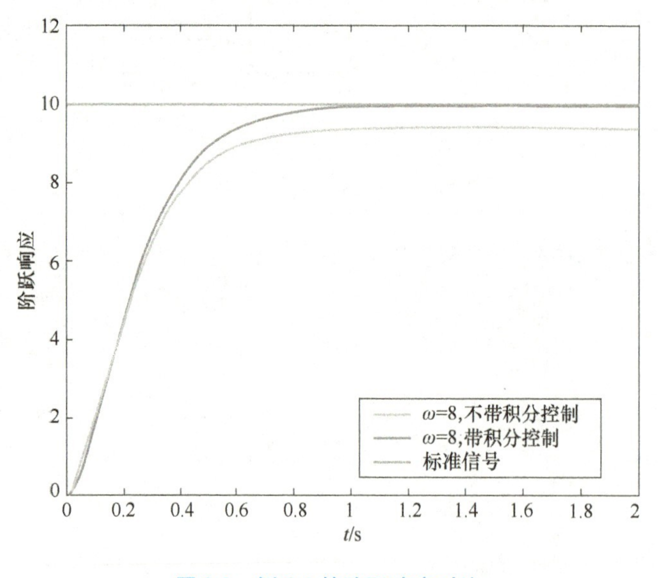

图 8-9 例 8-2 的阶跃响应对比

图 8-9 彩图

8.1.6 考虑二阶可导输入的 PID 控制器设计

前面介绍的 PD 控制和 PID 控制主要适用于机器人点对点运动。在大多数情况下，要求机器人沿光滑的期望轨迹运动，特别是各关节沿轨迹规划所设计的二阶可导轨迹（如五次多项式轨迹）运动。针对二阶可导输入，在 PD 控制或 PID 控制中通过前馈引入期望轨迹 θ_{di}的一阶导数和二阶导数信息，即形成适合于二阶可导输入的独立关节运动控制方案。

图 8-10 展示了独立关节带前馈的 PID 控制方案，从图中可知其控制算法为

$$U_{ci}(s)=\left(k_{Pi}+\frac{k_{Ii}}{s}\right)\widetilde{\theta}_i(s)-k_{Di}\widetilde{\omega}_i(s)+\frac{J_{ci}}{K_{ci}}s^2\theta_{di}(s)+\left(\frac{B_{ci}}{K_{ci}}+k_{Di}\right)s\theta_{di}(s) \tag{8-39}$$

式中，$s\theta_{di}(s)$ 和 $s^2\theta_{di}(s)$ 分别代表 θ_{di} 的一阶导数和二阶导数。图 8-10 的闭环系统模型为

$$\theta_i(s)=\theta_{di}(s)-\frac{s}{s^3+\dfrac{B_{ci}+k_{Di}K_{ci}}{J_{ci}}s^2+\dfrac{k_{Pi}K_{ci}}{J_{ci}}s+\dfrac{k_{Ii}K_{ci}}{J_{ci}}}T_{ci}(s) \tag{8-40}$$

该系统的特征多项式仍是式（8-35），因此前馈的引入没有改变稳定性和闭环极点，PID 参数可取与前节相同的设计值。图 8-10 系统的误差模型为

$$\widetilde{\theta}_i(s)=\frac{s}{s^3+\dfrac{B_{ci}+k_{Di}K_{ci}}{J_{ci}}s^2+\dfrac{k_{Pi}K_{ci}}{J_{ci}}s+\dfrac{k_{Ii}K_{ci}}{J_{ci}}}T_{ci}(s) \tag{8-41}$$

对比式（8-37）和式（8-41）可以发现，在引入合适的前馈后，完全消除了参考输入对偏差的影响。再加上积分的作用，带前馈的 PID 控制可以使关节具有如下跟踪特性：在阶跃干扰下，无静差跟踪任何二阶可导的期望轨迹。

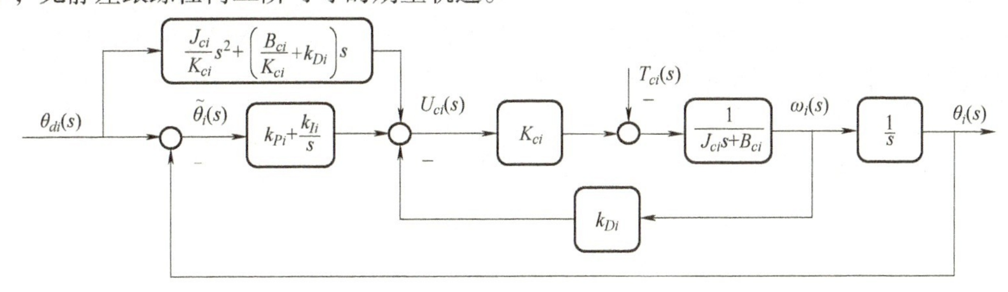

图 8-10　独立关节带前馈的 PID 控制方案图

8.2　计算转矩前馈控制

在不了解其他关节运动信息的情况下，独立关节控制不得不在抗扰设计中假设干扰是阶跃信号。实际机器人的关节干扰往往比阶跃干扰复杂得多。利用所有关节运动的期望指令信息对关节干扰进行推算，并在推算结果的基础上，增加补偿控制量主动消减干扰的影响，这就是计算转矩前馈控制的思路。下面以一个两连杆机器人为例，具体展示计算转矩前馈控制方案。

例 8-3　如图 8-11 所示两连杆平面机器人，图中标出了按非标准 D-H 方法建立的坐标系 $\{0\}$、$\{1\}$、$\{2\}$，坐标系 $\{C_1\}$ 的原点为连杆 1 的质心且 $\{C_1\}$ 与 $\{1\}$ 始终平行，坐标系 $\{C_2\}$ 的原点为连杆 2 的质心且 $\{C_2\}$ 与 $\{2\}$ 始终平行。令 a_1 和 a_2 分别为两连杆的长度，l_1 和 l_2 分别为两连杆质心到各自关节轴之间的距离，m_1 和 m_2 分别为两连杆（含电机定子）的质量，J_1 为连杆 1 对 $\hat{\boldsymbol{Z}}_{C_1}$ 的转动惯量，J_2 为连杆 2 对 $\hat{\boldsymbol{Z}}_{C_2}$ 的转动惯量，m_{r1} 和 m_{r2} 分别为两关节电机转子的质量，I_{r1} 和 I_{r2} 分别为两关节电机转子对各自转子轴的转动惯量，各关节电机的转子轴与其关节轴在同一直线上，电机转子的质心在转子轴上。减速比、粘性摩擦系数、电机转子绕组电阻、电机转矩系数和电机电动势系数等的符号均同前几节。

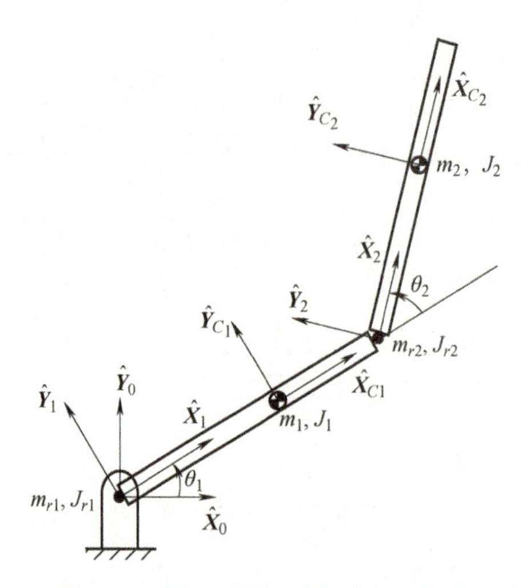

图 8-11　例 8-3 的两连杆平面机器人

利用第 3 章正运动学方法，可以算得如下结果：在{0}下，连杆 1 和连杆 2 的质心 y 坐标分别为 l_1s_1 和 $a_1s_1+l_2s_{12}$，关节电机 1 和关节电机 2 的转子质心 y 坐标分别为 0 和 a_1s_1。取{0}原点所在的水平面为零势能面，则机器人的势能为

$$u=m_1gl_1s_1+m_2g(a_1s_1+l_2s_{12})+m_{r2}ga_1s_1$$

进一步，利用第 5 章微分运动学方法，可以算得连杆 1 和连杆 2 的角速度为

$$^1\boldsymbol{\omega}_1=\begin{pmatrix}0\\0\\\dot{\theta}_1\end{pmatrix},\ ^2\boldsymbol{\omega}_2=\begin{pmatrix}0\\0\\\dot{\theta}_1+\dot{\theta}_2\end{pmatrix}$$

连杆 1 和连杆 2 的质心线速度为

$$^1\boldsymbol{v}_{C_1}=\begin{pmatrix}0\\l_1\dot{\theta}_1\\0\end{pmatrix},\ ^2\boldsymbol{v}_{C_2}=\begin{pmatrix}a_1s_2\dot{\theta}_1\\(a_1c_2+l_2)\dot{\theta}_1+l_2\dot{\theta}_2\\0\end{pmatrix}$$

关节电机 1 和关节电机 2 的转子质心线速度分别为

$$\boldsymbol{v}_{r1}=\begin{pmatrix}0\\0\\0\end{pmatrix},\ ^1\boldsymbol{v}_{r2}=\begin{pmatrix}0\\a_1\dot{\theta}_1\\0\end{pmatrix}$$

并且得到关节电机 1 和关节电机 2 的转子角速度为

$$^1\boldsymbol{\omega}_{r1}=\begin{pmatrix}0\\0\\\eta_1\dot{\theta}_1\end{pmatrix},\ ^2\boldsymbol{\omega}_{r2}=\begin{pmatrix}0\\0\\\dot{\theta}_1+\eta_2\dot{\theta}_2\end{pmatrix}$$

由于坐标系{C_1}与{1}始终平行，连杆 1 的动能为

$$k_1=\frac{1}{2}m_1\,{}^1\boldsymbol{v}_{C_1}^{\mathrm{T}}\,{}^1\boldsymbol{v}_{C_1}+\frac{1}{2}\,{}^1\boldsymbol{\omega}_1^{\mathrm{T}}\begin{pmatrix}I_{xx1}&-I_{xy1}&-I_{xz1}\\-I_{xy1}&I_{yy1}&-I_{yz1}\\-I_{xz1}&-I_{yz1}&J_1\end{pmatrix}{}^1\boldsymbol{\omega}_1$$

$$=\frac{1}{2}(m_1l_1^2+J_1)\dot{\theta}_1^2$$

同理，连杆 2 的动能为

$$k_2=\frac{1}{2}m_2\,{}^2\boldsymbol{v}_{C_2}^{\mathrm{T}}\,{}^2\boldsymbol{v}_{C_2}+\frac{1}{2}J_2(\dot{\theta}_1+\dot{\theta}_2)^2$$

$$=\frac{1}{2}(m_2a_1^2+2m_2a_1l_2c_2+m_2l_2^2+J_2)\dot{\theta}_1^2+(m_2a_1l_2c_2+m_2l_2^2+J_2)\dot{\theta}_1\dot{\theta}_2+\frac{1}{2}(m_2l_2^2+J_2)\dot{\theta}_2^2$$

关节电机 1 转子的动能为

$$k_{r1}=\frac{1}{2}\eta_1^2J_{r1}\dot{\theta}_1^2$$

关节电机 2 转子的动能为

$$k_{r2}=\frac{1}{2}m_{r2}\,{}^1\boldsymbol{v}_{r2}^{\mathrm{T}}\,{}^1\boldsymbol{v}_{r2}+\frac{1}{2}J_{r2}(\dot{\theta}_1+\eta_2\dot{\theta}_2)^2$$

$$=\frac{1}{2}(m_{r2}a_1^2+J_{r2})\dot{\theta}_1^2+\eta_2J_{r2}\dot{\theta}_1\dot{\theta}_2+\frac{1}{2}\eta_2^2J_{r2}\dot{\theta}_2^2$$

于是，机器人的动能为

$$k=\frac{1}{2}(m_1l_1^2+m_2a_1^2+2m_2a_1l_2c_2+m_2l_2^2+m_{r2}a_1^2+J_1+J_2+\eta_1^2J_{r1}+J_{r2})\dot{\theta}_1^2+$$

$$(m_2a_1l_2c_2+m_2l_2^2+J_2+\eta_2J_{r2})\dot{\theta}_1\dot{\theta}_2+\frac{1}{2}(m_2l_2^2+J_2+\eta_2^2J_{r2})\dot{\theta}_2^2$$

利用第 7 章的拉格朗日方法建立机器人动力学模型，有

$$\frac{\partial k}{\partial\dot{\theta}_1}=(m_1l_1^2+m_2a_1^2+2m_2a_1l_2c_2+m_2l_2^2+m_{r2}a_1^2+J_1+J_2+\eta_1^2J_{r1}+J_{r2})\dot{\theta}_1+(m_2a_1l_2c_2+m_2l_2^2+J_2+\eta_2J_{r2})\dot{\theta}_2$$

$$\frac{\partial k}{\partial\dot{\theta}_2}=(m_2a_1l_2c_2+m_2l_2^2+J_2+\eta_2J_{r2})\dot{\theta}_1+(m_2l_2^2+J_2+\eta_2^2J_{r2})\dot{\theta}_2$$

$$\frac{\mathrm{d}}{\mathrm{d}t}\frac{\partial k}{\partial\dot{\theta}_1}=(m_1l_1^2+m_2a_1^2+2m_2a_1l_2c_2+m_2l_2^2+m_{r2}a_1^2+J_1+J_2+\eta_1^2J_{r1}+J_{r2})\ddot{\theta}_1+$$

$$(m_2a_1l_2c_2+m_2l_2^2+J_2+\eta_2J_{r2})\ddot{\theta}_2-2m_2a_1l_2s_2\dot{\theta}_1\dot{\theta}_2-m_2a_1l_2s_2\dot{\theta}_2^2$$

$$\frac{\mathrm{d}}{\mathrm{d}t}\frac{\partial k}{\partial\dot{\theta}_2}=(m_2a_1l_2c_2+m_2l_2^2+J_2+\eta_2J_{r2})\ddot{\theta}_1+(m_2l_2^2+J_2+\eta_2^2J_{r2})\ddot{\theta}_2-m_2a_1l_2s_2\dot{\theta}_1\dot{\theta}_2$$

$$\frac{\partial k}{\partial\theta_1}=0$$

$$\frac{\partial k}{\partial\theta_2}=-m_2a_1l_2s_2\dot{\theta}_1^2-m_2a_1l_2s_2\dot{\theta}_1\dot{\theta}_2$$

$$\frac{\partial u}{\partial\theta_1}=m_1gl_1c_1+m_2g(a_1c_1+l_2c_{12})+m_{r2}ga_1c_1$$

$$\frac{\partial u}{\partial\theta_2}=m_2gl_2c_{12}$$

因机器人末端与环境无接触，关节 1 的非保守力为

$$\xi_1=\eta_1 T_{e1}-b_{a1}\dot{\theta}_1-\eta_1^2 b_{m1}\dot{\theta}_1$$

式中，驱动转矩 $\eta_1 T_{e1}$ 由电机转矩 T_{e1} 折算到关节侧而得；$b_{a1}\dot{\theta}_1$ 是关节侧的粘性摩擦力矩；$\eta_1^2 b_{m1}\dot{\theta}_1$ 来自电机转子侧粘性摩擦力矩 $b_{m1}\eta_1\dot{\theta}_1$ 的折算。同理，关节 2 的非保守力为

$$\xi_2=\eta_2 T_{e2}-b_{a2}\dot{\theta}_2-\eta_2^2 b_{m2}\dot{\theta}_2$$

由机器人建模的拉格朗日公式

$$\frac{\mathrm{d}}{\mathrm{d}t}\frac{\partial k}{\partial\dot{\phi}_i}-\frac{\partial k}{\partial\phi_i}+\frac{\partial u}{\partial\phi_i}=\xi_i$$

得到例 8-3 机器人的动力学模型为

$$\begin{aligned}&\eta_1 T_{e1}-(b_{a1}+\eta_1^2 b_{m1})\dot{\theta}_1\\&=(m_1 l_1^2+m_2(a_1^2+2a_1 l_2 c_2+l_2^2)+m_{r2}a_1^2+J_1+J_2+\eta_1^2 J_{r1}+J_{r2})\ddot{\theta}_1-2m_2 a_1 l_2 s_2\dot{\theta}_1\dot{\theta}_2+\\&\quad(m_2(a_1 l_2 c_2+l_2^2)+J_2+\eta_2 J_{r2})\ddot{\theta}_2-m_2 a_1 l_2 s_2\dot{\theta}_2^2+m_1 g l_1 c_1+m_2 g(a_1 c_1+l_2 c_{12})+m_{r2}g a_1 c_1\end{aligned}\tag{8-42}$$

$$\begin{aligned}&\eta_2 T_{e2}-(b_{a2}+\eta_2^2 b_{m2})\dot{\theta}_2\\&=(m_2(a_1 l_2 c_2+l_2^2)+J_2+\eta_2 J_{r2})\ddot{\theta}_1+(m_2 l_2^2+J_2+\eta_2^2 J_{r2})\ddot{\theta}_2+m_2 a_1 l_2 s_2\dot{\theta}_1^2+m_2 g l_2 c_{12}\end{aligned}\tag{8-43}$$

将电机转矩公式（8-11）代入式（8-42），得到

$$\begin{aligned}&\frac{\eta_1 C_{T1}k_{u1}}{R_{m1}}U_{c1}-\left(b_{a1}+\eta_1^2 b_{m1}+\frac{\eta_1^2 C_{T1}k_{e1}}{R_{m1}}\right)\dot{\theta}_1\\&=(m_1 l_1^2+m_2(a_1^2+2a_1 l_2 c_2+l_2^2)+m_{r2}a_1^2+J_1+J_2+\eta_1^2 J_{r1}+J_{r2})\ddot{\theta}_1-2m_2 a_1 l_2 s_2\dot{\theta}_1\dot{\theta}_2+\\&\quad(m_2(a_1 l_2 c_2+l_2^2)+J_2+\eta_2 J_{r2})\ddot{\theta}_2-m_2 a_1 l_2 s_2\dot{\theta}_2^2+m_1 g l_1 c_1+m_2 g(a_1 c_1+l_2 c_{12})+m_{r2}g a_1 c_1\end{aligned}\tag{8-44}$$

按照独立关节控制的思路，此模型等价为

$$J_{c1}\ddot{\theta}_1+B_{c1}\dot{\theta}_1=K_{c1}U_{c1}-T_{c1}\tag{8-45}$$

式中，

$$J_{c1}=J_{a1}+\eta_1^2 J_{m1}\tag{8-46}$$

$$J_{a1}=m_1 l_1^2+m_2(a_1^2+2a_1 l_2\bar{c}_2+l_2^2)+m_{r2}a_1^2+J_1+J_2+J_{r2}\tag{8-47}$$

$$J_{m1}=J_{r1}\tag{8-48}$$

$$\begin{aligned}T_{c1}=&2m_2 a_1 l_2(c_2-\bar{c}_2)\ddot{\theta}_1+(m_2(a_1 l_2 c_2+l_2^2)+J_2+\eta_2 J_{r2})\ddot{\theta}_2-\\&2m_2 a_1 l_2 s_2\dot{\theta}_1\dot{\theta}_2-m_2 a_1 l_2 s_2\dot{\theta}_2^2+m_1 g l_1 c_1+m_2 g(a_1 c_1+l_2 c_{12})+m_{r2}g a_1 c_1\end{aligned}\tag{8-49}$$

B_{c1} 和 K_{c1} 的公式分别按式（8-14）和式（8-15），$\bar{c}_2$ 是 c_2 变化范围的中值。将电机转矩公式（8-11）代入式（8-43），得到

$$\begin{aligned}&\frac{\eta_2 C_{T2}k_{u2}}{R_{m2}}U_{c2}-\left(b_{a2}+\eta_2^2 b_{m2}+\frac{\eta_2^2 C_{T2}k_{e2}}{R_{m2}}\right)\dot{\theta}_2\\&=(m_2(a_1 l_2 c_2+l_2^2)+J_2+\eta_2 J_{r2})\ddot{\theta}_1+(m_2 l_2^2+J_2+\eta_2^2 J_{r2})\ddot{\theta}_2+m_2 a_1 l_2 s_2\dot{\theta}_1^2+m_2 g l_2 c_{12}\end{aligned}\tag{8-50}$$

按照独立关节控制的思路，此模型等价为

$$J_{c2}\ddot{\theta}_2+B_{c2}\dot{\theta}_2=K_{c2}U_{c2}-T_{c2}\tag{8-51}$$

式中，

$$J_{c2}=J_{a2}+\eta_2^2 J_{m2}\tag{8-52}$$

$$J_{a2}=m_2 l_2^2+J_2\tag{8-53}$$

$$J_{m2}=J_{r2} \tag{8-54}$$

$$T_{c2}=(m_2(a_1l_2c_2+l_2^2)+J_2+\eta_2J_{r2})\ddot{\theta}_1+m_2a_1l_2s_2\dot{\theta}_1^2+m_2gl_2c_{12} \tag{8-55}$$

B_{c2}和 K_{c2}的公式分别按式（8-14）和式（8-15）。

由式（8-47）可见，即使是采取独立关节控制，也需要掌握机器人整体动力学模型的信息，因为某些独立关节模型的参数可能会涉及其他关节，比如此例机器人关节 1 的 J_{a1}就含有关节 2 的 J_2、J_{r2}、m_2 和 l_2 等，而且 J_{a1}的公式需要从整体动力学中导出。同时，可以看到干扰转矩 T_{c1}和 T_{c2}非常复杂，它们与关节的角度、角速度、角加速度甚至关节角度变化范围等都有关系。对干扰力矩进行估计，并利用估计结果补偿干扰力矩，即形成有利于抑制复杂干扰力矩的计算转矩前馈控制策略。在已知各关节期望轨迹、轨迹一阶导数和轨迹二阶导数信息的基础上，例 8-3 干扰力矩的估计式为

$$\begin{aligned}\hat{T}_{c1}=&2m_2a_1l_2(c_{d2}-\bar{c}_2)\ddot{\theta}_{d1}+(m_2(a_1l_2c_{d2}+l_2^2)+J_2+\eta_2J_{r2})\ddot{\theta}_{d2}-\\&2m_2a_1l_2s_{d2}\dot{\theta}_{d1}\dot{\theta}_{d2}-m_2a_1l_2s_{d2}\dot{\theta}_{d2}^2+m_1gl_1c_{d1}+m_2g(a_1c_{d1}+l_2c_{d12})+m_{r2}ga_1c_{d1}\end{aligned} \tag{8-56}$$

$$\hat{T}_{c2}=(m_2(a_1l_2c_{d2}+l_2^2)+J_2+\eta_2J_{r2})\ddot{\theta}_{d1}+m_2a_1l_2s_{d2}\dot{\theta}_{d1}^2+m_2gl_2c_{d12} \tag{8-57}$$

式中，$c_{d1}=\cos\theta_{d1}$，$s_{d2}=\sin\theta_{d2}$，$c_{d2}=\cos\theta_{d2}$，$c_{d12}=\cos(\theta_{d1}+\theta_{d1})$。在带前馈的 PID 控制中引入计算转矩前馈，可得到如下控制方案：

$$U_{c1}(s)=\left(k_{P1}+\frac{k_{I1}}{s}\right)\tilde{\theta}_1(s)-k_{D1}\omega_1(s)+\frac{J_{c1}}{K_{c1}}s^2\theta_{d1}(s)+\left(\frac{B_{c1}}{K_{c1}}+k_{D1}\right)s\theta_{d1}(s)+\frac{1}{K_{c1}}\hat{T}_{c1}(s) \tag{8-58}$$

$$U_{c2}(s)=\left(k_{P2}+\frac{k_{I2}}{s}\right)\tilde{\theta}_2(s)-k_{D2}\omega_2(s)+\frac{J_{c2}}{K_{c2}}s^2\theta_{d2}(s)+\left(\frac{B_{c2}}{K_{c2}}+k_{D2}\right)s\theta_{d2}(s)+\frac{1}{K_{c2}}\hat{T}_{c2}(s) \tag{8-59}$$

在上述控制方案下，闭环系统的误差方程为

$$\tilde{\theta}_1(s)=\frac{s}{s^3+\dfrac{B_{c1}+k_{D1}K_{c1}}{J_{c1}}s^2+\dfrac{k_{P1}K_{c1}}{J_{c1}}s+\dfrac{k_{I1}K_{c1}}{J_{c1}}}(T_{c1}(s)-\hat{T}_{c1}(s)) \tag{8-60}$$

$$\tilde{\theta}_2(s)=\frac{s}{s^3+\dfrac{B_{c2}+k_{D2}K_{c2}}{J_{c2}}s^2+\dfrac{k_{P2}K_{c2}}{J_{c2}}s+\dfrac{k_{I2}K_{c2}}{J_{c2}}}(T_{c2}(s)-\hat{T}_{c2}(s)) \tag{8-61}$$

显然，在干扰力矩估计较准确的情况下，干扰力矩估计值往往能抵消干扰力矩的大部分幅值，计算力矩前馈可以有效减小干扰的影响。由于每个关节在估计干扰力矩时要实时用到其他关节的期望角度、期望角速度和期望角加速度，上述控制方案不再属于独立关节控制，可将其视为一种独立/集中混合控制模式。

8.3　集中控制

8.3.1　电机电流反馈

机器人独立关节控制方法以单输入单输出线性模型为基础，将非线性项、关节耦合和重力等未能在线性模型中显现的因素均纳入干扰，具有设计简单方便的优点。但对于操作速度快或采用减速比 η_i 较小甚至直接驱动（$\eta_i=1$）的机器人，剧烈的干扰远超独立关节控制的

抗扰能力，即使引入计算转矩前馈控制，因关节期望运动与实际运动的差异，往往无法保证干扰力矩实时估计的准确性，致使机器人出现较大的跟踪误差。这种情况下，建议采用以多输入多输出非线性模型为基础的集中控制方法。

电流反馈是电机常用的控制手段之一。在介绍集中控制方法前，有必要讨论一下电机电流反馈的问题。电机的电流反馈控制普遍采用比例控制或比例积分控制，以电机 i 的电流比例控制为例，其控制律表达为

$$U_{ci}=\pi_{pi}(V_{ci}-I_{mi}) \tag{8-62}$$

式中，V_{ci}为期望电流。引入电流反馈式（8-62）后，电机转速公式（8-5）变为

$$\omega_{mi}=\frac{k_{ui}\pi_{pi}}{k_{ei}}V_{ci}-\frac{k_{ui}\pi_{pi}+R_{mi}}{k_{ei}}I_{mi} \tag{8-63}$$

由式（8-1）、式（8-8）和式（8-63），有

$$T_{ei}=\frac{C_{Ti}k_{ui}\pi_{pi}}{k_{ui}\pi_{pi}+R_{mi}}V_{ci}-\frac{\eta_i C_{Ti}k_{ei}}{k_{ui}\pi_{pi}+R_{mi}}\omega_{mi} \tag{8-64}$$

再由式（8-6）~式（8-10）以及式（8-64），得到电流反馈下的关节模型为

$$J_{ci}\dot{\omega}_i+\overline{B}_{ci}\omega_i=\overline{K}_{ci}V_{ci}-T_{ci} \tag{8-65}$$

将式（8-65）与式（8-12）对比，可见在引入电流反馈后，原等效阻尼 B_{ci}和原控制系数 K_{ci}分别变为

$$\overline{B}_{ci}=b_{ai}+\eta_i^2 b_{mi}+\frac{\eta_i^2 C_{Ti}k_{ei}}{k_{ui}\pi_{pi}+R_{mi}} \tag{8-66}$$

$$\overline{K}_{ci}=\frac{\eta_i C_{Ti}k_{ui}\pi_{pi}}{k_{ui}\pi_{pi}+R_{mi}} \tag{8-67}$$

在无电流反馈的式（8-12）中，从 T_{ci}到 ω_i 的传递函数为

$$G_{Ti}(s)=\frac{1}{J_{ci}s+B_{ci}}=\frac{K_{Ti}}{T_{Ji}s+1} \tag{8-68}$$

式中，

$$T_{Ji}=\frac{J_{ci}}{B_{ci}} \tag{8-69}$$

$$K_{Ti}=\frac{1}{B_{ci}} \tag{8-70}$$

在有电流反馈的式（8-65）中，从 T_{ci}到 ω_i 的传递函数为

$$\overline{G}_{Ti}(s)=\frac{1}{J_{ci}s+\overline{B}_{ci}}=\frac{\overline{K}_{Ti}}{\overline{T}_{Ji}s+1} \tag{8-71}$$

式中，

$$\overline{T}_{Ji}=\frac{J_{ci}}{\overline{B}_{ci}} \tag{8-72}$$

$$\overline{K}_{Ti}=\frac{1}{\overline{B}_{ci}} \tag{8-73}$$

注意到电压放大倍数 k_{ui} 和电流反馈比例系数 π_{pi} 都远大于电阻 R_{mi}，于是式（8-66）中的 $\overline{B}_{ci}$ 小于式（8-14）的 B_{ci}，进而 $\overline{K}_{Ti}$ 大于 K_{Ti}。这意味着电流反馈律式（8-62）增大了干扰通道的增益，使得干扰 T_{ci} 对输出 ω_i 的影响更大。在有些场合下，为提高电流控制的静差性能，可在比例控制的基础上增加一个积分环节，形成比例积分控制，电流比例控制中干扰通道增益增大的现象也会出现在比例积分控制中。总的来说，引入电流反馈会削弱关节的抗干扰能力，考虑到独立关节控制对各关节的抗干扰能力要求甚高，所以在独立关节控制中不使用电流反馈，这也是本章前几节中没有出现电流反馈的原因。

在独立关节控制中，将各关节电机视为运动部件，重点关注转速 ω_i，由转速积分为 θ_i 进而形成机器人运动完成要求的作业。在独立关节控制中，各关节电机控制的目标是让转角跟踪期望曲线。与独立关节控制不同，集中控制是将各关节电机视为出力部件，重点关注转矩 T_{ei}，由关节电机的转矩驱动机器人运动完成要求的作业。由于电机转矩与电流成正比，在集中控制中各关节电机控制的目标是让电机电流 I_{mi} 跟踪期望电流 V_{ci}。这种电流跟踪控制显然需要使用电流反馈，因此在集中控制中是离不开电流反馈的。

8.3.2　集中控制的被控对象模型

以电流反馈律式（8-62）为例介绍机器人集中控制的被控对象模型。由式（8-63）知

$$I_{mi}=\frac{k_{ui}\pi_{pi}}{k_{ui}\pi_{pi}+R_{mi}}V_{ci}-\frac{k_{ei}}{k_{ui}\pi_{pi}+R_{mi}}\omega_{mi} \tag{8-74}$$

因 $k_{ui}\pi_{pi}$ 远大于 R_{mi}，式（8-74）可简化为

$$I_{mi}=V_{ci}-\frac{k_{ei}}{k_{ui}\pi_{pi}+R_{mi}}\omega_{mi} \tag{8-75}$$

再考虑式（8-1）、式（8-8）以及 $\dot{\theta}_i=\omega_i$，有

$$\eta_i T_{ei}=\eta_i C_{Ti}V_{ci}-\eta_i^2\frac{C_{Ti}k_{ei}}{k_{ui}\pi_{pi}+R_{mi}}\dot{\theta}_i \tag{8-76}$$

式中，$\eta_i T_{ei}$ 是第 i 个关节电机（含减速器）对机器人的驱动转矩。记

$$\boldsymbol{\tau}=\begin{pmatrix}\eta_1 T_{e1}\\ \vdots\\ \eta_N T_{eN}\end{pmatrix},\boldsymbol{\tau}_d=\begin{pmatrix}\eta_1 C_{T1}V_{c1}\\ \vdots\\ \eta_N C_{TN}V_{cN}\end{pmatrix},\boldsymbol{B}_e=\begin{pmatrix}\eta_1^2\frac{C_{T1}k_{e1}}{k_{u1}\pi_{p1}+R_{m1}} & & \\ & \ddots & \\ & & \eta_N^2\frac{C_{TN}k_{eN}}{k_{uN}\pi_{pN}+R_{mN}}\end{pmatrix},\dot{\boldsymbol{\Phi}}=\begin{pmatrix}\dot{\theta}_1\\ \vdots\\ \dot{\theta}_N\end{pmatrix} \tag{8-77}$$

则对于全部关节电机，有

$$\boldsymbol{\tau}=\boldsymbol{\tau}_d-\boldsymbol{B}_e\dot{\boldsymbol{\Phi}} \tag{8-78}$$

将式（8-78）与机器人动力学方程式（7-29）合并，得到集中控制的被控对象模型

$$\boldsymbol{M}(\boldsymbol{\Phi})\ddot{\boldsymbol{\Phi}}+\boldsymbol{C}(\boldsymbol{\Phi},\dot{\boldsymbol{\Phi}})\dot{\boldsymbol{\Phi}}+\boldsymbol{L}\dot{\boldsymbol{\Phi}}+\boldsymbol{G}(\boldsymbol{\Phi})=\boldsymbol{\tau}_d \tag{8-79}$$

式中，

$$\boldsymbol{L}=\boldsymbol{B}+\boldsymbol{B}_e \tag{8-80}$$

为正定对角矩阵。集中控制的任务在于设计计算 $\boldsymbol{\tau}_d$（相当于计算各关节电机期望电流）的算法，使得 $\boldsymbol{\Phi}$ 跟踪 $\boldsymbol{\Phi}_d$。

8.3.3 重力补偿 PD 控制

机器人的重力补偿 PD 控制如图 8-12 所示。其控制律为

$$\boldsymbol{\tau}_d=\boldsymbol{\Lambda}_P(\boldsymbol{\Phi}_d-\boldsymbol{\Phi})-\boldsymbol{\Lambda}_D\dot{\boldsymbol{\Phi}}+\boldsymbol{G}(\boldsymbol{\Phi}) \tag{8-81}$$

式中，比例系数矩阵 $\boldsymbol{\Lambda}_P$ 和微分系数矩阵 $\boldsymbol{\Lambda}_D$ 均为 N 阶正定矩阵；$\boldsymbol{G}(\boldsymbol{\Phi})$ 是机器人动力学模型中的 $N\times1$ 维重力矢量。显然式（8-81）运用了多变量 PD 控制，并利用 $\boldsymbol{G}(\boldsymbol{\Phi})$ 补偿重力对机器人的影响。

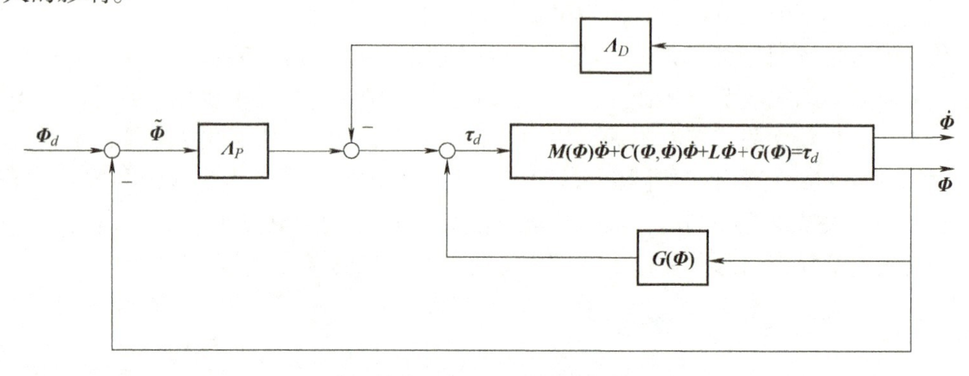

图 8-12　机器人的重力补偿 PD 控制

下面证明重力补偿 PD 控制可以使 $\boldsymbol{\Phi}$ 收敛于定常的 $\boldsymbol{\Phi}_d$。设

$$\tilde{\boldsymbol{\Phi}}=\boldsymbol{\Phi}_d-\boldsymbol{\Phi} \tag{8-82}$$

由式（8-79）、式（8-81）和式（8-82），得到闭环系统的微分方程描述（$\boldsymbol{M}(\boldsymbol{\Phi})$ 简记为 $\boldsymbol{M}$，$\boldsymbol{C}(\boldsymbol{\Phi},\dot{\boldsymbol{\Phi}})$ 简记为 $\boldsymbol{C}$）

$$\boldsymbol{M}\ddot{\boldsymbol{\Phi}}=\boldsymbol{\Lambda}_P\tilde{\boldsymbol{\Phi}}-(\boldsymbol{C}+\boldsymbol{L}+\boldsymbol{\Lambda}_D)\dot{\boldsymbol{\Phi}} \tag{8-83}$$

取 $(\tilde{\boldsymbol{\Phi}}^{\mathrm{T}}\quad\dot{\boldsymbol{\Phi}}^{\mathrm{T}})^{\mathrm{T}}$ 为该闭环系统的状态，则其状态方程为

$$\begin{pmatrix}\dot{\tilde{\boldsymbol{\Phi}}}\\ \ddot{\boldsymbol{\Phi}}\end{pmatrix}=\begin{pmatrix}0 & -\boldsymbol{I}\\ \boldsymbol{M}^{-1}\boldsymbol{\Lambda}_P & -\boldsymbol{M}^{-1}(\boldsymbol{C}+\boldsymbol{L}+\boldsymbol{\Lambda}_D)\end{pmatrix}\begin{pmatrix}\tilde{\boldsymbol{\Phi}}\\ \dot{\boldsymbol{\Phi}}\end{pmatrix} \tag{8-84}$$

表明这是一个自治系统且原点是系统的平衡状态。构造正定李亚普诺夫函数

$$V_L(\tilde{\boldsymbol{\Phi}},\dot{\boldsymbol{\Phi}})=\frac{1}{2}\dot{\boldsymbol{\Phi}}^{\mathrm{T}}\boldsymbol{M}\dot{\boldsymbol{\Phi}}+\frac{1}{2}\tilde{\boldsymbol{\Phi}}^{\mathrm{T}}\boldsymbol{\Lambda}_P\tilde{\boldsymbol{\Phi}} \tag{8-85}$$

那么

$$\begin{aligned}\dot{V}_L(\tilde{\boldsymbol{\Phi}},\dot{\boldsymbol{\Phi}})&=\dot{\boldsymbol{\Phi}}^{\mathrm{T}}\boldsymbol{M}\ddot{\boldsymbol{\Phi}}+\frac{1}{2}\dot{\boldsymbol{\Phi}}^{\mathrm{T}}\dot{\boldsymbol{M}}\dot{\boldsymbol{\Phi}}+\dot{\tilde{\boldsymbol{\Phi}}}^{\mathrm{T}}\boldsymbol{\Lambda}_P\tilde{\boldsymbol{\Phi}}\\&=\dot{\boldsymbol{\Phi}}^{\mathrm{T}}(\boldsymbol{\Lambda}_P\tilde{\boldsymbol{\Phi}}-(\boldsymbol{C}+\boldsymbol{L}+\boldsymbol{\Lambda}_D)\dot{\boldsymbol{\Phi}})+\frac{1}{2}\dot{\boldsymbol{\Phi}}^{\mathrm{T}}\dot{\boldsymbol{M}}\dot{\Phi}-\dot{\boldsymbol{\Phi}}^{\mathrm{T}}\boldsymbol{\Lambda}_P\tilde{\boldsymbol{\Phi}}\\&=\frac{1}{2}\dot{\boldsymbol{\Phi}}^{\mathrm{T}}(\dot{\boldsymbol{M}}-2\boldsymbol{C})\dot{\boldsymbol{\Phi}}-\dot{\boldsymbol{\Phi}}^{\mathrm{T}}(\boldsymbol{L}+\boldsymbol{\Lambda}_D)\dot{\boldsymbol{\Phi}}\end{aligned} \tag{8-86}$$

注意到 $\dot{\boldsymbol{M}}-2\boldsymbol{C}$ 的反对称性使得 $\dot{\boldsymbol{\Phi}}^{\mathrm{T}}(\dot{\boldsymbol{M}}-2\boldsymbol{C})\dot{\boldsymbol{\Phi}}=0$，于是

$$\dot{V}_L(\tilde{\boldsymbol{\Phi}},\dot{\boldsymbol{\Phi}})=-\dot{\boldsymbol{\Phi}}^{\mathrm{T}}(\boldsymbol{L}+\boldsymbol{\Lambda}_D)\dot{\boldsymbol{\Phi}} \tag{8-87}$$

这意味着 $\dot{V}_L(\tilde{\boldsymbol{\Phi}},\dot{\boldsymbol{\Phi}})$ 半负定（$\dot{V}_L(\tilde{\boldsymbol{\Phi}},\dot{\boldsymbol{\Phi}})=0$ 时，$\tilde{\boldsymbol{\Phi}}$ 可以非零）。接下来，需要证明 $\dot{V}_L(\tilde{\boldsymbol{\Phi}},\dot{\boldsymbol{\Phi}})$

不恒为零：从任意非零初态 $(\tilde{\boldsymbol{\Phi}}^{\mathrm{T}}(0)\quad \dot{\boldsymbol{\Phi}}^{\mathrm{T}}(0))^{\mathrm{T}}$ 出发的解 $(\tilde{\boldsymbol{\Phi}}^{\mathrm{T}}(t)\quad \dot{\boldsymbol{\Phi}}^{\mathrm{T}}(t))^{\mathrm{T}}$ 不会有 $\dot{V}_L(\tilde{\boldsymbol{\Phi}}(t),\dot{\boldsymbol{\Phi}}(t))\equiv 0$。采用反证法，假设从某非零初态 $(\tilde{\boldsymbol{\Phi}}^{\mathrm{T}}(0)\quad \dot{\boldsymbol{\Phi}}^{\mathrm{T}}(0))^{\mathrm{T}}$ 出发的解 $(\tilde{\boldsymbol{\Phi}}^{\mathrm{T}}(t)\quad \dot{\boldsymbol{\Phi}}^{\mathrm{T}}(t))^{\mathrm{T}}$ 有 $\dot{V}_L(\tilde{\boldsymbol{\Phi}}(t),\dot{\boldsymbol{\Phi}}(t))\equiv 0$，即 $-\dot{\boldsymbol{\Phi}}^{\mathrm{T}}(t)(\boldsymbol{L}+\boldsymbol{\Lambda}_D)\dot{\boldsymbol{\Phi}}(t)\equiv 0$。显然 $\dot{\boldsymbol{\Phi}}(t)\equiv 0$，其导函数 $\ddot{\boldsymbol{\Phi}}(t)\equiv 0$，进而由式（8-83）知 $\tilde{\boldsymbol{\Phi}}(t)\equiv 0$。于是 $(\tilde{\boldsymbol{\Phi}}^{\mathrm{T}}(t)\quad \dot{\boldsymbol{\Phi}}^{\mathrm{T}}(t))^{\mathrm{T}}\equiv 0$，则初态 $(\tilde{\boldsymbol{\Phi}}^{\mathrm{T}}(0)\quad \dot{\boldsymbol{\Phi}}^{\mathrm{T}}(0))^{\mathrm{T}}=0$，这与非零初态假设矛盾，“不恒为零”得证。最后，当 $\|[\tilde{\boldsymbol{\Phi}}^{\mathrm{T}}\quad \dot{\boldsymbol{\Phi}}^{\mathrm{T}}]^{\mathrm{T}}\|\to\infty$ 时，有 $V_L(\tilde{\boldsymbol{\Phi}},\dot{\boldsymbol{\Phi}})\to\infty$。综上，基于李亚普诺夫稳定性理论的成果（附录 2 定理 A2-2），可知系统式（8-84）的原点平衡状态是大范围渐近稳定的。因此，对任意初态 $(\tilde{\boldsymbol{\Phi}}^{\mathrm{T}}(0)\quad \dot{\boldsymbol{\Phi}}^{\mathrm{T}}(0))^{\mathrm{T}}$，有

$$\lim_{t\to+\infty}(\tilde{\boldsymbol{\Phi}}^{\mathrm{T}}(t)\quad \dot{\boldsymbol{\Phi}}^{\mathrm{T}}(t))^{\mathrm{T}}=0 \tag{8-88}$$

式中的 $\lim\limits_{t\to+\infty}\tilde{\boldsymbol{\Phi}}(t)=0$ 说明：对任意 $\boldsymbol{\Phi}(0)$，有 $\lim\limits_{t\to+\infty}\boldsymbol{\Phi}(t)=\boldsymbol{\Phi}_d$。换句话说，重力补偿 PD 控制可以使 $\boldsymbol{\Phi}$ 收敛于定常的 $\boldsymbol{\Phi}_d$，这种控制适合于机器人的点从一种静止位形运动到另一种静止位形的作业场合。

8.3.4　逆动力学控制

直接针对复杂的多变量非线性模型式（8-79）进行反馈控制器设计难度颇大。一种较容易的方法是先设计非线性反馈将式（8-79）变换为 N 个彼此无耦合的单变量线性模型，然后针对各单变量线性模型进行线性反馈控制设计。

为将式（8-79）变换为 N 个彼此无耦合的单变量线性模型，采用如下非线性反馈

$$\boldsymbol{\tau}_d=\boldsymbol{M}(\boldsymbol{\Phi})\boldsymbol{\alpha}_{\Phi}+\boldsymbol{C}(\boldsymbol{\Phi},\dot{\boldsymbol{\Phi}})\dot{\boldsymbol{\Phi}}+\boldsymbol{L}\dot{\boldsymbol{\Phi}}+\boldsymbol{G}(\boldsymbol{\Phi}) \tag{8-89}$$

式中，$\boldsymbol{\alpha}_{\Phi}$ 是待计算的 N 维向量。将式（8-89）代入式（8-79），并由 $\boldsymbol{M}(\boldsymbol{\Phi})$ 可逆，有

$$\ddot{\boldsymbol{\Phi}}=\boldsymbol{\alpha}_{\Phi} \tag{8-90}$$

式（8-90）代表 N 个单变量双积分系统，且 N 个单变量系统间不存在耦合。对线性的双积分系统已有一些成熟的线性控制律，比如带前馈的 PD 控制。由于双积分系统间已无耦合，可以对每个单变量双积分系统设计独立的带前馈 PD 控制，其设计可以参考图 8-10 的带前馈 PID 控制，只需令 $k_{Ii}=0$，再取图 8-10 中的参数

$$J_{ci}=1,B_{ci}=0,K_{ci}=1 \tag{8-91}$$

使被控对象成为双积分对象。如此，得到前馈环节

$$\frac{J_{ci}}{K_{ci}}s^2+\left(\frac{B_{ci}}{K_{ci}}+k_{Di}\right)s=s^2+k_{Di}s \tag{8-92}$$

以及如图 8-13 所示的双积分对象带前馈 PD 控制系统。

无耦合的多变量带前馈 PD 控制律即为

$$\boldsymbol{\alpha}_{\Phi}=\ddot{\boldsymbol{\Phi}}_d+\boldsymbol{K}_D\dot{\tilde{\boldsymbol{\Phi}}}+\boldsymbol{K}_P\tilde{\boldsymbol{\Phi}} \tag{8-93}$$

式中

$$\boldsymbol{K}_P=\begin{pmatrix}k_{P1}&&\\&\ddots&\\&&k_{PN}\end{pmatrix},\boldsymbol{K}_D=\begin{pmatrix}k_{D1}&&\\&\ddots&\\&&k_{DN}\end{pmatrix} \tag{8-94}$$

对角阵 $\boldsymbol{K}_P$ 和 $\boldsymbol{K}_D$ 的设计可以参考 8.1.4 节的方法。上述控制方法称为逆动力学控制，其核

心是在反馈中利用各项动力学补偿将复杂非线性模型转化为简单线性模型。图 8-14 展示了机器人逆动力学控制的框图。

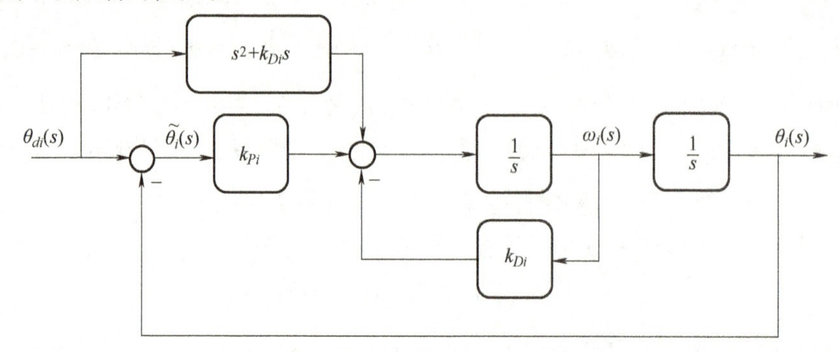

图 8-13　双积分对象的带前馈 PD 控制

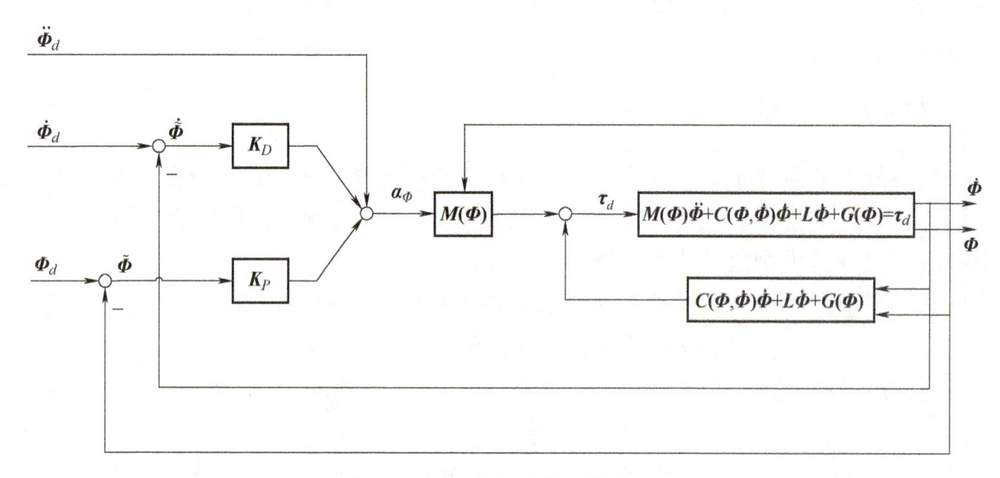

图 8-14　机器人逆动力学控制

8.3.5　鲁棒控制

机器人逆动力学控制的一个缺点是，系统参数必须是精确已知的。实际机器人难免因建模误差和未知负载等导致参数无法获取精确值，如此并不能保证设计出来的逆动力学控制器可实现理想性能。既然式（8-79）的参数值无法精确获取，设计者可以基于其对参数的合理估计值完成控制器设计。具体来说，式（8-89）变为

$$\boldsymbol{\tau}_d=\hat{\boldsymbol{M}}(\boldsymbol{\Phi})\boldsymbol{\alpha}_\Phi+\hat{\boldsymbol{C}}(\boldsymbol{\Phi},\dot{\boldsymbol{\Phi}})\dot{\boldsymbol{\Phi}}+\hat{\boldsymbol{L}}\dot{\boldsymbol{\Phi}}+\hat{\boldsymbol{G}}(\boldsymbol{\Phi}) \tag{8-95}$$

式中，$\hat{\boldsymbol{M}}(\boldsymbol{\Phi})$、$\hat{\boldsymbol{C}}(\boldsymbol{\Phi},\dot{\boldsymbol{\Phi}})$、$\hat{\boldsymbol{L}}$ 和 $\hat{\boldsymbol{G}}(\boldsymbol{\Phi})$分别是关于$\boldsymbol{M}(\boldsymbol{\Phi})$、$\boldsymbol{C}(\boldsymbol{\Phi},\dot{\boldsymbol{\Phi}})$、$\boldsymbol{L}$ 和 $\boldsymbol{G}(\boldsymbol{\Phi})$的估计项。记各项估计偏差为

$$\tilde{\boldsymbol{M}}(\boldsymbol{\Phi})=\boldsymbol{M}(\boldsymbol{\Phi})-\hat{\boldsymbol{M}}(\boldsymbol{\Phi}) \tag{8-96}$$

$$\tilde{\boldsymbol{C}}(\boldsymbol{\Phi},\dot{\boldsymbol{\Phi}})=\boldsymbol{C}(\boldsymbol{\Phi},\dot{\boldsymbol{\Phi}})-\hat{\boldsymbol{C}}(\boldsymbol{\Phi},\dot{\boldsymbol{\Phi}}) \tag{8-97}$$

$$\tilde{\boldsymbol{L}}=\boldsymbol{L}-\hat{\boldsymbol{L}} \tag{8-98}$$

$$\tilde{\boldsymbol{G}}(\boldsymbol{\Phi})=\boldsymbol{G}(\boldsymbol{\Phi})-\hat{\boldsymbol{G}}(\boldsymbol{\Phi}) \tag{8-99}$$

将式（8-95）代入式（8-79），并考虑式（8-96）~式（8-99），有

$$\begin{aligned}\ddot{\boldsymbol{\Phi}} &= \boldsymbol{\alpha}_{\Phi}+(\boldsymbol{M}^{-1}(\boldsymbol{\Phi})\hat{\boldsymbol{M}}(\boldsymbol{\Phi})-\boldsymbol{I})\boldsymbol{\alpha}_{\Phi}-\boldsymbol{M}^{-1}(\boldsymbol{\Phi})(\tilde{\boldsymbol{C}}(\boldsymbol{\Phi},\dot{\boldsymbol{\Phi}})\dot{\boldsymbol{\Phi}}+\tilde{\boldsymbol{L}}\dot{\boldsymbol{\Phi}}+\tilde{\boldsymbol{G}}(\boldsymbol{\Phi}))\\ &= \boldsymbol{\alpha}_{\Phi}+(\boldsymbol{M}^{-1}(\boldsymbol{\Phi})\hat{\boldsymbol{M}}(\boldsymbol{\Phi})-\boldsymbol{I})\boldsymbol{\alpha}_{\Phi}-\boldsymbol{M}^{-1}(\boldsymbol{\Phi})\tilde{\boldsymbol{\Gamma}}(\boldsymbol{\Phi},\dot{\boldsymbol{\Phi}})\\ &= \boldsymbol{\alpha}_{\Phi}-\boldsymbol{\Delta}\end{aligned} \tag{8-100}$$

式中，

$$\tilde{\boldsymbol{\Gamma}}(\boldsymbol{\Phi},\dot{\boldsymbol{\Phi}})=\tilde{\boldsymbol{C}}(\boldsymbol{\Phi},\dot{\boldsymbol{\Phi}})\dot{\boldsymbol{\Phi}}+\tilde{\boldsymbol{L}}\dot{\boldsymbol{\Phi}}+\tilde{\boldsymbol{G}}(\boldsymbol{\Phi}) \tag{8-101}$$

代表除质量矩阵外的不确定性，而

$$\boldsymbol{\Delta}=(\boldsymbol{I}-\boldsymbol{M}^{-1}(\boldsymbol{\Phi})\hat{\boldsymbol{M}}(\boldsymbol{\Phi}))\boldsymbol{\alpha}_{\Phi}+\boldsymbol{M}^{-1}(\boldsymbol{\Phi})\tilde{\boldsymbol{\Gamma}}(\boldsymbol{\Phi},\dot{\boldsymbol{\Phi}}) \tag{8-102}$$

代表所有的不确定性。由于出现不确定性 $\boldsymbol{\Delta}$，需要在式（8-93）中增加一项 $\boldsymbol{\Xi}$，即

$$\boldsymbol{\alpha}_{\Phi}=\ddot{\boldsymbol{\Phi}}_d+\boldsymbol{K}_D\dot{\tilde{\boldsymbol{\Phi}}}+\boldsymbol{K}_P\tilde{\boldsymbol{\Phi}}+\boldsymbol{\Xi} \tag{8-103}$$

通过实时计算的 $\boldsymbol{\Xi}$ 保证对 $\boldsymbol{\Delta}$ 的鲁棒性，使得在有不确定性 $\boldsymbol{\Delta}$ 的情况下依然可保证 $\boldsymbol{\Phi}$ 稳定跟踪二阶可导的 $\boldsymbol{\Phi}_d$。这种控制方法称为鲁棒控制。

在鲁棒控制中，设计问题需要满足的假设条件如下：

1）已知正数 γ_1，使得 $\|\tilde{\boldsymbol{\Gamma}}(\boldsymbol{\Phi},\dot{\boldsymbol{\Phi}})\|<\gamma_1$。

2）已知正数 γ_2，使得 $\|\ddot{\boldsymbol{\Phi}}_d\|<\gamma_2$。

3）已知非负数 $\gamma_3<1$，使得 $\|\boldsymbol{I}-\boldsymbol{M}^{-1}(\boldsymbol{\Phi})\hat{\boldsymbol{M}}(\boldsymbol{\Phi})\|\leqslant\gamma_3$。

其中的矩阵范数为矩阵的最大奇异值。假设条件 1）对部分不确定性的范围进行了限制。假设条件 2）限制了期望轨迹的加速度，这个假设容易满足，因为任何规划的实际轨迹都不需要加速度达到无穷大，设计者对期望轨迹的加速度上界也是有所了解的。假设条件 3）也容易满足，设计者可以通过了解 $\boldsymbol{M}^{-1}(\boldsymbol{\Phi})$，确定正数 $\overline{m}$ 大于 $\boldsymbol{M}^{-1}(\boldsymbol{\Phi})$ 的最大奇异值和正数 $\underline{m}$ 小于 $\boldsymbol{M}^{-1}(\boldsymbol{\Phi})$ 的最小奇异值，再取

$$\hat{\boldsymbol{M}}(\boldsymbol{\Phi})=\frac{2}{\underline{m}+\overline{m}}\boldsymbol{I} \tag{8-104}$$

则由附录 B 定理 A2-4 可知

$$\|\boldsymbol{I}-\boldsymbol{M}^{-1}(\boldsymbol{\Phi})\hat{\boldsymbol{M}}(\boldsymbol{\Phi})\|\leqslant\frac{\overline{m}-\underline{m}}{\underline{m}+\overline{m}}=\gamma_3<1 \tag{8-105}$$

当然，若设计者有更精准的估计 $\hat{\boldsymbol{M}}(\boldsymbol{\Phi})$，满足假设条件 3）的 γ_3 可以更小。将式（8-103）代入式（8-100），可得

$$\ddot{\tilde{\boldsymbol{\Phi}}}=-\boldsymbol{K}_D\dot{\tilde{\boldsymbol{\Phi}}}-\boldsymbol{K}_P\tilde{\boldsymbol{\Phi}}-\boldsymbol{\Xi}+\boldsymbol{\Delta} \tag{8-106}$$

令

$$\boldsymbol{\varphi}=\begin{pmatrix}\tilde{\boldsymbol{\Phi}}\\ \dot{\tilde{\boldsymbol{\Phi}}}\end{pmatrix} \tag{8-107}$$

则式（8-106）可表达为

$$\dot{\boldsymbol{\varphi}}=\overline{\boldsymbol{A}}\boldsymbol{\varphi}+\overline{\boldsymbol{B}}(\boldsymbol{\Delta}-\boldsymbol{\Xi}) \tag{8-108}$$

式中，

$$\overline{A}=\begin{pmatrix}0 & I\\ -K_P & -K_D\end{pmatrix},\overline{B}=\begin{pmatrix}0\\ I\end{pmatrix} \tag{8-109}$$

矩阵 K_P 和 K_D 仍按逆动力学控制方法设计，以保证 $\Xi=\Delta$ 时线性自治系统式（8-108）在原点处大范围渐近稳定。取一个 $2N$ 阶正定矩阵 Q_L，构造李亚普诺夫方程

$$\overline{A}^{\mathrm{T}}P_L+P_L\overline{A}=-Q_L \tag{8-110}$$

因式（8-108）在原点处大范围渐近稳定，由附录 B 定理 A2-3 知，求解上述方程必可获得唯一的正定矩阵 P_L。利用 P_L 作正定的李亚普诺夫函数

$$V_L(\varphi)=\varphi^{\mathrm{T}}P_L\varphi \tag{8-111}$$

则

$$\begin{aligned}\dot{V}_L(\varphi)&=\dot{\varphi}^{\mathrm{T}}P_L\varphi+\varphi^{\mathrm{T}}P_L\dot{\varphi}\\&=\varphi^{\mathrm{T}}(\overline{A}^{\mathrm{T}}P_L+P_L\overline{A})\varphi+2\varphi^{\mathrm{T}}P_L\overline{B}(\Delta-\Xi)\\&=-\varphi^{\mathrm{T}}Q_L\varphi+2\varphi^{\mathrm{T}}P_L\overline{B}(\Delta-\Xi)\end{aligned} \tag{8-112}$$

当 $\overline{B}^{\mathrm{T}}P_L\varphi$ 为零向量时，无论 Ξ 如何选取，$\dot{V}_L(\varphi)$ 都是负定的，为方便起见，取 $\Xi=0$。当 $\overline{B}^{\mathrm{T}}P_L\varphi$ 为非零向量时，选取

$$\Xi=(\rho_1+\rho_2\|\varphi\|)\frac{\overline{B}^{\mathrm{T}}P_L\varphi}{\|\overline{B}^{\mathrm{T}}P_L\varphi\|} \tag{8-113}$$

式中，常量 ρ_1 和 ρ_2 均大于零。此时

$$\begin{aligned}\varphi^{\mathrm{T}}P_L\overline{B}(\Delta-\Xi)&\leqslant\|\varphi^{\mathrm{T}}P_L\overline{B}\Delta\|-(\rho_1+\rho_2\|\varphi\|)\frac{\varphi^{\mathrm{T}}P_L\overline{B}\,\overline{B}^{\mathrm{T}}P_L\varphi}{\|\overline{B}^{\mathrm{T}}P_L\varphi\|}\\&\leqslant\|\overline{B}^{\mathrm{T}}P_L\varphi\|\|\Delta\|-(\rho_1+\rho_2\|\varphi\|)\|\overline{B}^{\mathrm{T}}P_L\varphi\|\\&\leqslant\|\overline{B}^{\mathrm{T}}P_L\varphi\|(\|\Delta\|-\rho_1-\rho_2\|\varphi\|)\end{aligned} \tag{8-114}$$

显然，欲使 $\dot{V}_L(\varphi)$ 负定，$\rho_1+\rho_2\|\varphi\|$需不小于$\|\Delta\|$，这要求在设计中估算$\|\Delta\|$的上界。将式（8-103）代入式（8-102），有

$$\Delta=(I-M^{-1}(\Phi)\hat{M}(\Phi))(\ddot{\Phi}_d+K_D\dot{\tilde{\Phi}}+K_P\tilde{\Phi}+\Xi)+M^{-1}(\Phi)\tilde{\Gamma}(\Phi,\dot{\Phi}) \tag{8-115}$$

因此

$$\begin{aligned}\|\Delta\|&\leqslant\|I-M^{-1}(\Phi)\hat{M}(\Phi)\|(\|\ddot{\Phi}_d\|+\|(K_P\quad K_D)\|\|\varphi\|+\|\Xi\|)+\|M^{-1}(\Phi)\|\|\tilde{\Gamma}(\Phi,\dot{\Phi})\|\\&\leqslant\gamma_3\gamma_2+\gamma_3\|(K_P\quad K_D)\|\|\varphi\|+\gamma_3\rho_1+\gamma_3\rho_2\|\varphi\|+\overline{m}\gamma_1\end{aligned} \tag{8-116}$$

不难看出，取定

$$\rho_1>\frac{1}{1-\gamma_3}(\gamma_3\gamma_2+\overline{m}\gamma_1) \tag{8-117}$$

$$\rho_2>\frac{\gamma_3\|(K_P\quad K_D)\|}{1-\gamma_3} \tag{8-118}$$

可以满足 $\rho_1+\rho_2\|\varphi\|>\|\Delta\|$。于是，在上述计算 Ξ 的方法下，$\dot{V}_L(\varphi)$ 可以保持负定。最后，当 $\|\varphi\|\to\infty$ 时，有 $V_L(\varphi)\to\infty$。综上，基于李亚普诺夫稳定性理论的成果（附录 B 定理 A2-1），可知$\lim\limits_{t\to\infty}\Phi(t)=\Phi_d$。总的来说，鲁棒控制的核心在于采用

$$
\boldsymbol{\Xi}=\boldsymbol{B}_r(\boldsymbol{\varphi})=\begin{cases}(\rho_1+\rho_2\|\boldsymbol{\varphi}\|)\dfrac{\overline{\boldsymbol{B}}^{\mathrm{T}}\boldsymbol{P}_L\boldsymbol{\varphi}}{\|\overline{\boldsymbol{B}}^{\mathrm{T}}\boldsymbol{P}_L\boldsymbol{\varphi}\|}, & \text{当}\|\overline{\boldsymbol{B}}^{\mathrm{T}}\boldsymbol{P}_L\boldsymbol{\varphi}\|\neq 0\text{ 时}\\ 0, & \text{当}\|\overline{\boldsymbol{B}}^{\mathrm{T}}\boldsymbol{P}_L\boldsymbol{\varphi}\|=0\text{ 时}\end{cases} \tag{8-119}
$$

保证在不确定性 $\boldsymbol{\Delta}$ 下 $\boldsymbol{\Phi}$ 对 $\boldsymbol{\Phi}_d$ 的渐近跟踪。图 8-15 展示了机器人鲁棒控制系统的基本结构。

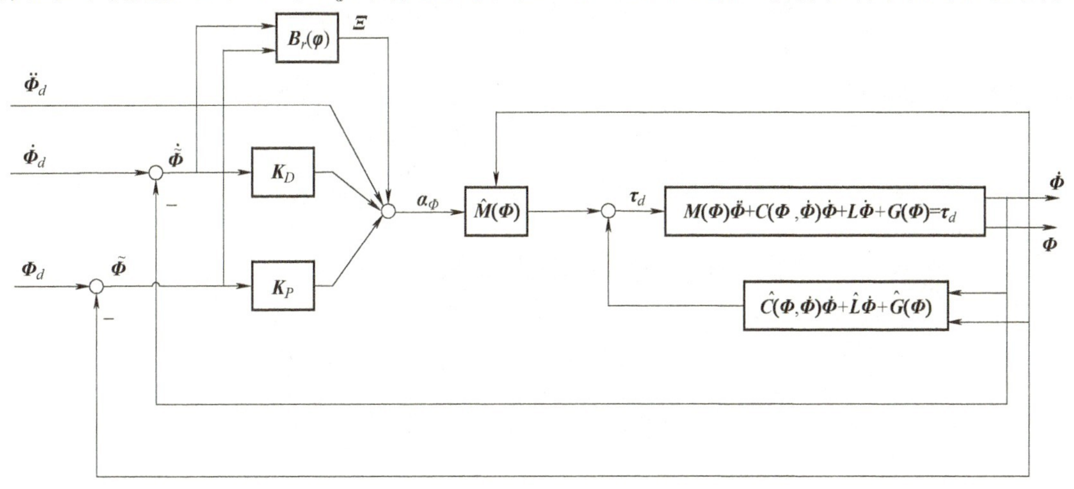

图 8-15　机器人鲁棒控制系统

8.3.6　自适应控制

在机器人鲁棒控制中，对于参数的估计项始终保持不变。控制工程经验告诉我们，在长期运行的控制系统中，随着收集到的数据越来越多，关于各参数的信息也会越来越多。利用控制过程中的数据信息更新各估计项，不断减小不确定性，也是一个有用的克服不确定性影响的思路，这正是自适应控制的思路。

在机器人自适应控制中，被控对象模型采用参数线性化形式，即

$$
\boldsymbol{Y}(\boldsymbol{\Phi},\dot{\boldsymbol{\Phi}},\ddot{\boldsymbol{\Phi}})\boldsymbol{\Psi}=\boldsymbol{M}(\boldsymbol{\Phi})\ddot{\boldsymbol{\Phi}}+\boldsymbol{C}(\boldsymbol{\Phi},\dot{\boldsymbol{\Phi}})\dot{\boldsymbol{\Phi}}+\boldsymbol{L}\dot{\boldsymbol{\Phi}}+\boldsymbol{G}(\boldsymbol{\Phi})=\boldsymbol{\tau}_d \tag{8-120}
$$

式中，$\boldsymbol{\Psi}$ 包含了机器人未知的全部参数。这里以例 8-3 的机器人为例，介绍如何将式（8-79）改写为 $\boldsymbol{Y}(\boldsymbol{\Phi},\dot{\boldsymbol{\Phi}},\ddot{\boldsymbol{\Phi}})\boldsymbol{\Psi}=\boldsymbol{\tau}_d$。由式（8-42）、式（8-43）、式（8-77）和式（8-80）知，在例 8-3 机器人的被控模型式（8-79）中，有

$$
\boldsymbol{M}(\boldsymbol{\Phi})=\begin{pmatrix} m_1l_1^2+m_2(a_1^2+2a_1l_2c_2+l_2^2)+m_{r2}a_1^2+J_1+J_2+\eta_1^2J_{r1}+J_{r2} & m_2(a_1l_2c_2+l_2^2)+J_2+\eta_2J_{r2}\\ m_2(a_1l_2c_2+l_2^2)+J_2+\eta_2J_{r2} & m_2l_2^2+J_2+\eta_2^2J_{r2}\end{pmatrix}
$$

$$
\boldsymbol{C}(\boldsymbol{\Phi},\dot{\boldsymbol{\Phi}})=\begin{pmatrix} -m_2a_1l_2s_2\dot{\theta}_2 & -m_2a_1l_2s_2\dot{\theta}_1-m_2a_1l_2s_2\dot{\theta}_2\\ m_2a_1l_2s_2\dot{\theta}_1 & 0\end{pmatrix}
$$

$$
\boldsymbol{L}=\begin{pmatrix} b_{a1}+\eta_1^2b_{m1}+\eta_1^2\dfrac{C_{T1}k_{e1}}{k_{u1}\pi_{p1}+R_{m1}} & \\ & b_{a2}+\eta_2^2b_{m2}+\eta_2^2\dfrac{C_{T2}k_{e2}}{k_{u2}\pi_{p2}+R_{m2}}\end{pmatrix}
$$

$$G(\boldsymbol{\Phi})=\begin{pmatrix} m_1gl_1c_1+m_2g(a_1c_1+l_2c_{12})+m_{r2}ga_1c_1 \\ m_2gl_2c_{12} \end{pmatrix}$$

观察 $\boldsymbol{M}(\boldsymbol{\Phi})$ 的左上元素，可以发现除变量 c_2（即 $\cos\theta_2$，详见式（3-5）下三角函数速记符号）外，其他都是常数，而且该元素可表示为 $\Psi_1+2\Psi_2\cos\theta_2$，其中

$$\Psi_1=m_1l_1^2+m_2(a_1^2+l_2^2)+m_{r2}a_1^2+J_1+J_2+\eta_1^2J_{r1}+J_{r2}$$
$$\Psi_2=m_2a_1l_2$$

都是常数。同理可得

$$\boldsymbol{M}(\boldsymbol{\Phi})=\begin{pmatrix} \Psi_1+2\Psi_2\cos\theta_2 & \Psi_3+\Psi_2\cos\theta_2 \\ \Psi_3+\Psi_2\cos\theta_2 & \Psi_3 \end{pmatrix}$$

式中，常数

$$\Psi_3=m_2l_2^2+J_2+\eta_2J_{r2}$$

进一步，有

$$\boldsymbol{C}(\boldsymbol{\Phi},\dot{\boldsymbol{\Phi}})=\begin{pmatrix} -\Psi_2\sin\theta_2\dot{\theta}_2 & -\Psi_2\sin\theta_2\dot{\theta}_1-\Psi_2\sin\theta_2\dot{\theta}_2 \\ \Psi_2\sin\theta_2\dot{\theta}_1 & 0 \end{pmatrix}$$

$$\boldsymbol{L}=\begin{pmatrix} \Psi_4 & \\ & \Psi_5 \end{pmatrix}$$

$$\boldsymbol{G}(\boldsymbol{\Phi})=\begin{pmatrix} \Psi_6c_1+\Psi_7c_{12} \\ \Psi_7c_{12} \end{pmatrix}$$

式中，常数

$$\Psi_4=b_{a1}+\eta_1^2b_{m1}+\eta_1^2\frac{C_{T1}k_{e1}}{k_{u1}\pi_{p1}+R_{m1}}$$
$$\Psi_5=b_{a2}+\eta_2^2b_{m2}+\eta_2^2\frac{C_{T2}k_{e2}}{k_{u2}\pi_{p2}+R_{m2}}$$
$$\Psi_6=m_1gl_1+m_2ga_1+m_{r2}ga_1$$
$$\Psi_7=m_2gl_2$$

注意到这些矩阵元素中的 Ψ_i 均为一次项，将常数与变量分离，则例 8-3 机器人的被控模型式（8-79）等价变换为参数线性化形式为

$$\begin{pmatrix} \ddot{\theta}_1 & \cos\theta_2(2\ddot{\theta}_1+\ddot{\theta}_2)-\sin\theta_2(2\dot{\theta}_1\dot{\theta}_2+\dot{\theta}_2^2) & \ddot{\theta}_2 & 1 & 0 & \cos\theta_1 & \cos(\theta_1+\theta_2) \\ 0 & \cos\theta_2\ddot{\theta}_1+\sin\theta_2\dot{\theta}_1^2 & \ddot{\theta}_1+\ddot{\theta}_2 & 0 & 1 & 0 & \cos(\theta_1+\theta_2) \end{pmatrix}\begin{pmatrix} \Psi_1 \\ \Psi_2 \\ \Psi_3 \\ \Psi_4 \\ \Psi_5 \\ \Psi_6 \\ \Psi_7 \end{pmatrix}$$

$$=\boldsymbol{Y}(\boldsymbol{\Phi},\dot{\boldsymbol{\Phi}},\ddot{\boldsymbol{\Phi}})\boldsymbol{\Psi}=\boldsymbol{\tau}_d$$

式中，矩阵

$$\boldsymbol{Y}(\boldsymbol{\Phi},\dot{\boldsymbol{\Phi}},\ddot{\boldsymbol{\Phi}})=\begin{pmatrix}\ddot{\theta}_1 & \cos\theta_2(2\ddot{\theta}_1+\ddot{\theta}_2)-\sin\theta_2(2\dot{\theta}_1\dot{\theta}_2+\dot{\theta}_2^2) & \ddot{\theta}_2 & 1 & 0 & \cos\theta_1 & \cos(\theta_1+\theta_2)\\ 0 & \cos\theta_2\ddot{\theta}_1+\sin\theta_2\dot{\theta}_1^2 & \ddot{\theta}_1+\ddot{\theta}_2 & 0 & 1 & 0 & \cos(\theta_1+\theta_2)\end{pmatrix}$$

需测量机器人各关节获得，待估计的参数向量

$$\boldsymbol{\Psi}=(\Psi_1 \quad \Psi_2 \quad \Psi_3 \quad \Psi_4 \quad \Psi_5 \quad \Psi_6 \quad \Psi_7)^{\mathrm{T}}$$

采用参数线性化形式后，可以基于对 $\boldsymbol{\Psi}$ 的估计改进逆动力学控制。具体来说，式（8-89）变为

$$\boldsymbol{\tau}_d=\boldsymbol{Y}(\boldsymbol{\Phi},\dot{\boldsymbol{\Phi}},\boldsymbol{\alpha}_{\Phi})\hat{\boldsymbol{\Psi}}=\hat{\boldsymbol{M}}(\boldsymbol{\Phi})\boldsymbol{\alpha}_{\Phi}+\hat{\boldsymbol{C}}(\boldsymbol{\Phi},\dot{\boldsymbol{\Phi}})\dot{\boldsymbol{\Phi}}+\hat{\boldsymbol{L}}\dot{\boldsymbol{\Phi}}+\hat{\boldsymbol{G}}(\boldsymbol{\Phi}) \tag{8-121}$$

式中，$\hat{\boldsymbol{\Psi}}$ 是关于 $\boldsymbol{\Psi}$ 的估计；$\boldsymbol{\alpha}_{\Phi}$ 仍按式（8-93）计算。令

$$\tilde{\boldsymbol{\Psi}}=\boldsymbol{\Psi}-\hat{\boldsymbol{\Psi}} \tag{8-122}$$

由式（8-93）及式（8-120）~式（8-122），可导出

$$\begin{aligned}\dot{\boldsymbol{\varphi}}&=\bar{\boldsymbol{A}}\boldsymbol{\varphi}+\bar{\boldsymbol{B}}\hat{\boldsymbol{M}}^{-1}(\boldsymbol{\Phi})\boldsymbol{Y}(\boldsymbol{\Phi},\dot{\boldsymbol{\Phi}},\ddot{\boldsymbol{\Phi}})\tilde{\boldsymbol{\Psi}}\\&=\bar{\boldsymbol{A}}\boldsymbol{\varphi}+\bar{\boldsymbol{D}}\tilde{\boldsymbol{\Psi}}\end{aligned} \tag{8-123}$$

式中，$\bar{\boldsymbol{D}}=\bar{\boldsymbol{B}}\hat{\boldsymbol{M}}^{-1}(\boldsymbol{\Phi})\boldsymbol{Y}(\boldsymbol{\Phi},\dot{\boldsymbol{\Phi}},\ddot{\boldsymbol{\Phi}})$，$\bar{\boldsymbol{A}}$ 和 $\bar{\boldsymbol{B}}$ 仍如式（8-109），且对于取定的正定 $\boldsymbol{Q}_L$，可求得唯一的正定 $\boldsymbol{P}_L$，满足李亚普诺夫方程式（8-110）。自适应控制的核心在于 $\hat{\boldsymbol{\Psi}}$ 时变，即采用估计更新律

$$\dot{\hat{\boldsymbol{\Psi}}}=\boldsymbol{\Gamma}^{-1}\bar{\boldsymbol{D}}^{\mathrm{T}}\boldsymbol{P}_L\boldsymbol{\varphi} \tag{8-124}$$

式中，$\boldsymbol{\Gamma}$ 是设计者取定的合适维数正定矩阵。因 $\dot{\boldsymbol{\Psi}}=0$，由式（8-122）~式（8-124）得闭环系统模型

$$\begin{pmatrix}\dot{\boldsymbol{\varphi}}\\ \dot{\tilde{\boldsymbol{\Psi}}}\end{pmatrix}=\begin{pmatrix}\bar{\boldsymbol{A}} & \bar{\boldsymbol{D}}\\ -\boldsymbol{\Gamma}^{-1}\bar{\boldsymbol{D}}^{\mathrm{T}}\boldsymbol{P}_L & \boldsymbol{0}\end{pmatrix}\begin{pmatrix}\boldsymbol{\varphi}\\ \tilde{\boldsymbol{\Psi}}\end{pmatrix} \tag{8-125}$$

针对闭环系统构造正定的李亚普诺夫函数

$$V_L(\boldsymbol{\varphi},\tilde{\boldsymbol{\Psi}})=\boldsymbol{\varphi}^{\mathrm{T}}\boldsymbol{P}_L\boldsymbol{\varphi}+\tilde{\boldsymbol{\Psi}}^{\mathrm{T}}\boldsymbol{\Gamma}\tilde{\boldsymbol{\Psi}} \tag{8-126}$$

可以推导得到

$$\dot{V}_L(\boldsymbol{\varphi},\tilde{\boldsymbol{\Psi}})=-\boldsymbol{\varphi}^{\mathrm{T}}\boldsymbol{Q}_L\boldsymbol{\varphi} \tag{8-127}$$

显然，$\dot{V}_L(\boldsymbol{\varphi},\tilde{\boldsymbol{\Psi}})$ 半负定。对于正定矩阵 $\boldsymbol{Q}_L$，可以找到正数 ε，满足

$$\boldsymbol{Q}_L-\begin{pmatrix}\varepsilon\boldsymbol{I}_N & 0\\ 0 & 0\end{pmatrix}>0 \tag{8-128}$$

任对初始状态 $(\boldsymbol{\varphi}_{\mathrm{ini}}^{\mathrm{T}} \quad \tilde{\boldsymbol{\Psi}}_{\mathrm{ini}}^{\mathrm{T}})^{\mathrm{T}}$，闭环系统模型式（8-125）从该初始状态出发的状态轨迹

$$\begin{pmatrix}\boldsymbol{\varphi}(t)\\ \tilde{\boldsymbol{\Psi}}(t)\end{pmatrix},t\geqslant 0 \tag{8-129}$$

满足 $\boldsymbol{\varphi}(0)=\boldsymbol{\varphi}_{\mathrm{ini}}$ 和 $\tilde{\boldsymbol{\Psi}}(0)=\tilde{\boldsymbol{\Psi}}_{\mathrm{ini}}$。考察此状态轨迹上的李亚普诺夫函数 $V_L(\boldsymbol{\varphi}(t),\tilde{\boldsymbol{\Psi}}(t))$，有

$$\begin{aligned}\boldsymbol{\varphi}_{\mathrm{ini}}^{\mathrm{T}}\boldsymbol{P}_L\boldsymbol{\varphi}_{\mathrm{ini}}+\tilde{\boldsymbol{\Psi}}_{\mathrm{ini}}^{\mathrm{T}}\boldsymbol{\Gamma}\tilde{\boldsymbol{\Psi}}_{\mathrm{ini}}&\geqslant V_L(\boldsymbol{\varphi}(0),\tilde{\boldsymbol{\Psi}}(0))-V_L(\boldsymbol{\varphi}(t),\tilde{\boldsymbol{\Psi}}(t))\\&\geqslant-\int_0^t\dot{V}_L(\boldsymbol{\varphi}(\sigma),\tilde{\boldsymbol{\Psi}}(\sigma))\mathrm{d}\sigma\end{aligned}$$

$$\geqslant \int_0^t (\tilde{\boldsymbol{\Phi}}^{\mathrm{T}}(\sigma) \quad \dot{\tilde{\boldsymbol{\Phi}}}^{\mathrm{T}}(\sigma)) \boldsymbol{Q}_L \begin{pmatrix} \tilde{\boldsymbol{\Phi}}(\sigma) \\ \dot{\tilde{\boldsymbol{\Phi}}}(\sigma) \end{pmatrix} \mathrm{d}\sigma$$

$$\geqslant \int_0^t (\tilde{\boldsymbol{\Phi}}^{\mathrm{T}}(\sigma) \quad \dot{\tilde{\boldsymbol{\Phi}}}^{\mathrm{T}}(\sigma)) \begin{pmatrix} \varepsilon \boldsymbol{I}_N & 0 \\ 0 & 0 \end{pmatrix} \begin{pmatrix} \tilde{\boldsymbol{\Phi}}(\sigma) \\ \dot{\tilde{\boldsymbol{\Phi}}}(\sigma) \end{pmatrix} \mathrm{d}\sigma$$

$$\geqslant \varepsilon \int_0^t \tilde{\boldsymbol{\Phi}}^{\mathrm{T}}(\sigma) \tilde{\boldsymbol{\Phi}}(\sigma) \mathrm{d}\sigma \tag{8-130}$$

式（8-130）表明连续单增的 $\int_0^t \tilde{\boldsymbol{\Phi}}^{\mathrm{T}}(\sigma)\tilde{\boldsymbol{\Phi}}(\sigma)\mathrm{d}\sigma$ 有上界，于是极限 $\lim\limits_{t\to+\infty}\int_0^t \tilde{\boldsymbol{\Phi}}^{\mathrm{T}}(\sigma)\tilde{\boldsymbol{\Phi}}(\sigma)\mathrm{d}\sigma$ 存在，$\tilde{\boldsymbol{\Phi}}$ 二次方可积。式（8-130）还表明 $V_L(\boldsymbol{\varphi}(0),\tilde{\boldsymbol{\Psi}}(0))-V_L(\boldsymbol{\varphi}(t),\tilde{\boldsymbol{\Psi}}(t))\geqslant 0$，即

$$V_L(\boldsymbol{\varphi}(t),\tilde{\boldsymbol{\Psi}}(t))=\boldsymbol{\varphi}^{\mathrm{T}}(t)\boldsymbol{P}_L\boldsymbol{\varphi}(t)+\tilde{\boldsymbol{\Psi}}^{\mathrm{T}}(t)\boldsymbol{\Gamma}\tilde{\boldsymbol{\Psi}}(t) \tag{8-131}$$

有上界，进而 $\boldsymbol{\varphi}^{\mathrm{T}}(t)\boldsymbol{\varphi}(t)$ 和 $\tilde{\boldsymbol{\Psi}}^{\mathrm{T}}(t)\tilde{\boldsymbol{\Psi}}(t)$ 有上界。$\tilde{\boldsymbol{\Psi}}^{\mathrm{T}}(t)\tilde{\boldsymbol{\Psi}}(t)$ 有上界意味着 $\tilde{\boldsymbol{\Psi}}$ 有界。$\boldsymbol{\varphi}^{\mathrm{T}}(t)\boldsymbol{\varphi}(t)$ 有上界意味着 $\dot{\tilde{\boldsymbol{\Phi}}}$ 有界。最后，为证明 $\boldsymbol{\Phi}$ 对 $\boldsymbol{\Phi}_d$ 的渐近跟踪，需要运用芭芭拉引理，该引理指出：若 $[0,+\infty)$ 上二次方可积的函数 $f(t)$ 具有有界的导数，则 $\lim\limits_{t\to+\infty}f(t)=0$。显然，$\tilde{\boldsymbol{\Phi}}$ 满足芭芭拉引理的条件，因此 $\lim\limits_{t\to+\infty}\tilde{\boldsymbol{\Phi}}(t)=0$。综上，在机器人自适应控制下，$\boldsymbol{\Phi}$ 渐近跟踪 $\boldsymbol{\Phi}_d$，参数估计偏差 $\tilde{\boldsymbol{\Psi}}$ 是有界的。

习　题

8-1　系统的开环动力学方程是

$$\tau=m\ddot{\theta}+b\dot{\theta}^2+c\dot{\theta}+q\theta^2-k\theta$$

由下面的控制规律控制

$$\tau=m(\ddot{\theta}_d+k_v\dot{\theta}+k_P e)+\cos\theta+\mathrm{sin}e$$

式中，$e=\theta_d-\theta$，试给出表述系统闭环行为特征的微分方程。

8-2　考虑重力场中的一个单摆，$g=10\mathrm{m/s^2}$。单摆由 1 m 长的无质量杆与其端部重 2kg 的摆体组成。单摆关节处的粘性摩擦系数为 $b=0.1\mathrm{N\cdot m\cdot s/rad}$。

（1）写出单摆的运动方程，将其表示为 θ 的函数，其中 $\theta=0$ 对应于“垂直向下”位形；

（2）在稳定的“垂直向下”平衡点处，对运动方程进行线性化处理。为此，将任何关于 θ 的三角函数项替换为泰勒展开中的线性项。给出线性化动力学 $m\ddot{\theta}+b\dot{\theta}+k\theta=0$ 中的有效质量 m 和弹簧常数 k。在稳定平衡点处，阻尼比是多少？系统属于欠阻尼、临界阻尼或过阻尼中的哪种情形？

8-3　单旋转关节机器人的动力学方程为 $2\ddot{\theta}+\dot{\theta}+7\cos\theta-3\sin\theta=\tau$，其中，$\tau$ 和 θ 分别是关节力矩、关节角，设 θ 和 $\dot{\theta}$ 可测量获得，关节角的期望轨迹、轨迹一阶导数和轨迹二阶导数分别为 θ_d、$\dot{\theta}_d$ 和 $\ddot{\theta}_d$，试设计控制器实现轨迹渐近跟踪，使闭环极点均为 -10，并画出控制系统框图。

8-4　对于习题 8-3 的机器人，试设计控制器实现轨迹渐近跟踪，使得闭环系统为临界阻尼模式且自然频率等于 $\sqrt{10}$。

8-5　考虑图 8-16 中所示 RP 机械臂，关节 1 是转动关节，关节 2 是移动关节，假设每个连杆的质量都集中在连杆的末端，其质量分别为 m_1 和 m_2。

(1) 试推导该机械臂的动力学方程；

(2) 已知二阶可导的 $y_1(t)$ 和 $y_2(t)$ 分别是关节 1 和关节 2 的期望轨迹。试设计控制律使得：关节 1 的 2 个闭环极点均为 -1，关节 2 的 2 个闭环极点均为 -3。

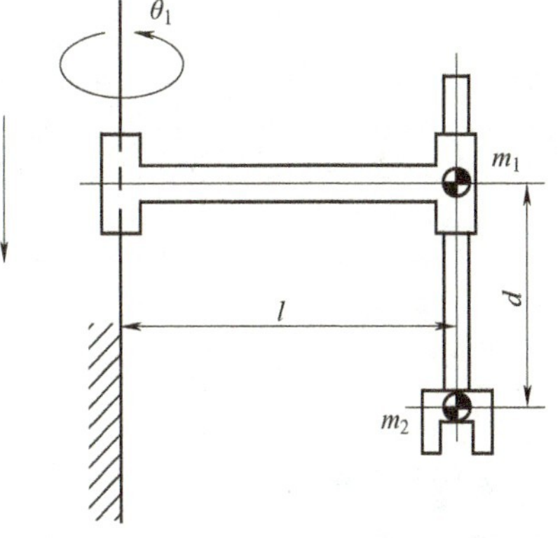

图 8-16　习题 8-5 示意图

8-6　为 $m\ddot{x}+b\dot{x}+kx=f$ 形式的单自由度质量-弹簧-阻尼系统开发一个控制器，其中 f 是控制力，$m=4\text{kg}$，$b=2\text{N}\cdot\text{s/m}$，$k=0.1\text{N/m}$。

(1) 不受控系统的阻尼比是多少？不受控系统处于过阻尼、欠阻尼或临界阻尼中的哪种？

(2) 选择一个 P 控制器 $f=k_P x_e$，其中 $x_e=x_d-x$ 为位置误差，$x_d=0$。k_P 为何值时能产生临界阻尼？

(3) 选择一个 D 控制器 $f=k_D\dot{x}_e$，其中 $\dot{x}_d=0$。k_D 何值能产生临界阻尼？

(4) 选择一个 PD 控制器 $f=k_P x_e+k_D\dot{x}_e$，k_P 和 k_D 分别按（2）和（3）取值，如果 $x_d=1$ 且 $\dot{x}_d=\ddot{x}_d=0$，那么当时间 t 趋于无穷大时，对应的稳态误差 $x_e(t)$ 是多少？

8-7　对于机器人动力学方程 $\boldsymbol{M}(\boldsymbol{\Phi})\ddot{\boldsymbol{\Phi}}+\boldsymbol{C}(\boldsymbol{\Phi},\dot{\boldsymbol{\Phi}})\dot{\boldsymbol{\Phi}}+\boldsymbol{G}(\boldsymbol{\Phi})=\boldsymbol{\tau}$，假设 $\boldsymbol{\Phi}_d=0$。证明控制规律

$$\boldsymbol{\tau}=-\boldsymbol{K}_P\boldsymbol{\Phi}-k_v\boldsymbol{M}(\boldsymbol{\Phi})\dot{\boldsymbol{\Phi}}+\boldsymbol{G}(\boldsymbol{\Phi})$$

得到的是渐近稳定的非线性系统，其中 $\boldsymbol{K}_P$ 是正定矩阵，k_v 是正实数。

8-8　两关节机器人的动力学模型为

$$\tau_1=(m_1l_1^2+I_{zz1}+I_{yy2}+m_2d_2^2)\ddot{\theta}_1+2m_2d_2\dot{\theta}_1\dot{d}_2+(m_1l_1+m_2d_2)g\cos\theta_1$$

$$\tau_2=m_2\ddot{d}_2-m_2d_2\dot{\theta}_1^2+m_2g\sin\theta_1$$

式中，θ_1 和 d_2 分别是关节 1 和关节 2 的关节变量；τ_1 和 τ_2 分别是关节 1 的力矩和关节 2 的力；其余是参数。设 $\boldsymbol{\Phi}=(\theta_1\quad d_2)^{\mathrm{T}}$，试完成机器人动力学参数的线性化，即求 $\boldsymbol{Y}(\boldsymbol{\Phi},\dot{\boldsymbol{\Phi}},\ddot{\boldsymbol{\Phi}})$ 和 $\boldsymbol{\Psi}$，使得

$$\begin{pmatrix}\tau_1\\ \tau_2\end{pmatrix}=\boldsymbol{Y}(\boldsymbol{\Phi},\dot{\boldsymbol{\Phi}},\ddot{\boldsymbol{\Phi}})\boldsymbol{\Psi}$$

8-9　试推导误差方程式（8-123）。

8-10　试验证式（8-127）中 $\dot{V}_L$ 的表达式。

第 9 章　机器人力控制

导　读

若机器人在作业运动中不需与环境接触（除基座外），采用位置控制就可以完成任务。而机器人在某些作业运动中需要与环境接触，如进行装配或擦窗作业的机器人要求末端执行器与环境接触，仅采用位置控制已经不适用，需要在控制中考虑接触力。本章主要讲述力位混合控制和阻抗控制，对导纳控制和关节力/力矩控制也做了简单介绍。

本章知识点

- 自然约束
- 人工约束
- 力位混合控制
- 阻抗控制
- 导纳控制
- 关节力/力矩控制

在自然界中，人和动物依靠柔顺性与环境进行交互。柔顺性让生物能够完成多种多样的任务，能够克服环境不确定性和运动误差的影响，也使得交互更加安全和鲁棒。在机器人领域，执行物料传输、焊接等简单任务时，机器人只需要沿着给定的轨迹运动，而几乎不需要与环境进行接触，此时利用前文介绍的位置控制方法就能完成任务。但是，随着机器人应用领域的不断拓展，在装配、打磨、去毛刺等较为复杂的任务中，机器人需要与周围的环境进行物理接触，需要顺应环境、对末端执行器受到的力做出响应，或在面对不确定的环境时改变预期的运动轨迹。例如，如果要用机器人清洗窗户，但是仅指定了期望轨迹，机器人很可能由于规划误差或位置控制的误差而与窗户表面脱离或在窗户上施加过大的压力。由于机器人的位置控制具有很高的增益，微小的位置误差就可能产生非常大的作用力并导致物理系统的损坏，因此在复杂任务中必须考虑引入力控制方法。

在力控制中，最简单的方法就是直接力控制，即通过实际测量力与期望力的差值来设计控制器。但在大多数情况下，机器人可以在某些方向上自由运动，而不受到环境力的作用。在抛光、打磨等任务中，机器人需要在特定方向上进行力控制，而在其他方向上进行位置控制。1981年，Raibert和Craig提出了力位混合控制方法来处理这类问题，当任务环境存在几何约束时，这是一种基本的控制原则，力位混合控制目前在工业机器人领域也有着广泛的应用。

而在一些更复杂的任务中，机器人与环境之间的动态交互不可忽略，此时单纯的力、位置或速度控制可能都难以取得很好的效果。针对这类问题，Hogan在1984年提出了阻抗控制方法，通过控制机器人与环境之间的动态关系使机器人具有一定的柔顺性。本章将分别对力位混合控制方法和阻抗控制方法进行介绍。

9.1 力位混合控制

9.1.1 坐标系和约束

力位混合控制（Hybrid Position/Force Control）是指当环境的几何约束已知时，可以在未约束的任务方向上控制位置、在约束的任务方向上控制力，来跟踪给定的目标位置轨迹和力轨迹，更好地与环境进行交互。

例如，在用铅笔在纸上绘画的场景中（见图9-1），为了画出字母“A”的形状，需要在控制笔末端轨迹的同时保持笔尖与纸面的接触。对于机器人而言，可以建立坐标系 $O\text{-}xyz$，其中 z 轴与纸面垂直，x、y 轴与纸面平行。根据日常经验可知，需要在坐标系 xy 轴方向上给出位置指令并进行轨迹跟踪，并在 z 轴方向指定施加的力以保持笔尖与纸面的接触。可以发现，水平方向上和竖直方向上的被控变量是不同的，前者为位置，后者为力（力矩）。在这样一个控制系统中，两种不同的控制回路被组合起来，共同对机器人的动作进行控制。

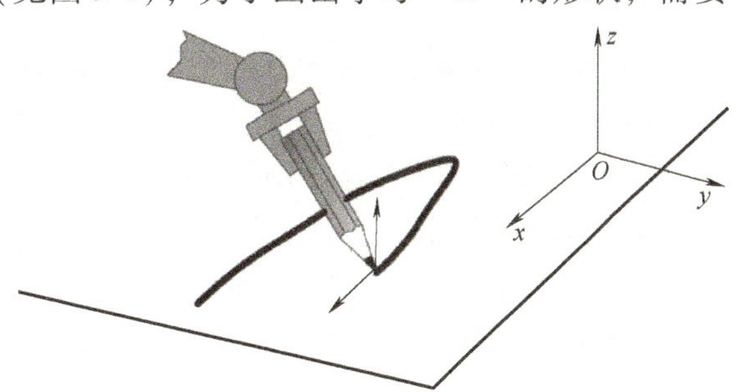

图9-1 机器人用铅笔在纸上画线

从上面的例子中可以看出，根据机器人系统受到的几何约束对控制回路进行划分是十分必要的，在一个特定方向上，可以根据约束的形式选择进行位置控制或力控制。但是当面对更加复杂的几何约束和多种多样的任务目标时，直觉式的控制模式匹配显然是不够的，因此需要一种通用的控制模式匹配办法，使得机器人能够在处理好几何约束的同时完成任务目标。

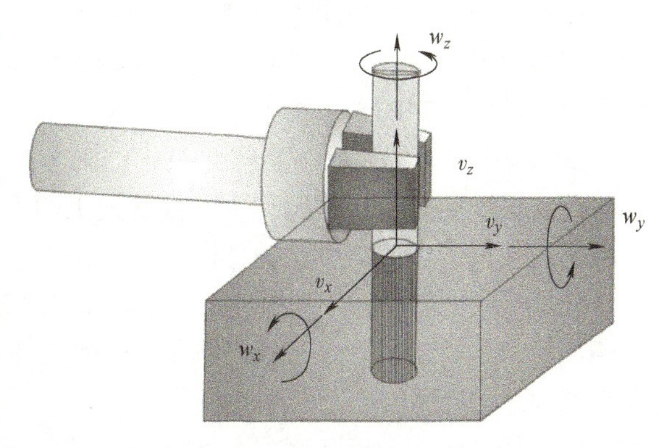

图9-2 将一个轴插入孔中

图9-2展示了一个典型轴孔装配任务，该任务需要用机械爪将轴插入孔中。假设轴在孔中沿着竖直方向滑动时不受摩擦力作用，且始终处于准静止状态下，因此轴受到的惯性力可以忽略不计。如图9-2所示，在工件底面建立坐标系 $O\text{-}xyz$，这个坐标系被

称为柔性坐标系（Compliance Frame），也被称为约束坐标系（Constraint Frame）。在这个任务中，需要为三个平移轴和三个旋转轴分别指定合适的控制模式，使得控制指令不会与几何约束发生冲突。

为了分析问题，首先对任务环境中的约束进行定义。由物理环境产生的约束被称为自然约束（Natural Constraints），由任务目标决定的约束被称为人工约束（Artificial Constraints），表 9-1 对这些约束进行了总结。

表 9-1　轴孔装配任务中的自然约束和人工约束

	运动学	静力学
自然约束	$v_x=0$ $v_y=0$ $\omega_x=0$ $\omega_y=0$	$f_z=0$ $\tau_z=0$
人工约束	$v_z<0$ $\omega_z=0$	$f_x=0$ $f_y=0$ $\tau_x=0$ $\tau_y=0$

在图 9-2 的任务中，由于几何约束，轴无法在 x 方向和 y 方向上运动，也不能绕 x 轴和 y 轴进行旋转，因此在这些方向上的线速度和角速度都应该为零，即 $v_x=0$，$v_y=0$，$\omega_x=0$，$\omega_y=0$。这些条件构成了运动学中的自然约束。而在 z 轴方向上，绕 z 轴的旋转和沿 z 轴平移的速度都可以任意指定，因此可以在这两个方向上使用位置控制。这两个方向上的参考输入由任务目标决定，为了将轴插入孔中，z 方向平移运动速度必须小于零，即 $v_z<0$；在装配过程中不需要绕 z 轴旋转，因此角速度保持为零，即 $\omega_z=0$。这些参考输入构成了运动学中的人工约束。

在力空间中，需要根据准静止条件确定各个方向的力和力矩，即轴不会受到任何非平衡力的作用。由于 z 轴方向不存在摩擦力，z 轴方向上的线性力始终为零，即 $f_z=0$。同样，绕着 z 轴的旋转没有受到约束，因此绕 z 轴的力矩始终为零，即 $\tau_z=0$。这些条件构成了静力学中的自然约束。其余四个旋转平移轴方向受到物理限制，可以施加任意大小的力和力矩，所以在这些方向上可以使用力控制。力控制的输入根据任务需求而定，轴孔装配不要求轴与孔面有作用力或力矩，因而力和力矩参考输入都为零，即 $f_x=0$，$f_y=0$，$\tau_x=0$，$\tau_y=0$。这些条件构成了静力学中的人工约束。

从表 9-1 中可以发现，自然约束中的轴方向和人工约束中的轴方向在静力学和运动学中都彼此正交。此外，自然运动学约束和人工静力学约束中的轴方向是相同的，而人工运动学约束和自然静力学约束中的轴方向也是相同的。

例 9-1　考虑图 9-3 中的任务，机器人末端执行器抓住把手来转动曲柄，而把手可以相对于曲柄自由转动，其余条件与图 9-2 中的轴孔装配任务相同。请给出该任务的自然约束和人工约束。

解　规定约束坐标系固连在曲柄上并随曲柄运动，x 方向总是指向曲柄的轴心。手柄具有两个自由度，分别为绕 z 轴的转动和绕曲柄轴的转动，因此在这两个方向上进行位置控制，期望速度可以为任意给定值：$v_y=\alpha_1$，$\omega_z=\alpha_2$。这两个条件构成了运动学中的人工约束。同时，机械爪不能在 x 和 z 方向进行平动，也不能绕 x 轴和 y 轴进行旋转，即 $\omega_x=\omega_y=v_x=v_z=0$，这些条件构成了运动学中的自然约束。

图 9-3　旋转曲柄

与之相对可以得到力约束，其中自然约束为 $f_y=n_z=0$，根据任务条件，可以给定人工约束为 $f_x=f_z=n_x=n_y=0$。

在上面的例子中可以看出，约束坐标系中的各个轴与各个控制模态的方向是一致的，因此这种关系非常容易得到。但是可以证明，无论该条件是否满足，这些正交特性始终是成立的。

考虑一般情况，用 $\mathbb{R}^6$ 表示六维向量空间，定义可行运动空间（Admissible Motion Space）为给定任务下满足几何约束的所有可行运动的集合，用 $V_a\subset\mathbb{R}^6$ 表示。定义约束空间 V_c 为可行运动空间 V_a 的正交补空间，即约束空间 V_c 中任意向量都与可行运动空间 V_a 中所有向量正交，有

$$V_c=V_a^{\perp} \tag{9-1}$$

用 $\boldsymbol{F}\in\mathbb{R}^6$ 表示机器人末端执行器受到的六维力向量，$\Delta\boldsymbol{p}\in\mathbb{R}^6$ 表征机器人末端的无穷小位移，那么末端执行器所做的功为

$$\Delta W=\boldsymbol{F}^{\mathrm{T}}\Delta\boldsymbol{p} \tag{9-2}$$

将力和运动进行分解，分解到可行运动空间和约束空间为

$$\begin{aligned}&\boldsymbol{F}=\boldsymbol{F}_a+\boldsymbol{F}_c,\boldsymbol{F}_a\in V_a,\boldsymbol{F}_c\in V_c\\&\Delta\boldsymbol{p}=\Delta\boldsymbol{p}_a+\Delta\boldsymbol{p}_c,\Delta\boldsymbol{p}_a\in V_a,\Delta\boldsymbol{p}_c\in V_c\end{aligned} \tag{9-3}$$

将式（9-3）代入式（9-2）中，得到

$$\begin{aligned}\Delta W&=(\boldsymbol{F}_a+\boldsymbol{F}_c)^{\mathrm{T}}(\Delta\boldsymbol{p}_a+\Delta\boldsymbol{p}_c)=\boldsymbol{F}_a^{\mathrm{T}}\Delta\boldsymbol{p}_a+\boldsymbol{F}_a^{\mathrm{T}}\Delta\boldsymbol{p}_c+\boldsymbol{F}_c^{\mathrm{T}}\Delta\boldsymbol{p}_a+\boldsymbol{F}_c^{\mathrm{T}}\Delta\boldsymbol{p}_c\\&=\boldsymbol{F}_a^{\mathrm{T}}\Delta\boldsymbol{p}_a+\boldsymbol{F}_c^{\mathrm{T}}\Delta\boldsymbol{p}_c\end{aligned} \tag{9-4}$$

根据正交补空间的定义，有 $\boldsymbol{F}_a\perp\Delta\boldsymbol{p}_c$，$\boldsymbol{F}_c\perp\Delta\boldsymbol{p}_a$，所以 $\boldsymbol{F}_a^{\mathrm{T}}\Delta\boldsymbol{p}_c=\boldsymbol{F}_c^{\mathrm{T}}\Delta\boldsymbol{p}_a=0$。虚位移是质点在给定位置，为约束所容许的任意无穷小位移。要使无穷小位移 $\Delta\boldsymbol{p}$ 为虚位移 $\delta\boldsymbol{p}$，则它在约束空间中的分量必须为零，即 $\Delta\boldsymbol{p}_c=0$。在此情况下 $\Delta\boldsymbol{p}_a=\delta\boldsymbol{p}_a$ 为虚位移，而式（9-4）退化为虚功。由于系统始终处于静态平衡状态，根据虚功原理可知，所有施加的外力与任意满足约束条件的虚位移乘积所得到的虚功总和为 0，即

$$\Delta W=\boldsymbol{F}_a^{\mathrm{T}}\delta\boldsymbol{p}_a=0,\ \forall\,\delta\boldsymbol{p}_a \tag{9-5}$$

对于任意满足约束的虚位移，式（9-5）都成立，所以可行运动空间的力恒为 0。由此可得静力学中的自然约束为

$$\boldsymbol{F}_a=0,\ \boldsymbol{F}_a\in V_a \tag{9-6}$$

在式（9-4）中，约束空间内的位移 $\Delta\boldsymbol{p}_c=0$，所以在约束空间内无论施加多大的力，静态平衡条件始终满足。这意味着为了实现特定的任务目标，可以在约束空间内施加任意大小的力和力矩。由此可得静力学中的人工约束为

$$\boldsymbol{F}_c \in V_c \text{ 可取任意值} \tag{9-7}$$

将无穷小的位移转换为速度，即可推出运动学中的自然约束和人工约束为

$$\dot{\boldsymbol{p}}_a \in V_a \text{ 可取任意值} \tag{9-8}$$

$$\dot{\boldsymbol{p}}_c = 0,\ \dot{\boldsymbol{p}}_c \in V_c$$

这些约束被称为梅森规则（Mason's Principle）。整理以上约束可得表 9-2。

表 9-2　力位混合控制中的梅森规则

	运动学	静力学
自然约束	$\dot{\boldsymbol{p}}_c = 0$，$\dot{\boldsymbol{p}}_c \in V_c$	$\boldsymbol{F}_a = 0$，$\boldsymbol{F}_a \in V_a$
人工约束	$\dot{\boldsymbol{p}}_a \in V_a$ 可取任意值	$\boldsymbol{F}_c \in V_c$ 可取任意值

根据上面的分析，可以在可行运动空间和约束空间中对静力学和运动学中的自然约束和人工约束进行表征，并且无论约束坐标系各坐标轴是否与控制模态的轴方向对齐，自然约束和人工约束在运动学和静力学上始终具有正交性，且静力学中人工约束对应的子空间与运动学中人工约束对应的子空间也彼此正交。因此，可以在这两个彼此正交的子空间内分别采取位置控制和力控制。

当任务较复杂时，运动空间无法简单地划分为可行运动空间和约束空间。例如，在拧螺钉时，可行运动方向包括了耦合的平移运动与旋转运动，此时利用梅森规则来划分子空间并匹配控制模式就会更加简洁高效。同时，应当注意到实际环境中接触面之间必然会存在摩擦力，环境的刚度也并非无穷大，因此力位混合控制的约束条件通常是对实际问题的简化，这种简化有助于对控制模态的划分。

9.1.2　力位混合控制器设计

根据梅森规则可以设计力位混合控制器，在满足物理约束条件的同时，能够实现任务的控制目标。具体控制系统框图如图 9-4 所示，上方的控制回路是位置控制环，其参考输入为运动学中的人工约束，并与传感器反馈中的实际位置信息相比较，得到误差值。下方的控制回路是力控制环，其参考输入为静力学中的人工约束，并与传感器反馈中的实际力和力矩信息比较，得到误差值。

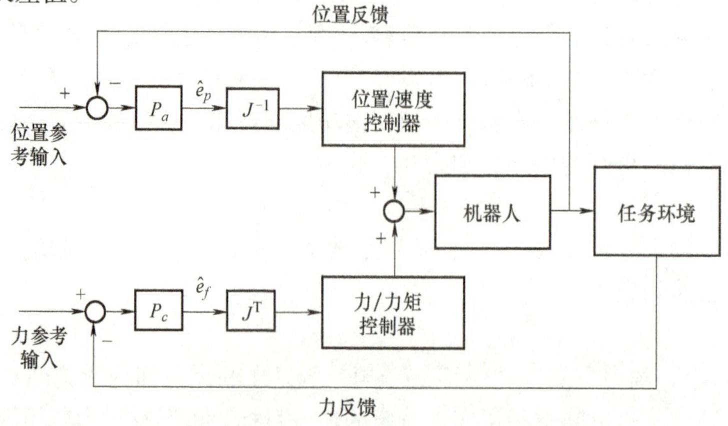

图 9-4　力位混合控制系统框图

在力位混合控制系统中，力约束和位置约束都是在约束坐标系下表示的，因此在控制回路中，反馈信号也需要在约束坐标系下进行描述。根据任务的形式，约束坐标系可以固定在环境中，或随机器人末端执行器一同移动。如果传感器反馈是精确无噪声的，且约束坐标系与实际控制模态完全一致，那么位置反馈信号应当完全处于可行运动空间中，而力反馈信号完全处于约束空间中。但是实际物理世界中，这两个条件往往难以满足，传感器的噪声无法避免，且由于任务环境的复杂性，约束坐标系各轴很难与实际控制模态中的轴方向对齐，因此位置反馈信号可能包含约束空间中的分量，力反馈信号也是同理。这与实际物理约束是矛盾的，所以这些信号不应该被反馈到位置和力控制器中。为了过滤这些冲突的信号，可以将反馈误差投影到位置控制和力控制各自对应的子空间中：位置误差 $\boldsymbol{e}_p$ 被投影到可行运动空间 V_a，力误差 $\boldsymbol{e}_f$ 被投影到约束空间 V_c。在框图中这些滤波器用投影矩阵 $\boldsymbol{P}_a$ 和 $\boldsymbol{P}_c$ 表示，即

$$\hat{\boldsymbol{e}}_p=\boldsymbol{P}_a\boldsymbol{e}_p,\ \hat{\boldsymbol{e}}_f=\boldsymbol{P}_c\boldsymbol{e}_f \tag{9-9}$$

当约束坐标系的各轴与位置和力控制回路中的方向一致时，投影矩阵应该是对角阵且仅包含 0、1 变量。

例 9-2　请给出轴孔装配任务中的投影矩阵。

根据前文的分析可知，末端执行器需要在沿 x、y 轴平动方向和绕 x、y 轴旋转方向使用力控制，在沿 z 轴平动方向和绕 z 轴旋转方向使用位置控制。因此可将投影矩阵表示为

$$\boldsymbol{P}_c=\mathrm{diag}(1\ 1\ 0\quad 1\ 1\ 0),\ \boldsymbol{P}_a=\mathrm{diag}(0\ 0\ 1\quad 0\ 0\ 1) \tag{9-10}$$

若约束坐标系的各轴与位置和力控制回路中的方向不对齐，投射矩阵就不是对角阵。

位置误差 $\hat{\boldsymbol{e}}_p$ 和力误差 $\hat{\boldsymbol{e}}_f$ 都表示在约束坐标系中，为了得到驱动器的控制信号，需要将误差信号进一步转换到关节空间中。假设位置误差较小，且机器人不处于奇异位形，则关节空间的位置误差反馈可表示为

$$\boldsymbol{e}_q=\boldsymbol{J}^{-1}\hat{\boldsymbol{e}}_p \tag{9-11}$$

式中，雅可比矩阵 $\boldsymbol{J}$ 是从关节空间运动速度到机器人末端速度的变换矩阵。关节空间的力反馈误差可表示为

$$\boldsymbol{e}_\tau=\boldsymbol{J}^{\mathrm{T}}\hat{\boldsymbol{e}}_f \tag{9-12}$$

之后，关节空间的误差信号经过动力学补偿，得到实际控制信号并作用在各个关节上，使得机器人能够实现任务目标。力位混合控制器中的位置控制器和力控制器可以独立设计，其中位置控制器常用 PD 控制器，通过引入微分能够实现更快的响应；而力控制器常用 PI 控制器，因为力控需要达到更小的稳态误差，而且力传感器的测量结果通常噪声较强，不适合做微分处理。

相比于普通的位置控制器或者力控制器，力位混合控制器能够在两个正交子空间中分别对位置和力进行跟踪，很好地解决了机器人与环境交互时出现的几何约束问题，且在平面运动任务中和环境刚度高时有较好的控制性能。但是力位混合控制也存在对环境先验知识依赖程度较高、鲁棒性较差等问题。

9.2　阻抗控制

9.2.1　阻抗控制策略

当机器人与环境进行交互时，通常需要同时使用力和位置信号。力位混合控制方法在两

个正交子空间上分别对力和位置进行控制，两个控制环路彼此分离。当机器人与环境之间的动态交互可以忽略，即机器人不对环境做功时，力位混合控制能够获得较好的控制效果。但在更多的情况下，交互过程往往都伴随着能量的转移，这时单一的位置、速度或力控制就不足以控制交互过程的能量流动。

针对这些问题，Hogan 在 1984 年提出了阻抗控制方法，希望通过设计控制器使交互力与机器人位置之间呈现出期望的关系，从而实现柔顺控制。在机器人应用中，这种关系通常可以表示为一个二阶系统，即质量-弹簧-阻尼系统。

下面通过简单的例子对阻抗控制的概念进行说明。如图 9-5a 所示，机器人要执行开门的任务，其末端执行器与门把手相连；而门把手受限于机械约束，只能在半径为 R 的圆上运动。在理想情况下，很容易给出末端执行器的期望轨迹，只需通过位置控制就能完成开门的动作；但在实际中，由于安装误差、传感器误差等原因，期望轨迹与机械约束形成的轨迹很可能存在微小的误差，此时通过位置控制的机器人会施加很大的力来试图克服环境的“干扰”，最终导致机器人或门板的损坏。

如果采用力位混合控制策略，可以在门把手处建立坐标系（见图 9-5b），在 y 方向给定期望的速度（位置控制），而在 x 方向使力恒为 0（力控制）。而阻抗控制的效果相当于用一个质量-弹簧-阻尼系统将末端执行器与门把手相连（见图 9-5c），可以想象，当机器人的位置产生偏移时，二阶系统的状态会发生变化，但最终能够达到稳态，且不会对机器人和门板造成损坏。

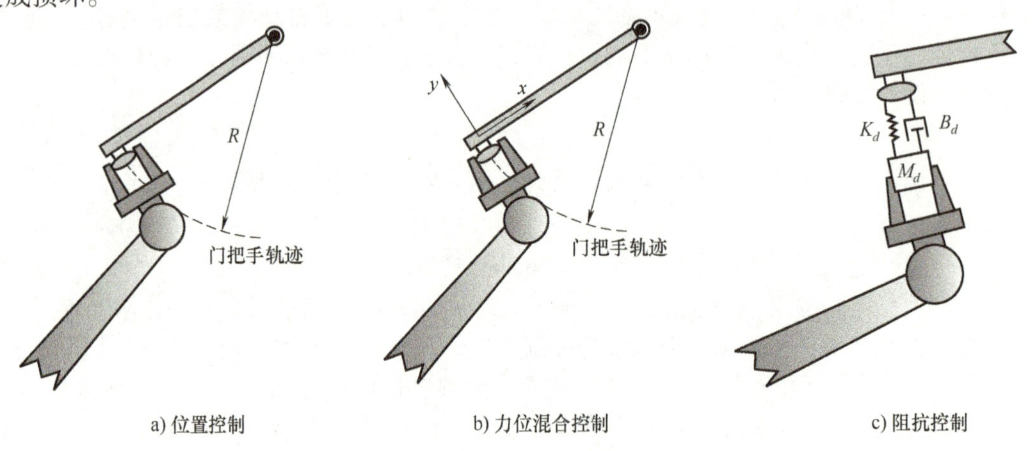

a) 位置控制　　b) 力位混合控制　　c) 阻抗控制

图 9-5　机械臂开门任务控制策略示意图

9.2.2　阻抗控制器

阻抗控制器调节任务空间中机器人动力学特性与其所受外力之间的关系，即所谓的“机械阻抗”（Mechanical Impedance）。机械阻抗的定义为复频域内作用力与速度的比值 $F(s)/\dot{X}(s)$，其倒数称为机械导纳（Mechanical Admittance）。

例 9-3　假设一个质量-弹簧-阻尼系统可以用以下微分方程描述：

$$M\ddot{x}+B\dot{x}+Kx=F \tag{9-13}$$

式中，x 为位移；F 为力；M、B、K 表示惯性项、阻尼项、弹性项。写出该系统的机械阻抗。

解　对式（9-13）两边取拉普拉斯变换（假设零状态响应），可得机械阻抗

$$Z(s)=\frac{F(s)}{V(s)}=Ms+B+\frac{K}{s} \tag{9-14}$$

机械阻抗是一个与频率相关的量，低频时的响应主要由弹性项（K）决定，而高频时的响应主要由惯性项（M）决定。

从机械阻抗的定义可知，理想的位置控制器对应着高阻抗，因为位置控制器将外力视为扰动，希望在外力干扰下维持运动状态（位置、速度）不变。理想的力控制器则对应着低阻抗，希望在运动干扰下维持交互力不变。从这一点来看，理想的位置控制器和力控制器可以看作阻抗控制在阻抗为无穷大或无穷小时的特例。而在实际中，机器人能够实现的阻抗范围是有限的。

考虑一个简单的一自由度系统：一个质量块与环境进行接触。记质量块的位移为 x，质量为 m，F_{ext}和 F 分别为环境施加的外力和控制力。质量块的运动方程为

$$m\ddot{x}=F+F_{ext} \tag{9-15}$$

若质量块的期望轨迹为 $x_d(t)$，令 $\tilde{x}(t)=x(t)-x_d(t)$ 表示运动的跟踪误差，则阻抗控制的目标可表示为

$$M_d\ddot{\tilde{x}}+B_d\dot{\tilde{x}}+K_d\tilde{x}=F_{ext} \tag{9-16}$$

式中，M_d、B_d、K_d 分别表示期望的惯量、阻尼和刚度，可以通过调整这些参数来调节质量块与环境接触时的机械阻抗。在控制律的作用下，当外力与质量块进行交互时，就像在推动一个质量-弹簧-阻尼系统一样，而系统的特性随着控制器参数的变化而改变。当三个参数中任意一个的值较大时，可以称为高阻抗；若三个参数都很小，则称为低阻抗。

阻抗控制可以分为两种形式：阻抗控制（Impedance Control）和导纳控制（Admittance Control），在一些文献中，这两种形式被称为基于力的阻抗控制和基于位置的阻抗控制。下面分别对这两种形式进行介绍。

（1）阻抗控制

在阻抗控制中，传感器测量当前位置与目标位置的偏差，并调整控制力的大小来达到预期的阻抗关系。将式（9-16）代入式（9-15）就能得到阻抗控制律为

$$F=m\ddot{x}_d+(m-M_d)\ddot{\tilde{x}}-(B_d\dot{\tilde{x}}+K_d\tilde{x}) \tag{9-17}$$

但是，式（9-17）中出现了跟踪误差的二阶导数，这可能会引入严重的测量噪声。如果能测量环境力，则可以修改控制律以消去二阶导数项，即

$$F=m\ddot{x}_d-\frac{m}{M_d}(B_d\dot{\tilde{x}}+K_d\tilde{x})+\left(\frac{m}{M_d}-1\right)F_{ext} \tag{9-18}$$

加入了环境力反馈的系统框图如图 9-6 所示。

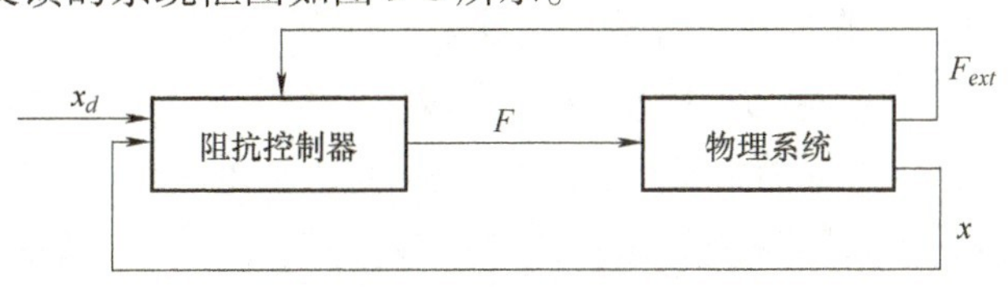

图 9-6　阻抗控制结构

上述过程中，控制器输入为运动信号，输出为力信号，因此控制器表现为机械阻抗；相应地，物理系统输入为力信号而输出为运动信号，表现出导纳的特性。因此这种控制方式通

常被称为阻抗控制。

（2）导纳控制

在导纳控制中，物理系统接收位置输入，表现出机械阻抗的特性；相应地，控制器可以被视为机械导纳，测量环境力并给出运动信号。

在本例中，导纳控制的框图可以用图 9-7 表示，由于质量块还是要由控制力驱动，环路包括一个外环的导纳控制器和一个内环的位置控制器。在导纳控制器中，环境力 F_{ext} 通过二阶导纳模型生成一个附加的运动信号，将预期的运动轨迹 x_d 变为新的运动轨迹 x_m，来达到式（9-16）中的控制目标。一种简单的方法是根据

$$M_d(\ddot{x}_m-\ddot{x}_d)+B_d\dot{\tilde{x}}+K_d\tilde{x}=F_{ext} \tag{9-19}$$

来计算所需的加速度，求解得到

$$\ddot{x}_m=\ddot{x}_d+\frac{1}{M_d}(F_{ext}-B_d\dot{\tilde{x}}-K_d\tilde{x}) \tag{9-20}$$

再对所求得的加速度做两次积分，得到新的运动轨迹并送入位置控制环，来完成最终的控制。

可以发现，当环境力 $F_{ext}=0$ 时有 $(x_m-x_d)\rightarrow 0$，只通过位置控制对期望轨迹进行跟踪。当环境力不为零时，能否实现期望的阻抗关系取决于内环位置控制的精度。

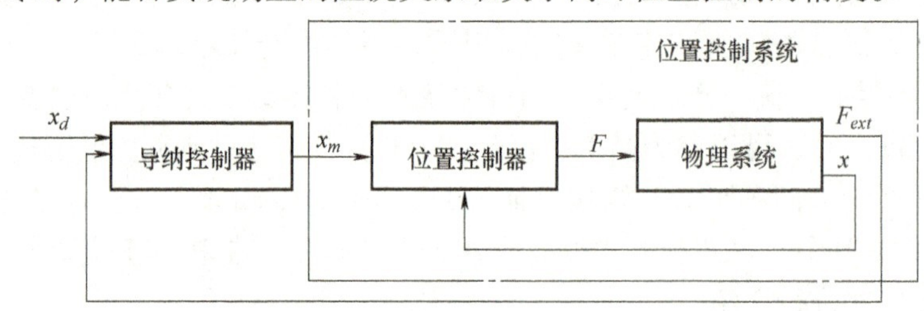

图 9-7　导纳控制结构

9.2.3　机器人阻抗控制

在应用中，希望通过阻抗控制使机器人呈现质量-弹簧-阻尼系统的动态特性，这种特性可以表现在关节轴空间，也可以表现在机器人末端笛卡儿空间中。因为大多数场景下关注的都是机器人末端执行器与环境的交互，因此笛卡儿空间的阻抗控制更加常用。

（1）笛卡儿空间阻抗控制

阻抗控制输出的是关节力矩信号，因此需要对系统进行动力学建模。回顾拉格朗日建模方法，当存在环境力时，关节空间动力学模型可以表示为

$$\boldsymbol{M}(\boldsymbol{\Phi})\ddot{\boldsymbol{\Phi}}+\boldsymbol{V}(\boldsymbol{\Phi},\dot{\boldsymbol{\Phi}})+\boldsymbol{G}(\boldsymbol{\Phi})=\boldsymbol{\tau}+\boldsymbol{J}^{\mathrm{T}}(\boldsymbol{\Phi})\boldsymbol{F} \tag{9-21}$$

式中，$\boldsymbol{\tau}$ 是关节驱动器输出的关节力矩向量；$\boldsymbol{\Phi}$ 是关节角向量；$\boldsymbol{J}^{\mathrm{T}}(\boldsymbol{\Phi})\boldsymbol{F}$ 是由于末端执行器与环境接触而引起的关节负荷力/力矩向量；$\boldsymbol{M}(\boldsymbol{\Phi})$ 是惯性矩阵；$\boldsymbol{V}(\boldsymbol{\Phi},\dot{\boldsymbol{\Phi}})=\boldsymbol{C}(\boldsymbol{\Phi},\dot{\boldsymbol{\Phi}})\dot{\boldsymbol{\Phi}}+\boldsymbol{B}\dot{\boldsymbol{\Phi}}$ 是与科里奥利力、离心力和摩擦力有关的向量；$\boldsymbol{G}(\boldsymbol{\Phi})$ 是重力向量。此处不考虑关节摩擦力的影响，即 $\boldsymbol{B}=\boldsymbol{0}$。

如果使用分析雅可比矩阵，则式（9-21）可以表示为

$$\boldsymbol{M}(\boldsymbol{\Phi})\ddot{\boldsymbol{\Phi}}+\boldsymbol{V}(\boldsymbol{\Phi},\dot{\boldsymbol{\Phi}})+\boldsymbol{G}(\boldsymbol{\Phi})=\boldsymbol{\tau}+\boldsymbol{J}_a^{\mathrm{T}}(\boldsymbol{\Phi})\boldsymbol{F}_a \tag{9-22}$$

式中，$\boldsymbol{F}_a=\boldsymbol{T}_a^{-\mathrm{T}}\boldsymbol{F}$ 表示对 $\dot{\boldsymbol{X}}$ 做功的广义力；$\boldsymbol{T}_a^{\mathrm{T}}$ 为分析雅可比矩阵与几何雅可比矩阵之间的转换矩阵（详见 5.6.3 节）。

在笛卡儿空间阻抗控制中，希望保持机器人末端执行器的位移与环境力之间的关系，因此需要建立笛卡儿空间的动力学模型，即

$$\boldsymbol{M}_X(\boldsymbol{\Phi})\ddot{\boldsymbol{X}}+\boldsymbol{V}_X(\boldsymbol{\Phi},\dot{\boldsymbol{\Phi}})+\boldsymbol{G}_X(\boldsymbol{\Phi})=\boldsymbol{J}_a^{-\mathrm{T}}(\boldsymbol{\Phi})\boldsymbol{\tau}+\boldsymbol{F}_a \tag{9-23}$$

式中，$\boldsymbol{X}$ 为末端执行器位姿的一个最小表示，可通过正运动学及具体最小表示的公式由 $\boldsymbol{\Phi}$ 计算 $\boldsymbol{X}$；$\boldsymbol{M}_X$、$\boldsymbol{V}_X$、$\boldsymbol{G}_X$ 分别与 $\boldsymbol{M}$、$\boldsymbol{V}$、$\boldsymbol{G}$ 矩阵对应，具体对应关系为

$$\begin{aligned}&\boldsymbol{M}_X(\boldsymbol{\Phi})=\boldsymbol{J}_a^{-\mathrm{T}}(\boldsymbol{\Phi})\boldsymbol{M}(\boldsymbol{\Phi})\boldsymbol{J}_a^{-1}(\boldsymbol{\Phi})=(\boldsymbol{J}_a(\boldsymbol{\Phi})\boldsymbol{M}^{-1}(\boldsymbol{\Phi})\boldsymbol{J}_a^{\mathrm{T}}(\boldsymbol{\Phi}))^{-1}\\&\boldsymbol{V}_X(\boldsymbol{\Phi},\dot{\boldsymbol{\Phi}})=\boldsymbol{J}_a^{-\mathrm{T}}(\boldsymbol{\Phi})\boldsymbol{V}(\boldsymbol{\Phi},\dot{\boldsymbol{\Phi}})-\boldsymbol{M}_X(\boldsymbol{\Phi})\dot{\boldsymbol{J}}_a(\boldsymbol{\Phi})\dot{\boldsymbol{\Phi}}\\&\boldsymbol{G}_X(\boldsymbol{\Phi})=\boldsymbol{J}_a^{-\mathrm{T}}(\boldsymbol{\Phi})\boldsymbol{G}(\boldsymbol{\Phi})\end{aligned} \tag{9-24}$$

使用内环/外环控制架构设计阻抗控制律。内环控制器实现笛卡儿空间的反馈线性化，令

$$\boldsymbol{\tau}=\boldsymbol{J}_a^{\mathrm{T}}(\boldsymbol{\Phi})(\boldsymbol{M}_X(\boldsymbol{\Phi})\boldsymbol{a}_d+\boldsymbol{V}_X(\boldsymbol{\Phi},\dot{\boldsymbol{\Phi}})+\boldsymbol{G}_X(\boldsymbol{\Phi})-\boldsymbol{F}_a) \tag{9-25}$$

将式（9-25）代入动力学方程后，得到的闭环系统是笛卡儿空间中的一个双积分系统，即

$$\ddot{\boldsymbol{X}}=\boldsymbol{a}_d \tag{9-26}$$

外环控制律可用于实现阻抗特性。令末端期望运动轨迹为 $\boldsymbol{X}_d(t)$，$\boldsymbol{M}_d$、$\boldsymbol{B}_d$、$\boldsymbol{K}_d$ 分别表示期望惯量、阻尼和刚度矩阵，$\tilde{\boldsymbol{X}}(t)=\boldsymbol{X}(t)-\boldsymbol{X}_d(t)$ 表示跟踪误差，则期望的阻抗关系为

$$\boldsymbol{M}_d\ddot{\tilde{\boldsymbol{X}}}+\boldsymbol{B}_d\dot{\tilde{\boldsymbol{X}}}+\boldsymbol{K}_d\tilde{\boldsymbol{X}}=\boldsymbol{F}_a \tag{9-27}$$

取外环控制律为 $\boldsymbol{a}_d=\ddot{\boldsymbol{X}}_d+\boldsymbol{M}_d^{-1}(-\boldsymbol{B}_d\dot{\tilde{\boldsymbol{X}}}-\boldsymbol{K}_d\tilde{\boldsymbol{X}}+\boldsymbol{F}_a)$ 即可。为了将各个分量解耦，通常将期望惯量、阻尼和刚度矩阵都取为对角阵。

综合式（9-23）~式（9-27）可以得到关节空间控制律为

$$\begin{aligned}\boldsymbol{\tau}=&\boldsymbol{M}(\boldsymbol{\Phi})\boldsymbol{J}_a^{-1}(\boldsymbol{\Phi})(\ddot{\boldsymbol{X}}_d-\dot{\boldsymbol{J}}_a(\boldsymbol{\Phi})\dot{\boldsymbol{\Phi}}+\boldsymbol{M}_d^{-1}(-\boldsymbol{B}_d\dot{\tilde{\boldsymbol{X}}}-\boldsymbol{K}_d\tilde{\boldsymbol{X}}))+\\&\boldsymbol{V}(\boldsymbol{\Phi},\dot{\boldsymbol{\Phi}})+\boldsymbol{G}(\boldsymbol{\Phi})+\boldsymbol{J}_a^{\mathrm{T}}(\boldsymbol{\Phi})[\boldsymbol{M}_X(\boldsymbol{\Phi})\boldsymbol{M}_d^{-1}-\boldsymbol{I}]\boldsymbol{F}_a\end{aligned} \tag{9-28}$$

在实际应用中，需要根据任务情况选取期望末端轨迹。例如，在打磨、抛光等任务中，期望轨迹 $\boldsymbol{X}_d(t)$ 会略微设定在环境表面之内，使末端执行器与环境保持接触。而在一些人机交互任务中，$\boldsymbol{X}_d(t)$ 是一个常量，用于设定机器人在自由空间中的静息位置。

在阻抗参数矩阵中，$\boldsymbol{K}_d$ 反映末端执行器的刚度大小，决定了执行器与环境接触时是呈现刚性还是柔性，这也是主要需要调节的控制器参数。如果期望轨迹为恒定值，当系统达到稳态时，由于误差的导数都为 0，$\boldsymbol{K}_d$ 决定了机器人与环境接触力的大小。阻尼参数 $\boldsymbol{B}_d$ 的变化一般不影响稳态响应，但可以用来调节机器人与环境交互的动态过程。增大 $\boldsymbol{B}_d$ 会使力响应的超调减小，交互力的峰值显著下降，但过大的阻尼会使力响应过程变慢，在机器人的拖动中也会增加阻尼感。惯性参数 $\boldsymbol{M}_d$ 一般不需要进行调节，但需要根据实际情况适当选取。

由于系统的硬件结构、反馈信号、工作空间等不同，阻抗控制器有许多不同的构造方式。如果机器人不具备末端力/力矩传感器，而是依靠准确的关节输出力矩来表现出设定的阻抗特性，则可将期望的惯量矩阵取为机器人的笛卡儿惯量矩阵，即

$$\boldsymbol{M}_d=\boldsymbol{M}_X(\boldsymbol{\Phi})=\boldsymbol{J}_a^{-\mathrm{T}}(\boldsymbol{\Phi})\boldsymbol{M}(\boldsymbol{\Phi})\boldsymbol{J}_a^{-1}(\boldsymbol{\Phi})=(\boldsymbol{J}_a(\boldsymbol{\Phi})\boldsymbol{M}^{-1}(\boldsymbol{\Phi})\boldsymbol{J}_a^{\mathrm{T}}(\boldsymbol{\Phi}))^{-1} \tag{9-29}$$

此时关节控制律变为

$$\boldsymbol{\tau}=\boldsymbol{M}(\boldsymbol{\Phi})\boldsymbol{J}_a^{-1}(\boldsymbol{\Phi})(\ddot{\boldsymbol{X}}_d-\dot{\boldsymbol{J}}_a(\boldsymbol{\Phi})\dot{\boldsymbol{\Phi}})+\boldsymbol{V}(\boldsymbol{\Phi},\dot{\boldsymbol{\Phi}})+\boldsymbol{G}(\boldsymbol{\Phi})+\boldsymbol{J}_a^{\mathrm{T}}(\boldsymbol{\Phi})(-\boldsymbol{B}_d\dot{\tilde{\boldsymbol{X}}}-\boldsymbol{K}_d\tilde{\boldsymbol{X}}) \tag{9-30}$$

其中不包括力反馈项。但是，此时的阻抗模型为非线性时变模型，不能表示实际的物理模型。

机器人阻抗控制的框图如图 9-8 所示。

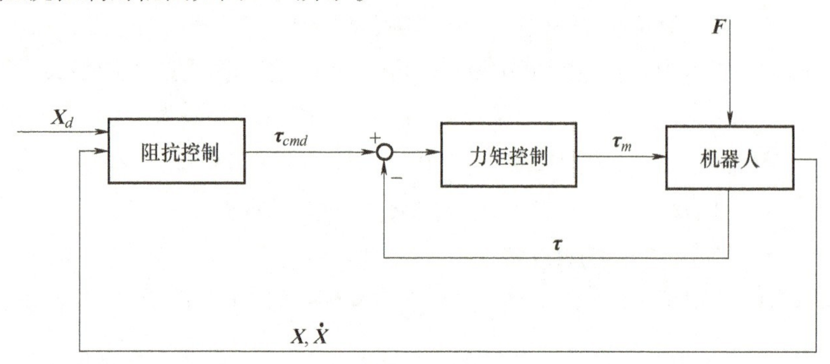

图 9-8 机器人阻抗控制

阻抗控制需要控制每个关节的输出力矩，因此一般只有具备关节力矩传感器的机器人或无减速器的直驱机器人才有能力进行阻抗控制。从稳定性的角度分析，阻抗控制一般要求选取比较小的刚度和阻尼，因此在接触刚度较高的环境时有比较好的性能表现；但是，阻抗控制没有位置闭环，因此与环境无接触时轨迹跟踪的精度依赖于动力学模型的精度，如果模型不够准确就会导致运动误差。

（2）笛卡儿空间导纳控制

导纳控制输出的是笛卡儿空间位置信号，而机器人通常都有位置控制模式，同时，导纳控制不需要建立机器人的动力学模型，因此在传统的工业机器人系统中比较容易实现。但是，导纳控制要求机器人能够测量环境力，这种测量通常用末端的六维力传感器实现，因此需要机器人有较好的硬件配置。机器人导纳控制的框图如图 9-9 所示，相比上一节中一自由度的情况需要增加逆运动学解算环节，将笛卡儿空间坐标映射到关节空间。

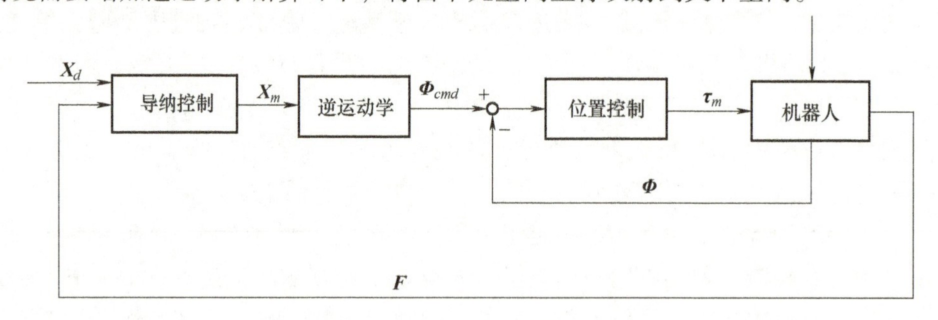

图 9-9 机器人导纳控制

位置控制环通常具有较高的增益，从稳定性的角度分析，在选取阻抗参数时需要设置较大的刚度和阻尼（应当大于环境的刚度），因此导纳控制在无接触时有较高的位置控制精度，而在环境刚度较大时可能会出现振荡现象。

从控制器的结构可以发现，阻抗控制方法属于隐式力控制（Implicit Force Control）方法，期望阻抗关系只用于保持力和位置之间的关系，而不指定具体的接触力大小，这使得阻抗控制无法用于跟踪特定的力轨迹，但在打磨等任务中通常希望机器人与环境之间的接触力保持恒定。同时，阻抗控制并不能直接限制接触力的大小，如果参考轨迹、末端阻抗等参数设置不合理，就可能造成物理系统的损坏。这些问题限制了阻抗控制的应用场景，因此也有许多研究希望解决阻抗控制的力跟踪问题。

如果想要跟踪接触力向量 $\boldsymbol{F}_r$，需要将期望阻抗模型中的接触力替换为接触力误差 $\boldsymbol{F}_e=\boldsymbol{F}_r-\boldsymbol{F}$。新的阻抗关系可以表示为

$$\boldsymbol{M}_d\ddot{\tilde{\boldsymbol{X}}}+\boldsymbol{B}_d\dot{\tilde{\boldsymbol{X}}}+\boldsymbol{K}_d\tilde{\boldsymbol{X}}=\boldsymbol{F}_e \tag{9-31}$$

力的跟踪涉及两个方面：机器人和环境。在许多场景中，可以用线性弹簧对环境进行建模，即 $\boldsymbol{F}=\boldsymbol{K}_e(\boldsymbol{X}-\boldsymbol{X}_e)$，其中 $\boldsymbol{X}\geqslant\boldsymbol{X}_e$。$\boldsymbol{K}_e$ 表示环境以及末端力/力矩传感器的等效刚度矩阵，$\boldsymbol{X}_e$ 为未发生形变的环境表面位置。

考虑到实际的应用场景，$\boldsymbol{F}_r$ 一般为定值，且许多任务中只需要在某个特定方向保持恒定的接触力，因此在下面的分析中将向量表达 $\boldsymbol{X}$ 和 $\boldsymbol{F}_e$ 简化为标量的表达 x 和 e，x 为 $\boldsymbol{X}$ 中的任意分量。同时，由于要跟踪的力的恒定性，不妨假设该方向上的参考位置也是定值，即 $\dot{x}_d=\ddot{x}_d=0$。可将笛卡儿空间中一个方向的阻抗动力关系表示为

$$m\ddot{x}+b\dot{x}+k(x-x_d)=e \tag{9-32}$$

从环境模型中可以推出

$$x=\frac{1}{k_e}f+x_e=\frac{1}{k_e}(f_r-e)+x_e \tag{9-33}$$

代入阻抗关系可以得到

$$m\ddot{e}+b\dot{e}+(k+k_e)e=kf_r-k_ek(x_d-x_e) \tag{9-34}$$

由于 f_r 为定值，其导数项都为 0。

当系统达到稳态时，稳态误差为

$$e_{ss}=\frac{k}{k+k_e}[f_r+k_e(x_e-x_d)]=k_{eq}\left(\frac{f_r}{k_e}+x_e-x_d\right) \tag{9-35}$$

式中，$k_{eq}=\left(\frac{1}{k}+\frac{1}{k_e}\right)^{-1}=\frac{kk_e}{k+k_e}$为环境与预期阻抗的等效刚度。从式（9-35）中可以发现，稳态误差与参考力 f_r 和参考位置 x_d 都有关。如果能够设定参考位置为

$$x_d=x_e+\frac{f_r}{k_e} \tag{9-36}$$

就恰好能消除稳态误差，即

$$e_{ss}=k_{eq}\left[\frac{f_r}{k_e}+x_e-\left(x_e+\frac{f_r}{k_e}\right)\right]=0 \tag{9-37}$$

但是，环境的准确参数通常都是难以获得的，因此还需要在阻抗控制器的外部设计一个外环控制器（如自适应控制器）来调节参考位置，使得接触力最终能够达到给定的参考值。具体的控制器设计方法此处不再展开，读者可以查阅相关的参考文献。

9.3　关节力/力矩控制

在力交互控制的方法中，力传感器扮演着十分重要的角色。在力位混合控制中，在力控

制的方向直接依赖力传感器的反馈，而阻抗控制则需要准确的关节输出力矩来表现期望的阻抗特性。

根据力传感器在机器人中的位置可对其进行分类，常见的有末端力传感器和关节力传感器。末端力传感器安装在末端执行器与机器人之间，测量笛卡儿空间的六维力/力矩信号。末端力传感器发展相对较为成熟，一般采用基于应变片的测量方法，测量精度较高，因此目前在工业中的应用比较广泛，但价格较为昂贵，也不能感知轴空间内的力。如果要对关节的输出力矩进行控制，就需要用到关节力矩传感器以及相应的控制方法，本节将对常见的方法进行介绍。

9.3.1 电流环控制

在使用直驱电机或减速比很小的情况下，关节力矩与电流之间基本成正比关系 $\tau=k_TI$，因此可以通过控制电流对输出力矩进行控制。在收到指定的力矩信号后，内部的电流传感器对实际电流进行反馈，并调节电机电压来输出期望的电流。在实际使用中，还需要考虑摩擦力补偿等来提高控制精度。

这种测量方式实现简单且成本较低，但是只适用于减速比很小的情况，当电机串联复杂减速箱等环节时，摩擦力的建模难度会大大增加，同时齿轮存在空程的问题，系统中将存在较大的模型不确定性，仅通过电流环很难准确地控制输出力矩。而直驱电机想要输出足够的力矩往往需要做成很大的尺寸，因此这种方案在实际中并不常用。目前使用电流环力矩控制的代表案例是 UR（Universal Robot）机器人。

9.3.2 应变片式力矩传感器

在带有减速器的电机中，一种常见的方案是使用谐波减速器。谐波减速器具有较高的减速比，且能够基本消除空程的问题。在使用谐波减速器时，一般会在输出端设计弹性体，这样可以通过弹性体的形变测量扭矩，也能够保护减速箱。通过在弹性体上安装应变片的方式，可以对减速箱输出端的力矩进行测量，并经过反馈回路对电机电流进行调节，来产生期望的力矩。

这种测量方式测量精度较高，但工艺比较复杂、成本较高，而且存在温漂、零漂等问题。同时，增加的弹性体也会使机器人的动力学变得更加复杂，增加了高速运动时的控制难度。使用应变片式力矩传感器的代表案例是 KUKA iiwa 机器人。

9.3.3 串联弹性驱动器

串联弹性驱动器（Series Elastic Actuator，SEA）同样包括电机、减速箱（通常为谐波减速器）和输出端的弹性体，但弹性体的刚度远小于使用应变片的情况。这时弹性体的形变相对比较明显，可以用光学、电磁或电容等传感器测量弹性体的扭转 $\Delta\phi$，而驱动器输出力矩为 $k_\phi\Delta\phi$，其中 k_ϕ 是弹性体的刚度系数。与之前类似，实际输出力矩通过反馈控制器调节电机电流，产生期望的力矩。

SEA 中的弹性体柔性较强，因此适用于人-机器人交互的任务；但这种结构同样会使得关节构型更加复杂，而弹性体也增加了高频和高速运动的控制难度。

习　题

9-1　已知

$$
{}_B^A\boldsymbol{T}=\begin{pmatrix}0.500 & -0.866 & 0.000 & 5.0\\ 0.866 & 0.500 & 0.000 & 0\\ 0.000 & 0.000 & 1.000 & 10.0\\ 0 & 0 & 0 & 1\end{pmatrix}
$$

如果坐标系{A}原点处的力-力矩矢量为

$$
{}^A\boldsymbol{F}=\begin{pmatrix}4.0\\ 0.0\\ 5.0\\ 0.0\\ 3.0\\ 0.0\end{pmatrix}
$$

求相对于坐标系{B}原点处的 6×1 力-力矩矢量${}^B\boldsymbol{F}$。

9-2　一个盒子的顶盖与盒身由铰链连接，给出打开盒子这一任务的自然约束和人工约束，并画出相应的约束坐标系。

9-3　推导机械臂阻抗控制器的关节空间控制律。

9-4 （1）在图 9-10a 所示的任务中，机械臂末端执行器抓住一个圆柱，在无摩擦的刚性平面上沿着期望的路径运动，运动速率恒为 v_0，圆柱底面与平面保持完全接触且运动过程中圆柱相对世界坐标系的姿态不变。定义该任务的约束坐标系以及相应的自然约束和人工约束。

（2）如图 9-10b 所示，如果使用 3 自由度笛卡儿机械臂完成该任务，则上述人工约束中的哪些会自动满足？3 自由度笛卡儿机械臂关节轴线分别沿 $\hat{\boldsymbol{Z}}$、$\hat{\boldsymbol{Y}}$ 和 $\hat{\boldsymbol{X}}$ 方向，末端连杆与 $\hat{\boldsymbol{Y}}$ 轴平行，且与刚性平面垂直。

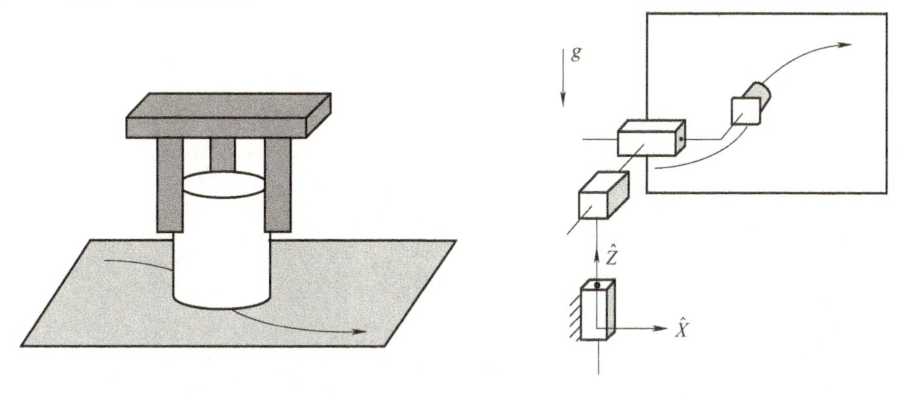

a) 机械臂末端执行器的任务　　b) 3自由度笛卡儿机械臂作业

图 9-10　习题 9-4 示意图

（3）设计力位混合控制器，使机械臂能在任一自由度上实现位置控制或力控制（画出控制框图即可）。画出用该控制器完成（1）中任务时的约束坐标系，并写出相应的控制方式选择矩阵。

9-5　考虑图 9-11 中的 2 自由度笛卡儿机械臂，机械臂在竖直平面(x,y)中运动并与环境接触，环境接触力为F，两根连杆的质量分别为m_1和m_2，长度分别为d_1和d_2。机械臂上没有力/力矩传感器。试设计阻抗控制器，使得两个互相解耦的方向x和y上，位置跟踪误差与环境接触力的传递函数有两组相同的重叠负实根$-\lambda$。

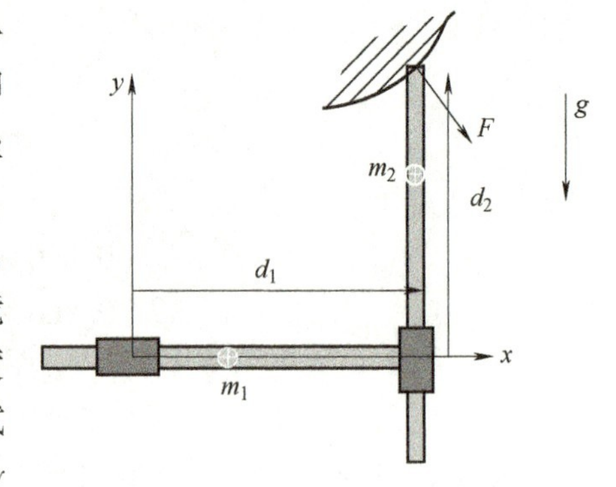

图 9-11　习题 9-5 示意图

附　录

附录 A　欧拉角和固定角的旋转矩阵公式

12 种欧拉角的旋转矩阵：

$$
\boldsymbol{R}_{x'y'z'}(\alpha,\beta,\gamma)=\begin{pmatrix} \cos\beta\cos\gamma & -\cos\beta\sin\gamma & \sin\beta \\ \sin\alpha\sin\beta\cos\gamma+\cos\alpha\sin\gamma & -\sin\alpha\sin\beta\sin\gamma+\cos\alpha\cos\gamma & -\sin\alpha\cos\beta \\ -\cos\alpha\sin\beta\cos\gamma+\sin\alpha\sin\gamma & \cos\alpha\sin\beta\sin\gamma+\sin\alpha\cos\gamma & \cos\alpha\cos\beta \end{pmatrix}
$$

$$
\boldsymbol{R}_{x'z'y'}(\alpha,\beta,\gamma)=\begin{pmatrix} \cos\beta\cos\gamma & -\sin\beta & \cos\beta\sin\gamma \\ \cos\alpha\sin\beta\cos\gamma+\sin\alpha\sin\gamma & \cos\alpha\cos\beta & \cos\alpha\sin\beta\sin\gamma-\sin\alpha\cos\gamma \\ \sin\alpha\sin\beta\cos\gamma-\cos\alpha\sin\gamma & \sin\alpha\cos\beta & \sin\alpha\sin\beta\sin\gamma+\cos\alpha\cos\gamma \end{pmatrix}
$$

$$
\boldsymbol{R}_{y'x'z'}(\alpha,\beta,\gamma)=\begin{pmatrix} \sin\alpha\sin\beta\sin\gamma+\cos\alpha\cos\gamma & \sin\alpha\sin\beta\cos\gamma-\cos\alpha\sin\gamma & \sin\alpha\cos\beta \\ \cos\beta\sin\gamma & \cos\beta\cos\gamma & -\sin\beta \\ \cos\alpha\sin\beta\sin\gamma-\sin\alpha\cos\gamma & \cos\alpha\sin\beta\cos\gamma+\sin\alpha\sin\gamma & \cos\alpha\cos\beta \end{pmatrix}
$$

$$
\boldsymbol{R}_{y'z'x'}(\alpha,\beta,\gamma)=\begin{pmatrix} \cos\alpha\cos\beta & -\cos\alpha\sin\beta\cos\gamma+\sin\alpha\sin\gamma & \cos\alpha\sin\beta\sin\gamma+\sin\alpha\cos\gamma \\ \sin\beta & \cos\beta\cos\gamma & -\cos\beta\sin\gamma \\ -\sin\alpha\cos\beta & \sin\alpha\sin\beta\cos\gamma+\cos\alpha\sin\gamma & -\sin\alpha\sin\beta\sin\gamma+\cos\alpha\cos\gamma \end{pmatrix}
$$

$$
\boldsymbol{R}_{z'x'y'}(\alpha,\beta,\gamma)=\begin{pmatrix} -\sin\alpha\sin\beta\sin\gamma+\cos\alpha\cos\gamma & -\sin\alpha\cos\beta & \sin\alpha\sin\beta\cos\gamma+\cos\alpha\sin\gamma \\ \cos\alpha\sin\beta\sin\gamma+\sin\alpha\cos\gamma & \cos\alpha\cos\beta & -\cos\alpha\sin\beta\cos\gamma+\sin\alpha\sin\gamma \\ -\cos\beta\sin\gamma & \sin\beta & \cos\beta\cos\gamma \end{pmatrix}
$$

$$
\boldsymbol{R}_{z'y'x'}(\alpha,\beta,\gamma)=\begin{pmatrix} \cos\alpha\cos\beta & \cos\alpha\sin\beta\sin\gamma-\sin\alpha\cos\gamma & \cos\alpha\sin\beta\cos\gamma+\sin\alpha\sin\gamma \\ \sin\alpha\cos\beta & \sin\alpha\sin\beta\sin\gamma+\cos\alpha\cos\gamma & \sin\alpha\sin\beta\cos\gamma-\cos\alpha\sin\gamma \\ -\sin\beta & \cos\beta\sin\gamma & \cos\beta\cos\gamma \end{pmatrix}
$$

$$
\boldsymbol{R}_{x'y'x'}(\alpha,\beta,\gamma)=\begin{pmatrix} \cos\beta & \sin\beta\sin\gamma & \sin\beta\cos\gamma \\ \sin\alpha\sin\beta & -\sin\alpha\cos\beta\sin\gamma+\cos\alpha\cos\gamma & -\sin\alpha\cos\beta\cos\gamma-\cos\alpha\sin\gamma \\ -\cos\alpha\sin\beta & \cos\alpha\cos\beta\sin\gamma+\sin\alpha\cos\gamma & \cos\alpha\cos\beta\cos\gamma-\sin\alpha\sin\gamma \end{pmatrix}
$$

$$
\boldsymbol{R}_{x'z'x'}(\alpha,\beta,\gamma)=\begin{pmatrix} \cos\beta & -\sin\beta\cos\gamma & \sin\beta\sin\gamma \\ \cos\alpha\sin\beta & \cos\alpha\cos\beta\cos\gamma-\sin\alpha\sin\gamma & -\cos\alpha\cos\beta\sin\gamma-\sin\alpha\cos\gamma \\ \sin\alpha\sin\beta & \sin\alpha\cos\beta\cos\gamma+\cos\alpha\sin\gamma & -\sin\alpha\cos\beta\sin\gamma+\cos\alpha\cos\gamma \end{pmatrix}
$$

$$R_{y'x'y'}(\alpha,\beta,\gamma)=\begin{pmatrix}-\sin\alpha\cos\beta\sin\gamma+\cos\alpha\cos\gamma & \sin\alpha\sin\beta & \sin\alpha\cos\beta\cos\gamma+\cos\alpha\sin\gamma\\ \sin\beta\sin\gamma & \cos\beta & -\sin\beta\cos\gamma\\ -\cos\alpha\cos\beta\sin\gamma-\sin\alpha\cos\gamma & \cos\alpha\sin\beta & \cos\alpha\cos\beta\cos\gamma-\sin\alpha\sin\gamma\end{pmatrix}$$

$$R_{y'z'y'}(\alpha,\beta,\gamma)=\begin{pmatrix}\cos\alpha\cos\beta\cos\gamma-\sin\alpha\sin\gamma & -\cos\alpha\sin\beta & \cos\alpha\cos\beta\sin\gamma+\sin\alpha\cos\gamma\\ \sin\beta\cos\gamma & \cos\beta & \sin\beta\sin\gamma\\ -\sin\alpha\cos\beta\cos\gamma-\cos\alpha\sin\gamma & \sin\alpha\sin\beta & -\sin\alpha\cos\beta\sin\gamma+\cos\alpha\cos\gamma\end{pmatrix}$$

$$R_{z'x'z'}(\alpha,\beta,\gamma)=\begin{pmatrix}-\sin\alpha\cos\beta\sin\gamma+\cos\alpha\cos\gamma & -\sin\alpha\cos\beta\cos\gamma-\cos\alpha\sin\gamma & \sin\alpha\sin\beta\\ \cos\alpha\cos\beta\sin\gamma+\sin\alpha\cos\gamma & \cos\alpha\cos\beta\cos\gamma-\sin\alpha\sin\gamma & -\cos\alpha\sin\beta\\ \sin\beta\sin\gamma & \sin\beta\cos\gamma & \cos\beta\end{pmatrix}$$

$$R_{z'y'z'}(\alpha,\beta,\gamma)=\begin{pmatrix}\cos\alpha\cos\beta\cos\gamma-\sin\alpha\sin\gamma & -\cos\alpha\cos\beta\sin\gamma-\sin\alpha\cos\gamma & \cos\alpha\sin\beta\\ \sin\alpha\cos\beta\cos\gamma+\cos\alpha\sin\gamma & -\sin\alpha\cos\beta\sin\gamma+\cos\alpha\cos\gamma & \sin\alpha\sin\beta\\ -\sin\beta\cos\gamma & \sin\beta\sin\gamma & \cos\beta\end{pmatrix}$$

12 种固定角的旋转矩阵：

$$R_{xyz}(\gamma,\beta,\alpha)=\begin{pmatrix}\cos\alpha\cos\beta & \cos\alpha\sin\beta\sin\gamma-\sin\alpha\cos\gamma & \cos\alpha\sin\beta\cos\gamma+\sin\alpha\sin\gamma\\ \sin\alpha\cos\beta & \sin\alpha\sin\beta\sin\gamma+\cos\alpha\cos\gamma & \sin\alpha\sin\beta\cos\gamma-\cos\alpha\sin\gamma\\ -\sin\beta & \cos\beta\sin\gamma & \cos\beta\cos\gamma\end{pmatrix}$$

$$R_{xzy}(\gamma,\beta,\alpha)=\begin{pmatrix}\cos\alpha\cos\beta & -\cos\alpha\sin\beta\cos\gamma+\sin\alpha\sin\gamma & \cos\alpha\sin\beta\sin\gamma+\sin\alpha\cos\gamma\\ \sin\beta & \cos\beta\cos\gamma & -\cos\beta\sin\gamma\\ -\sin\alpha\cos\beta & \sin\alpha\sin\beta\cos\gamma+\cos\alpha\sin\gamma & -\sin\alpha\sin\beta\sin\gamma+\cos\alpha\cos\gamma\end{pmatrix}$$

$$R_{yxz}(\gamma,\beta,\alpha)=\begin{pmatrix}-\sin\alpha\sin\beta\sin\gamma+\cos\alpha\cos\gamma & -\sin\alpha\cos\beta & \sin\alpha\sin\beta\cos\gamma+\cos\alpha\sin\gamma\\ \cos\alpha\sin\beta\sin\gamma+\sin\alpha\cos\gamma & \cos\alpha\cos\beta & -\cos\alpha\sin\beta\cos\gamma+\sin\alpha\sin\gamma\\ -\cos\beta\sin\gamma & \sin\beta & \cos\beta\cos\gamma\end{pmatrix}$$

$$R_{yzx}(\gamma,\beta,\alpha)=\begin{pmatrix}\cos\beta\cos\gamma & -\sin\beta & \cos\beta\sin\gamma\\ \cos\alpha\sin\beta\cos\gamma+\sin\alpha\sin\gamma & \cos\alpha\cos\beta & \cos\alpha\sin\beta\sin\gamma-\sin\alpha\cos\gamma\\ \sin\alpha\sin\beta\cos\gamma-\cos\alpha\sin\gamma & \sin\alpha\cos\beta & \sin\alpha\sin\beta\sin\gamma+\cos\alpha\cos\gamma\end{pmatrix}$$

$$R_{zxy}(\gamma,\beta,\alpha)=\begin{pmatrix}\sin\alpha\sin\beta\sin\gamma+\cos\alpha\cos\gamma & \sin\alpha\sin\beta\cos\gamma-\cos\alpha\sin\gamma & \sin\alpha\cos\beta\\ \cos\beta\sin\gamma & \cos\beta\cos\gamma & -\sin\beta\\ \cos\alpha\sin\beta\sin\gamma-\sin\alpha\cos\gamma & \cos\alpha\sin\beta\cos\gamma+\sin\alpha\sin\gamma & \cos\alpha\cos\beta\end{pmatrix}$$

$$R_{zyx}(\gamma,\beta,\alpha)=\begin{pmatrix}\cos\beta\cos\gamma & -\cos\beta\sin\gamma & \sin\beta\\ \sin\alpha\sin\beta\cos\gamma+\cos\alpha\sin\gamma & -\sin\alpha\sin\beta\sin\gamma+\cos\alpha\cos\gamma & -\sin\alpha\cos\beta\\ -\cos\alpha\sin\beta\cos\gamma+\sin\alpha\sin\gamma & \cos\alpha\sin\beta\sin\gamma+\sin\alpha\cos\gamma & \cos\alpha\cos\beta\end{pmatrix}$$

$$R_{xyx}(\gamma,\beta,\alpha)=\begin{pmatrix}\cos\beta & \sin\beta\sin\gamma & \sin\beta\cos\gamma\\ \sin\alpha\sin\beta & -\sin\alpha\cos\beta\sin\gamma+\cos\alpha\cos\gamma & -\sin\alpha\cos\beta\cos\gamma-\cos\alpha\sin\gamma\\ -\cos\alpha\sin\beta & \cos\alpha\cos\beta\sin\gamma+\sin\alpha\cos\gamma & \cos\alpha\cos\beta\cos\gamma-\sin\alpha\sin\gamma\end{pmatrix}$$

$$R_{xzx}(\gamma,\beta,\alpha)=\begin{pmatrix}\cos\beta & -\sin\beta\cos\gamma & \sin\beta\sin\gamma\\ \cos\alpha\sin\beta & \cos\alpha\cos\beta\cos\gamma-\sin\alpha\sin\gamma & -\cos\alpha\cos\beta\sin\gamma-\sin\alpha\cos\gamma\\ \sin\alpha\sin\beta & \sin\alpha\cos\beta\cos\gamma+\cos\alpha\sin\gamma & -\sin\alpha\cos\beta\sin\gamma+\cos\alpha\cos\gamma\end{pmatrix}$$

$$R_{yxy}(\gamma,\beta,\alpha)=\begin{pmatrix}-\sin\alpha\cos\beta\sin\gamma+\cos\alpha\cos\gamma & \sin\alpha\sin\beta & \sin\alpha\cos\beta\cos\gamma+\cos\alpha\sin\gamma\\ \sin\beta\sin\gamma & \cos\beta & -\sin\beta\cos\gamma\\ -\cos\alpha\cos\beta\sin\gamma-\sin\alpha\cos\gamma & \cos\alpha\sin\beta & \cos\alpha\cos\beta\cos\gamma-\sin\alpha\sin\gamma\end{pmatrix}$$

$$R_{yzy}(\gamma,\beta,\alpha)=\begin{pmatrix}\cos\alpha\cos\beta\cos\gamma-\sin\alpha\sin\gamma & -\cos\alpha\sin\beta & \cos\alpha\cos\beta\sin\gamma+\sin\alpha\cos\gamma\\ \sin\beta\cos\gamma & \cos\beta & \sin\beta\sin\gamma\\ -\sin\alpha\cos\beta\cos\gamma-\cos\alpha\sin\gamma & \sin\alpha\sin\beta & -\sin\alpha\cos\beta\sin\gamma+\cos\alpha\cos\gamma\end{pmatrix}$$

$$R_{zxz}(\gamma,\beta,\alpha)=\begin{pmatrix}-\sin\alpha\cos\beta\sin\gamma+\cos\alpha\cos\gamma & -\sin\alpha\cos\beta\cos\gamma-\cos\alpha\sin\gamma & \sin\alpha\sin\beta\\ \cos\alpha\cos\beta\sin\gamma+\sin\alpha\cos\gamma & \cos\alpha\cos\beta\cos\gamma-\sin\alpha\sin\gamma & -\cos\alpha\sin\beta\\ \sin\beta\sin\gamma & \sin\beta\cos\gamma & \cos\beta\end{pmatrix}$$

$$R_{zyz}(\gamma,\beta,\alpha)=\begin{pmatrix}\cos\alpha\cos\beta\cos\gamma-\sin\alpha\sin\gamma & -\cos\alpha\cos\beta\sin\gamma-\sin\alpha\cos\gamma & \cos\alpha\sin\beta\\ \sin\alpha\cos\beta\cos\gamma+\cos\alpha\sin\gamma & -\sin\alpha\cos\beta\sin\gamma+\cos\alpha\cos\gamma & \sin\alpha\sin\beta\\ -\sin\beta\cos\gamma & \sin\beta\sin\gamma & \cos\beta\end{pmatrix}$$

附录 B　李亚普诺夫函数法

定义 A2-1　状态空间描述为

$$\dot{x}(t)=f(x(t)),\ x(t)\in\mathbb{R}^n,t\in[0,\infty) \tag{A2-1}$$

的动态系统称为自治系统。

自治系统式（A2-1）从初始状态 x_0 出发的状态轨迹记为 $\varphi(t;x_0)$。

定义 A2-2　设 $x_e\in\mathbb{R}^n$，若 $f(x_e)=0$，则称 x_e 是自治系统式（A2-1）的一个平衡状态。

设向量 $x=(x_1\ \ \cdots\ \ x_n)^T$ 的范数 $\|x\|=\sqrt{x_1^2+\cdots+x_n^2}$，对于任意 $\alpha>0$，记 x_e 的邻域为

$$S_\alpha(x_e)=\{x\in\mathbb{R}^n \mid \|x-x_e\|<\alpha\}$$

定义 A2-3　设 x_e 是自治系统式（A2-1）的平衡状态，如果对任意 $\varepsilon>0$，存在 $\delta>0$，使得对任意初始状态 $x_0\in S_\delta(x_e)$ 和任意 $t\in[0,\infty)$，有 $\varphi(t;x_0)\in S_\varepsilon(x_e)$，则称系统式（A2-1）在 x_e 是李亚普诺夫意义下稳定的。

定义 A2-4　设自治系统式（A2-1）在平衡状态 x_e 是李亚普诺夫意义下稳定的，如果对任意初始状态 $x_0\in\mathbb{R}^n$，有 $\lim\limits_{t\to\infty}\|\varphi(t;x_0)-x_e\|=0$，则称系统式（A2-1）在 x_e 大范围渐近稳定。

定理 A2-1　设原点是自治系统式（A2-1）的平衡状态，如果存在定义于 $\mathbb{R}^n$ 上的、具有连续一阶偏导数的标量函数 $V_L(x)$，满足以下条件：

1）$V_L(x)$ 正定。

2）$\dot{V}_L(x)$ 负定。

3）当 $\|x\|\to\infty$ 时，有 $V_L(x)\to\infty$。

那么系统式（A2-1）在原点大范围渐近稳定。

定理 A2-2　设原点是自治系统式（A2-1）的平衡状态，如果存在定义于 $\mathbb{R}^n$ 上的、具有连续一阶偏导数的标量函数 $V_L(x)$，满足以下条件：

1）$V_L(x)$ 正定。

2）$\dot{V}_L(x)$ 半负定。

3）在该系统任意的从非零状态出发的状态轨迹上，$\dot{V}_L(x)$ 不恒为零。

4）当 $\|x\|\to\infty$ 时，有 $V_L(x)\to\infty$。

那么系统式（A2-1）在原点大范围渐近稳定。

定理 A2-3 设 $\boldsymbol{A}$ 是 n 阶方阵，$\boldsymbol{Q}$ 是 n 阶正定矩阵，则下列说法等价：

1）线性自治系统 $\dot{\boldsymbol{x}}=\boldsymbol{A}\boldsymbol{x}$ 在原点处大范围渐近稳定。

2）$\boldsymbol{A}$ 的全部极点均在左半开平面。

3）有唯一正定矩阵 $\boldsymbol{P}$ 满足李亚普诺夫方程

$$\boldsymbol{A}^{\mathrm{T}}\boldsymbol{P}+\boldsymbol{P}\boldsymbol{A}=-\boldsymbol{Q}$$

定理 A2-4 设矩阵的范数$\|\ \|$为矩阵的最大奇异值，$\boldsymbol{X}$ 是 n 阶实正定矩阵，如果已知正数 $\overline{m}$ 大于 $\boldsymbol{X}$ 的最大奇异值和正数 $\underline{m}$ 小于 $\boldsymbol{X}$ 的最小奇异值，那么

$$\left\|\boldsymbol{I}-\frac{2}{\underline{m}+\overline{m}}\boldsymbol{X}\right\|\leqslant\frac{\overline{m}-\underline{m}}{\underline{m}+\overline{m}}$$

证 由于 $\boldsymbol{X}$ 实正定，$\boldsymbol{X}$ 的奇异值分解为

$$\boldsymbol{X}=\boldsymbol{U}^{\mathrm{T}}\boldsymbol{\Sigma}\boldsymbol{U}=\boldsymbol{U}^{\mathrm{T}}\begin{pmatrix}\sigma_1 & & & \\ & \sigma_2 & & \\ & & \ddots & \\ & & & \sigma_n\end{pmatrix}\boldsymbol{U}$$

式中，$\boldsymbol{U}$ 是正交矩阵，$\sigma_1,\sigma_2,\cdots,\sigma_n$ 是 $\boldsymbol{X}$ 的奇异值且 $\sigma_1\geqslant\sigma_2\geqslant\cdots\geqslant\sigma_n>0$。则

$$\begin{aligned}\left\|\boldsymbol{I}-\frac{2}{\underline{m}+\overline{m}}\boldsymbol{X}\right\|&\leqslant\left\|\boldsymbol{I}-\frac{2}{\underline{m}+\overline{m}}\boldsymbol{U}^{\mathrm{T}}\boldsymbol{\Sigma}\boldsymbol{U}\right\|\leqslant\left\|\boldsymbol{U}^{\mathrm{T}}\left(\boldsymbol{I}-\frac{2}{\underline{m}+\overline{m}}\boldsymbol{\Sigma}\right)\boldsymbol{U}\right\|\\&\leqslant\|\boldsymbol{U}^{\mathrm{T}}\|\left\|\boldsymbol{I}-\frac{2}{\underline{m}+\overline{m}}\boldsymbol{\Sigma}\right\|\|\boldsymbol{U}\|\leqslant\left\|\boldsymbol{I}-\frac{2}{\underline{m}+\overline{m}}\boldsymbol{\Sigma}\right\|\end{aligned}$$

式中，矩阵

$$\boldsymbol{I}-\frac{2}{\underline{m}+\overline{m}}\boldsymbol{\Sigma}=\frac{1}{\underline{m}+\overline{m}}\begin{pmatrix}\underline{m}+\overline{m}-2\sigma_1 & & & \\ & \underline{m}+\overline{m}-2\sigma_2 & & \\ & & \ddots & \\ & & & \underline{m}+\overline{m}-2\sigma_n\end{pmatrix}$$

注意到 $\overline{m}>\sigma_1\geqslant\sigma_2\geqslant\cdots\geqslant\sigma_n>\underline{m}>0$，对于 $i\in\{1,2,\cdots,n\}$，有

$$|\underline{m}+\overline{m}-2\sigma_i|\leqslant|\underline{m}-\sigma_i|+|\overline{m}-\sigma_i|\leqslant(\sigma_i-\underline{m})+(\overline{m}-\sigma_i)\leqslant\overline{m}-\underline{m}$$

于是

$$\left\|\boldsymbol{I}-\frac{2}{\underline{m}+\overline{m}}\boldsymbol{X}\right\|\leqslant\left\|\boldsymbol{I}-\frac{2}{\underline{m}+\overline{m}}\boldsymbol{\Sigma}\right\|\leqslant\frac{\overline{m}-\underline{m}}{\underline{m}+\overline{m}}$$

参考文献

REFERENCE

[1] 杨文茂，李全英. 空间解析几何［M］. 2 版. 武汉：武汉大学出版社，2006.

[2] CRAIG J J. 机器人学导论（原书第 3 版）［M］. 负超，译. 北京：机械工业出版社，2006.

[3] 西西里安诺，夏维科，维拉尼，等. 机器人学：建模、规划与控制［M］. 张国良，曾静，陈励，等译. 西安：西安交通大学出版社，2015.

[4] 斯庞，哈钦森，维德雅萨加. 机器人建模和控制［M］. 贾振中，等译. 北京：机械工业出版社，2016.

[5] CORKE P. 机器人学、机器视觉与控制：MATLAB 算法基础［M］. 刘荣，译. 北京：电子工业出版社，2016.

[6] 蔡自兴. 机器人学［M］. 北京：清华大学出版社，2000.

[7] 哈尔滨工业大学理论力学教研室. 理论力学：Ⅱ［M］. 8 版. 北京：高等教育出版社，2016.

[8] 李浚源，秦忆，周永鹏. 电力拖动基础［M］. 武汉：华中理工大学出版社，1999.

[9] 陈伯时. 电力拖动自动控制系统：运动控制系统［M］. 3 版. 北京：机械工业出版社，2003.

[10] 孙优贤，王慧. 自动控制原理［M］. 北京：化学工业出版社，2011.

[11] TAO G. A simple alternative to the Barbălat lemma［J］. IEEE Transactions on Automatic Control，1997，42（5）：698.

[12] RAIBERT M H，CRAIG J J. Hybrid Position/Force Control of Manipulators［J］. Journal of Dynamic Systems，Measurement，and Control，1981，103（2）：126-133.

[13] SCHUMACHER M，WOJTUSCH J，BECKERLE P，et al. An introductory review of active compliant control［J］. Robotics and Autonomous Systems，2019，119：185-200.

[14] ZENG G，HEMAMI A. An overview of robot force control［J］. Robotica，1997，15（5）：473-482.

[15] SERAJI H，COLBAUGH R. Force tracking in impedance control［J］. The International Journal of Robotics Research，1997，16（1）：97-117.

[16] HOGAN N. Impedance control：An approach to manipulation［C］//IEEE. Proceedings of the 1984 American Control Conference. New Jersey：IEEE Press，1984：304-313.

[17] LAWRENCE D A. Impedance control stability properties in common implementations［C］//IEEE. Proceedings of the 1988 IEEE International Conference on Robotics and Automation. New Jersey：IEEE Press，1988：1185-1190.

[18] LU W S，MENG Q H. Impedance control with adaptation for robotic manipulations［J］. IEEE Transactions on Robotics and Automation，1991，7（3）：408-415.

[19] PATEL R V，SHADPEY F. Control of redundant robot manipulators：theory and experiments［M］. Berlin：Springer，2005.

[20] OTT C，MUKHERJEE R，NAKAMURA Y. Unified impedance and admittance control［C］//IEEE. Proceedings of the 2010 IEEE International Conference on Robotics and Automation. New Jersey：IEEE Press，2010：554-561.

[21] KHATIB O. A unified approach for motion and force control of robot manipulators：The operational space formulation［J］. IEEE Journal on Robotics and Automation，1987，3（1）：43-53.

[22] DIETRICH A. Whole-body impedance control of wheeled humanoid robots［M］. Berlin：Springer，2016.